제2판

미분적분학

양정모 지음

KM 경문사

머리말

PREFACE

수학이란 언어는 동서고금을 막론하고 특히 21세기 정보화 사회에 필수 불가결한 도구학문이기 때문에 고등교육을 받고자 하는 대학생들은 피해갈 수 없는 필수과목이다. 대부분의 대학생들은 수학교육을 10년 이상 받았음에도 기초교육이 잘 되어 있지 않은 것이 현실이다.

2000년 《미분적분학과 해석기하학》이란 책을 집필할 당시에는 독자들이 누구나 외부의 도움 없이 읽을 수 있도록 13장 825쪽에 이르는 방대한 분량으로 출간하였다. 그런데 지난 15여 년 동안 강의를 해본 결과 책의 내용이 너무나 방대하고 1학년 1년 과정으로 책의 내용을 모두 강의하기란 물리적으로 불가능하였다. 이 책은 이런 점을 감안하여 《미분적분학과 해석기하학》 내용을 바탕으로 하여 미적분 중심으로 이공계 학생이면 누구나 반드시 알아야 할 기초적인 필수내용만을 담았다.

이 책은 1년 기준으로 다음과 같이 구분하여 강의하면 된다.

1학기: 1장(함수와 극한), 2장(도함수), 3장(도함수의 응용),
2학기: 4장(적분법), 5장(정적분의 응용), 6장(행렬과 행렬식)

한 학기 강의를 기준으로 할 때에는 1장부터 6장까지 강의를 하되 내용과 깊이를 조정하여 선택적으로 하면 될 것이다.

끝으로, 여전히 예쁜 아내와 훌쩍 커버린 세 딸, 학과 교수님들, 그리고 교정작업에 애쓴 단국대학교 이경복 교수님과 이 책이 나오기까지 애써주신 도서출판 경문사 여러분께 감사의 뜻을 전한다.

지은이

차례

CONTENS

CONTENS

제1장
함수와 극한

1-1 함수의 개요
1-2 함수의 극한과 연속

1장에서는 미적분학의 가장 기초적인 토대인 함수와 극한의 개념과 성질들에 관해 설명하고, 나아가 함수의 연속의 개념을 소개함으로써 미분, 적분단원에서 전개될 이론들을 이해하는 데 필요한 기초적인 용어와 내용들을 설명한다.

1-1 함수의 개요

1. 함수의 정의

특별한 공식없이 변량 사이의 관계 또는 함수를 논하기 위해 스위스 수학자 오일러는 함수 또는 관계를 나타내기 위해 f라는 알파벳 문자를 독창적으로 고안해 내었다. 즉, $y = f(x)$라 표현함으로써 y는 x의 함수라는 개념을 뜻하였다. 즉, y는 x에 의존한다는 의미로 쓰이게 된 것이다. 오일러와 라이프니츠 시대 이후 함수의 최초의 개념은 다음과 같이 더욱 더 정확하고 일반적인 수학적인 개념으로 발전되었다. 여기서는 전반적인 함수의 개념과 종류, 함수의 연산, 그리고 합성함수에 대해 소개한다.

함수

두 집합 X와 Y에서 X의 임의의 원소 x가 Y의 단 하나의 원소 y에 대응되는 규칙 f를 X에서 Y로의 **함수**(function) 또는 사상(mapping)이라 하고 $f : X \to Y$로 나타낸다. 이때, X를 함수 f의 **정의역**(domain), Y를 **공변역**(codomain)이라 하고 $f[X]$를 **치역**(range)이라 한다. 또, 각 $x \in X$에 대응하는 Y의 유일한 원소를 $f(x)$로 나타내고, 이 $f(x)$를 x에서의 함숫값 또는 f에 의한 x의 **상**(image)이라고 한다. 일반적으로 치역은 공변역의 부분집합임을 알 수 있다. 즉,

$$f[X] = \{ f(x) \mid x \in X \} \subset Y.$$

w가 t의 함수 f라 하면

$$w = f(t)$$

라 표현할 수 있다. 함수를 나타내는 기호로는 일반적으로

$$f,\ g,\ h,\ \cdots,\ \phi,\ \psi,\ \varphi,\ \cdots,\ F,\ G,\ H$$

등이 자주 쓰인다.

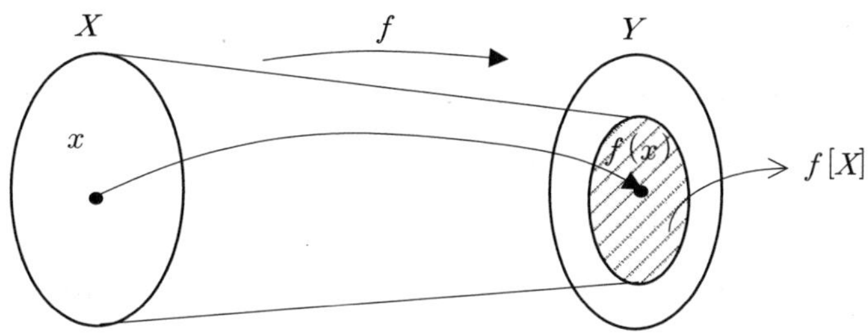

▌그림 1-1

보기 ❶ 자연수 전체의 집합 N에서 N으로의 대응규칙 $f(n)$을 다음과 같이 정의하면 어느 것이 함수가 되는가?

(1) $f(n)$은 n의 약수의 개수

(2) $f(n)$은 n의 약수

풀이 (1) $f(10)=4$, $f(11)=2$, $f(12)=6$ 등이 되어 함수가 된다.

(2) $f(10)=1, 2, 5, 10$ 등 두 개 이상이 대응이 되므로 함수가 아니다.

디리크레의 함수

지금까지는 모두 하나의 식으로만 함수를 나타내었다. 그러나 모든 함수가 하나의 식으로만 표시되는 것은 아니다. 이를테면

$$f(x)=\begin{cases} 1, & x\in Q \\ 0, & x\in Q^c \end{cases}$$

라고 놓으면 이것도 R로부터 R로의 함수 f가 된다. 이것을 **디리클레의 함수**(Dirichlet function)라고 한다. 즉,

$$f(Q)=\{f(x)\mid x\in Q\}=\{1\},\quad f(Q^c)=\{f(x)\mid x\in Q^c\}=\{0\}$$

과 같이 된다.

양함수 · 음함수

함수를 표현하는 형태에 따라 양함수와 음함수로 분류하는 경우가 있다. 보통 함수를 $y = f(x)$로 나타내는데, 이런 형태의 함수를 **양함수**(explicit function)라 하고 $f(x, y) = 0$ 형태의 함수를 **음함수**(implicit function)라고 한다. 일반적으로 음함수에서는 독립변수 x의 하나의 값에 대하여 종속변수 y의 값은 한 개 이상 대응된다. 가령, x의 한 값에 대하여 y의 값이 두 개 대응되면 이 함수는 **2가함수**, x의 한 값에 y의 값이 r개 대응되면 이 함수는 ***r*가함수**라 하며, 2가 이상의 함수를 **다가함수**라고 한다. 특히, x의 한 값에 대하여 무한히 많은 y의 값이 대응하는 경우(역삼각함수)가 있다. 이런 함수를 **무한다가함수**라 한다.

보기 ❷ $x^2 + y^2 = 1$의 표현은 양함수인가, 음함수인가?

풀이 $x^2 + y^2 = 1$은 음함수이다. 이 방정식을 y에 관하여 풀면

$$y = \sqrt{1 - x^2}, \quad y = -\sqrt{1 - x^2}$$

으로 $-1 \leqq x \leqq 1$인 모든 x의 값에 대하여 y의 값은 두 개로 되어 이 음함수는 2가함수가 된다. 만약, $y \geqq 0$이라고 가정하고 주어진 식을 양함수로 표현하면 $y = \sqrt{1 - x^2}$이 된다.

참고 특별히 양함수 $y = f(x)$를 1가함수라고도 한다.

우함수 · 기함수

양함수 $y = f(x)$에서 그 정의역의 모든 x에 대하여 $f(-x) = f(x)$를 만족할 때 이 함수를 **우함수**(even function)라 하고 $f(-x) = -f(x)$를 만족하면 이 함수를 **기함수**(odd function)라고 한다.

보기 ❸ 다음 함수들은 우함수인가, 기함수인가?

(1) $y = x^2$, $y = x^4 - 4x^2 - 5$, $y = \cos x$

(2) $y = x^3$, $y = x^3 - 4x$, $y = \sin x$

풀이 (1) $f(x)=x^2$이라 놓으면 $f(-x)=(-x)^2=x^2=f(x)$이므로 우함수이다. (1)의 다른 함수식도 같은 방법으로 계산하면 모두 우함수이다.

(2) $f(x)=x^3-4x$라 놓으면

$$\begin{aligned} f(-x) &= (-x)^3-4(-x) = -x^3+4x \\ &= -(x^3-4x) = -f(x) \end{aligned}$$

이므로 기함수이다. (2)의 다른 함수식도 같은 방법으로 계산하면 모두 기함수이다.

주기함수

독립변수 x의 값에 관계없이 $f(x+T)=f(x)$를 성립시키는 T가 존재할 때 이런 함수를 **주기함수**(periodic function)라 하고, T를 **주기**(period)라 하며 최소의 양의 주기를 **기본주기**(fundamental period)라고 한다. 가령,

$$y=\sin x,\ y=\cos(2x+3),\ y=\tan \pi x$$

등은 주기함수이고, 이들의 기본주기는 각각 2π, π, 1이 된다.

예제 ❶ $X=\{x\,|\,-1\leqq x\leqq 1,\ x$는 정수$\}$, $Y=\{y\,|\,y$는 실수$\}$일 때, X에서 Y로의 함수 f를 $f(x)=x^2$으로 정의할 때 $f[X]$를 구하여라.

풀이 정의역 $X=\{x\,|\,-1\leqq x\leqq 1,\ x$는 정수$\}$에서 $f(x)=x^2$인 정수는 $\{0,\ 1\}$이다. 즉, $f[X]=\{0,\ 1\}$이다.

예제 ❷ 다음 함수에서 각각 우함수, 기함수, 주기함수를 찾아라.

(1) $f(x)=\dfrac{x^3+3x}{x^4-3x^2+4}$　　(2) $f(x)=6\cos 7x$

(3) $f(x)=x^2-4$　　(4) $f(x)=\sqrt{1-x^2}$

풀이 (1) $f(-x) = \dfrac{(-x)^3 + 3(-x)}{x^4 - 3x^2 + 4} = \dfrac{-x^3 - 3x}{x^4 - 3x^2 + 4} = -f(x)$

따라서 $f(x)$는 기함수이다.

(2) $f(-x) = 6\cos 7(-x) = 6\cos 7x = f(x)$

따라서 $f(x)$는 우함수이다. 한편,

$$f(x+T) = 6\cos 7(x+T) = 6\cos(7x + 7T)$$

이고

$$f(x+T) = f(x)$$

인 기본주기 T값을 구하기 위해

$$6\cos(7x + 7T) = 6\cos 7x$$

을 풀면, $7T = 2\pi$이어야 한다. 그러므로

$$T = \frac{2}{7}\pi.$$

따라서 $f(x)$는 기본주기 $T = \dfrac{2}{7}\pi$를 갖는 주기함수이기도 하다.

(3) $f(-x) = (-x)^2 - 4 = x^2 - 4 = f(x)$

따라서 $f(x)$는 우함수이다.

(4) $f(-x) = \sqrt{1-(-x)^2} = \sqrt{1-x^2} = f(x)$

따라서 $f(x)$는 우함수이다.

함수의 연산

두 함수 $f : X \to Y$와 $g : X \to Y$가 정의되었다고 하자. 임의의 $x \in X$에 대하여 $f(x) = g(x)$일 때 두 함수 f와 g는 **같다**(equal)라고 말하고 $f = g$로 나타낸다. 만약 $f \neq g$이기 위해서는 적당한 $x \in X$가 존재하여 $f(x) \neq g(x)$가 되는 것이다. 또한, 두 함수 f와 g를 더하여 새로운 함수 $f+g$를 만들 수 있다. 즉, $f+g$의 함숫값은 임의의 $x \in X$에 대하여

$$(f+g)(x) = f(x) + g(x)$$

로 정의하면 된다. 같은 방법으로

$$(f-g)(x) = f(x) - g(x)$$
$$(f \times g)(x) = f(x) \times g(x)$$
$$(f \div g)(x) = \frac{f(x)}{g(x)}, \quad g(x) \neq 0$$

로 정의할 수 있다. 이때 주의해야 할 사항은 두 함수의 덧셈, 뺄셈, 곱셈, 나눗셈에 의해 정의되는 새로운 함수는 두 함수의 정의역이 같아야 정의될 수 있다. 또 f가 함수이고 k가 실수일 때, 함수 kf는

$$(kf)(x) = kf(x)$$

로 정의한다. 역시 함수 kf의 정의구역은 f의 정의구역과 같다.

예제 ❸ $f(x) = \frac{x-3}{2}$, $g(x) = \sqrt{x}$로 정의할 때, 다음을 구하여라(단, $x \geqq 0$).

(1) $f+g$　　(2) $f-g$

(3) $f \times g$　　(4) $f \div g$

풀이 (1) $(f+g)(x) = f(x) + g(x) = \frac{x-3}{2} + \sqrt{x}$

(2) $(f-g)(x) = f(x) - g(x) = \frac{x-3}{2} - \sqrt{x}$

(3) $(f \times g)(x) = f(x) \times g(x) = \frac{x-3}{2} \times \sqrt{x}$

(4) $(f \div g)(x) = f(x) \div g(x) = \frac{x-3}{2\sqrt{x}} \ (x \neq 0)$

합성함수

두 함수 $f : X \to Y$와 $g : W \to Z$가 정의되고 $f[X]$는 W의 부분집합이라 하자. 이때, 두 함수 f와 g에 의해 X에서 Z로 새로 정의된 함수 $g \circ f$를 f와 g의 **합성함수**(composition function)라 하고 임의의 $x \in X$에 대하여

$$g \circ f(x) = g(f(x))$$

로 정의한다. 여기에서 f의 정의역은 X이고 g의 정의역은 W이지만 $g \circ f$의 정의역은 f의 치역과 같다.

참고 만약 $f[X]$가 W의 부분집합이 될 수 없는 경우에는 $g \circ f$가 정의되지 않는다. 이때, $g \circ f$의 정의역을 g의 정의역에 대응되는 $x \in X$값들만으로 제한하면 합성함수 $g \circ f$를 정의할 수 있다.

예제 ❹ 함수 f와 g가 다음과 같이 정의되었을 때 합성함수 $g \circ f$와 $f \circ g$를 구하고 각각의 정의역을 찾아라.

(1) $f(x) = \dfrac{1}{x}$, $g(x) = \sin x$　　　(2) $f(x) = x - 3$, $g(x) = \sqrt{x}$

풀이 (1) f의 치역은 0 이외의 모든 실수의 집합이고 g의 정의역은 실수 전체의 집합이므로 f의 치역은 g의 정의역의 부분집합이므로 합성함수 $g \circ f$를 정의할 수 있다. 따라서

$$g \circ f(x) = g(f(x)) = g\left(\frac{1}{x}\right) = \sin\frac{1}{x}$$

이고 $g \circ f$의 정의역은 0을 제외한 모든 실수의 집합이다. 한편, g의 치역은 $[-1, 1]$이고 f의 정의역은 0을 제외한 모든 실수이므로 g의 치역은 f의 정의역의 부분집합이 될 수 없다. 그러므로 합성함수 $f \circ g$를 정의할 수 없다. 그런데 $\sin x = 0$이 되는 x값들을 g의 정의역에서 제외하면 나머지 x값들에 대해 다음과 같이 정의된다.

$$f \circ g(x) = f(g(x)) = f(\sin x) = \frac{1}{\sin x}$$

그러므로 $f \circ g$의 정의역은 g의 정의역에서 $x \neq n\pi$ $(n = 0, \pm 1, \pm 2, \cdots)$인 x값들만이다.

(2) f의 치역은 모든 실수의 집합이고 g의 정의역은 0을 포함한 양의 실수 전체의 집합이므로 f의 치역은 g의 정의역의 부분집합이 될 수 없다. 따라서 합성함수 $g \circ f$를 정의할 수 없다. 그런데 $x - 3 \geq 0$인 x값들만 f의 정의역으로 정하면, 즉 $x \geq 3$인 x값들에 대해 다음과 같이 정의된다.

$$g \circ f(x) = g(f(x)) = g(x-3) = \sqrt{x-3}$$

그러므로 $g \circ f$의 정의역은 $x \geq 3$인 실수 x의 집합이다. 한편, g의 치역은 $x \geq 0$인 실수 x이고 f의 정의역은 모든 실수이므로 g의 치역은 f의 정의역의

부분집합이다. 그러므로 합성함수 $f \circ g$를 정의할 수 있다. 따라서

$$f \circ g(x) = f(g(x)) = f(\sqrt{x}) = \sqrt{x} - 3.$$

그러므로 $f \circ g$의 정의역은 g의 치역과 같다.

참고 위 예제에서 알 수 있듯이 일반적으로 다음과 같이 세 함수 $f,\ g,\ h$에 대하여 합성함수가 정의될 때, 합성함수는 다음과 같은 성질을 가지고 있다.

(1) $f \circ g \neq g \circ f$　　(2) $(f \circ g) \circ h = f \circ (g \circ h)$

연습문제 (1-1-1)

1. $\phi(x) = \begin{cases} \dfrac{1}{x}, & x \geq 3 \\ 2x, & x < 3 \end{cases}$ 일 때 다음을 구하여라.

(1) $\phi(2)$　　(2) $\phi(+4)$　　(3) $\phi(2.9)$

2. 다음 주어진 함수의 정의역을 구하여라.

(1) $f(x) = \dfrac{1}{x-3}$　　(2) $f(x) = \sqrt{x^2-3}$

(3) $g(x) = \sqrt{(x+1)(x-2)}$　　(4) $g(x) = \dfrac{(x-1)(x-3)}{x-3}$

3. $f(x) = x^2 + 1$일 때 다음을 구하여라.

(1) $f(t)$　　(2) $f\left(\dfrac{1}{x}\right)$

(3) $f(\sqrt{x})$　　(4) $f(x+2)$

(5) $f(f(x))$　　(6) $f^2(x)$

(7) $f((x-1)^2)$　　(8) $3f(5x)$

4. $h(x) = 2x + 5$일 때 다음을 구하여라.

(1) $h \circ h$ (2) h^2

5. 다음 함수들 중 우함수와 기함수를 찾아보아라.

(1) $f(x) = x^2$ (2) $f(x) = x^3$

(3) $\dfrac{x^3 - x}{1 + x^2}$ (4) $y = \cos 3x$

(5) $y = \sqrt{1 - x^2}$

2. 함수의 분류

집합 위에서 정의되는 함수들은 미적분학을 공부하는 데 가장 기본적인 소재가 된다. 이학은 말할 것도 없이 통계학, 공학, 경제학, 경영학, 사회학, 전산학, 정보공학 등 많은 분야에서 다루는 현상들이 모두 하나의 함수식으로 표현되는 경우가 허다하기 때문에 이 단원에서 열거하는 함수들의 정의와 성질들을 잘 숙지하길 바란다. 우선 함수를 외형상 분류를 하면 크게 대수함수와 초월함수로 나뉜다. 대수함수에는 유리함수와 무리함수로 분류가 되고 유리함수에는 다항함수와 분수함수로 나뉜다. 그리고 초월함수에는 지수함수, 로그함수, 삼각함수, 쌍곡선함수 등이 있다. 함수를 내용상으로 분류하면 단사함수, 전사함수, 전단사함수 그리고 항등함수 등이 있다. 여기서는 함수들의 기본적인 정의 정도만 설명하고 구체적인 성질들은 관련되는 각론에서 다루겠다.

다항함수

집합 R에서 집합 R로의 함수 f에서 $f(x)$의 값이 다항식의 형태로 나타날 때, 함수 f를 **다항함수**(polynomial function)라고 한다. 즉,

$$f(x) = a_n x_n + a_{n-1} x^{n-1} + \cdots + a_1 x + a_0$$

(단, n은 음이 아닌 정수, a_i는 상수)

의 형태를 말한다. 특히, $a_n \neq 0$인 경우에 이 함수를 **n차 다항함수**라 하고 상수다항식

$$f(x) = c$$

에 의하여 정의되는 함수를 **상수함수**(constant function)라 한다.

유리함수

두 다항식 $P(x)$, $Q(x)$에서 분수식 $\dfrac{Q(x)}{P(x)}$를 유리식이라고 한다. 또, 위에서 정의한 함수 f가 유리식에 의하여 정의되는 함수

$$f(x) = \frac{Q(x)}{P(x)} \ (\text{단, } P(x) \neq 0)$$

를 **유리함수**(rational function)라고 한다. 특히, 두 다항식 $P(x)$, $Q(x)$가 모두 1차 다항식일 때, 즉

$$f(x) = \frac{ax+b}{cx+d} \quad (c \neq 0,\ ad - bc \neq 0)$$

는 $f(x) = \frac{k}{x-p} + q$의 형태로 변형된다. 이때, 이 함수의 그래프는 그림 1-2와 같은 형태로서 이를 **직각쌍곡선**(rectangular hyperbola)이라 한다. 여기서 두 직선 $x = p$와 $y = q$를 **수직점근선**(vertical asymptote)이라 한다.

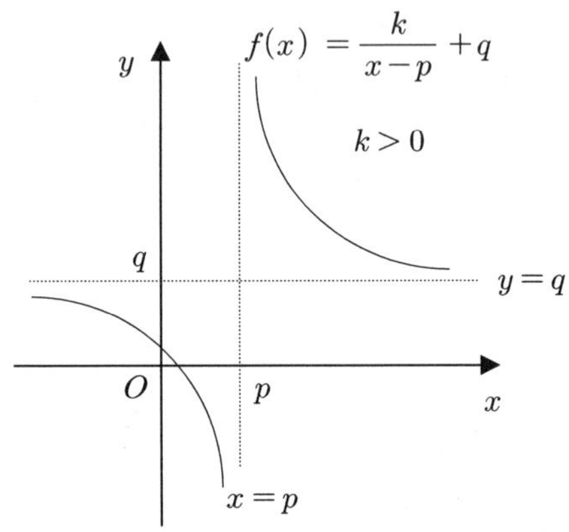

▌그림 1-2

무리함수

집합 R에서 집합 R로의 함수 f에서 $f(x)$의 값이 무리식의 형태로 나타날 때, 함수 f를 **무리함수**(irrational function)라고 한다. 즉,

$$f(x) = \sqrt[n]{P(x)} \quad (n\text{은 2 이상의 자연수})$$

의 형태를 말한다. 특히, 함수 $f : [0, \infty) \to R$에서

$$f(x) = \sqrt{x}$$

를 **제곱근함수**(square root function)라 한다. 이 함수의 그래프는 그림 1-3과 같다.

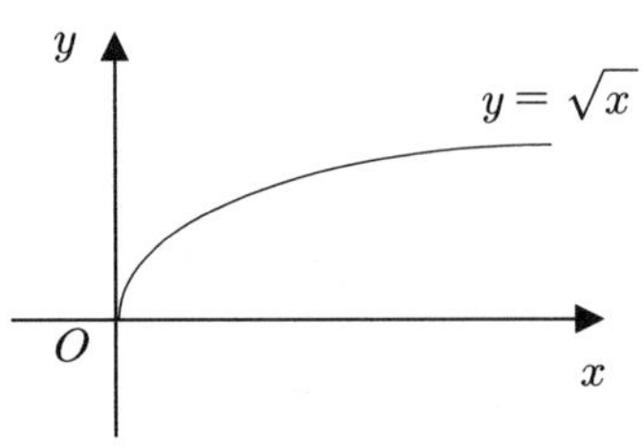

▌그림 1-3

보기 ❶ 다음 함수들은 외형상 어떤 함수들인가?

(1) $y = x^4 - 4x^2 - 5$ (2) $y = \dfrac{x^3 - 2x + 5}{2x + 3}$

(3) $y = \sqrt{2x - 7}$ (4) $y = \sqrt[3]{2x^2 + 3x - 4}$

풀이 (1) 4차 다항함수 (2) 분수함수 (3) 무리함수 (4) 무리함수

지수함수

집합 R에서 $(0, \infty)$로의 함수 f가

$$f(x) = a^{p(x)} \text{ (단 } a > 0,\ a \neq 0,\ p(x)\text{는 다항식)}$$

의 형태로 정의될 때, 함수 f를 a를 **밑**(base)으로 하는 **지수함수**(exponential function)라고 한다. 특히, $p(x) = x$일 때, 즉

$$f(x) = a^x$$

는 $a > 1$이면 단조증가함수이고 $0 < a < 1$이면 단조감수함수이다.

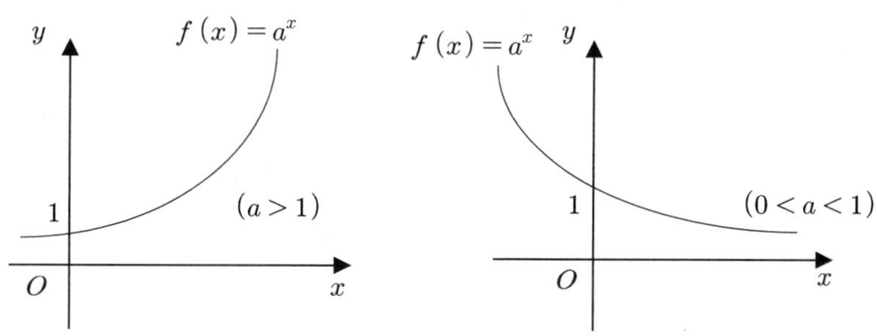

그림 1-4

로그함수

지수함수 $f(x) = a^x$는 R에서 $(0, \infty)$로의 전단사함수(전단사함수 정의 참조)이므로 이 지수함수는 역함수를 갖는다. 이 지수함수의 역함수를 a를 **밑**(base)으로 갖는 **로그함수**(logarithmic function)라 하고, 이를 $\log_a$로 나타낸다. 즉, $(0, \infty)$에서 R로의 로그함수 $\log_a$는

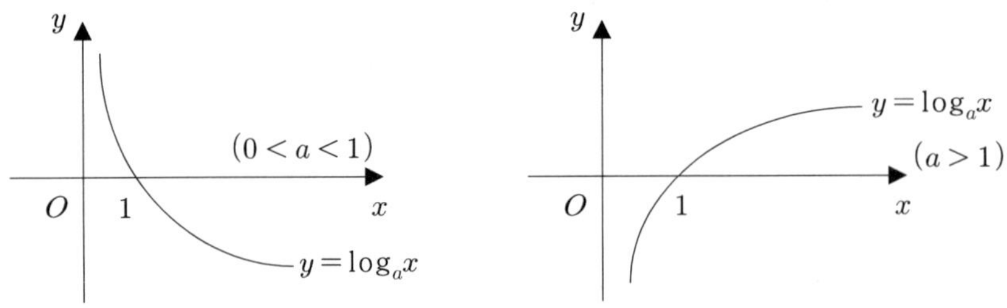

▌그림 1-5

$$y = \log_a x \Leftrightarrow x = a^y$$

에 의하여 정의된 함수이다(그림 1-5 참조). 일반적으로, 로그함수는

$$y = \log_a p(x) \ \ (a > 0,\ a \neq 0,\ p(x)\text{는 다항식})$$

의 형태로 정의되고, $p(x) > 0$을 만족하는 x의 범위가 정의역이 된다.

삼각함수

삼각함수를 정의하기 위해 직교좌표상에서, 중심이 원점이고 반지름이 r인 원을 생각하자. 이 때, 길이가 r인 반지름이 원점을 중심으로 하여 양의 x축에서 시작(시초선)하여 시계반대방향으로 돌아가면서 생긴 시초선과 반지름 사이의 각을 **양의 각**(positive angle)이라고 정의하고 시계방향으로 돌아가면서 생긴 시초선과 반지름 사이의 각을 **음의 각**(negative angle)이라고 정의하자. 그림 1-6에서 보는 바와 같이 일반각은 완전하게 한 바퀴 이상을 돌아 만들어질 수도 있다.

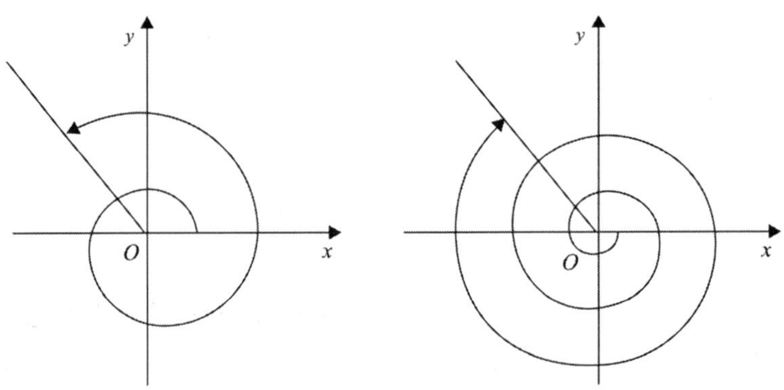

▌그림 1-6

양의 예각 θ의 sine, cosine, tangent, cosecant, secant, cotangent를 그림 1-7과 같은 직각 삼각형의 변의 비로써 다음과 같이 정의할 수 있다.

$$\sin\theta = \frac{\theta \text{ 에 마주보는 변}}{\text{직각 삼각형의 빗변}} = \frac{y}{r}$$

$$\cos\theta = \frac{\theta \text{ 에 인접한 변}}{\text{직각 삼각형의 빗변}} = \frac{x}{r}$$

$$\tan\theta = \frac{\theta \text{ 에 마주보는 변}}{\theta\text{에 인접한 변}} = \frac{y}{x}$$

$$\csc\theta = \frac{\text{직각 삼각형의 빗변}}{\theta \text{ 에 마주보는 변}} = \frac{r}{y}$$

$$\sec\theta = \frac{\text{직각 삼각형의 빗변}}{\theta \text{ 에 인접한 변}} = \frac{r}{x}$$

$$\cot\theta = \frac{\theta\text{에 인접한 변}}{\theta \text{ 에 마주보는 변}} = \frac{x}{y}$$

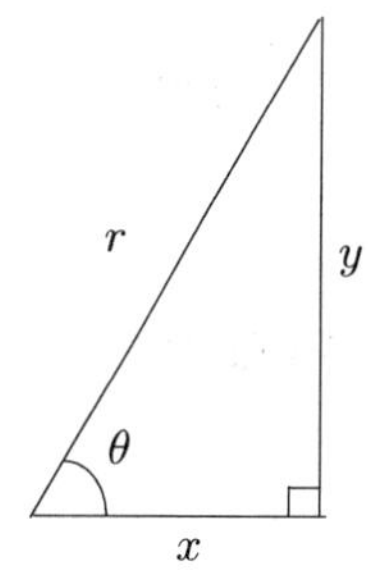

그림 1-7

그런데 앞의 정의로는 90° 이상의 일반각에 대하여 정의하기에는 곤란하다. 따라서 일반각에 대한 삼각함수를 정의하기 위해 직교좌표상에서 중심이 원점이고 반지름이 r인 원을 생각하자. 또, $P(x,\ y)$를 각 θ의 종선(terminal side)과 원과 만나는 점이라 하자(그림 1-8). 그러면 각 θ의 sine, cosine, tangent, cosecant, secant, cotangent를 다음과 같이 정의할 수 있다.

$$\sin\theta = \frac{y}{r}, \quad \cos\theta = \frac{x}{r}, \quad \tan\theta = \frac{y}{x}$$

$$\csc\theta = \frac{r}{y}, \quad \sec\theta = \frac{r}{x}, \quad \cot\theta = \frac{x}{y}$$

이와 같이 정의를 하면 모든 각에 대한 삼각함수의 값을 구할 수 있다.

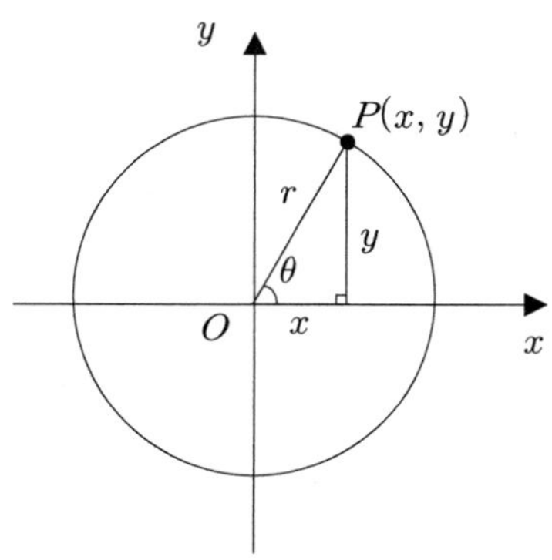

그림 1-8

보기 ❷ 다음 함수들은 외형상 어떤 함수들인가?

(1) $y = e^{x^2 - 4x - 5}$　　(2) $y = \log_5(x^2 + 2x + 3)$

(3) $y = \tan(2x + 1)$　　(4) $y = \sec(x^2 - 3)$

풀이 (1) 지수함수 (2) 로그함수 (3) 삼각함수 (4) 삼각함수

예제 ❶ 다음 그림 1-9에서 $x = -3$, $y = 4$이고 $r = 5$일 때, 다음 삼각함수의 값을 구하여라.

(1) $\sin\theta$　　(2) $\tan\theta$　　(3) $\sec\theta$

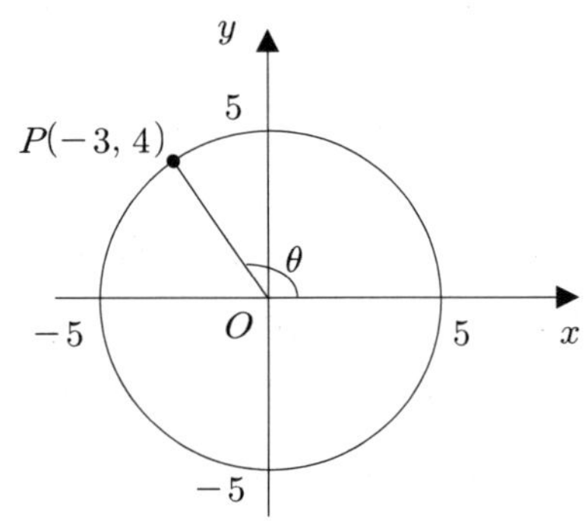

▌그림 1-9

풀이 (1) $\sin\theta = \frac{4}{5}$ (2) $\tan\theta = -\frac{4}{3}$ (3) $\sec\theta = -\frac{5}{3}$

라디안각

미적분학에서는 각을 도(°)나 분(minutes)(′)이나 초(seconds)(″)보다는 라디안 각으로 측정해서 쓰는 경우가 많다. 이제 반지름이 r인 원을 생각하자. 이때, 그림 1-10의 부채꼴에 의해 형성된 각 θ에 대하여 반지름에 대한 호의 길이의 비, 즉

$$\theta = \frac{s}{r}$$

로 60분각 θ에 대한 라디안 각으로 정의한다. 이렇게 정의하면 모든 60분각으로 표현되는 일반각과 라디안각 사이에는 정확하게 일대일 대응관계를 갖기 때문에 어떠한 60분각도 유일한 실

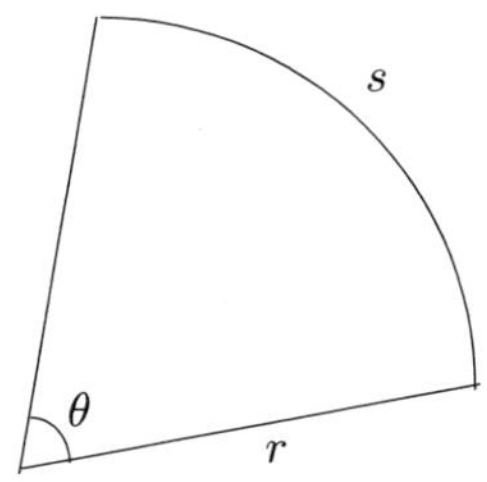

▌그림 1-10

숫값으로 나타내어진다. 즉, 라디안각이라 함은 60분각을 실숫값으로 나타내는 각을 의미한다. 이와 같이 모든 60분각을 실수화한 값으로 나타내게 되면 모든 삼각함수들은 실수의 집합 R에서 R로의 함수가 되어 그 그래프들을 직교좌표에 쉽게 나타낼 수 있게 된다.

앞과 같이 정의하면 1라디안(radian)은 그림 1-10에서 반지름의 길이와 호의 길이가 같을 때이고 이 호에 대한 중심각 θ의 크기는 반지름 r의 길이에 관계없이 일정하다. 또, 반지름의 길이가 r인 원 둘레는 $2\pi r$이고 이것은 반지름의 길이의 2π배이므로 2π라디안은 $360°$가 된다. 그러므로 π라디안은 $180°$이다. 1라디안과 $1°$를 각각 60분법과 호도법으로 환산하면 다음과 같다.

$$1\text{라디안} = \frac{180°}{\pi} \fallingdotseq 57°17'75''$$

$$1° = \frac{\pi}{180}\text{라디안} \fallingdotseq 0.01745\text{라디안}$$

이다. 특수각에 대한 60분법과 호도법과의 관계는 다음과 같다.

60분법	$0°$	$30°$	$45°$	$60°$	$90°$	$120°$	$135°$	$150°$	$180°$
호도법	0	$\frac{\pi}{6}$	$\frac{\pi}{4}$	$\frac{\pi}{3}$	$\frac{\pi}{2}$	$\frac{2\pi}{3}$	$\frac{3\pi}{4}$	$\frac{5\pi}{6}$	π
60분법	$210°$	$225°$	$240°$	$270°$	$300°$	$315°$	$330°$	$360°$	
호도법	$\frac{7\pi}{6}$	$\frac{5\pi}{4}$	$\frac{4\pi}{3}$	$\frac{3\pi}{2}$	$\frac{5\pi}{3}$	$\frac{7\pi}{4}$	$\frac{11\pi}{6}$	2π	

호의 길이와 면적

반지름의 길이가 r, 중심각의 크기가 θ(라디안)인 부채꼴의 호의 길이를 l, 면적을 S라 하면 호의 길이는 중심각의 크기에 비례하므로 $l : \theta = 2\pi r : 2\pi$에서 호의 길이는

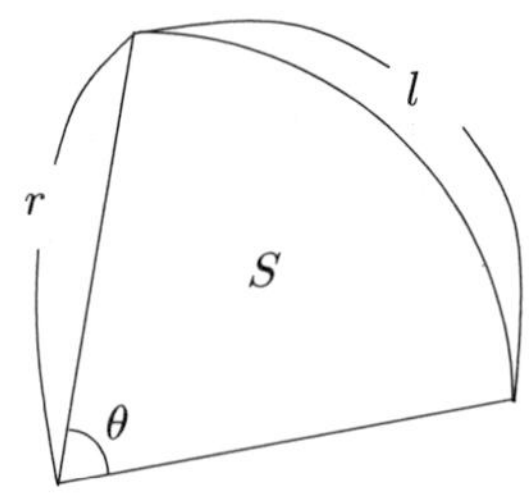

▮그림 1-11

$$l = r\theta$$

에 의해 구한다. 또, 부채꼴의 면적도 중심각에 비례하므로 $S : \theta = \pi r^2 : 2\pi$로부터

$$S = \frac{1}{2}r^2\theta$$

에 의해 구할 수 있다.

예제 ❷ 다음 각들 중 60분각은 라디안 각으로, 라디안 각은 60분각으로 나타내어라.

(1) $36°$ (2) $\frac{73}{90}\pi$ (3) 3

풀이 (1) 반지름이 r인 부채꼴에서 $36°$에 해당되는 호의 길이 s는

$$s = \pi r \times \frac{36°}{180°} = \frac{1}{5}\pi r$$

이다. 이때 해당되는 라디안각을 θ라 하면,

$$\theta = \frac{\frac{\pi r}{5}}{r} = \frac{\pi}{5}.$$

(2) 구하려는 60분각을 θ라 놓자. π가 $180°$이므로 비례식 $180° : \pi = \theta : \frac{73}{90}\pi$에서

$$\theta = \frac{73}{90}\pi \times \frac{180°}{\pi} = 146°.$$

(3) (2)와 같이 하면

$$\theta = 3 \times \frac{180°}{\pi} = \frac{540°}{\pi}.$$

예제 ③ 반지름의 길이가 3cm, 중심각의 크기가 150°인 부채꼴의 호의 길이와 면적을 구하여라.

풀이 먼저 150°를 라디안으로 표시하면 $\frac{\pi}{180°}\times 150° = \frac{5}{6}\pi$(라디안)이므로 호의 길이 l은

$$l = 3\times\frac{5}{6}\pi = \frac{5}{2}\pi\ (\mathrm{cm})$$

이다. 또, 이때 면적 $S = \frac{1}{2}r^2\theta$이므로 다음과 같다.

$$S = \frac{1}{2}\times 3^2\times\frac{5}{6}\pi = \frac{15}{4}\pi\ (\mathrm{cm}^2)$$

쌍곡선함수

다양한 함수들의 미적분을 원활히 하기 위해서는 지수식에 기초를 둔 쌍곡선 함수를 정의할 필요가 있다. 즉, 쌍곡선 sine(hyperbolic sine), 쌍곡선 cosine(hyperbolic cosine), 쌍곡선 tangent (hyperbolic tangent), 쌍곡선 cosecant, 쌍곡선 secant, 쌍곡선 cotangent를 다음과 같이 정의한다.

$$\sinh x = \frac{e^x - e^{-x}}{2} \qquad \cosh x = \frac{e^x + e^{-x}}{2}$$

$$\tanh x = \frac{\sinh x}{\cosh x} = \frac{e^x - e^{-x}}{e^x + e^{-x}} \qquad \mathrm{csch}\, x = \frac{1}{\sinh x} = \frac{2}{e^x - e^{-x}}$$

$$\mathrm{sech}\, x = \frac{1}{\cosh x} = \frac{2}{e^x + e^{-x}} \qquad \coth x = \frac{1}{\tanh x} = \frac{e^x + e^{-x}}{e^x - e^{-x}}$$

이 함수들의 정의역은 분모를 0이 되게 하는 x값을 제외한 실수이고 다음과 같은 관계식이 성립한다. 다음 예제를 통해 증명해 보고 나머지는 연습문제로 남겨둔다.

- $\cosh^2 x - \sinh^2 x = 1$
- $1 - \tanh^2 x = \mathrm{sech}^2 x$
- $\coth^2 x - 1 = \mathrm{csch}^2 x$
- $\sinh(x \pm y) = \sinh x \cosh y \pm \cosh x \sinh y$
- $\cosh(x \pm y) = \cosh x \cosh y \pm \sinh x \sinh y$
- $\tanh(x \pm y) = \dfrac{\tanh x \pm \tanh y}{1 \pm \tanh x \tanh y}$

예제 ④ 다음 관계식을 증명하여라.

(1) $\cosh^2 x - \sinh^2 x = 1$

(2) $\sinh(x \pm y) = \sinh x \cosh y \pm \cosh x \sinh y$

증명 (1) $\cosh^2 x - \sinh^2 x = \left(\dfrac{e^x + e^{-x}}{2}\right)^2 - \left(\dfrac{e^x - e^{-x}}{2}\right)^2$

$$= \frac{e^{2x} + 2 + e^{-2x}}{4} - \frac{e^{2x} - 2 + e^{-2x}}{4} = 1$$

(2) $\sinh x \cosh y + \cosh x \sinh y$

$$= \left(\frac{e^x - e^{-x}}{2}\right)\left(\frac{e^y + e^{-y}}{2}\right) + \left(\frac{e^x + e^{-x}}{2}\right)\left(\frac{e^y - e^{-y}}{2}\right)$$

$$= \frac{e^{x+y} + e^{x-y} - e^{-x+y} - e^{-x-y}}{4} + \frac{e^{x+y} - e^{x-y} + e^{-x+y} - e^{-x-y}}{4}$$

$$= \frac{2e^{x+y} - 2e^{-x-y}}{4} = \frac{2(e^{x+y} - e^{-(x+y)})}{4} = \frac{e^{x+y} - e^{-(x+y)}}{2}$$

$$= \sinh(x+y)$$

부호가 음일 때도 위와 같이 증명하면 쉽게 증명할 수 있으므로 생략한다.

단사·전사함수

f가 집합 X에서 집합 Y로의 함수일 때, 임의의 $x_1, x_2 \in X$에 대하여 $x_1 \neq x_2$이면 $f(x_1) \neq f(x_2)$를 만족하는 함수 f를 집합 X에서 집합 Y로의 **단사함수**(injective function) 또는 **1대1함수**(one to one function)라 한다. 또, 임의의 $y \in Y$에 대하여 $f(x) = y$인 x가 X 안에 적어도 하나 이상 존재할 때, f를 집합 X에서 집합 Y로의 **전사함수**(surjective function)라 한다. 즉, $f(X) = Y$인 함수를 말한다.

전단사·항등함수

함수 f가 전사이면서 단사일 때, f를 **전단사함수**(bijective function) 또는 **1대1대응**(one to one correspondence)이라 한다. f가 집합 X에서 집합 X로의 함수일 때, 임의의 $x \in X$에 대하여 $f(x) = x$를 만족하는 함수 f를 집합 X에서 집합 X로의 **항등함수**(identity function)라 하고 $f \equiv I_X$로 나타낸다. 일반적으로 항등함수는 모두 전단사함수가 되지만 전단사함수라고 해서 항등함수가 되는 것은 아니다. 한편, 내용상 분류한 위의 함수들은 정의역과 공변역을 어떻게 제한하느냐에 따라 성격이 다른 함수가 될 수도 있다.

예제 ⑤ 다음 함수들은 내용상 어떤 함수인가?

(1) $f : R \to R,\ f(x) = 2x+1$　　(2) $g : R \to [0, \infty),\ g(x) = x^2$

(3) $h : R \to R,\ h(x) = x$　　(4) $p : R^+ \to R,\ p(x) = \log x$

(5) $\exp : R \to R,\ \exp(x) = e^x$

풀이 (1) 임의의 $x_1,\ x_2 \in R$에 대하여 $f(x_1) = f(x_2)$이면, $2x_1 + 1 = 2x_2 + 1$이 되어 정리하면 $x_1 = x_2$이므로 함수 f는 단사함수이다. 또, $f(R) = R$이므로 함수 f는 전사함수도 된다. 그러므로 함수 f는 전단사함수이다.

(2) 임의의 $x_1,\ x_2 \in R$에 대하여 $f(x_1) = f(x_2)$이면, $x_1^2 = x_2^2$이 되어 정리하면 $x_1 = \pm x_2$이므로 함수 f는 단사함수가 될 수 없다. 그러나 $f(R) = \{y \mid y \geqq 0\}$이므로 치역과 공변역이 같다. 따라서 함수 f는 전사함수이다.

(3) 항등함수

(4) 임의의 $x_1,\ x_2 \in R^+$에 대하여 $p(x_1) = p(x_2)$이면, $\log x_1 = \log x_2$가 되어 정리하면 $x_1 = x_2$이므로 함수 f는 단사함수이다. 또, $f(R^+) = R$이므로 함수 f는 전사함수도 된다. 그러므로 함수 f는 전단사함수이다.

(5) 임의의 $x_1,\ x_2 \in R$에 대하여 $f(x_1) = f(x_2)$이면, $e_1^x = e_2^x$이고 양변을 e_2^x으로 나누면 $e^{x_1 - x_2} = 1$이 되어 정리하면 $x_1 = x_2$이므로 함수 f는 단사함수이다. 그러나 $f(R) = \{y \mid y > 0\} \subset R$이므로 함수 f는 전사함수는 될 수 없다. 그러므로 함수 f는 단사함수이다.

(1)

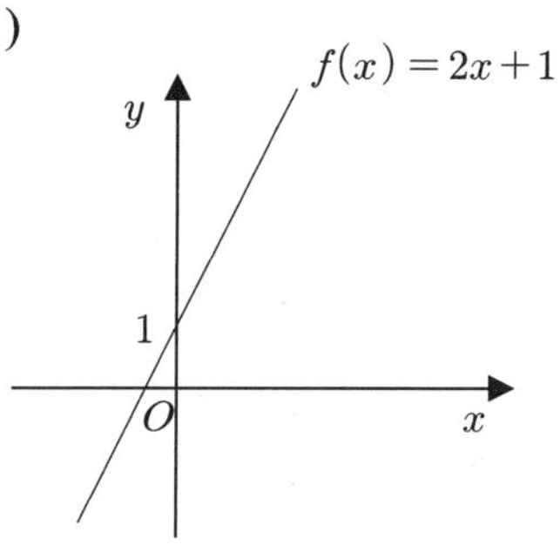

(2)

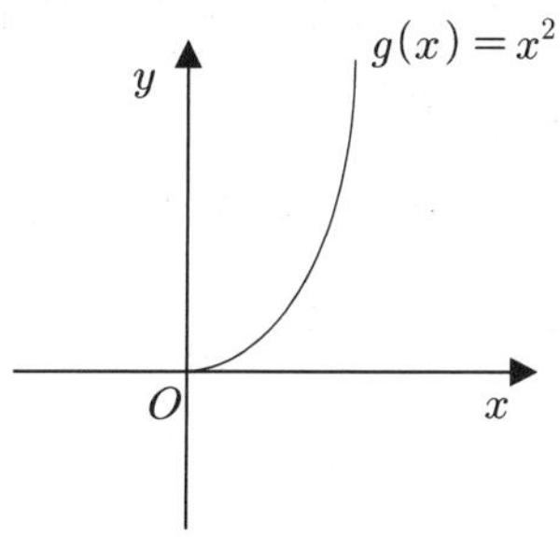

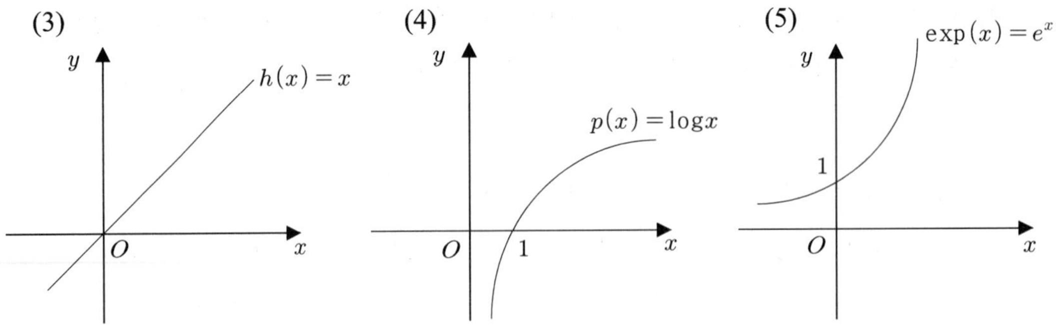

▌그림 1-12

연습문제 (1-1-2)

1. 다음에서 라디안 각은 60분각으로, 60분각은 라디안 각으로 나타내어라.

(1) $270°$　　(2) $20°$　　(3) $\left(\frac{\pi}{10}\right)°$

(4) $\frac{\pi}{3}$　　(5) $\frac{9}{4}\pi$　　(6) 1

(7) $-\frac{5}{6}\pi$　　(8) $1°$

2. 다음을 만족하는 라디안 각을 구하여라.

(1) $\sin\theta=1$　　(2) $\cos\theta=-\frac{1}{\sqrt{2}}$　　(3) $\tan\theta=-\sqrt{3}$

3. 다음 함수들을 내용상 분류하여라.

(1) $f(x)=3^{x+1}$

(2) $g(x)=x^2+3\ (x\geqq 0,\ y\geqq 3)$

(3) $h(x)=2x^3-1$

4. 다음을 증명하여라.

(1) $\triangle ABC$의 면적 $S = \dfrac{1}{2}bc\sin A$

(2) $\dfrac{a}{\sin A} = \dfrac{b}{\sin B} = \dfrac{c}{\sin C}$

(3) $\sin\left(\dfrac{\pi}{2} - \alpha\right) = \cos\alpha$

(4) $\dfrac{\cos\theta\sec\theta}{1+\tan^2\theta} = \cos^2\theta$

(5) $\tan\dfrac{\theta}{2} = \dfrac{\sin\theta}{1+\cos\theta}$

(6) $\cos\left(\dfrac{\pi}{3}+\theta\right) + \cos\left(\dfrac{\pi}{3}-\theta\right) = \cos\theta$

3. 역함수

지금까지 설명한 모든 함수들은 독립변수가 하나인 일변수함수에 대해서만 언급하였다. 여기서는 이러한 여러가지 형태의 일변수함수들의 그래프를 좌표평면에 그려보도록 하자. 또, 여기서 가장 중요한 부분인 다양한 함수들의 역함수의 개념과 성질을 소개한다.

일변수함수

집합 R에서 집합 R로의 함수 f에서 각 실수 $x \in R$에 대하여 x의 f에 의한 함숫값을 y로 나타내면 $y = f(x)$가 된다. 이때, x가 R의 모든 원소를 택하면서 변하면 이 x값에 따라 y의 값이 변한다. 이러한 의미에서 x를 **독립변수**(independent variable)라 하고 y를 f의 **종속변수**(dependent variable)라 하며, f를 한 개의 독립변수 x를 가진 **일변수함수**(one variable function)라고 한다. 이 함수를 간단히 함수 $f(x)$ 또는 함수 $y = f(x)$와 같이 나타낸다. 앞에서 언급한 함수들은 이러한 의미에서 일변수함수라 할 수 있다.

보기 ① 앞의 '2. 함수의 분류'의 보기 1, 2에 열거한 함수들은 모두 일변수함수이다.

함수의 그래프

방정식이나 부등식에서 그래프를 정의한 것과 마찬가지로 함수에 있어서도 그래프의 개념을 생각할 수 있다. 함수 $f : X \to Y (X,\ Y \subset R)$에 대하여 집합

$$G_f = \{(x,\ f(x)) \mid x \in X\}$$

가 주어진다. 이 집합 G_f를 함수 f의 **그래프**(graph)라 한다. 그래프를 나타내는 집합 G_f는 곱집합 $X \times Y$의 부분집합임을 알 수 있다.

일변수함수의 모든 그래프는 반드시 존재하며 그릴 수만 있다면 좌표평면에 나타낼 수가 있다. 그러나 실제로는 그릴 수도 없고 상상하기 곤란한 경우의 함수도 있다. 이를테면 디리클레의 함수는 비록 그릴 수는 있지만 하나의 곡선으로 연결되지 않는다. 또,

$$sgn\,x = \begin{cases} 1, & x > 0 \\ 0, & x = 0 \\ -1, & x < 0 \end{cases}$$

으로 정의되는 함수 $y = sgn\,x$ 의 그래프는 그림 1-13과 같이 서로 떨어져 있는 경우도 있음을 알아 두어야 한다.

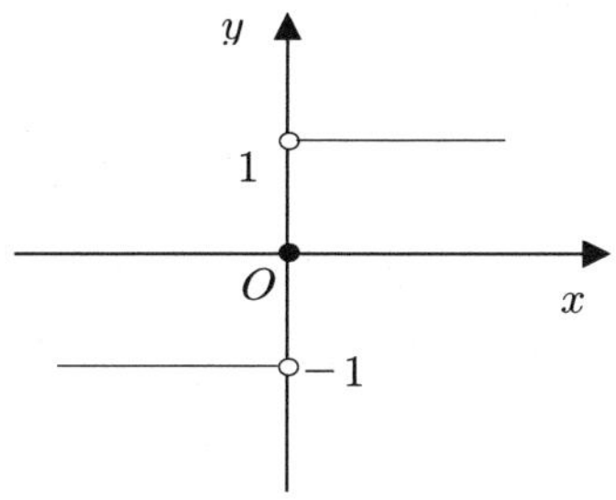

▌그림 1-13

예제 ❶ 다음 함수의 그래프를 그려라.

(1) $y = |x|$ (2) $y = [x]$, ([ ]는 가우스 기호임)

(3) $y = x - [x]$ (4) $y = x + \frac{1}{x}$

풀이

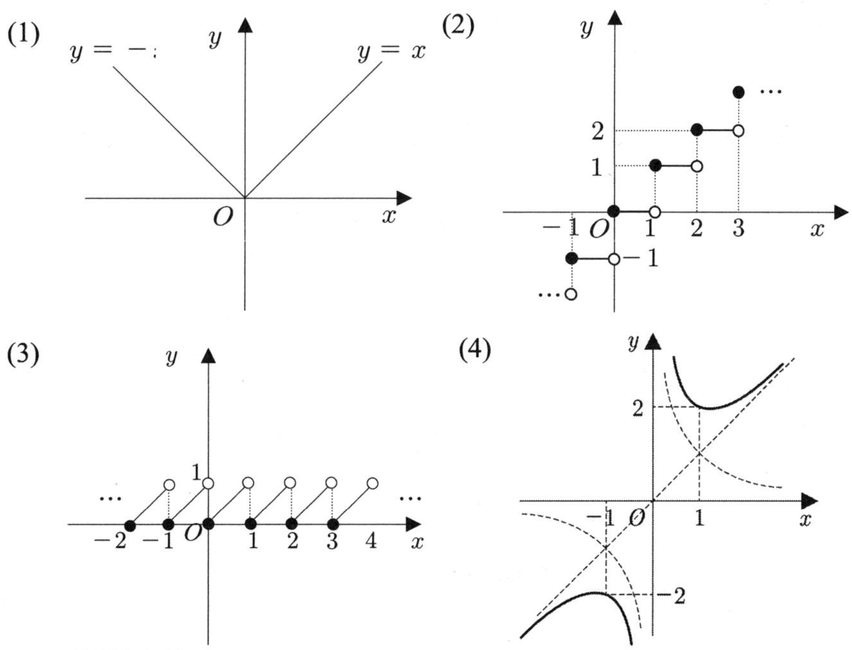

▌그림 1-14

역함수

f가 집합 X에서 집합 Y로의 전단사함수(1대1대응)일 때, 그의 역대응 $g : Y \to X$를 f의 **역함수**(inverse function)라 하고 $g \equiv f^{-1}$로 나타낸다. 이때, $f(x) = y$이면 $f^{-1}(y) = x$가 되고 보통 x와 y를 교환한 $y = f^{-1}(x)$를 생각하여 원함수 $f(x)$의 역함수로 취급한다. $y = f(x)$와 $x = f^{-1}(y)$가 동일하나 $y = f(x)$와 $y = f^{-1}(x)$는 직선 $y = x$에 관하여 대칭이 된다. 모든 함수의 역함수가 반드시 존재하는 것은 아니다. 이때에는 정의역과 공변역을 적당히 제한하여 주어진 함수가 전단사함수가 되게 하고 나서 역함수를 구하면 된다. 역함수를 구하는 방법은 먼저 주어진 함수를 x에 관하여 정리한 다음 x와 y를 교환하면 된다. 그러면 자연스럽게 역함수의 정의역은 원함수의 치역이 되고 역함수의 치역은 원함수의 정의역이 된다.

보기 ❷ $f(x) = x^2 \ (x \geqq 0)$의 역함수를 구하여라.

풀이 f는 $x \geqq 0$에서 전단사함수이므로 f^{-1}가 존재한다. 따라서

$$y = x^2 \Leftrightarrow x = \pm\sqrt{y}.$$

$x \geqq 0$이므로 $x = \sqrt{y}$이고 x와 y를 교환하면

$$y = \sqrt{x}.$$

즉, $f^{-1}(x) = \sqrt{x}$가 되고 원함수 f의 치역이 f^{-1}의 정의역이 된다.

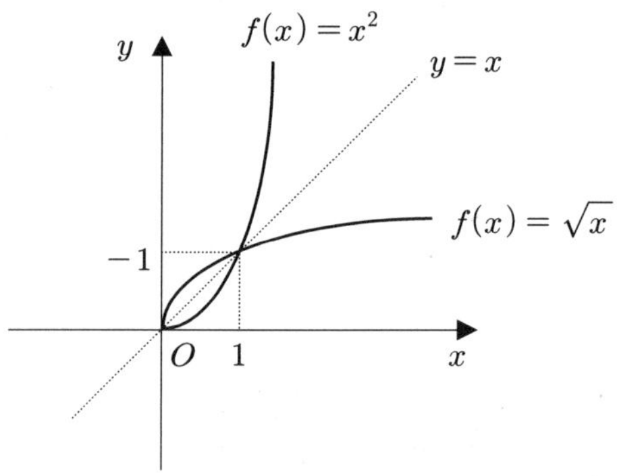

그림 1-15

정리 1-1-1

f가 X에서 Y로의 전단사함수일 때, 다음 성질들이 성립한다.

(1) $(f^{-1})^{-1}=f$

(2) $f^{-1}(f(x))=x,\ x\in X$

(3) $f(f^{-1}(y))=y,\ y\in Y$

증명 (1) f의 치역은 f^{-1}의 정의역이고 f의 정의역은 f^{-1}의 치역이므로

$$f^{-1}(y)=x \Leftrightarrow f(x)=y$$

이다. 따라서 f는 f^{-1}의 역함수이다.

(2) $f(x)=y$이므로 $f^{-1}(f(x))=f^{-1}(y)=x$이다.

(3) $f^{-1}(y)=x$이므로 $f(f^{-1}(y))=f(x)=y$이다.

역함수들 중에서 역삼각함수와 역쌍곡선함수가 많이 활용되므로 여기에서 소개한다.

역삼각함수

앞에서 언급한 삼각함수들은 모두가 전단사함수가 아니기 때문에 사실 역함수가 존재하지 않는다. 그러나 정의역과 공변역을 적당히 제한하면 그의 역함수를 생각할 수 있다. 먼저, $y=\sin x$는 R에서 R로의 삼각함수 중의 하나이다. 이 함수의 정의역을 $\left[-\frac{\pi}{2},\ \frac{\pi}{2}\right]$, 공변역을 $[-1,\ 1]$로 제한하면 $y=\sin x$는 전단사함수가 되기 때문에 그의 역함수가 존재한다. 이 역함수를 $y=\sin^{-1}x$ 또는 $y=\arcsin x$로 나타내기로 한다. 이때, $y=\sin^{-1}x$의 치역 $\left[-\frac{\pi}{2},\ \frac{\pi}{2}\right]$를 **주치**(principle value)라고 한다. 즉, $-\frac{\pi}{2}\leq\sin^{-1}x\leq\frac{\pi}{2}$이다(그림 1-16 참조). 같은 방법으로 다른 삼각함수들의 역삼각함수를 구할 수 있다.

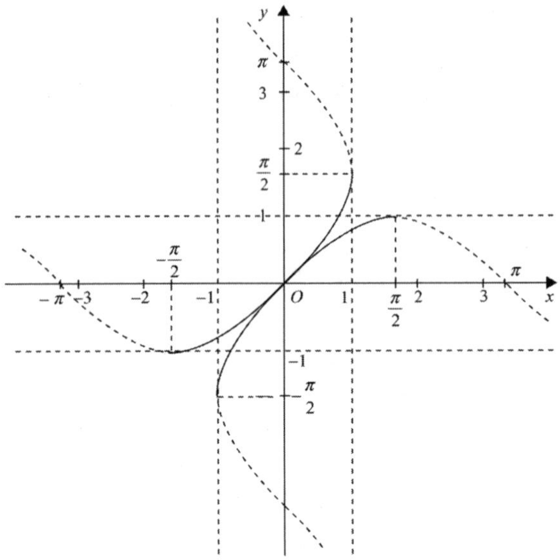

▌그림 1-16

역삼각함수의 주치

역삼각함수의 주치를 요약하면 다음과 같다. 그래프는 부록 1을 참조하기 바란다.

$$y = \sin^{-1}x \quad (-\frac{\pi}{2} \leqq y \leqq \frac{\pi}{2},\ -1 \leqq x \leqq 1)$$

$$y = \cos^{-1}x \quad (0 \leqq y \leqq \pi,\ -1 \leqq x \leqq 1)$$

$$y = \tan^{-1}x \quad (-\frac{\pi}{2} < y < \frac{\pi}{2},\ -\infty < x < \infty)$$

$$y = \csc^{-1}x \quad (-\frac{\pi}{2} \leqq y \leqq \frac{\pi}{2},\ |x| \geqq 1)$$

$$y = \sec^{-1}x \quad (0 \leqq y \leqq \pi,\ |x| \geqq 1)$$

$$y = \cot^{-1}x \quad (0 \leqq y \leqq \pi,\ -\infty < x < \infty)$$

참고 보통 역삼각함수에서는 그 주치만을 생각한다.

보기 ❸ 다음 역삼각함수들의 값을 구하여라.

(1) $\sin^{-1}1$ (2) $\sin^{-1}(-1)$

(3) $\cos^{-1}\left(\frac{1}{2}\right)$ (4) $\tan^{-1}(-1)$

풀이 (1) $\sin^{-1}1 = \frac{\pi}{2}$ (2) $\sin^{-1}(-1) = -\frac{\pi}{2}$

(3) $\cos^{-1}\left(\frac{1}{2}\right) = \frac{\pi}{3}$ (4) $\tan^{-1}(-1) = -\frac{\pi}{4}$

예제 ❷ 다음을 증명하여라.

(1) $\sin^{-1}(-x) = -\sin^{-1}x \ (-1 \leqq x \leqq 1)$

(2) $\sin^{-1}x + \cos^{-1}x = \frac{\pi}{2}$

증명 (1) $y = \sin^{-1}x$ 라면 $x = \sin y\left(-\frac{\pi}{2} \leqq y \leqq \frac{\pi}{2}\right)$이고 이것은 기함수이므로

$$\sin(-y) = -\sin y = -x\left(-\frac{\pi}{2} \leqq -y \leqq \frac{\pi}{2}\right).$$

따라서 $\sin(-y) = -x\left(-\frac{\pi}{2} \leqq -y \leqq \frac{\pi}{2}\right)$이고 1가함수이므로

$$\sin^{-1}(-x) = -y = -\sin^{-1}x.$$

그러므로 $\sin^{-1}(-x) = -\sin^{-1}x$이다.

(2) $y = \sin^{-1}x \ (-1 \leqq x \leqq 1)$이라면

$$\begin{aligned} x &= \sin y\left(-\frac{\pi}{2} \leqq y \leqq \frac{\pi}{2}\right) \\ &= \cos\left(\frac{\pi}{2} - y\right)\left(0 \leqq \frac{\pi}{2} - y \leqq \pi\right) \end{aligned}$$

이므로 cosine은 전단사함수가 되어 역함수가 존재한다. 따라서 위 식은

$$\cos^{-1}x = \frac{\pi}{2} - y \Leftrightarrow \cos^{-1}x = \frac{\pi}{2} - \sin^{-1}x$$

가 되어 정리하면

$$\sin^{-1}x + \cos^{-1}x = \frac{\pi}{2}.$$

역쌍곡선 함수

일반적으로 역함수를 구하는 방법에 의해 쌍곡선함수의 역함수를 구하면 된다. $y = \sinh x$ 의 역함수를 $y = \sinh^{-1} x$ 로 나타내고 이를 **역쌍곡선 사인함수**(inverse hyperbolic sine function), $y = \cosh x$ 의 역함수를 $y = \cosh^{-1} x\ (x \geq 1)$로 나타내고 이를 **역쌍곡선 코사인함수**(inverse hyperbolic cosine function), 그리고 $y = \tanh x$ 의 역함수를 $y = \tanh^{-1} x\ (|x| < 1)$로 나타내고 이를 **역쌍곡선 탄젠트함수**(inverse hyperbolic tangent function) 등으로 부른다. 이들 쌍곡선함수의 역함수를 **역쌍곡선함수**(inverse hyperbolic function)라 한다. 쌍곡선함수는 모두가 전단사함수는 아니다. 따라서 전단사가 아닐 경우에는 삼각함수에서처럼 정의역과 공변역을 적당히 제한하여 먼저 전단사조건을 충족시킨 후에 역함수를 구하면 된다. 먼저, $y = \sinh x$ 의 역함수를 구해보자. 앞에서 언급했듯이 이 함수는 전단사함수이기 때문에 쉽게 구할 수 있다. 다음 예제를 통해 구해보자.

예제 ❸ $y = \sinh x$ 의 역함수를 구하여라.

풀이 $y = \sinh x$ 는 실수 위에서 전단사이므로 제약없이 역함수 구하는 순서에 의해 구하면 된다. 먼저, $y = \sinh x = \dfrac{e^x - e^{-x}}{2}$ 이므로 x에 관해 푼다. 즉,

$$e^x - e^{-x} = 2y$$

이므로 양변에 e^x를 곱하여 정리하면

$$(e^x)^2 - 2y(e^x) - 1 = 0$$

이다. 따라서 $e^x = y \pm \sqrt{y^2 + 1}$ 이다. 그런데 $e^x > 0$이므로

$$e^x = y + \sqrt{y^2 + 1}\ .$$

그러므로 x 에 관해 정리하면

$$x = \log\left(y + \sqrt{y^2 + 1}\right)$$

이다. 이제 x 와 y 를 교환하면

$$y = \log\left(x + \sqrt{x^2 + 1}\right)$$

가 $y = \sinh x$ 의 역함수가 된다. 즉, $y = \sinh^{-1} x = \log\left(x + \sqrt{x^2 + 1}\right)$이다.

참고 위와 같은 방법으로 하면

$$y = \cosh^{-1}x = \log(x + \sqrt{x^2 - 1})\ (x \geqq 1)$$

이고

$$y = \tanh^{-1}x = \frac{1}{2}\log\frac{1+x}{1-x}\ (|x| < 1)$$

임을 알 수 있다. 각자 해보도록 하자.

연습문제 (1-1-3)

1. 다음 함수의 그래프를 그려라.

(1) $\phi(x) = \begin{cases} x^2, & x > 1 \\ 2, & x \leqq 1 \end{cases}$

(2) $f(x) = \dfrac{x}{|x|}$

(3) $g(x) = \sqrt{x^2 + 3x}$

(4) $h(x) = |x^2 - 3x + 5|$

2. 다음 함수의 역함수를 구하여라.

(1) $f(x) = x^3 + 2$

(2) $g(x) = \sqrt{2x - 1}\ \left(x \geqq \dfrac{1}{2},\ y \geqq 0\right)$

(3) $h(x) = \sin\left(2x - \dfrac{\pi}{6}\right)\ \left(-\dfrac{\pi}{6} \leqq x \leqq \dfrac{\pi}{3},\ -1 \leqq y \leqq 1\right)$

3. 다음 역삼각함수들의 값을 구하여라.

(1) $\sin^{-1}\left(-\dfrac{\sqrt{2}}{2}\right)$

(2) $\tan^{-1}(-\sqrt{3})$

(3) $\cos^{-1}(-1)$

(4) $\cot^{-1}\left(\dfrac{1}{\sqrt{3}}\right)$

4. 다음 등식을 증명하여라.

(1) $\tan^{-1}x + \cot^{-1}x = \dfrac{\pi}{2}$

(2) $\sin^{-1}\sqrt{1 - x^2} = \cos^{-1}x\ \ (0 \leqq x \leqq 1)$

요약 (1-1)

1. 함수

두 집합 X와 Y에서 X의 임의의 원소 x가 Y의 단 하나의 원소 y에 대응되는 규칙 f를 X에서 Y로의 함수 또는 사상이라 하고 $f : X \to Y$로 나타낸다. 이때, X를 함수 f의 정의역, Y를 공변역이라 하고 $f[X]$를 치역이라 한다.

2. 양함수 · 음함수

보통 함수를 $y = f(x)$로 나타내는데 이런 형태의 함수를 양함수라 하고 $f(x, y) = 0$ 형태의 함수를 음함수라고 한다.

3. 우함수 · 기함수

양함수 $y = f(x)$에서 그 정의역의 모든 x에 대하여 $f(-x) = f(x)$를 만족하는 함수를 우함수라 하고, $f(-x) = -f(x)$를 만족하는 함수를 기함수라고 한다.

4. 주기함수

독립변수 x의 값에 관계없이 $f(x+T) = f(x)$를 만족하는 T가 존재할 때 이런 함수를 주기함수라 하고 T를 주기라 하며 최소의 양의 주기를 기본주기라 한다.

5. 합성함수

두 함수 $f : X \to Y$와 $g : W \to Z$가 정의되고 $f(x)$는 W의 부분집합이라 하자. 이때, 두 함수 f와 g에 의해 X에서 Z로 새로이 정의된 함수 $g \circ f$를 f와 g의 합성함수라 하고 임의의 $x \in X$에 대하여

$$g \circ f(x) = g(f(x))$$

로 정의한다.

6. 함수의 연산

두 함수 $f : X \to Y$와 $g : X \to Y$가 정의되었다고 하자. 이때, 임의의 $x \in X$에 대하여 두 함

수의 사칙연산은 다음과 같이 정의한다. 즉,

$$(f \pm g)(x) = f\,(x) \pm g(x)$$
$$(f \times g)(x) = f\,(x) \times g(x)$$
$$(f \div g)(x) = \frac{f\,(x)}{g(x)}, \quad g(x) \neq 0$$

7. 함수의 분류

함수를 외형상 분류하면 대수함수와 초월함수로 분류되고 대수함수에는 유리함수, 무리함수가 있다. 또, 유리함수는 다항함수와 분수함수로 분류되고 초월함수에는 지수함수, 로그함수, 삼각함수, 쌍곡선함수 등이 있다. 함수를 내용상 분류하면 단사함수, 전사함수, 전단사함수, 항등함수 등으로 분류된다.

8. 역함수

f가 X에서 Y로의 전단사함수일 때, 그의 역대응 $g : Y \to X$를 f의 역함수라 하고

$$g \equiv f^{-1}$$

로 나타낸다.

종합문제 (1-1)

1. $f(x)=\sqrt{4x-3}$, $g(x)=\dfrac{x}{|x|}$ 로 주어졌을 때 다음을 구하여라.

(1) $f\left(\dfrac{3}{4}\right)$ (2) $f(3)$

(3) $g(-\pi)$ (4) $g(7.1)$

2. 다음 함수에서 각각 우함수, 기함수 그리고 주기함수를 찾아보아라.

(1) $y=x^2+7$ (2) $y=2x-5x^3$

(3) $y=\sin x+\cos x$ (4) $y=2\sin 5x$

3. 두 함수 $f(x)=\dfrac{1}{x}$, $g(x)=\sqrt{x}$ 로 주어졌을 때 다음을 구하여라.

(1) $f\circ g$ (2) $g\circ f$

(3) $f\circ f$ (4) $g\circ g$

4. 다음 등식을 증명하여라.

(1) $y=\cosh^{-1}x=\log\left(x+\sqrt{x^2-1}\right)$ $(x\geqq 1)$

(2) $y=\tanh^{-1}x=\dfrac{1}{2}\log\dfrac{1+x}{1-x}$ $(|x|<1)$

5. 임의의 함수 f, g, h에 대하여 $f\circ(g\circ h)=(f\circ g)\circ h$임을 증명하여라.

6. $f(x)=\sqrt{1-x^2}$이라 할 때 $(f\circ f)(x)=x$임을 보여라.

7. 다음 등식을 증명하여라.

(1) $1-\tanh^2 x=\operatorname{sech}^2 x$

(2) $\cosh(x+y)=\cosh x\cosh y+\sinh x\sinh y$

1-2 함수의 극한과 연속

1. 함수의 극한

수열도 일종의 함수지만 실수상에서 정의된 함수는 아니다. 따라서 수열의 극한에서는 미지수 n값이 무한대로 갈 경우의 극한값을 생각하는 것이 의미가 있었지만 일반적으로 실수에서 정의되는 함수의 극한값 계산은 미지수를 무한대뿐만 아니라 적당한 상숫값으로 보냈을 경우에도 의미가 있다. 따라서 함수의 연속성과도 밀접한 관계가 있다. 이제 서두에서 언급한 함수들에 대한 극한문제에 대해 생각해보기로 하자.

함수의 극한

함수 $y=f(x)$에 있어서 변수 x가 어떤 값 a에 한없이 가까이 갈 때 그 가까워지는 방법 여하에 관계없이 함수 $f(x)$의 값이 일정한 값 b에 한없이 가까워지면, x가 a에 가까워 질 때(수렴할 때) $f(x)$는 b에 **수렴한다**(converge)라고 말하고 b를 $f(x)$의 **극한값**(limit value)이라 한다. 이것을 기호로는

$$f(x) \to b \ (x \to a) \quad \text{또는} \quad \lim_{x\to a} f(x) = b$$

로 나타낸다.

일변수함수에서 x가 a에 가까워지는 방법에는 오른쪽에서 a에 가까워지는 경우를 **우극한**(right-side limit), 왼쪽에서 a에 가까워지는 경우를 **좌극한**(left-side limit)이라 하고 다음과 같이 나타낸다.

$$\text{우극한: } \lim_{x\to a^+} f(x)$$

$$\text{좌극한: } \lim_{x\to a^-} f(x)$$

따라서 좌극한값과 우극한값이 같아질 때, 즉

$$\lim_{x\to a^+} f(x) = \lim_{x\to a^-} f(x) = b$$

일 때, $\lim_{x \to a} f(x) = b$라고 정의한다. 다시 말해서, $\lim_{x \to a} f(x) = b$란 의미는 변수 x를 a에 한없이 가까이 잡으면 함수 $f(x)$는 얼마든지 b에 가까운 값을 잡을 수 있다는 뜻이다.

보기 ❶ 극한값 $\lim_{x \to 2}(2x+3)$을 구하여라.

풀이 (1) x가 실직선을 따라 좌, 우측에서 2에 한없이 가까이 가면 함숫값 $2x+3$은 7에 한없이 가까워짐을 알 수 있다. 따라서

$$\lim_{x \to 2}(2x+3) = 7$$

이다(그림 1-17 참조).

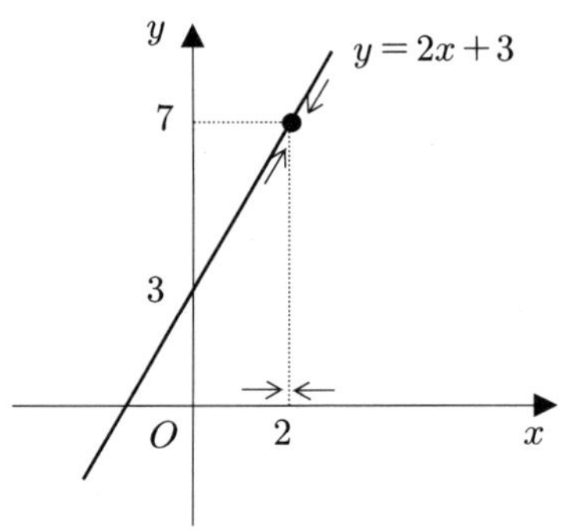

▮그림 1-17

식의 엄격한 정의: ($\varepsilon-\delta$ 방법의 정의)

임의의 $\varepsilon > 0$에 대하여 적당한 $\delta > 0$가 존재하여 $0 < |x-a| < \delta$인 모든 x에 대하여 $|f(x)-b| < \varepsilon$일 때,

$$\lim_{x \to a} f(x) = b$$

라고 정의한다.

참고 극한값 b는 $x \to a$일 때, $f(x)$가 가까워지는 값이고 $x=a$일 때의 함숫값 $f(a)$는 아니다. 따라서 $f(a)$는 정의되어도 좋고 정의되지 않아도 좋으며 정의되더라도 극한값 b와 일치하지 않아도 좋다 (그림 1–18 참조).

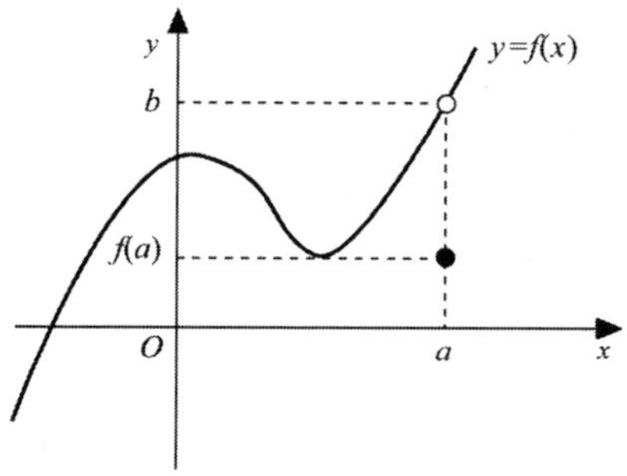

▌그림 1-18

예제 ❶ $\lim_{x\to 3}(4x-1)=11$임을 $\varepsilon-\delta$ 방법에 의해 증명하여라.

증명 $\varepsilon>0$이 정해졌다고 하자. $\delta=\frac{\varepsilon}{4}$이라 하면 $0<|x-3|<\delta$인 모든 x에 대하여 $|(4x-1)-11|=|4x-12|=4|x-3|<4\delta=\varepsilon$이므로 $\varepsilon-\delta$ 방법의 정의에 의하여

$$\lim_{x\to 3}(4x-1)=11$$

참고 $\delta=\frac{\varepsilon}{4}$이라 잡은 것은 $\varepsilon>0$에 대하여 $0<|x-3|<\delta$이면 $|(4x-1)-11|=\varepsilon$인 δ를 찾아 내어야 한다. 따라서

$$|(4x-1)-11|=|4x-12|=4|x-3|<\varepsilon \Leftrightarrow |x-3|<\frac{\varepsilon}{4}.$$

그러므로 $\delta=\frac{\varepsilon}{4}$으로 선택한다.

예제 ❷ $x \to 1$일 때 다음 함수의 극한값을 구하여라.

(1) $f(x) = \dfrac{x^2 - 1}{x - 1}$ (2) $g(x) = \begin{cases} x+1, & x \neq 1 \\ 1, & x = 1 \end{cases}$

풀이 (1) $x \neq 1$일 때 함수 $f(x) = x + 1$이므로 $\lim_{x \to 1} f(x) = \lim_{x \to 1}(x+1) = 2.$

즉, $x = 1$에서 정의되지 않더라도 극한값은 존재한다.

(2) (1)과 같은 방법으로 $\lim_{x \to 1} g(x) = \lim_{x \to 1}(x+1) = 2.$

수렴 · 발산

$y = f(x)$에 있어서 x가 한없이 커질 때 $f(x)$의 값이 일정한 값 b에 한없이 가까워지면 $f(x)$는 극한값 b에 **수렴한다**(converge)고 말하고 기호로는

$$f(x) \to b \ (x \to \infty) \quad \text{또는} \quad \lim_{x \to \infty} f(x) = b$$

로 나타낸다.

x가 어떤 값 a에 가까워질 때 그 가까워지는 방법 여하에 불구하고 $f(x)$가 한없이 커질 때 $f(x)$는 무한대로 **발산한다**(diverge)고 말하고 기호로는

$$f(x) \to \infty \ (x \to a) \quad \text{또는} \quad \lim_{x \to a} f(x) = \infty$$

로 나타낸다.

위의 정의로부터

$$\lim_{x \to -\infty} f(x) = b, \quad \lim_{x \to a} f(x) = -\infty$$

$$\lim_{x \to \infty} f(x) = \infty, \quad \lim_{x \to -\infty} f(x) = -\infty$$

등도 정의할 수 있다.

예제 ③ 다음 극한값을 구하여라.

(1) $\lim_{x\to 1+0}\dfrac{1}{x-1}$ (2) $\lim_{x\to 1-0}\dfrac{1}{x-1}$

(3) $\lim_{x\to\pm\infty}\dfrac{1}{x-1}$

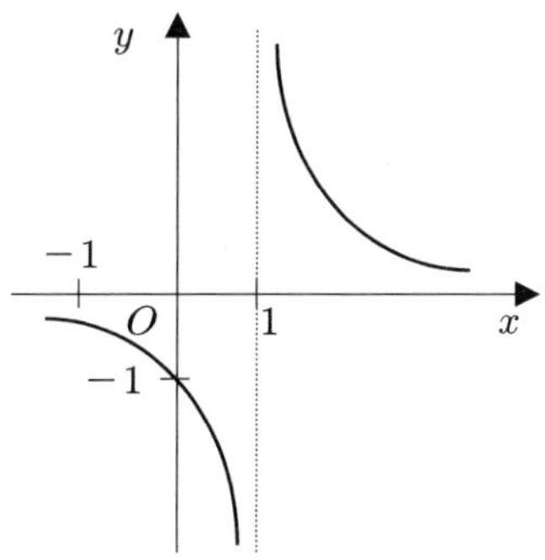

▌그림 1-19

풀이 그림 1-19에 의해,

(1) $\lim_{x\to 1+0}\dfrac{1}{x-1} = +\infty$

(2) $\lim_{x\to 1-0}\dfrac{1}{x-1} = -\infty$

(3) $\lim_{x\to\pm\infty}\dfrac{1}{x-1} = 0$

참고 $\lim_{x\to 0}\sin\dfrac{1}{x}$은 -1과 1 사이의 값을 취하면서 변하는데 무한대로 발산하지는 않는다. 이와 같이 극한값을 정할 수 없는 경우에 **진동한다**(oscillate)라고 말하고 이 경우에도 **발산한다**고 말한다.

극한의 정리

다음 극한의 정리들은 $\varepsilon-\delta$ 방법을 사용하지 않고 극한값이 존재하는 것을 증명하는 데 도움이 될 것이다. 거의 모든 극한에 관한 문제는 이 정리들을 사용하여 증명할 수 있다.

정리 1-2-1

n은 양의 정수, k는 상수 그리고 f, g는 $x \to a$ 또는 $x \to b$일 때 극한값이 존재하는 함수라 하자. 그러면

(1) $\lim_{x \to a} k = k$

(2) $\lim_{x \to a} x = a$

(3) $\lim_{x \to a} kf(x) = k \lim_{x \to a} f(x)$

(4) $\lim_{x \to a} [f(x) \pm g(x)] = \lim_{x \to a} f(x) \pm \lim_{x \to a} g(x)$

(5) $\lim_{x \to a} [f(x) \cdot g(x)] = \lim_{x \to a} f(x) \cdot \lim_{x \to a} g(x)$

(6) $\lim_{x \to a} \frac{f(x)}{g(x)} = \frac{\lim_{x \to a} f(x)}{\lim_{x \to a} g(x)}$ (단, $\lim_{x \to a} g(x) \neq 0$)

(7) $\lim_{x \to a} \{f(x)\}^n = [\lim_{x \to a} f(x)]^n$

(8) $\lim_{x \to a} \sqrt[n]{f(x)} = \sqrt[n]{\lim_{x \to a} f(x)}$ (단, $\lim_{x \to a} f(x) > 0$, $n = 2m$)

(9) $f(x) \geqq g(x) \Rightarrow \lim_{x \to a} f(x) \geqq \lim_{x \to a} g(x)$

(10) $\lim_{x \to a} f(x) = b$, $\lim_{x \to b} g(x) = c \Rightarrow \lim_{x \to a} g(f(x)) = c$

정리 1-2-2 치환정리

f가 다항식함수 또는 유리함수이면

$$\lim_{x \to a} f(x) = f(a)$$

이다. 단, 유리함수의 경우 분모는 $x = a$에서 0이 아니다.

정리 1-2-2는 정리 1-2-1을 여러 번 응용하면 증명된다. 여기서는 모두 증명을 생략하기로 하고 그 응용에 중점을 두겠다.

예제 ❹ $a>0$, n이 양의 정수일 때, $\lim_{x\to a}\frac{x^n-a^n}{x-a}$를 구하여라.

풀이 $\lim_{x\to a}\frac{x^n-a^n}{x-a}=\lim_{x\to a}(x^{n-1}+ax^{n-2}+\cdots+a^{n-2}x+a^{n-1})=na^{n-1}$

예제 ❺ $\lim_{x\to 2}\frac{x^2+3x-10}{x^2+x-6}$을 구하여라.

풀이 $\lim_{x\to 2}\frac{x^2+3x-10}{x^2+x-6}=\lim_{x\to 2}\frac{(x-2)(x+5)}{(x-2)(x+3)}=\lim_{x\to 2}\frac{x+5}{x+3}=\frac{7}{5}$

정리 1-2-3 짜내기 정리

f, g 및 h가 a의 근방의 x에 대하여 항상 $f(x)\leqq h(x)\leqq g(x)$이고 $\lim_{x\to a}f(x)=\lim_{x\to a}g(x)=b$이면 $\lim_{x\to a}h(x)=b$이다.

증명 $\varepsilon>0$이 정해졌다고 하자.

$\delta_1>0$을 택하여

$$0<|x-a|<\delta_1 \Rightarrow |f(x)-b|<\varepsilon \Leftrightarrow b-\varepsilon\leqq f(x)\leqq b+\varepsilon$$

이고 $\delta_2>0$를 택하여

$$0<|x-a|<\delta_2 \Rightarrow |g(x)-b|<\varepsilon \Leftrightarrow b-\varepsilon\leqq g(x)\leqq b+\varepsilon$$

이고 $\delta_3>0$를 택하여

$$0<|x-a|<\delta_3 \Rightarrow f(x)\leqq h(x)\leqq g(x)$$

가 되게 할 수 있다.

여기서 $\delta=\min\{\delta_1,\ \delta_2,\ \delta_3\}$이라 하자. 그러면

$$0 < | x-a | < \delta \Rightarrow b-\varepsilon < f(x) \leqq h(x) \leqq g(x) < b+\varepsilon$$

이다. 따라서

$$\lim_{x\to a} h(x) = b.$$

초월함수의 극한

이제 초월함수로 이루어진 형태의 극한값 계산에 대해서 알아보자. 다음 정리는 초월함수에 관련된 극한값 계산에 도움을 줄 것이다.

정리 1-2-4

x가 라디안이고, $\log x$는 자연로그일 때,

(1) $\displaystyle\lim_{x\to 0}\frac{\sin x}{x} = 1$

(2) $\displaystyle\lim_{x\to 0}\frac{\sin(\sin x)}{x} = 1$

(3) $\displaystyle\lim_{x\to 0}\frac{\tan(\tan x)}{x} = 1$

(4) $\displaystyle\lim_{x\to 0+}\frac{\log(\sin x)}{\log x} = 1$

(5) $\displaystyle\lim_{x\to\infty} a^x = \begin{cases}\infty & (a>1)\\ 1 & (a=1)\\ 0 & (0<a<1)\end{cases}$

(6) $\displaystyle\lim_{x\to -\infty} a^x = \begin{cases}0 & (a>1)\\ 1 & (a=1)\\ \infty & (0<a<1)\end{cases}$

(7) $\displaystyle\lim_{x\to 0+}\log_a x = \begin{cases}-\infty & (a>1)\\ \infty & (0<a<1)\end{cases}$

(8) $\displaystyle\lim_{x\to\infty}\left(1+\frac{1}{x}\right)^x = \lim_{x\to 0}(1+x)^{\frac{1}{x}} = e$

(9) $\displaystyle\lim_{x\to 0}\frac{\log(x+1)}{x} = 1$

(10) $\displaystyle\lim_{x\to 0}\frac{e^x-1}{x} = 1$

(11) $\displaystyle\lim_{x\to 0}\frac{1-\cos x}{x} = 0$

증명 (1) $0 < x < \frac{\pi}{2}$로 하고 그림 1-20과 같이 직각삼각형 OCB를 $\angle BOC = x$ (radian)가 되게 그린다.

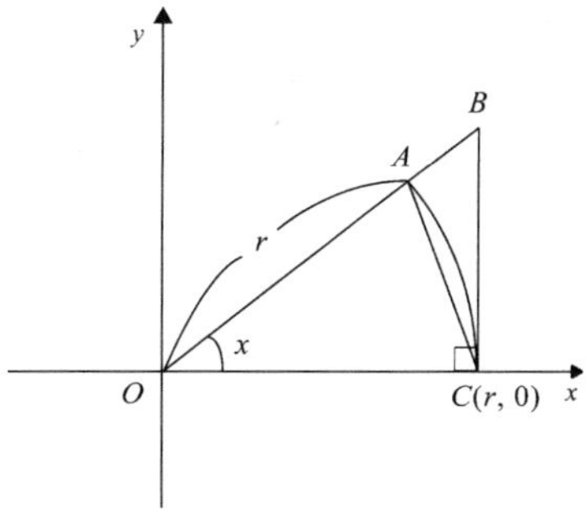

▌그림 1-20

꼭짓점 O로부터 반지름 $m(\overline{OC})=r$이 되게 원을 그려 OB와 만난 점을 A라 하면 다음과 같은 관계가 성립한다.

$$m(\triangle OAC)=\frac{1}{2}m(\overline{OC})\cdot m(\overline{OA})\cdot \sin x=\frac{1}{2}r^2\sin x$$

$$m(\text{부채꼴 } OAC)=\frac{1}{2}m(\overline{OA})\cdot m(\overline{OC})\cdot x=\frac{1}{2}r^2 x$$

$$m(\triangle OCB)=\frac{1}{2}m(\overline{OC})\cdot m(\overline{BC})=\frac{1}{2}r^2\tan x$$

$$\therefore\ \frac{1}{2}r^2\sin x<\frac{1}{2}r^2x<\frac{1}{2}r^2\tan x$$

이 부등식의 각 변을 $\frac{1}{2}r^2\sin x$로 나누면 $1<\frac{x}{\sin x}<\frac{1}{\cos x}$이고, 위 식으로부터

$$1>\frac{\sin x}{x}>\cos x$$

와 같은 관계식을 얻는다. 따라서

$$\lim_{x\to 0^+}1\geqq\lim_{x\to 0^+}\frac{\sin x}{x}\geqq\lim_{x\to 0^+}\cos x\Leftrightarrow 1\geqq\lim_{x\to 0^+}\frac{\sin x}{x}\geqq 1.$$

그러므로 짜내기 정리에 의해

$$\lim_{x\to 0^+}\frac{\sin x}{x}=1.$$

이것은 $0 < x < \frac{\pi}{2}$라는 조건 밑에서 얻어진 우극한값이지만 $0 > x > -\frac{\pi}{2}$일 경우도 역시 성립한다. 왜냐하면 $x = -x'$로 놓으면

$$\frac{\sin x}{x} = \frac{\sin(-x')}{-x'} = \frac{\sin x'}{x'}$$

로 되어 x'에 대해서도 (1)식은 성립하기 때문이다. 결국 $\lim_{x \to 0^-} \frac{\sin x}{x} = 1$이 되어 $\lim_{x \to 0^+} \frac{\sin x}{x} = \lim_{x \to 0^-} \frac{\sin x}{x} = 1$이므로

$$\lim_{x \to 0} \frac{\sin x}{x} = 1.$$

정리 1-2-4의 (5), (6), (7), (8)은 지수, 로그함수의 도함수편에서 설명이 되겠지만 그래프를 그려서 생각해보면 금방 알 수 있다. (2), (3), (4), (9), (10), (11)은 정리 1-2-4의 (1)과 (8)을 이용하면 증명할 수 있으므로, 연습문제로 남기겠다.

예제 6 정리 1-2-4의 (3)과 (9)를 증명하여라.

증명 (3) $\lim_{x \to 0} \frac{\tan(\tan x)}{x} = \lim_{x \to 0} \frac{\tan(\tan x)}{\tan x} \cdot \frac{\tan x}{x}$

$$= \lim_{x \to 0} \frac{\tan(\tan x)}{\tan x} \cdot \lim_{x \to 0} \frac{\tan x}{x}$$

$\tan x = t$라 놓으면, $x \to 0$일 때, $t \to 0$이므로

$$\lim_{x \to 0} \frac{\tan(\tan x)}{\tan x} = \lim_{t \to 0} \frac{\tan(t)}{t} = \lim_{t \to 0} \frac{\sin t}{t} \cdot \frac{1}{\cos t} = 1.$$

따라서 $\lim_{x \to 0} \frac{\tan x}{x} = 1$이므로 준 식은 극한값이 1이다.

(9) $\lim_{x \to 0} \frac{\log(x+1)}{x} = \lim_{x \to 0} \frac{1}{x} \log(x+1) = \lim_{x \to 0} \log(x+1)^{\frac{1}{x}}$

$$= \log\left(\lim_{x \to 0}(x+1)^{\frac{1}{x}}\right) = \log e = 1$$

예제 ❼ $\lim_{x\to 0}\frac{1-\cos x}{x^2}$를 구하여라.

풀이 $\lim_{x\to 0}\frac{1-\cos x}{x^2}=\lim_{x\to 0}\frac{(1-\cos)(1+\cos x)}{x^2(1+\cos x)}=\lim_{x\to 0}\frac{1-\cos^2 x}{x^2(1+\cos x)}$

$=\lim_{x\to 0}\frac{\sin^2 x}{x^2(1+\cos x)}=\lim_{x\to 0}\left\{\left(\frac{\sin x}{x}\right)^2\times\frac{1}{(1+\cos x)}\right\}=\frac{1}{2}$

참고 부정형의 극한값은 로피탈 법칙을 이용하여 구하는 방법도 있다. 즉, $\frac{0}{0}$꼴이나 $\frac{\infty}{\infty}$형태의 부정형은 미분을 통해 구하는 경우가 있는데 이는 도함수편에서 다루겠다.

연습문제 (1-2-1)

1. 다음의 극한값을 $\varepsilon-\delta$ 방법으로 증명하여라.

(1) $\lim_{x\to 4}(3x-7)=5$

(2) $\lim_{x\to 2}\frac{2x^2-3x-2}{x-2}=5$

(2) $\lim_{x\to a}k=k$

(4) $\lim_{x\to a}x=a$

2. 다음 극한값을 구하여라.

(1) $\lim_{x\to 1}\frac{x^2+4x-5}{3x^2+x-4}$

(2) $\lim_{x\to 0}\frac{\sin 4x}{\sin 3x}$

(3) $\lim_{\theta\to 0}\frac{\sin 3\theta}{\tan\theta}$

(4) $\lim_{\theta\to 0}\frac{1-\cos 3\theta}{\theta^2}$

(5) $\lim_{x\to\pm\infty}\frac{3x^2+5}{5x^3+8x+1}$

(6) $\lim_{x\to 0}\frac{1-\cos 3x}{x\sin 2x}$

(7) $\lim_{x\to 0}\frac{\sqrt{1+x+x^2}-1}{\sqrt{1+x}-\sqrt{1-x}}$

(8) $\lim_{x\to 2}\frac{x^2-4}{\sqrt{x+2}-\sqrt{3x-2}}$

(9) $\lim_{x\to 0}\frac{\sin^2 x}{1-\cos x}$

(10) $\lim_{n\to+\infty}\frac{1}{n^3}(1^2+2^2+\cdots+n^2)$

3. 직각인 두 변의 길이가 $12\,\mathrm{cm}$, $5\,\mathrm{cm}$인 직각삼각형 BAC의 빗변 $\overline{BC}$를 $n+1$등분하는 점을 각각 M_1, M_2, $\cdots$, M_n으로 할 때

$$\lim_{n\to\infty}\frac{1}{n}(m(\overline{AM_1})^2+m(\overline{AM_2})^2+\cdots+m(\overline{AM_n})^2)$$

을 구하여라.

4. 정리 1-2-4의 (4)와 (10)을 증명하여라.

5. 반지름의 길이가 5인 원에 내접하는 정다각형의 둘레를 n의 함수로 나타내어라. 또, $n\to\infty$일 때 이 함수의 극한값은 얼마인가?

2. 함수의 연속

우리가 살아가고 있는 이 세계에는 모든 것들이 끊임없이 움직이고 변화하고 있다. 이런 움직임, 즉 운동 중에는 상당히 많은 부분은 규칙성을 띠고 있다. 이런 규칙성은 수학적인 연구의 대상이 될 수 있는 또는 적어도 그래야만 하는 종류의 규칙적인 양식을 보여준다. 미적분학의 기본적인 대상은 함수이다. 함수는 규칙적인 양식을 표현하는 언어로서 좌표평면에 시각적으로 나타낼 수가 있다. 이러한 함수들의 연속성에 대한 개념을 소개한다.

함수의 연속

함수 $y=f(x)$가 다음 세 조건을 만족할 때, 함수 $f(x)$는 $x=a$에서 **연속**(continuous)이라고 한다. 즉,

(1) $\lim\limits_{x\to a} f(x)$가 존재

(2) $f(a)$가 존재

(3) $\lim\limits_{x\to a} f(x)=f(a)$

이들 중 하나라도 만족하지 않으면 함수 $f(x)$는 $x=a$에서 **불연속**(discontinuous)이라고 한다. 연속의 정의는 $\varepsilon-\delta$ 방법으로 정의하면 임의의 양수 ε에 대하여 적당한 양수 δ를 취하면 $|x-a|<\delta$와 같이 되는 모든 x에 대하여 $|f(x)-f(a)|<\varepsilon$가 성립할 때 $f(x)$는 $x=a$에서 연속이라 한다. 즉,

$$\lim_{x\to a} f(x)=f(a) \ \text{(유한 확정값)}$$

참고 $y=f(x)$가 $x=a$에서 연속, 곧 $\lim\limits_{x\to a} f(x)=f(a)$ (단, $f(a)$는 유한 확정값)는 다음과 같이 말할 수도 있다.

$$\lim_{h\to 0} f(a+h)=f(a)$$

또는

$$\lim_{h\to 0}\{f(a+h)-f(a)\}=0$$

일 때 $f(x)$는 $x=a$에서 연속이라고 한다.

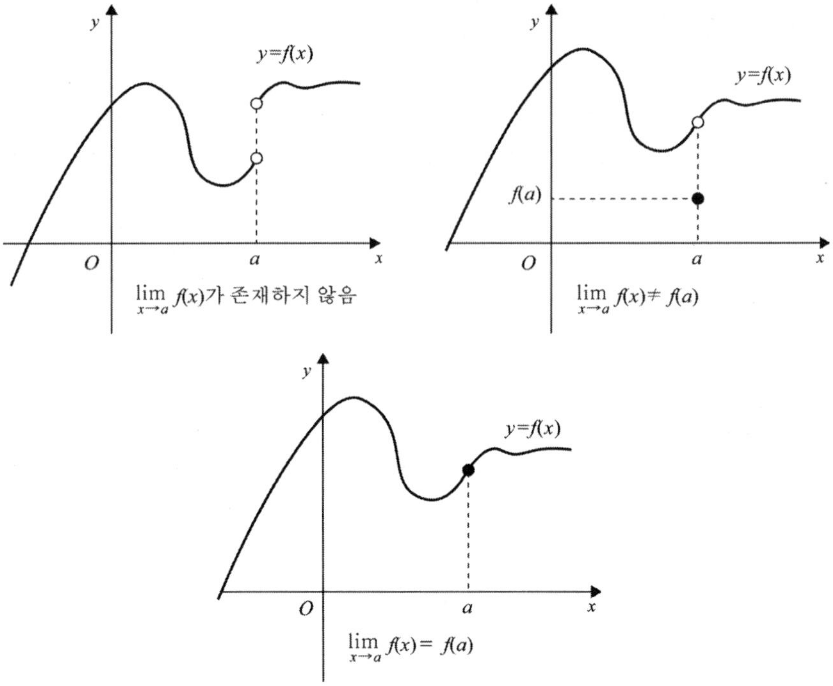

▌그림 1-21

$f(x)$의 한 정의역 내의 모든 값에 대하여 $f(x)$가 연속일 때는 $f(x)$는 이 **정의역 안에서 연속**이라고 한다. 또 단지

$$\lim_{x \to a+0} f(x) = f(a)$$

이면 $f(x)$는 a에서 **우방연속**이라고 하며, 또

$$\lim_{x \to a-0} f(x) = f(a)$$

이면 $f(x)$는 a에서 **좌방연속**이라고 한다.

$f(x)$의 극한값이 ① 무한대일 때, ② 부정일 때, ③ $f(a)$가 유한확정값을 가져도 $\lim_{x \to a} f(x) \neq f(a)$일 때, ④ $f(a)$가 존재하지 않을 때의 모든 경우는 $f(x)$가 $x=a$에서 **불연속**(discontinuous)이라고 한다.

예컨대 $\dfrac{1}{x-1}$은 $x=1$에서 불연속이다. 지금까지 설명한 내용을 그림 1-21을 참고하면서 이해하기 바란다.

예제 ❶ $f(x) = \dfrac{x^2 - 4}{x - 2}$ $(x \neq 2)$라 하자. $f(x)$를 $x = 2$에서 정의하여 연속이 되려면 $f(2)$를 어떻게 정의하여야 될까?

풀이

$$\lim_{x \to 2} \frac{x^2 - 4}{x - 2} = \lim_{x \to 2} \frac{(x+2)(x-2)}{x-2} = \lim_{x \to 2}(x+2) = 4$$

따라서 $f(2) = 4$로 정의하면 된다.

예제 ❷ $f(x) = \lim\limits_{n \to \infty} \dfrac{x^{n+1}}{1 + x^n}$일 때 $y = f(x)$의 그래프를 그리고 연속성을 판별하여라.

풀이 ① $|x| > 1$; $f(x) = \lim\limits_{n \to \infty} \dfrac{x}{\dfrac{1}{x^n} + 1} = x$

② $|x| < 1$; $f(x) = \lim\limits_{n \to \infty} \dfrac{x^{n+1}}{1 + x^n} = 0$

③ $x = 1$; $f(x) = \dfrac{1}{2}$

④ $x = -1$; $f(x)$는 존재하지 않음

따라서 $x = 1, -1$에서 불연속이다.

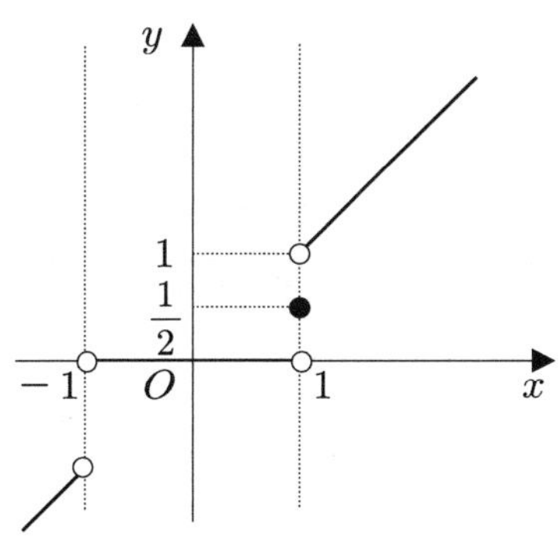

▌그림 1-22

연속성에 관한 정리

함수의 연속성에 관한 정리는 다음과 같은 몇 가지 성질들이 있다.

정리 1-2-5

$f(x)$가 $x=a$에서 연속이고, $f(a)>0$이면 a의 근방에서 $f(x)>0$이다. 즉, $x\in(a-\delta, a+\delta)$이면 $f(x)>0$인 양수 δ가 존재한다.

증명 $f(x)$는 $x=a$에서 연속이므로 $\varepsilon=\dfrac{f(a)}{2}>0$에 대하여, 적당한 양수 δ를 택하여 $|x-a|<\delta$이면 $|f(x)-f(a)|<\dfrac{f(a)}{2}$가 되게 할 수 있다. 즉,

$$f(a)-\frac{f(a)}{2}<f(x)<f(a)+\frac{f(a)}{2}.$$

따라서

$$0<\frac{f(a)}{2}<f(x).$$

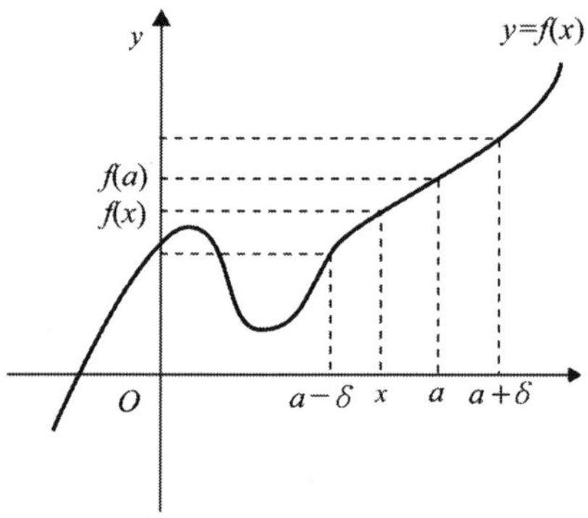

▮그림 1-23

마찬가지 방법으로 다음 정리도 증명된다.

정리 1-2-6

$f(x)$가 $x=a$에서 연속이고, $f(a)<0$이면 a의 근방에서 $f(x)<0$이다. 즉 $x\in(a-\delta, a+\delta)$이면 $f(x)<0$인 양수 δ가 존재한다.

정리 1-2-7

$x=a$에서 두 함수 $f(x)$, $g(x)$가 모두 연속일 때 다음 함수는 모두 $x=a$에서 연속이다.

(1) $f(x)\pm g(x)$ (2) $f(x)\cdot g(x)$ (3) $\dfrac{f(x)}{g(x)}\ (g(a)\neq 0)$

증명 (1) $f(x)$, $g(x)$는 $x=a$에서 연속이므로

$$\lim_{x\to a} f(x)=f(a), \quad \lim_{x\to a} g(x)=g(a)$$

이다. 또한 극한의 성질에 의하여

$$\lim_{x\to a}\{f(x)\pm g(x)\}=f(a)\pm g(a)$$

가 되어 연속의 정의에 의하여 $f(x)\pm g(x)$는 $x=a$에서 연속이다.

(2), (3)도 마찬가지로 증명된다.

정리 1-2-8

함수 $u=g(x)$가 $x=a$에서 연속이고 함수 $f(u)$가 $u=g(a)$에서 연속이면 합성함수 $f(g(x))$도 $x=a$에서 연속이다.

증명 $f(u)$가 $u=g(a)$에서 연속이므로, 임의의 양수 ε에 대하여

$$|u-g(a)|<\delta^* \Rightarrow |f(u)-f(g(a))|<\varepsilon$$

인 양수 δ^*가 존재한다.

또, $g(x)$가 $x=a$에서 연속이므로, ε^*에 대하여

$$|x-a| < \delta \Rightarrow |g(x)-g(a)| < \varepsilon$$

인 양수 δ가 존재한다. 따라서 $\varepsilon^* = \delta^*$로 잡으면 임의의 양수 ε에 대하여

$$|x-a| < \delta \Rightarrow |g(x)-g(a)| < \varepsilon^* = \delta^* \Rightarrow |f(g(x))-f(g(a))| < \varepsilon$$

인 양수 δ가 존재한다. 따라서 함수 $f(g(x))$는 $x=a$에서 연속이다.

정리 1-2-8을 이용하면 바로 다음 정리가 증명된다.

정리 1-2-9

연속함수의 합성함수는 또한 연속함수이다.

예제 ❸ $h(x) = |x^2-2x+3|$은 모든 실수점에서 연속임을 보여라.

풀이 $h(x) = |x|$, $g(x) = x^2-2x+3$이라고 하면 $f(x)$, $g(x)$ 모두 모든 실수점에서 연속이다. 따라서 정리 1-2-9에 의하여

$$h(x) = f(g(x)) = |x^2-2x+3|$$

도 모든 실수점에서 연속이다.

구간에서의 연속성

지금까지는 어떤 점에서의 연속성에 대해 논의하였다. 이제 한 구간에서의 연속성에 대해서 논하여 보자. 구간에서의 연속성이란 구간의 각 점에서 연속인 것을 의미한다. 이 경우 개구간 (a, b)를 구간으로 택한다. 함수 $y=f(x)$가 구간 $[a, b]$에서 연속이라 함은 $y=f(x)$가 구간 (a, b)에서 연속이고

$$\lim_{x\to a^+} f(x) = f(a), \quad \lim_{x\to b^-} f(x) = f(b)$$

일 때를 의미한다. (여기서 $f(x)$를 각각 a에서 우연속, b에서 좌연속이라 한다.)

예제 ❹ 그림 1-24의 그래프에서 함수의 연속성을 말하여라.

풀이 함수 f는 $(-\infty,\ 0)$, $(0,\ 3)$ 그리고 $(5,\ \infty)$에서 연속이고 폐구간 $[3,\ 5]$에서도 연속이다.

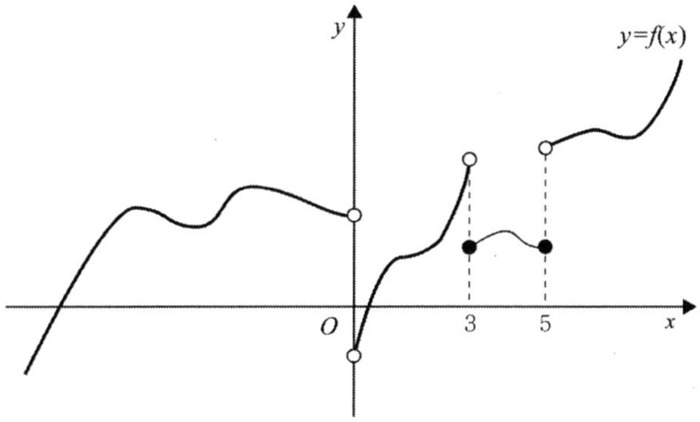

▌그림 1-24

정리 1-2-10 중간값 정리

함수 $y=f(x)$가 구간 $[a,\ b]$에서 연속이라 하자. k가 $f(a)$와 $f(b)$ 사이의 수라 하면 $f(c)=k$인 c가 구간 $(a,\ b)$ 사이에 적어도 하나 존재한다.(단, 여기서 $f(a)\neq f(b)$이다.)

증명 증명은 고급해석학에서 다루고 여기서는 그 활용에 중점을 두어 생략한다.

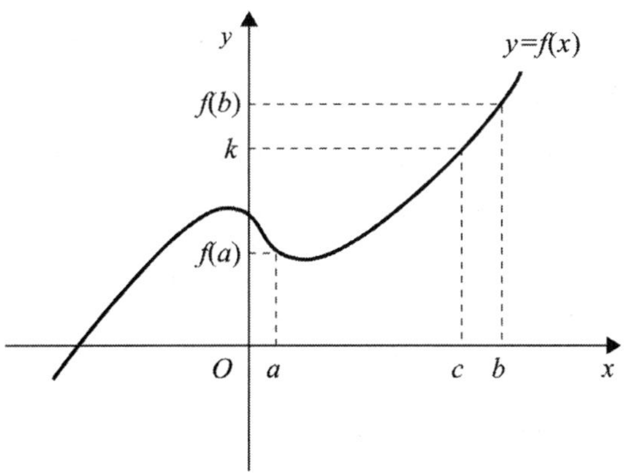

▌그림 1-25

일양연속

어떤 구간 I에서 정의된 함수 $f(x)$가 다음 조건을 만족할 때 $f(x)$는 I상에서 **일양연속**(uniformly continuous)이라 한다.

[조건] 임의의 $\varepsilon > 0$에 대하여 적당한 $\delta > 0$가 존재해서 $|x_1 - x_2| < \delta$일 때 $|f(x_1) - f(x_2)| < \varepsilon$이다(단, x_1, $x_2 \in I$).

구간 I에서 $f(x)$가 일양연속인 경우 $x_2(\in I)$를 고정하면 이는 $f(x)$가 $x_2(\in I)$에서 연속임을 뜻하며, x_2는 I에서 움직이므로 결국은 $f(x)$가 I에서 연속이 된다. 그러나 $f(x)$가 $x_2(\in I)$에서 연속이라 해서 $f(x)$가 $x_2(\in I)$에서 일양연속은 아니다.

참고 $f(x) = \dfrac{1}{x}$은 $0 < x < 1$에서 연속인 함수이다. 그러나 일양연속은 아니다. $[a, b]$상에서 정의된 연속함수는 일양연속이 된다.

연습문제 (1-2-2)

1. 다음 함수의 연속성을 조사하여라. 불연속인 경우에는 그 이유를 말하여라.

(1) $f(x) = x^2 - 4x + 5$ (2) $g(x) = \dfrac{x^2}{x-2}$

(3) $h(x) = [x]$ (4) $f(t) = \dfrac{t^3 - 27}{t-3}$

2. 다음 함수는 어떤 점에서 정의되지 않는다. 그 점에서 연속이 되게 하려면 어떻게 정의하여야 하는가?

(1) $f(x) = \dfrac{x^2 - 16}{x-4}$ (2) $g(x) = \dfrac{x^4 + 3x^2 - 4}{x+1}$

3. $f(x) = x\sin\dfrac{1}{x}$의 연속성을 판별하여라.

4. 중간값 정리를 이용하여 $x^3 + 3x - 1 = 0$의 근이 0과 1 사이에 존재함을 증명하여라.

요약 (1-2)

1. 함수의 극한

함수 $y=f(x)$에 있어서 변수 x가 어떤 값 a에 한없이 가까이 갈 때 그 가까워지는 방법에 관계없이 $f(x)$의 값이 일정한 값 b에 한없이 가까워지면 x가 a에 가까워질 때 $f(x)$는 b에 수렴한다고 말하고 b를 $f(x)$의 극한값이라 한다. 이것을 기호로는

$$\lim_{x \to a} f(x) = b$$

로 나타낸다.

2. 치환정리

f가 다항식함수 또는 유리함수이면

$$\lim_{x \to a} f(x) = f(a)$$

이다. 단, 유리함수의 경우 분모는 $x=a$에서 0이 아니다.

3. 짜내기 정리

f, g 및 h가 a의 근방의 x에 대하여 항상 $f(x) \leqq h(x) \leqq g(x)$이고

$$\lim_{x \to a} f(x) = \lim_{x \to a} g(x) = b \text{이면 } \lim_{x \to a} h(x) = b$$

이다.

4. 함수의 연속

$y=f(x)$가 $x=a$에서 그의 극한값과 함숫값이 존재하여 같아지면 $y=f(x)$는 $x=a$에서 연속이라 한다. 즉, $\lim_{x \to a} f(x) = f(a)$이다.

5. 연속성에 관한 정리

(1) $f(x)$가 $x=a$에서 연속이고, $f(a)>0$이면 a의 근방에서 $f(x)>0$이다. 즉, $x \in (a-\delta,$

$a+\delta)$이면 $f(x)>0$인 양수 δ가 존재한다.

(2) $f(x)$가 $x=a$에서 연속이고, $f(a)<0$이면 a의 근방에서 $f(x)<0$이다. 즉, $x\in(a-\delta,$ $a+\delta)$이면 $f(x)<0$인 양수 δ가 존재한다.

(3) $x=a$에서 두 함수 $f(x)$, $g(x)$가 모두 연속일 때 다음 함수는 모두 $x=a$에서 연속이다.

① $f(x)\pm g(x)$ ② $f(x)\cdot g(x)$ ③ $\dfrac{f(x)}{g(x)}\ (g(a)\neq 0)$

(4) 함수 $u=g(x)$가 $x=a$에서 연속이고 함수 $f(u)$가 $u=g(a)$에서 연속이면 합성함수 $f(g(x))$도 $x=a$에서 연속이다.

(5) 연속함수의 합성함수는 또한 연속함수이다.

(6) (중간값 정리)

함수 $y=f(x)$가 $[a,\ b]$에서 연속이라 하자. k가 $f(a)$와 $f(b)$ 사이의 수라 하면 $f(c)=k$인 c가 a, b 사이에 적어도 하나 존재한다(단, $f(a)\neq f(b)$).

8. 일양연속

어떤 구간 I에서 정의된 함수 $f(x)$가 다음 조건을 만족할 때 $f(x)$는 I 위에서 일양연속이라 한다.

조건: 임의의 $\varepsilon>0$에 대하여 적당한 $\delta>0$가 존재하여 $|x_1-x_2|<\delta$일 때 $|f(x_1)-f(x_2)|<\varepsilon$이다(단, x_1, $x_2\in I$).

종합문제 (1-2)

1. 다음 함수들의 극한값을 구하여라.

(1) $\lim_{x \to 8} 7$

(2) $\lim_{x \to 0^+} \pi$

(3) $\lim_{x \to 3} \frac{x^2 - 2x}{x+1}$

(4) $\lim_{t \to -2} \frac{t^3 + 8}{t+2}$

(5) $\lim_{t \to 1} \frac{t^3 + t^2 - 5t + 3}{t^3 - 3t + 2}$

(6) $\lim_{x \to 3^+} \frac{x}{x-3}$

(7) $\lim_{x \to 0^-} \frac{x}{|x|}$

(8) $\lim_{t \to \infty} \frac{6 - t^3}{7t^3 + 3}$

(9) $\lim_{x \to 0} \frac{\sqrt{x+3} - \sqrt{3}}{x}$

(10) $\lim_{x \to \infty} \frac{\sin x}{x}$

(11) $\lim_{x \to 0} x^2 \sin \frac{1}{x}$

2. $f(x) = \begin{cases} x - 1, & x \leq 3 \\ 3x - 7, & x > 3 \end{cases}$ 일 때 다음을 구하여라.

(1) $\lim_{x \to 3^-} f(x)$

(2) $\lim_{x \to 3^+} f(x)$

(3) $\lim_{x \to 3} f(x)$

3. $f(x) = \begin{cases} \frac{x^2 - 9}{x+3}, & x \neq -3 \\ k, & x = -3 \end{cases}$ 일 때 $f(-3) = \lim_{x \to -3} f(x)$인 k값을 구하여라.

4. 폐구간 $[0, \pi]$에서 정의된 다음 함수의 연속성을 판별하여라.

(1) $\sin x$

(2) $\tan x$

(3) $\frac{1}{x}$

(4) $\frac{1}{x^2}$

5. 다음 각 함수의 $x = 0$에서의 연속성을 조사하여라.

(1) $f(x) = x - [x]$ (단, $[x]$는 x를 넘지 않는 최대정수)

(2) $f(x)=x+\dfrac{x}{1+|x|}+\dfrac{x}{(1+|x|)^2}+\dfrac{x}{(1+|x|)^3}+\cdots$

6. 다음 함수의 그래프를 그리고 불연속점인 x값을 구하여라(단, n은 양의 정수).

(1) $y=\lim\limits_{n\to\infty}\dfrac{x^{n+1}}{1+x^n}$

(2) $y=\lim\limits_{n\to\infty}\dfrac{x^{2n-1}+x^2+x}{x^{2n}+1}$

(3) $y=\dfrac{1-|x|}{|1+x|}$

(4) $y=\begin{cases}\dfrac{x^3-8}{x-2}, & x\neq 2\\ 12, & x=2\end{cases}$

7. $f(x)=\lim\limits_{n\to\infty}\dfrac{x^{2n-1}+ax^2+bx}{x^{2n}+1}$가 x의 모든 값에 대하여 연속이 되도록 a, b의 값을 정하여라.

8. 방정식 $x-2\sin x=5$는 적어도 하나의 양근을 가짐을 증명하여라.

9. 반원의 지름을 $\overline{AB}$라고 하고 그 호의 중점을 M이라 한다. 점 A에서 나온 광선이 최초로 호 MB 위의 점 P를 비치고, 그 반사 광선이 AB와 만나는 점을 Q라 하고 $\angle BAP=\theta$, $\overline{AB}=4$라 한다.

(1) $\overline{AP}$ 및 $\overline{AQ}$의 길이를 θ로 나타내어라.

(2) 점 P가 B에 한없이 가까워질 때, 점 Q는 어떤 위치에 한없이 가까워지는가?

10. $f(x)=x^2$은 $0<x<1$에서 일양연속임을 증명하여라.

제2장

도함수

미분학은 임의의 운동이나 변화가 아니라 어떤 특정한 종류의 운동과 변화를 묘사하고 분석하는 방법을 제공한다. 이런 제한은 운동하는 변화를 표현하는 함수가 제시됨으로써 가능하다. 이 장에서는 도함수의 개념에 대해 소개하고 이어서 1장에서 언급한 대수함수와 초월함수들에 대한 도함수를 구하는 법과 합성함수, 역함수, 음함수, 매개변수함수들에 대한 도함수는 어떻게 구하는지를 영역별로 자세히 소개한다. 도함수는 도함수의 응용분야나 적분개념을 이해하는 데 매우 중요한 단원이다.

2-1 미분계수와 도함수

1. 평균변화율, 순간변화율

많은 물리적인 현상들은 변화량을 내포하고 있다. 예를 들어, 자동차의 속도, 경제학에서 다루는 물가의 변화, 사회학에서 다루는 여론의 동향의 변화, 인터넷을 이용하는 인구의 변화, 생물학에서 말하는 박테리아 수의 변화 등 이러한 모든 분야의 현상들은 모두가 시간이라는 독립변수에 따라 순간적으로 변화하고 있다. 여기서는 이러한 변화를 적절하게 나타낼 수 있는 수학적인 도구들을 설명한다.

접선

유클리드는 접선을 곡선의 한 점에 접하는 직선으로 정의하였다. 이것은 원에 대해서는 옳은 정의가 되겠지만 거의 모든 곡선에 대해서는 옳다고 볼 수 없다. 지금 P, Q는 곡선상의 점으로서 P는 고정점이고 Q는 P 근방에서 움직이는 점이라고 하자. 이때, P와 Q를 지나는 직선을 **할선**(secant line)이라고 한다. 또, Q가 곡선을 따라서 P를 향하여 접근할 때 할선의 극한값이 만약 존재한다면 이를 점 P에서의 **접선**(tangent line)이라고 한다.

그림 2-1의 곡선을 $y=f(x)$라 하자. 점 P의 좌표를 $(a,\ f(a))$라 하고 근방에 있는 점 Q의 좌표를 $(a+h,\ f(a+h))$라 하면 두 점 P, Q를 지나는 할선의 기울기 m은 다음과 같다.

$$m = \frac{f(a+h) - f(a)}{h}$$

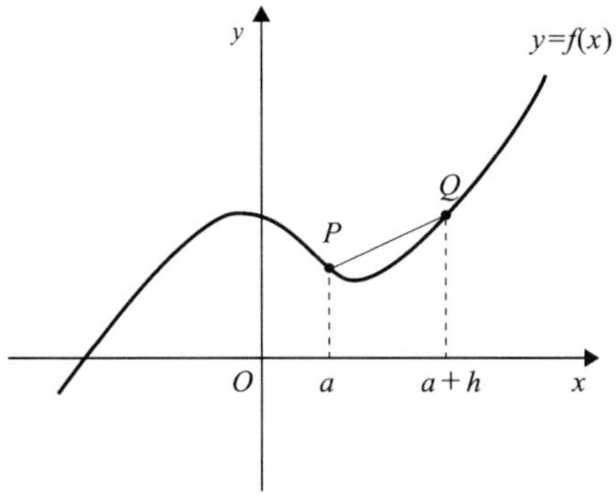

그림 2-1

평균변화율

일반적으로 함수 $y=f(x)$에서 x가 a에서 b까지 변할 때 $f(x)$는 $f(b)-f(a)$만큼 변한다. 이 때, 변화량의 비

$$\frac{f(b)-f(a)}{b-a}$$

를 x가 a에서 b까지 변할 때의 함수 $f(x)$의 **평균변화율**이라 한다.
변수 x의 변화량을 Δx 또는 $h=b-a$라 두고 이에 대응하는 $f(x)$의 변화량을

$$\Delta y = f(a+\Delta x) - f(a) = f(a+h) - f(a)$$

라 둘 때, Δx를 x의 **증분**(increment)이라 하고 Δy를 Δx에 대한 함수 $y=f(x)$의 증분이라 한다. 이때, 평균변화율은

$$\begin{aligned}\frac{\Delta y}{\Delta x} &= \frac{f(a+\Delta x)-f(a)}{\Delta x} \\ &= \frac{f(a+h)-f(a)}{h} \qquad (1)\end{aligned}$$

와 같이 나타낼 수도 있다.
결국 평균 변화율의 기하학적 의미는 앞의 그림 2-1에서 보는 바와 같이 두 점 P와 Q를 잇는 직선의 기울기와 같다.

순간변화율(미분계수)

평균변화율 $\frac{\Delta y}{\Delta x}$의 극한값

$$\lim_{\Delta x \to 0}\frac{\Delta y}{\Delta x} = \lim_{\Delta x \to 0}\frac{f(a+\Delta x)-f(a)}{\Delta x} = \lim_{h \to 0}\frac{f(a+h)-f(a)}{h}$$

가 존재해서 유한확정일 때, $f(x)$는 $x=a$에서 **미분가능**(differentiable)이라 하고 이 극한값을 $f(x)$의 $x=a$에서의 **순간변화율** 또는 **미분계수**(differential coefficient)라 하고 $f'(a)$로 쓴다. 즉,

$$f'(a) = \lim_{\Delta x \to 0}\frac{f(a+\Delta x)-f(a)}{\Delta x}$$

$$= \lim_{h \to 0} \frac{f(a+h) - f(a)}{h} \tag{2}$$

이다.

함수 $f(x)$가 구간 I의 모든 점에서 미분가능일 때, $f(x)$는 구간 I에서 **미분가능**이라 한다. 미분계수의 기하학적 의미는 그림 2-1에서 $\Delta x \to 0$인 것은 점 Q가 점 P로 무한히 접근한다는 것이고 이것은 결국 점 P에서의 **접선의 기울기**가 된다. 즉, $f'(a)$는 점 P에서의 접선의 기울기이다.

보기 ① 서울에서 부산까지 약 440km라고 하자. 새마을호 열차로 약 4시간이 소요된다면 이 열차의 평균속도는 얼마인가?

풀이 서울에서 부산까지의 열차의 시각 t에서의 위치를 $s = f(t)$라 하면 $t_0 = 0$에서 $t_1 = 4$까지 변할 때, 평균변화율(평균속도) Δv를 구하는 문제이다. 따라서

$$\Delta v = \frac{\Delta s}{\Delta t} = \frac{f(t_1) - f(t_0)}{t_1 - t_0} = \frac{440 - 0}{4 - 0} = 110(\mathrm{km/h})$$

이다. 이는 속도계를 보면 언제나 110km를 나타낸다는 뜻이 아니다. 출발 직전에는 0km이지만 어떤 곳에서는 130km를 나타내는 곳도 있다. 이는 4시간 동안 평균 110km/h의 속도로 주행했다는 뜻이다.

도함수

미분계수 $f'(a)$는 $x = a$에서의 순간변화율이다. 이때, 주어진 구간 I의 모든 점에서 미분가능일 때의 임의의 점 x에 대하여 그 미분계수 $f'(x)$을 대응시키면 새로운 함수가 정의되는데, 이 함수를 $y = f(x)$의 **도함수**(derived function, derivative)라 하고

$$y', \ f'(x), \ \frac{dy}{dx}, \ \frac{d}{dx}f(x)$$

등으로 나타낸다. 즉, 도함수의 정의를 다음과 같이 나타낼 수 있다.

$$f'(x) = \lim_{\Delta x \to 0} \frac{f(x+\Delta x) - f(x)}{\Delta x} = \lim_{h \to 0} \frac{f(x+h) - f(h)}{h} \qquad (3)$$

결국 (3)의 식은 (1)과 (2)에 의해서 구할 수 있다는 뜻이고 (3)의 기하학적 의미는 주어진 구간 I에서의 함수 $y = f(x)$가 주어졌다면 각 점 x에서의 접선의 기울기가 된다. 속도에서 말하는 순간속도나 유기물의 성장속도(생물학), 생산비나 겨우 나올 정도의 이윤(경제학), 철사의 밀도(물리학), 용해속도(화학) 등은 동일한 도함수의 개념을 달리 표현한 것이다.

미분한다

함수 $f(x)$의 도함수 $f'(x)$를 구하는 것을 $f(x)$를 **미분한다**(differentiate)고 말한다. $x = a$에 있어서의 미분계수는

$$[y']_{x=a},\ f'(a),\ \left[\frac{dy}{dx}\right]_{x=a},\ \frac{d}{dx}f(a)$$

등으로 나타낸다. 즉 $x = a$에서 미분계수를 구하려면 먼저 도함수 $f'(x)$를 구하여 x에 a를 대입하여 구해도 된다.

예제 1 다음 함수의 도함수를 구하여라.

(1) $y = \dfrac{1}{x}\ (x \neq 0)$ (2) $y = \sqrt{x}\ (x > 0)$

풀이 (1) $$f'(x) = \lim_{h \to 0} \frac{f(x+h) - f(x)}{h} = \lim_{h \to 0} \frac{1}{h}\left(\frac{1}{x+h} - \frac{1}{x}\right)$$
$$= \lim_{h \to 0} \frac{1}{h}\left(\frac{-h}{(x+h)x}\right) = \lim_{h \to 0}\left(-\frac{1}{(x+h)x}\right) = -\frac{1}{x^2}$$

(2) $$f'(x) = \lim_{h \to 0} \frac{\sqrt{x+h} - \sqrt{x}}{h} = \lim_{h \to 0} \frac{h}{h(\sqrt{x+h} + \sqrt{x})}$$
$$= \lim_{h \to 0} \frac{1}{\sqrt{x+h} + \sqrt{x}} = \frac{1}{2\sqrt{x}}$$

예제 ❷ 어떤 상품의 x단위 생산비용은 $C(x) = 5000 + 10x + 0.05x^2$이다.

(1) 생산량이 $x = 100$에서 $x = 105$로 변할 때, x에 관한 C의 평균변화율을 구하여라.

(2) $x = 100$일 때, x에 관한 C의 순간변화율을 구하여라.

풀이 (1) 평균변화율

$$\begin{aligned}\frac{\Delta C}{\Delta x} &= \frac{C(105) - C(100)}{105 - 100} \\ &= \frac{(5000 + 1050 + 551.25) - (5000 + 1000 + 500)}{5} \\ &= \frac{101.25}{5} = 20.25\end{aligned}$$

(2) 순간변화율

$$\begin{aligned}C'(100) &= \lim_{\Delta x \to 0} \frac{\Delta C}{\Delta x} = \lim_{\Delta x \to 0} \frac{C(100 + \Delta x) - C(100)}{\Delta x} \\ &= \lim_{\Delta x \to 0} \frac{10\Delta x + 0.05(200\Delta x + \Delta x^2)}{\Delta x} \\ &= 10 + 10 = 20\end{aligned}$$

예제 ❸ $f(x) = \begin{cases} x^2 \sin\dfrac{1}{x}, & (x \neq 0) \\ 0, & (x = 0) \end{cases}$와 같이 정의된 함수 $y = f(x)$의 $x = 0$에서의 미분계수를 구하여라.

풀이

$$f'(0) = \lim_{h \to 0} \frac{f(0+h) - f(0)}{h} = \lim_{h \to 0} \frac{h^2 \sin\frac{1}{h}}{h} = \lim_{h \to 0} h \sin\frac{1}{h}$$

여기서 $\left| \sin\dfrac{1}{h} \right| \leq 1$이므로

$$f'(0) = \lim_{h \to 0} h \sin\frac{1}{h} = 0.$$

따라서 $x = 0$에서의 미분계수는 $f'(0) = 0$이다.

연습문제 (2-1-1)

1. 함수 $y=3-x^2$에서

(1) 그래프를 그려라.

(2) 점 $(3,\ -6)$에서 접선을 그리고 접선의 기울기를 구하여라.

(3) 계산기를 사용하여 $(3,\ -6)$과 $(3.01,\ 3-(3.01)^2)$을 잇는 할선의 기울기를 구하여라.

(4) 극한을 사용하여 $(3,\ -6)$에서의 접선의 기울기를 구하여라.

2. 도함수의 정의에 따라 다음 함수의 도함수를 구하여라.

(1) $y=5x-4$

(2) $y=8x^2-1$

(3) $y=\dfrac{6}{x^2+1}$

(4) $y=\sqrt{3x}$

3. x가 3에서 5로 증가할 때, 변의 길이가 x인 정사각형의 면적 S의 평균변화율을 구하여라. 또, 일반적으로 x에서 $x+\Delta x$로 증가할 때, 면적의 평균변화율을 구하여라.

4. 다음 각 곡선 위에 지정된 점에서의 접선의 기울기를 구하여라.

(1) $y=x^2+2x-6$; $(2,\ 2)$

(2) $y=x^3-4x$; $(1,\ -3)$

(3) $xy=1$; $(0.5,\ 2)$

(4) $y=\sqrt{2x}$; $(1,\ \sqrt{2})$

2. 연속함수와 그의 미분가능성

모든 연속함수는 과연 미분가능인지를 살펴본다. 연속함수라 할지라도 모든 점에서 접선이 존재한다면 그 그래프는 부드러운(smooth) 곡선으로 나타나며 미분가능이지만 그렇지 않은 경우에는 미분가능성을 보장할 수 없다. 여기서는 이와 같이 미분가능성과 연속성과의 관계를 살펴본다.

좌·우 미분계수

$x=a$에서의 미분계수 $f'(a)$는 $x=a$ 근방에서의 평균변화율의 극한값을 나타낸다. 극한값이 존재한다는 것은 좌극한값과 우극한값이 같고 유한확정이라는 뜻이다. 여기서 평균변화율의 좌극한값을 **좌미분계수**, 우극한값을 **우미분계수**라 한다. 즉,

$$f'(a) = \lim_{h\to 0^+}\frac{f(a+h)-f(a)}{h} = \lim_{h\to 0^-}\frac{f(a+h)-f(a)}{h}$$
$$= \lim_{h\to 0}\frac{f(a+h)-f(a)}{h}$$

임을 의미한다.

$$\lim_{h\to 0^+}\frac{f(a+h)-f(a)}{h}$$

를 $x=a$에서 $y=f(x)$의 우미분계수,

$$\lim_{h\to 0^-}\frac{f(a+h)-f(a)}{h}$$

를 $x=a$에서 $y=f(x)$의 좌미분계수라고 하고 각각 $f'_+(a)$, $f'_-(a)$로 나타낸다. 좌미분계수와 우미분계수가 $x=a$에서 같을 때, $x=a$에서 함수 $f(x)$는 **미분가능**하다고 한다. 즉, $f'_+(a)=f'_-(a)=f'(a)$일 때 $x=a$에서 미분가능하다.

연속함수와 그 도함수의 존재가능성

어떤 주어진 구간 I에서 함수 $y=f(x)$가 각 점에서 미분가능하면, 구간 I에서 함수 $f(x)$는 연속이다. 그러나 연속함수라고 해서 각 점에서 좌미분계수와 우미분계수가 반드시 같은 것은

아니다. 다시 말하면 연속함수라고 해서 미분가능한 함수가 반드시 되는 것은 아니다. 예제 1과 정리 2-1-1은 그의 반례와 증명이다.

예제 ❶ $y = |\,x-2\,|$의 $x=2$에서의 연속성과 미분가능성을 조사하여라.

풀이 $f(x) = |\,x-2\,|$라고 하면

$x \geqq 2$일 때 $f(x) = x-2$,

$x < 2$일 때 $f(x) = -x+2$이고 $f(2)=0$

또,

$$\lim_{x\to 2^+} f(x) = \lim_{x\to 2^+}(x-2) = 0,$$

$$\lim_{x\to 2^-} f(x) = \lim_{x\to 2^-}(-x+2) = 0$$

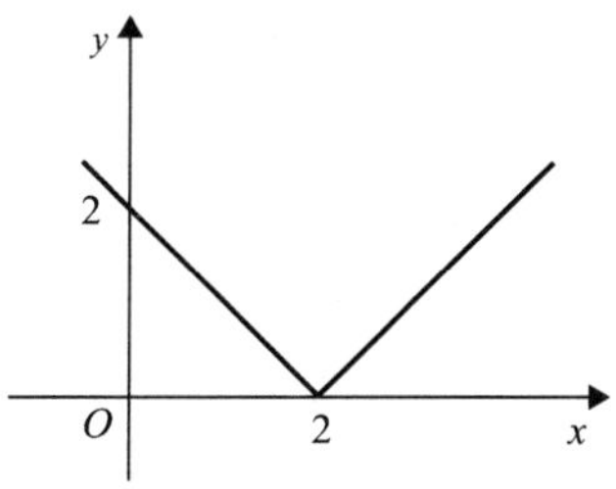

▌그림 2-2

따라서 연속의 정의로부터 $f(x)$는 $x=2$에서 연속이다. 그러나 $x=2$에서 $f(x)$의 좌, 우미분계수는 각각

$$f'_-(2) = \lim_{h\to 0^-}\frac{f(2+h)-f(2)}{h} = \lim_{h\to 0^-}\frac{|\,h\,|}{h} = \frac{-h}{h} = -1,$$

$$f'_+(2) = \lim_{h\to 0^+}\frac{f(2+h)-f(2)}{h} = \lim_{h\to 0^+}\frac{|\,h\,|}{h} = \frac{h}{h} = 1$$

로 되어 좌, 우미분계수가 서로 다르다. 따라서 $f(x)$는 $x=2$에서 미분계수를 갖지 않는다.

정리 2-1-1

함수 $y=f(x)$가 $x=a$에서 미분가능하면 $f(x)$는 $x=a$에서 연속이다.

증명 $y=f(x)$가 $x=a$에서 미분가능하므로 $f'(a)$가 존재한다. 따라서

$$\lim_{h\to 0}\{f(a+h)-f(a)\}=\lim_{h\to 0}\frac{f(a+h)-f(a)}{h}\cdot h$$

$$=\lim_{h\to 0}\frac{f(a+h)-f(a)}{h}\cdot\lim_{h\to 0}h$$

$$=f'(a)\cdot 0=0.$$

그러므로 $\lim_{h\to 0}f(a+h)=f(a)$가 되어 $f(x)$는 $x=a$에서 연속이다.

참고 그림 2–3을 통해서 함수의 연속성과 미분가능성을 이해하도록 하자. $x=c$에서의 접선이 수직이면 c점에서 미분계수가 존재하지 않는다. 이것은 $\dfrac{f(c+h)-f(c)}{h}$가 $h\to 0$이면 얼마든지 커지기 때문이다.

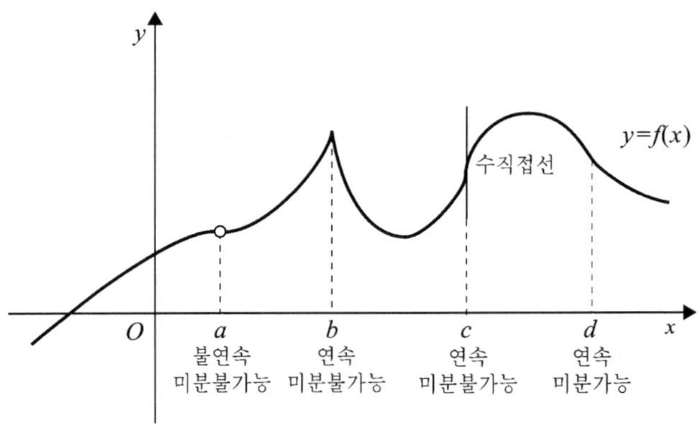

▌그림 2-3

연습문제 (2-1-2)

1. 다음 함수들에 대하여 $x=0$에서의 미분가능성을 조사하여라.

(1) $y = x\,|\,x\,|$

(2) $y = \begin{cases} x\sin\dfrac{1}{x}, & x \neq 0 \\ 0, & x = 0 \end{cases}$

(3) $y = |\,x-3\,|$

(4) $y = x^3$

2. 도함수가 아래와 같이 정의되었을 때, 원함수와 도함수가 정의된 점을 결정하여라.

(1) $\lim\limits_{h\to 0}\dfrac{2(5+h)^3 - 2(5)^3}{h}$

(2) $\lim\limits_{x\to 2}\dfrac{x^2-4}{x-2}$

(3) $\lim\limits_{t\to x}\dfrac{t^2-x^2}{t-x}$

(4) $\lim\limits_{h\to 0}\dfrac{\sin(x+h)-\sin x}{h}$

요약 (2-1)

1. 기울기

점 P의 좌표를 $(a,\ f(a))$라 하고 근방에 있는 점 Q를 $(a+h,\ f(a+h))$라 하면 두 점 P, Q를 지나는 할선의 기울기 m은

$$m = \frac{f(a+h)-f(a)}{h}$$

이다.

2. 평균변화율

함수 $y=f(x)$에서 x가 a에서 b까지 변할 때 $f(x)$는 $f(b)-f(a)$만큼 변한다. 이때, 변화량의 비

$$\frac{f(b)-f(a)}{b-a}$$

를 x가 a에서 b까지 변할 때의 함수 $f(x)$의 평균변화율이라 한다.

3. 순간변화율

평균변화율 $\dfrac{\Delta y}{\Delta x}$의 극한값

$$\lim_{\Delta x \to 0}\frac{\Delta y}{\Delta x} = \lim_{\Delta x \to 0}\frac{f(a+\Delta x)-f(a)}{\Delta x} = \lim_{h \to 0}\frac{f(a+h)-f(a)}{h}$$

가 존재해서 유한확정일 때, $f(x)$는 $x=a$에서 미분가능(differentiable)이라 하고 이 극한값을 $f(x)$의 $x=a$에서의 순간변화율 또는 미분계수(differential coefficient)라 하고 $f'(a)$로 쓴다. 즉,

$$f'(a) = \lim_{\Delta x \to 0}\frac{f(a+\Delta x)-f(a)}{\Delta x} = \lim_{h \to 0}\frac{f(a+h)-f(a)}{h}$$

이다.

4. 도함수

$y=f(x)$의 도함수(derived function, derivative)는

$$y',\ f'(x),\ \frac{dy}{dx},\ \frac{d}{dx}f(x)$$

등으로 나타내고 다음과 같이 정의한다. 즉,

$$f'(x) = \lim_{\Delta x \to 0}\frac{f(x+\Delta x)-f(x)}{\Delta x} = \lim_{h \to 0}\frac{f(x+h)-f(h)}{h}.$$

5. 미분가능성과 연속성

함수 $y=f(x)$가 $x=a$에서 미분가능하면 $f(x)$는 $x=a$에서 연속이다. 그러나 역은 참이 아니다.

종합문제 (2-1)

1. 다음 각 함수에 대하여 x가 1에서 3까지 증가할 때의 평균변화율을 구하여라.

(1) $f(x)=x^2$　　(2) $f(x)=x^3$

(3) $f(x)=\dfrac{1}{x}$　　(4) $f(x)=\sqrt{x}$

2. t시간 동안에 $\dfrac{1}{2}t^2+1$만큼 불어나는 어떤 종류의 박테리아를 배양 중에 있다.

(1) $2 \leqq t \leqq 2.01$ 사이에 얼마나 증가하겠는가?

(2) $2 \leqq t \leqq 2.01$ 동안의 평균증가율을 구하여라.

(3) $t=2$에서의 순간증가율을 구하여라.

3. 원판이 팽창하고 있을 때 그 반지름의 길이 r에 대한 면적의 변화율을 구하여라. 또 구에 대하여는 어떻게 되겠는가?

4. 도함수의 정의에 따라 다음 함수의 도함수를 구하여라.

(1) $y=\dfrac{4}{\sqrt{x}}$　　(2) $y=(3x+1)^2$

(3) $y=\dfrac{1}{x}$　　(4) $y=3x^2-x^3$

5. 다음 각 곡선 위에 지정된 점에서의 접선의 기울기를 구하여라.

(1) $y=\dfrac{1}{\sqrt{x+2}}$; $\left(2,\ \dfrac{1}{2}\right)$　　(2) $y=8+2x-x^2$; $(2,\ 8)$

(3) $xy=16$; $(4,\ 4)$　　(4) $y=2x^3-1$; $(1,\ 1)$

6. 곡선 $y=\sqrt{x}$ 에서 x가 1에서 2까지 움직일 때의 평균변화율과 같은 기울기를 갖는 접선의 접점의 좌표를 구하여라.

7. $y=x^3+2x$에서 x가 2에서 3까지 변화했을 때의 y의 평균변화율과 $x=2$에서의 y의 순간변화율은 어느 정도 차이가 있는가?

8. 다음 함수 $f(x)$에 대하여 $x=0$에서의 미분가능성을 조사하여라.

(1) $f(x)=\begin{cases} x^2+1, & (x \geqq 0) \\ -x^2+1, & (x<0) \end{cases}$

(2) $f(x)=[x+1]$ ([ ]은 가우스 기호)

9. 함수 $f(x)$가 실수 전체의 집합에서 정의되고 조건

(a) $f(a+b)=3f(a)f(b)$

(b) $f(0)=\dfrac{1}{3}$

(c) $f'(0)$가 존재

를 만족하면 $f(x)$는 모든 x에서 미분가능하고 $f'(x)=3f'(0)f(x)$가 됨을 밝혀라.

2-2 도함수를 구하는 방법

1. 일반적인 함수식의 미분법

2-1절에서는 도함수의 정의에 의하여 다양한 함수들에 대한 도함수를 구하는 방법을 설명하였다. 그러나 이러한 방법은 어떤 주어진 함수의 도함수를 구하는 것이 목적이 아니라 수단일 경우에는 다소 시간이 소모되므로 빠른 방법으로 도함수를 구하는 방법을 찾아야 한다. 이 문제를 해결하고자 여기서는 일반적인 함수의 미분공식을 소개하고 이를 이용하여 도함수를 구하고자 한다.

대수함수의 미분

대수함수의 가장 기본적인 형태의 미분과 대수함수뿐만 아니라 모든 함수의 일반적인 형태에 대한 미분법을 소개한다.

정리 2-2-1 대수함수의 미분법

(a) $y = f(x) = k$ (상수)이면 $y' = f'(x) = 0$이다. (1)

(b) $y = f(x) = x^n$ (n은 실수)이면 $y' = f'(x) = n x^{n-1}$이다. (2)

증명 (a) $y = f(x) = k$ (상수)이면

$$y' = f'(x) = \lim_{\Delta x \to 0} \frac{f(x + \Delta x) - f(x)}{\Delta x}$$

$$= \lim_{\Delta x \to 0} \frac{k - k}{\Delta x} = 0.$$

(b) $y = f(x) = x^n$에서 n이 어떤 실수이더라도

$$y' = f'(x) = n x^{n-1}$$

이다. 여기서는 n 이 자연수인 경우에 대해서만 증명하기로 한다. 먼저, 인수분해의 공식

$$a^n - b^n = (a-b)(a^{n-1} + a^{n-2}b + a^{n-3}b^2 + \cdots + ab^{n-2} + b^{n-1})$$

을 이용하면

$$\begin{aligned}\Delta y &= f(x+\Delta x) - f(x) = (x+\Delta x)^n - x^n \\ &= \Delta x\{(x+\Delta x)^{n-1} + (x+\Delta x)^{n-2}x + \cdots + x^{n-1}\}\end{aligned}$$

이므로 도함수의 정의에 의하여

$$\begin{aligned}f'(x) &= \lim_{\Delta x \to 0} \frac{\Delta y}{\Delta x} \\ &= \lim_{\Delta x \to 0} \frac{\Delta x\{(x+\Delta x)^{n-1} + (x+\Delta x)^{n-2}x + \cdots + x^{n-1}\}}{\Delta x} \\ &= \lim_{\Delta x \to 0} \{(x+\Delta x)^{n-1} + (x+\Delta x)^{n-2}x + \cdots + x^{n-1}\} \\ &= x^{n-1} + x^{n-1} + \cdots + x^{n-1} \quad (n\text{개의 항}) \\ &= nx^{n-1}.\end{aligned}$$

보기 ❶ $y = x^5$의 도함수는 $y' = 5x^4$이다. 또, 상수함수 $y = 3$의 도함수는 $y' = 0$이다.

정리 2-2-2 일반적 형태의 함수의 미분법

함수 $y = f(x)$, $y = g(x)$가 미분가능한 함수라고 하면 다음 미분공식이 성립한다.

(a) $y = kf(x)$ (k는 상수)이면 $y' = kf'(x)$이다. (3)

(b) $y = f(x) \pm g(x)$이면 $y' = f'(x) \pm g'(x)$이다. (4)

(c) $y = f(x) \cdot g(x)$이면 $y' = f'(x)g(x) + f(x)g'(x)$이다. (5)

(d) $y = \dfrac{f(x)}{g(x)}$ $(g(x) \neq 0)$이면 $y' = \dfrac{f'(x)g(x) - f(x)g'(x)}{[g(x)]^2}$이다. (6)

예제 ❶ 다음을 증명하여라.

(1) $y = f(x)g(x)$이면 $y' = f'(x)g(x) + f(x)g'(x)$.

(2) n이 임의의 정수일 때 $\frac{d}{dx}(x^n) = nx^{n-1}$.

증명 (1) 도함수의 정의와 극한의 기본정리(정리 1-2-1)를 이용하면 쉽게 증명된다. 먼저 $F(x) = f(x)g(x)$라 놓자. 그러면

$$\begin{aligned}&F(x+\Delta x) - F(x)\\ &= f(x+\Delta x)g(x+\Delta x) - f(x)g(x)\\ &= f(x+\Delta x)g(x+\Delta x) - f(x)g(x+\Delta x) + f(x)g(x+\Delta x) - f(x)g(x)\\ &= g(x+\Delta x)\{f(x+\Delta x) - f(x)\} + f(x)\{g(x+\Delta x) - g(x)\}\end{aligned}$$

로 변형할 수 있다. 따라서

$$\begin{aligned}F'(x) &= \lim_{\Delta x \to 0} \frac{F(x+\Delta x) - F(x)}{\Delta x}\\ &= \lim_{\Delta x \to 0} \frac{g(x+\Delta x)\{f(x+\Delta x) - f(x)\} + f(x)\{g(x+\Delta x) - g(x)\}}{\Delta x}\\ &= \lim_{\Delta x \to 0} g(x+\Delta x) \cdot \lim_{\Delta x \to 0} \frac{f(x+\Delta x) - f(x)}{\Delta x}\\ &\quad + f(x) \cdot \lim_{\Delta x \to 0} \frac{g(x+\Delta x) - g(x)}{\Delta x}\\ &= g(x)f'(x) + f(x)g'(x).\end{aligned}$$

(2) $n > 0$인 경우는 정리 2-2-1에서 보였으므로 $n = 0$일 때와 $n < 0$인 경우만 증명하면 된다.

i) $n < 0$인 경우: $m = -n$으로 놓으면 $m > 0$이고

$$x^n = x^{-m} = \frac{1}{x^m}$$

이다. 따라서

$$\frac{d}{dx}(x^n) = \frac{d}{dx}\left(\frac{1}{x^m}\right) = \frac{-1(x^m)'}{(x^m)^2}$$

$$= \frac{-mx^{m-1}}{x^{2m}} = -\frac{mx^{m-1}}{x^{2m}}$$

$$= -mx^{(m-1)-2m} = -mx^{-m-1}$$

$$= nx^{n-1}.$$

ii) $n=0$인 경우: $\dfrac{d}{dx}(x^0) = \dfrac{d}{dx}(1) = 0 = 0x^{-1}$

따라서 모든 정수 n에 대하여 $\dfrac{d}{dx}(x^n) = nx^{n-1}$이다.

참고 정리 2-2-2의 (c)를 이용하면 일반적인 세 함수의 곱의 미분공식도 유도할 수 있다. 즉, $y = f(x)g(x)h(x)$의 도함수는

$$y' = f'(x)g(x)h(x) + f(x)g'(x)h(x) + f(x)g(x)h'(x)$$

이다. 같은 방법으로 n개의 함수의 곱에 대한 도함수도 위와 같은 형태의 공식으로 얻을 수 있다. 또, 나머지 공식 (a), (b), (d)도 비슷한 방법으로 증명할 수 있다.

보기 ❷ 다음 함수들의 도함수를 구하여라.

(1) $y = 3x^4 - 5x^3 + x^2 - 7x + 2$　　(2) $y = (3x-5)(x^2+1)$

(3) $y = x(x^2+5)(2x^3-3x^2+7)$　　(4) $y = \dfrac{5x^2+1}{3x-7}$

풀이 (1) $y' = 12x^3 - 15x^2 + 2x - 7$

(2) $y' = 3(x^2+1) + (3x-5)2x = 9x^2 - 10x + 3$

(3) $y' = 1(x^2+5)(2x^3-3x^2+7) + x(2x)(2x^3-3x^2+7)$
$\quad + x(x^2+5)(6x^2-6x)$
$\quad = 12x^5 - 15x^4 + 40x^3 - 31x^2 + 35$

(4) $y' = \dfrac{10x(3x-7) - (5x^2+1)3}{(3x-7)^2} = \dfrac{15x^2 - 70x - 3}{(3x-7)^2}$

합성함수의 미분

컴퓨터의 정보처리속도는 팬티엄Ⅱ가 586기종의 2배이고 586기종은 386기종보다 3배 빨리 처리된다고 가정하자. 그러면 결국 팬티엄Ⅱ기종은 386기종보다 정보처리속도가 $2\times3=6$배가 빠르다. 즉, 두 비율을 곱한 것이다. 함수 $y=f(u)$와 $u=g(x)$가 합성함수 $y=f(g(x))$를 결정한다고 가정하자. 도함수의 개념은 변화율(속도)을 나타내므로 y는 u보다 $\frac{dy}{du}$배 빠르고 u는 x보다 $\frac{du}{dx}$배 빠르다.

따라서 당연히 y는 x보다 $\frac{dy}{du}\times\frac{du}{dx}$배만큼 빠르다고 생각할 수 있다. 이러한 결과를 **연쇄법칙**(chain rule)이라고 한다. 이 사실은 다음 정리와 같이 일반화시킬 수 있다.

정리 2-2-3 연쇄법칙

함수 $y=f(u)$와 $u=g(x)$가 합성함수 $y=(f\circ g)(x)=f(g(x))$를 결정한다고 가정하자. 함수 g가 x에서 미분가능하고 함수 f는 $u=g(x)$에서 미분가능하면 $f\circ g$는 x에서 미분가능하고

$$\frac{df(g(x))}{dx}=\frac{df(u)}{du}\cdot\frac{dg(x)}{dx}$$

이다. 즉,

$$\frac{dy}{dx}=\frac{dy}{du}\cdot\frac{du}{dx} \quad \text{또는} \quad \frac{dy}{dx}=f'(u)g'(x) \tag{7}$$

위의 정리의 증명에 관심있는 학생은 다음 쪽의 참고를 읽어보기 바란다.

보기 ❸ 다음 함수들의 도함수 $\frac{dy}{dx}$를 구하여라.

(1) $y=(x^3+7x+2)^{25}$　　　(2) $y=\dfrac{1}{3x^4-x^2+1}$

풀이 (1) $y=(x^3+7x+2)^{25}$에서 $u(x)=x^3+7x+2$라 놓자. 그러면 $y=\{u(x)\}^{25}$이 되어 연쇄법칙에 의해

$$\begin{aligned}\frac{dy}{dx} &= \frac{dy}{du} \cdot \frac{du}{dx} \\ &= \frac{d}{du}[u^{25}] \cdot \frac{d}{dx}[x^3+7x+2] \\ &= 25u^{24}(3x^2+7) \\ &= 25(x^3+7x+2)^{24}(3x^2+7).\end{aligned}$$

(2) $y = \dfrac{1}{3x^4-x^2+1} = (3x^4-x^2+1)^{-1}$에서 $u(x) = 3x^4-x^2+1$이라 놓자. 그러면 $y = \{u(x)\}^{-1}$이 되어 연쇄법칙에 의해

$$\begin{aligned}\frac{dy}{dx} &= \frac{dy}{du} \cdot \frac{du}{dx} \\ &= \frac{d}{du}[u^{-1}] \cdot \frac{d}{dx}[3x^4-x^2+1] \\ &= -u^{-2}(12x^3-2x) \\ &= -(3x^4-x^2+1)^{-2}(12x^3-2x) \\ &= -\frac{12x^3-2x}{(3x^4-x^2+1)^2}.\end{aligned}$$

참고 **연쇄법칙의 증명**

정리 2-2-3의 증명은 이해하기가 쉽지 않기 때문에 따로 소개하니 관심있는 학생은 참고하기 바란다.

증명 먼저 x의 증분을 Δx, 함수 g에 대응되는 증분을 Δu, 그리고 합성함수 $f \circ g$에 대응되는 증분을 Δy라 하자. 즉,

$$\begin{aligned}\Delta u &= g(x+\Delta x) - g(x) \\ \Delta y &= f(g(x+\Delta x)) - f(g(x))\end{aligned}$$

이것은 $\Delta x \to 0$으로 감에 따라 $\Delta u \to 0$이다. 왜냐하면

$$\lim_{\Delta x \to 0} \Delta u = \lim_{\Delta x \to 0} \frac{\Delta u}{\Delta x} \cdot \Delta x = \frac{du}{dx} \cdot 0 = 0$$

여기서 $\Delta u \neq 0$라고 가정하자. 그러면

$$\begin{aligned}\frac{dy}{dx} &= \lim_{\Delta x \to 0} \frac{\Delta y}{\Delta x} \\ &= \lim_{\Delta x \to 0} \left(\frac{\Delta y}{\Delta u} \cdot \frac{\Delta u}{\Delta x} \right) \\ &= \lim_{\Delta x \to 0} \frac{\Delta y}{\Delta u} \cdot \lim_{\Delta x \to 0} \frac{\Delta u}{\Delta x} \\ &= \lim_{\Delta u \to 0} \frac{\Delta y}{\Delta u} \cdot \lim_{\Delta x \to 0} \frac{\Delta u}{\Delta x} \quad (\because \Delta x \to 0 \text{이면 } \Delta u \to 0) \\ &= \frac{dy}{du} \cdot \frac{du}{dx}\end{aligned}$$

물론, 이 증명은 $\Delta u \neq 0$이라는 가정하에 성립한다. 이것은 연쇄법칙에서의 가정은 아니다. 사실, $\Delta x \neq 0$일지라도 $\Delta u = g(x + \Delta x) - g(x)$는 얼마든지 0이 되는 것은 가능하다. 그러나 $\Delta u \neq 0$인 조건은 많은 함수들에 있어서 필요로 한다. 비록 $\Delta u \neq 0$인 가정없이 연쇄법칙을 증명하는 것은 가능하나 이 증명은 어딘가 민감하여 생략된 것이다.

복합연쇄 법칙

$y = f(u)$, $u = g(v)$, $v = h(x)$이면 다음 관계가 성립한다.

$$\frac{dy}{dx} = \frac{dy}{du} \cdot \frac{du}{dv} \cdot \frac{dv}{dx}$$

여러 개의 함수의 합성함수를 미분할 때는 마치 양파의 껍질을 하나하나 벗기듯이 바깥 괄호로부터 안쪽으로 미분한다고 마음속으로 생각하면서 미분하면 된다. 이와 관련된 문제는 앞으로 계속 나올 것이다.

역함수의 미분

경제학에서 **수요함수**(demand function)라는 것이 있다. 즉, 소비자의 한 상품 A에 대한 수요함수는 일반적으로 그 상품의 가격, 다른 상품들의 가격, 소비자의 소득, 그리고 소비자의 선호와 취미 등의 함수로 나타난다. 그러나 만약 다른 상품들의 가격, 소비자의 소득, 그리고 소비자의

선호와 취미 등이 일정하다고 본다면 수요함수는 상품 A의 가격에 의해 수요량이 결정된다고 볼 수 있다. 여기서 상품 A의 가격을 p, 수요량을 q라 하면 수요함수는 $q = f(p)$와 같이 일변수함수로 나타낼 수 있다. 이때, 가격에 대한 수요량의 변화율을 알고자 할 때에는 $\frac{dq}{dp}$를 구하면 되지만 수요량에 대한 가격의 변화율을 구하고자 할 때에는 $\frac{dp}{dq}$를 구하여야 한다. 이는 수요함수 $q = f(p)$의 역함수를 찾아 도함수를 구하는 문제가 된다. 이러한 문제는 여러 분야에서 종종 나타난다. 이럴 때는 굳이 주어진 함수의 역함수를 구하지 않고서도 역함수의 도함수를 구하는 방법이 있다. 다음에 소개하는 정리가 바로 그것이다.

정리 2-2-4 역함수의 미분

함수 $y = f(x)$가 구간 $[a, b]$에서 연속이고 증가(감소)한다고 하자. 또 함수 f가 한 점 $x \in (a, b)$에서 미분가능하고 $f'(x) \neq 0$이라 하자. 이때, $x = f^{-1}(y)$의 도함수

$$(f^{-1})'(y) = \frac{df^{-1}(y)}{dy} = \frac{1}{\frac{df(x)}{dx}} = \frac{1}{f'(x)}$$

즉,

$$\frac{dx}{dy} = \frac{1}{\frac{dy}{dx}} \tag{8}$$

이다.

증명 $y = f(x)$가 역함수를 가지므로 $x = f^{-1}(y) = f^{-1}(f(x))$이다. 이 식의 양변을 x에 관해 미분하면 합성함수의 미분법에 의하여

$$1 = \frac{df^{-1}(y)}{dy} \cdot \frac{dy}{dx} = \frac{dx}{dy} \cdot \frac{dy}{dx}$$

이다. 따라서

$$\frac{dx}{dy} = \frac{1}{\frac{dy}{dx}}$$

이다.

보기 ❹ 함수 $y=f(x)=x^3$의 역함수의 도함수를 구하고 $(f^{-1})'(2)$를 구하여라.

풀이 함수 $y=f(x)$는 증가함수이며 $\dfrac{dy}{dx}=3x^2$이다. 따라서 $\dfrac{dx}{dy}=\dfrac{1}{3x^2}$이다. 한편, $y=f(x)=x^3$에서 $x=f^{-1}(y)=\sqrt[3]{y}$이므로 $x^2=\sqrt[3]{y^2}$이다. 그러므로

$$\frac{dx}{dy}=(f^{-1})'(y)=\frac{1}{3x^2}=\frac{1}{3\sqrt[3]{y^2}} \qquad ①$$

이다. 따라서 주어진 함수의 역함수의 도함수는 ①식에서 역함수를 구하는 방법에 의해 x와 y를 교환하면

$$\frac{dy}{dx}=(f^{-1})'(x)=\frac{1}{3\sqrt[3]{x^2}} \qquad ②$$

이고 ②에서 $x=2$를 대입하면 $(f^{-1})'(2)=\dfrac{1}{3\sqrt[3]{4}}$이다.

예제 ❷ 일반적으로 수요함수가 주어졌을 때, 가격변화율에 대한 수요량변화율의 비율을 가리켜 수요의 **가격탄력도**(price elasticity of demand)라 한다. 즉, 어떤 상품 A의 가격변화 Δp가 주어지고 이에 따른 수요량의 변화를 Δq라고 하면 수요의 가격탄력도는 다음과 같이 정의된다.

$$\eta=\frac{\Delta q/q}{\Delta p/p}=\frac{\Delta q}{\Delta p}\cdot\frac{p}{q}$$

이때, 수요함수가 다음과 같이 주어지고 $p=3$, $q=5$일 때, 각각의 가격탄력도를 구하여라.

(1) $q=75-5p$ (2) $8q+2p=56$

풀이 (1) $\dfrac{\Delta q}{\Delta p}=-5$이고 $p=3$, $q=5$이므로 위 공식에 의해 가격탄력도는

$$\eta=\frac{\Delta q}{\Delta p}\cdot\frac{p}{q}=-5\times\frac{3}{5}=-3.$$

(2) 준 식을 정리하면 $q = 7 - \frac{1}{4}p$이므로 $\frac{\Delta q}{\Delta p} = -\frac{1}{4}$이다. 따라서 $p = 3,\ q = 5$ 이므로 위 공식에 의해 가격탄력도는

$$\eta = \frac{\Delta q}{\Delta p} \cdot \frac{p}{q} = -\frac{1}{4} \times \frac{3}{5} = -\frac{3}{20}.$$

참고 수요의 법칙에 따라 Δp와 Δq는 반대방향으로 움직이기 때문에 η는 항상 음의 값을 갖는다. 이때, $|\eta| > 1$이면 **탄력적**(elastic), $|\eta| < 1$이면 **비탄력적**(inelastic), $|\eta| = 1$이면 **단위탄력적**(unitary elastic)이라 한다.

매개변수 함수의 미분

보조변수에 의하여 간접적으로 표현되는 방정식을 **매개방정식**(parametric equation)이라 하고 보조변수를 **매개변수**(parameter)라 한다. 매개방정식으로 표현되는 경우는 허다하다. 역학분야에서 널리 활용되는 파선, 곡선운동의 속도와 가속도문제, 각종 도형의 매개방정식, 하이포 사이클로이드 방정식 등 직교방정식으로 나타내는 것보다 매개변수를 사용하여 표현되는 매개방정식이 곡선의 변화상태를 이해하는 데 훨씬 더 도움이 되는 경우가 있다. 좀 더 자세한 것은 나중에 다시 다루도록 하고 여기서는 매개변수함수의 미분법만 소개하겠다.

t를 매개변수로 하는 매개변수함수 $x = f(t),\ y = g(t)$가 주어졌을 때 매개변수 t를 소거하여 $x,\ y$ 사이의 관계식을 구하지 않고서도 $\frac{dy}{dx}$를 구하는 방법을 알아보자.

정리 2-2-5 매개변수함수의 미분

폐구간 $[a,\ b]$에서 정의된 두 함수 $x = f(t),\ y = g(t)$가 이 정의역에서 미분가능하고 $a \leqq t \leqq b$인 모든 t에 대하여 $f'(t) \neq 0$라 하자. 그러면 매개변수함수 $x = f(t)$, $y = g(t)$에 의하여 정의된 x의 함수 y는 미분가능하며 그 도함수는 다음과 같다.

$$\frac{dy}{dx} = \frac{\frac{dy}{dt}}{\frac{dx}{dt}} \tag{9}$$

증명 $a \leqq t \leqq b$인 모든 t에 대하여 $f'(t) \neq 0$이므로 f는 $[a,\ b]$ 위에서 증가하거나 감소

한다. 그러므로 f의 역함수 f^{-1}가 존재하며 f^{-1}는 미분가능하다(역함수의 미분법 참조). 따라서 $F = g \circ f^{-1}$라 놓으면

$$y = g(t) = g(f^{-1}(x)) = F(x) = F(f(t))$$

이다. 양변을 t에 관하여 미분하면 연쇄법칙에 의해

$$\frac{dy}{dt} = F'(f(t)) \cdot f'(t) = \frac{dy}{dx} \cdot \frac{dx}{dt}$$

이다. 그런데 $\frac{dx}{dt} = f'(t) \neq 0$이므로

$$\frac{dy}{dx} = \frac{dy/dt}{dx/dt}.$$

보기 ⑤ 매개변수함수 $x = 4t^2 + 5$, $y = t^3 - 1$로 표시되는 곡선이 있다. $t = 2$인 점에서의 접선의 기울기를 구하여라.

풀이 $\frac{dx}{dt} = 8t$, $\frac{dy}{dt} = 3t^2$이므로 $\frac{dy}{dx} = \frac{dy/dt}{dx/dt} = \frac{3t^2}{8t}$이다. 따라서

$$\left[\frac{dy}{dx}\right]_{t=2} = \frac{3}{4}.$$

음함수의 미분

지금까지 다룬 모든 함수들은 $y = f(x)$ 형태였다. 이러한 함수형태를 **양함수**(explicit function)라 한다. 반면 함수가 $f(x, y) = c$ 형태로 주어지는 경우가 있는데 이런 함수의 형태를 **음함수**(implicit function)라 한다. 위에서 설명한 미분법은 모두가 양함수에 대한 미분법을 소개한 것이다. 그러나 만약 $y^3 + 7y = x^3$과 같은 음함수 위의 점 $(2, 1)$에서의 접선의 기울기를 구하려면 $\frac{dy}{dx}$를 구하여 x 대신 2를, y 대신 1을 대입하여 계산하면 된다. 그런데 주어진 함수 $y^3 + 7y = x^3$을 y에 관해 정리하여 $\frac{dy}{dx}$를 구할 것인지 아니면 그대로 둔 상태에서 $\frac{dy}{dx}$를 구하는 것이 편리한지를 생각하게 된다. 이 경우 y를 x의 함수로 고치는 작업이 그리 용이하

지 않기 때문에 y를 x의 함수로 고치지 않고 풀 수가 있다. 이러한 미분법을 **음함수의 미분법**이라고 한다. 음함수의 미분은 그것을 양함수로 고칠 수 있다면 양함수로 고쳐서 위에서 배운 미분법을 활용하면 좋으나 양함수로 표현할 수 없는 경우도 있기 때문에 y를 x의 함수로 보고 합성함수의 미분법을 이용하면 좀 더 쉽게 구할 수 있다.

보기 ❻ 음함수 $y^3 + 7y = x^3$ 위의 점 $(2,\ 1)$에서의 접선의 기울기를 구하여라.

풀이 점 $(2,\ 1)$에서의 접선의 기울기를 구하기 위하여 먼저 주어진 함수의 양변을 x에 관해 미분한다(y를 x의 함수라고 가정). 즉,

$$\frac{d}{dx}(y^3 + 7y) = \frac{d}{dx}(x^3)$$

을 계산하면 합성함수의 미분법에 의하여

$$\frac{d}{dy} \cdot \frac{dy}{dx}(y^3 + 7y) = 3x^2$$

와 같이 된다. 이 식은

$$\frac{d}{dy}(y^3 + 7y) \cdot \frac{dy}{dx} = 3x^2$$

가 되어 계산하면

$$(3y^2 + 7) \cdot \frac{dy}{dx} = 3x^2$$

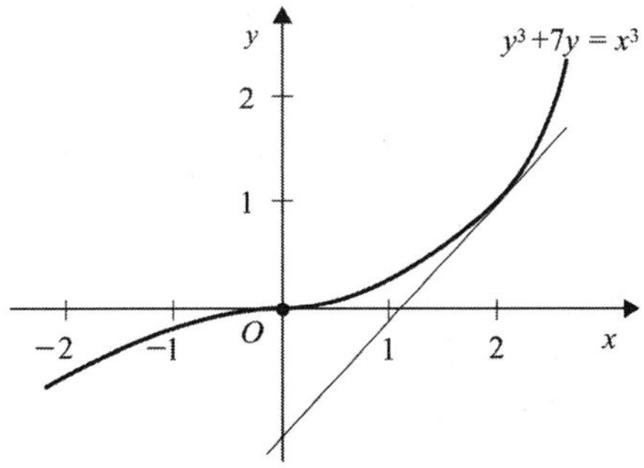

▌그림 2-4

이 된다. 따라서

$$\frac{dy}{dx} = \frac{3x^2}{3y^2+7}$$

이므로 $x = 2$, $y = 1$을 대입하면 기울기는 $\frac{6}{5}$이다.

주의 음함수 $x^2+y^2=0$에서 $\frac{dy}{dx}$는 정의될 수 없다. 왜냐하면 주어진 식은 점 $(0, 0)$에서만 성립되기 때문이다. 또, $x^2+2xy+(y-x)^2=y^2+8$일 때 $\frac{dy}{dx}$를 구할 수 없다. 주어진 식을 변형하면 $x^2=4$가 되어 $\frac{dy}{dx}$를 정의할 수가 없다. 이처럼 주어진 음함수에 대해 $\frac{dy}{dx}$가 의미가 없을 수도 있으므로 주의해야 한다.

예제 ❸ 반지름이 5인 원의 방정식은 $x^2 + y^2 = 25$로 나타낼 수 있다. 이 식은 두 개의 함수 $y = f(x) = \sqrt{25 - x^2}$과 $y = g(x) = -\sqrt{25 - x^2}$을 결정한다. 이때, $x = 3$에서의 접선의 기울기를 구하여라.

풀이 방법1: 양함수의 미분법

두 함수 모두 개구간 $(-5, 5)$에서 미분가능하다. 먼저 함수 f를 x에 관해 미분하면 합성함수의 미분법에 의해

$$f'(x) = \frac{1}{2}(25-x^2)^{-\frac{1}{2}} \cdot (-2x) = -\frac{x}{\sqrt{25-x^2}}.$$

마찬가지로 $g'(x)$를 구하면

$$g'(x) = -\frac{1}{2}(25-x^2)^{-\frac{1}{2}} \cdot (-2x) = \frac{x}{\sqrt{25-x^2}}.$$

따라서 $x=3$에서의 접선의 기울기는 $y=4$인 경우에는 $f'(3) = -\frac{3}{4}$, $y = -4$인 경우에는 $g'(3) = \frac{3}{4}$이다.

방법2: 음함수의 미분법

$x^2 + y^2 = 25$를 두 함수로 분류하지 않고 음함수의 미분법을 사용하여 기울기를 구해보자. 준 식의 양변을 x에 관해 미분하면

$$\frac{d}{dx}(x^2 + y^2) = \frac{d}{dx}(25)$$

가 되어

$$2x + 2y\frac{dy}{dx} = 0$$

이다. 따라서

$$\frac{dy}{dx} = -\frac{x}{y}$$

이다. 그러므로 점 $(3,\ 4)$에서의 접선의 기울기는 $\left[\frac{dy}{dx}\right]_{(x,\ y)=(3,\ 4)} = -\frac{3}{4}$이고, 점 $(3,\ -4)$에서의 접선의 기울기는 $\left[\frac{dy}{dx}\right]_{(x,\ y)=(3,\ -4)} = \frac{3}{4}$이다.

참고 위의 예제에서 보듯이 원의 방정식을 두 개의 함수로 나누어 생각하면 $f'(x)$와 $g'(x)$를 따로 구하여야 하지만 $x^2 + y^2 = 25$를 음함수의 미분법에 의해 구하면 $f'(x)$와 $g'(x)$를 동시에 구할 수 있다.

앞에서 n이 정수일 때 $\frac{d}{dx}(x^n) = nx^{n-1}$이 됨을 증명하였다. 이제 음함수의 미분법을 이용하여 n이 유리수일 때도 위의 공식이 성립함을 보이자.

정리 2-2-6 제곱의 법칙

r을 임의의 유리수라고 가정하자. 그러면

$$\frac{d}{dx}(x^r) = rx^{r-1} \tag{10}$$

이다.

증명 가정에서 r이 유리수이므로 $r = \frac{p}{q}$ ($p,\ q$는 정수이고 $q > 0$)라 놓을 수 있다. 따라서

$$y = x^r = x^{\frac{p}{q}}$$

라 하면 $y^q = x^p$이므로 음함수의 미분법에 의하여

$$qy^{q-1} \cdot \frac{dy}{dx} = px^{p-1}$$

이다. 따라서

$$\frac{dy}{dx} = \frac{px^{p-1}}{qy^{q-1}} = \frac{p}{q} \cdot \frac{x^{p-1}}{(x^{p/q})^{q-1}} = \frac{p}{q} \cdot \frac{x^{p-1}}{x^{p-p/q}}$$

$$= \frac{p}{q} \cdot x^{p-1-p+p/q} = \frac{p}{q} \cdot x^{(p/q)-1} = rx^{r-1}.$$

보기 ❼ 다음 함수들에서 $\frac{dy}{dx}$를 구하여라.

(1) $y = 3x^{\frac{11}{3}} + 2x^{\frac{3}{4}} - 6x^{\frac{2}{3}}$　　(2) $y = (1+2x^3)^{\frac{2}{5}}$

풀이 (1) $\frac{dy}{d}x = 3 \cdot \frac{11}{3}x^{\frac{11}{3}-1} + 2 \cdot \frac{3}{4}x^{\frac{3}{4}-1} - 6 \cdot \frac{2}{3}x^{\frac{2}{3}-1}$

$$= 11x^{\frac{8}{3}} + \frac{3}{2}x^{-\frac{1}{4}} - 4x^{-\frac{1}{3}}$$

$$= 11\sqrt[3]{x^8} + \frac{3}{2\sqrt[4]{x}} - \frac{4}{\sqrt[3]{x}}$$

(2) $\frac{dy}{dx} = \frac{2}{5}(1+2x^3)^{\frac{2}{5}-1} \cdot (6x^2) = \frac{12}{5}x^2(1+2x^3)^{-\frac{3}{5}}$

$$= \frac{12x^2}{5\sqrt[5]{(1+2x^3)^3}}$$

연습문제 (2-2-1)

1. 다음 함수들의 도함수를 구하여라.

(1) $y = 4x^7$

(2) $y = -3x^{12}$

(3) $y = 3x^8 + 2x^3 + 5$

(4) $y = \dfrac{1}{3}(2x^3 + 5)$

(5) $y = \sqrt{5}\,x + \dfrac{1}{\sqrt{3}}$

(6) $y = \dfrac{x^3 + 1}{5}$

(7) $y = \dfrac{1}{a}\left(x^2 + \dfrac{1}{b}x + c\right)$ (a, b, c는 상수)

(8) $y = x^{-3} + \dfrac{1}{x^5}$

(9) $y = \left(\dfrac{1}{x} + \dfrac{1}{x^2}\right)(3x^4 + 7)$

(10) $y = (x^5 + 2x)^3$

(11) $y = \dfrac{x^2 + 1}{3x}$

(12) $y = \dfrac{3x^8 - 6x^2 + 1}{2x^7 + 4x + 2}$

2. 다음 식으로 나타나는 함수의 변수를 독립변수라 하고 그것에 관해서 각각 미분하여라.

(1) $c = 2\pi r$

(2) $V(r) = \pi r^3$

(3) $S = \dfrac{1}{t^3 + 7}$

(4) $f(t) = (t^3 - 1)^3\sqrt{3t + 2}$

3. $y = x^2 + k$의 접선의 방정식이 $y = 2x$라 하면 k값은 얼마인가?

4. 미분공식을 써서 다음 함수의 도함수를 구하고 그 역함수의 도함수를 구하여라.

(1) $y = \dfrac{3x + 7}{2x - 3}$

(2) $y = \dfrac{x}{\sqrt{1 - 4x^2}}$

(3) $y = \dfrac{3(x^3 + 4)}{(x + 2)^2}$

(4) $y = \left(\dfrac{x^2 - 4}{x^2 + 4}\right)^3$

5. f, g와 h가 x에서 미분가능한 함수일 때

$$(f \times g \times h)'(x) = f'(x)g(x)h(x) + f(x)g'(x)h(x) + f(x)g(x)h'(x)$$

임을 증명하여라.

6. 문제 5의 공식을 써서 다음을 미분하여라.

(1) $y=(2x+1)\left(1+\dfrac{1}{x}\right)(x^{-3}+7)$

(2) $y=x^{-5}(x^2+2x)(4x-3)(2x^9+1)$

(3) $y=(x^7+2x-3)^3$

(4) $y=(x^2+1)^{50}$

7. 다음 각 문제를 y에 관해 풀고 $\dfrac{dy}{dx}$를 구하여라. 또, y에 관해 풀지않고 $\dfrac{dy}{dx}$를 구하여라. 그 결과들이 같음을 보여라.

(1) $x^2+y^2=4$

(2) $x^2-y^2=9$

(3) $\dfrac{x^2}{4}+\dfrac{y^2}{3}=1$

(4) $\sqrt{x}+\sqrt{y}=\sqrt{3}$

(5) $y^2=\dfrac{4+x}{4-x}$

(6) $xy-2y+3x+5=0$

8. 다음 각 문제에서 $\dfrac{dy}{dx}$를 구하여라.

(1) $x^2+y^2-4x-6y+12=0$

(2) $x^2y^2-3y^2=2x^2+6$

(3) $x^2-2xy+4y^2+4x=0$

(4) $x^2-2y^4-9y^2=3$

(5) $x^4-5x^2y^2+xy-4=0$

(6) $x^3+y^3+x^2-5xy-3x+2y=4$

2. 지수와 로그함수의 도함수

일반적인 함수식의 미분법에서 함수의 사칙연산에 대한 미분법과 함수와 상수곱에 대한 미분법, 합성함수의 미분, 역함수의 미분, 매개변수함수의 미분, 그리고 음함수의 미분법 등을 소개하였다. 이것은 주어진 함수가 대수함수뿐만 아니라 초월함수 등 모든 함수에 대하여 성립한다. 기본적인 대수함수의 미분법은 앞에서 다루었으니 초월함수로 확장하여 그의 미분법을 고찰해보기로 하자.

지수 · 로그함수의 미분

지수적인 성장과 붕괴에 관련된 사회현상들을 수학적으로 다루는 문제는 상당히 많이 존재한다. 인구증가의 예상, 일기예보의 예상, 각종 미생물의 증가율, 은행이자의 계산문제, 보험에 관련된 수학적 계산 등 다양하다. 이는 미분방정식이라는 수학적 도구를 통해 표현되어 그 해를 구하는 문제로 귀착되는 경우가 많다. 이들 대부분의 미분방정식이 지수와 로그함수의 미분법을 이해하여야 해결된다. 지수와 로그함수는 서로 역함수관계임을 함수편에서 설명하였다. 지수와 로그에 대한 기본 개념은 앞에서 설명하였으므로 여기서는 미분법에 대해서만 소개한다.

정리 2-2-7 지수함수의 미분

함수 $y = f(x) = a^x$ $(a > 0)$은 모든 점 x에서 미분가능하며 그 도함수는 다음과 같다.

$$\frac{d}{dx}(a^x) = a^x \log a \tag{11}$$

증명
$$f'(x) = \lim_{\Delta x \to 0} \frac{f(x + \Delta x) - f(x)}{\Delta x} = \lim_{\Delta x \to 0} \frac{a^{x+\Delta x} - a^x}{\Delta x}$$
$$= \lim_{\Delta x \to 0} \frac{a^x(a^{\Delta x} - 1)}{\Delta x} = a^x \lim_{\Delta x \to 0} \frac{a^{\Delta x} - 1}{\Delta x}$$
$$= a^x \log a \quad (\because \text{ 정리 1-2-4의 (10)})$$

참고 위의 정리 2-2-7에서 $a = e$로 놓으면 $\frac{d}{dx}(e^x) = e^x$가 된다.

보기 ① 다음 함수들에서 $\dfrac{dy}{dx}$를 구하여라.

(1) $y = \pi^{x^3}$　　　　(2) $y = x^3 e^{x^2}$

풀이 (1) 정리 2-2-7과 합성함수의 미분법에 의하여

$$\frac{dy}{dx} = (\pi^{x^3}\log\pi)\cdot 3x^2 = 3x^2\pi^{x^3}\log\pi.$$

(2) (1)과 같은 방법으로 하면

$$\begin{aligned}\frac{dy}{dx} &= 3x^2e^{x^2} + x^3\cdot 2xe^{x^2}\\ &= 3x^2e^{x^2} + 2x^4e^{x^2} = x^2e^{x^2}(3+2x^2).\end{aligned}$$

정리 2-2-8 로그함수의 미분

함수 $y = f(x) = \log_a x$ $(a > 0,\ a \neq 1,\ x > 0)$는 모든 점 x에서 미분가능하며 그 도함수는 다음과 같다.

$$\frac{d}{dx}(\log_a x) = \frac{1}{x\log a} \tag{12}$$

증명
$$\begin{aligned}f'(x) &= \lim_{\Delta x\to 0}\frac{f(x+\Delta x)-f(x)}{\Delta x} = \lim_{\Delta x\to 0}\frac{\log_a(x+\Delta x)-\log_a x}{\Delta x}\\ &= \lim_{\Delta x\to 0}\frac{\log_a\left(\dfrac{x+\Delta x}{x}\right)}{\Delta x} = \lim_{\Delta x\to 0}\frac{1}{\Delta x}\log_a\left(1+\frac{\Delta x}{x}\right)\\ &= \lim_{\Delta x\to 0}\frac{1}{x}\log_a\left(1+\frac{\Delta x}{x}\right)^{\frac{x}{\Delta x}} = \lim_{\Delta x\to 0}\frac{1}{x}\log_a e = \frac{1}{x\log a}\end{aligned}$$

따라서 $x > 0$인 모든 점 x에서 $\dfrac{d}{dx}(\log_a x) = \dfrac{1}{x\log a}$이다.

참고 $y=f(x)=\log_a x\ (a>0,\ a\neq 1,\ x>0)$라 하면 $x=a^y$와 동치이므로 지수함수의 미분법에 의해 모든 y에 대하여 $\frac{dx}{dy}=a^y\log a\neq 0$이다. 따라서 역함수의 미분법에 의하여 $\frac{dy}{dx}=\frac{1}{\frac{dx}{dy}}=\frac{1}{a^y\log a}=\frac{1}{x\log a}$에 의해 구할 수도 있다. 또, 위의 정리 2-2-8에서 $a=e$인 경우를 생각하면 $\frac{d}{dx}(\log x)=\frac{1}{x}$이 된다.

보기 ❷ 다음 함수들에서 $\frac{dy}{dx}$를 구하여라.

(1) $y=\log_{10}(x^3+15)$　　　　(2) $y=2^x\log(3^{2x}+4)$

풀이 (1) 정리 2-2-8과 합성함수의 미분법에 의하여

$$\begin{aligned}\frac{dy}{dx}&=\frac{1}{(x^3+15)\log 10}\times\frac{d}{dx}(x^3+15)\\&=\frac{3x^2}{(x^3+15)\log 10}.\end{aligned}$$

(2) $$\begin{aligned}\frac{dy}{dx}&=(2^x\log 2)\times\log(3^{2x}+4)+2^x\times\frac{1}{(3^{2x}+4)}\times\frac{d}{dx}(3^{2x}+4)\\&=(2^x\log 2)\log(3^{2x}+4)+\frac{2^{x+1}\cdot 3^{2x}\log 3}{(3^{2x}+4)}\end{aligned}$$

예제 ❶ 방사능 물질은 붕괴하며 그 붕괴율은 그 당시 물질의 양에 비례한다고 한다. 이것을 미분방정식으로 나타내면 $\frac{dy}{dt}=ky$임이 알려져 있다(단, k는 음의 상수, y는 물질의 양, t는 시간을 나타낸다). 이 미분방정식을 풀면 $y=y_0e^{kt}$(y_0는 $t=0$일 때 y의 값)이라고 한다. 탄소의 세 가지 동위원소 중의 하나인 탄소 14는 방사능 물질이다. 주어진 양의 50%가 감소되는 기간을 그 물질의 반감기라 하는데, 탄소 14의 반감기는 5,570년이다. 원래 탄소 14의 양이 10g이었다면 2,000년 후에는 얼마나 남아 있겠는가?

풀이 먼저 비례상수 k를 구해보자. 반감기가 5,570년이므로 $y = y_0 e^{kt}$에서 $t = 0$에서 초기량 y_0를 1이라 했을 때 $t = 5570$을 대입하면 $y = \frac{1}{2}$이 되므로

$$\frac{1}{2} = 1 e^{k(5570)}$$

이 된다. 상수 k값을 구하기 위해 양변에 자연로그를 취하면

$$-\log 2 = 5570k$$

이고 로그표에 의하면 $\log 2 = 0.6931$이므로

$$k = -\frac{\log 2}{5570} = -\frac{0.6931}{5570} \fallingdotseq -0.000124$$

이다. 따라서 원래 탄소량 $y_0 = 10$이므로 준 식은 $y = 10e^{-0.000124t}$이고 $t = 2000$을 대입하면

$$y = 10e^{-0.000124(2000)} \fallingdotseq 7.80\,\text{g}.$$

복합형의 로그미분법

미분하려고 하는 함수가 여러 형태의 함수의 곱으로 이루어져 있거나 $y = f(x)^{g(x)}$꼴의 함수로 되어 있을 때, 로그미분법을 이용하면 그 도함수가 아주 간단히 구해지는 경우가 있다. 여기서 주의해야 할 것은 $y = f(x)^{g(x)}$꼴을 지수함수로 잘못 판단하여 지수함수의 미분법을 적용해서 도함수를 구하는 경우가 있는데 이를 주의해야 한다. 다음 예제들을 풀어보자.

예제 ② 다음 함수들의 도함수를 구하여라.

(1) $y = x^x$　　　　(2) $y = \dfrac{x^2\sqrt{x^2+4}}{\sqrt[3]{3x+1}}$

풀이 (1) 주어진 함수의 양변에 자연로그를 취하면

$$\log y = \log x^x = x\log x.$$

양변을 x에 관하여 미분하면

$$\frac{1}{y}\frac{dy}{dx} = \log x + x\frac{1}{x} = 1 + \log x.$$

따라서

$$\frac{dy}{dx} = y(1 + \log x) = x^x(1 + \log x).$$

(2) 주어진 함수의 양변에 자연로그를 취하면

$$\begin{aligned}\log y &= \log(x^2\sqrt{x^2+4}) - \log(\sqrt[3]{3x+1})\\ &= \log x^2 + \log\sqrt{x^2+4} - \frac{1}{3}\log(3x+1)\\ &= 2\log x + \frac{1}{2}\log(x^2+4) - \frac{1}{3}\log(3x+1).\end{aligned}$$

양변을 x에 관하여 미분하면

$$\begin{aligned}\frac{1}{y}\frac{dy}{dx} &= 2\frac{1}{x} + \frac{1}{2}\frac{2x}{x^2+4} - \frac{1}{3}\frac{3}{3x+1}\\ &= \frac{2}{x} + \frac{x}{x^2+4} - \frac{1}{3x+1}.\end{aligned}$$

따라서

$$\frac{dy}{dx} = y\left(\frac{2}{x} + \frac{x}{x^2+4} - \frac{1}{3x+1}\right).$$

예제 3 $\lim_{h\to 0}(1+h)^{\frac{1}{h}} = e$ 임을 증명하여라.

풀이 $f(x) = \log x$이면 $f'(x) = \frac{1}{x}$이므로 $f'(1) = 1$이다. 따라서 도함수의 정의에 의하여

$$\begin{aligned}1 = f'(1) &= \lim_{h\to 0}\frac{f(1+h)-f(1)}{h} = \lim_{h\to 0}\frac{\log(1+h)-\log 1}{h}\\ &= \lim_{h\to 0}\frac{1}{h}\log(1+h) = \lim_{h\to 0}\log(1+h)^{\frac{1}{h}}\end{aligned}$$

이다. 그러므로 $\lim_{h \to 0} \log(1+h)^{\frac{1}{h}} = 1.$

한편, 지수함수는 연속함수이므로

$$\lim_{h \to 0}(1+h)^{\frac{1}{h}} = \lim_{h \to 0} e^{\log(1+h)^{\frac{1}{h}}}$$

$$= e^{\lim_{h \to 0}\log(1+h)^{\frac{1}{h}}} = e^1 = e.$$

연습문제 (2-2-2)

1. 다음 함수들의 도함수를 구하여라.

(1) $y = 5\log x^3$

(2) $y = e^{7x}$

(3) $y = \log_{10}(e^x)$

(4) $y = \dfrac{e^x - e^{-x}}{e^x + e^{-x}}$

(5) $y = \dfrac{e^x}{\log x}$

(6) $y = (\log x)^3$

(7) $y = \log\left(x + \sqrt{x^2+4}\right)$

(8) $y = 2^{-x} + 2^x$

(9) $y = \log(\log x)$

(10) $y = \log\sqrt{\dfrac{1+3^x}{1-3^x}}$

2. 로그미분법을 적용하여 다음 함수의 도함수를 구하여라.

(1) $y = x^2\sqrt{x^2+4}$

(2) $y = \sqrt{\dfrac{(x+5)(4x+3)}{(x^2+1)(2x+1)}}$

(3) $y = x^{2x}$

(4) $y = (\log x)^x$

(5) $y = x^{\sin x}$

(6) $y = \left(\dfrac{3}{x}\right)^x$

3. 삼각함수의 도함수

삼각함수에 대한 기초개념은 함수의 개요편에서 자세히 소개하였다. 여기서의 중요한 내용은 삼각함수의 도함수를 구해보는 것이다. 바퀴를 돌린다거나 바퀴 위의 점들의 속도를 측정하려고 하다보니 삼각함수들에 대한 도함수를 연구하게 되었다. 여기서 사용하는 모든 각은 라디안각으로 간주하자.

삼각함수의 도함수

미분과 적분에서는 일반적으로 각의 측정단위로 **라디안**(radian)을 쓰는데 1라디안이란 반지름 r인 원에서 반지름의 길이와 같은 원호에 대응하는 중심각의 크기를 말함을 1장에서 언급하였다. 이제 삼각함수의 가장 기본이 되는 사인함수와 코사인함수에 대한 미분공식을 도함수의 정의에 의해 유도해보자.

정리 2-2-9 삼각함수의 미분

함수 $f(x) = \sin x$, $g(x) = \cos x$는 모든 점에서 미분가능하며 그 도함수는 다음과 같다.

(a) $\dfrac{d}{dx}\sin x = \cos x$ (13)

(b) $\dfrac{d}{dx}\cos x = -\sin x$ (14)

증명 1장에서 설명한 삼각함수의 기본공식들 중 합 또는 차를 곱으로 고치는 공식과 초월함수의 극한의 성질을 이용하면 각각의 도함수를 유도해낼 수 있다.

$$\text{(a)}\ f'(x) = \lim_{h\to 0}\frac{f(x+h)-f(x)}{h} = \lim_{h\to 0}\frac{\sin(x+h)-\sin x}{h}$$

$$= \lim_{h\to 0}\frac{2\cos\left(x+\frac{h}{2}\right)\cdot\sin\frac{h}{2}}{h} = \lim_{h\to 0}\cos\left(x+\frac{h}{2}\right)\cdot\frac{\sin\frac{h}{2}}{\frac{h}{2}}$$

$$= \lim_{h\to 0}\cos\left(x+\frac{h}{2}\right)\cdot\lim_{h\to 0}\frac{\sin\frac{h}{2}}{\frac{h}{2}} = \cos x\cdot 1 = \cos x$$

(b) $$g'(x) = \lim_{h\to 0}\frac{g(x+h)-g(x)}{h} = \lim_{h\to 0}\frac{\cos(x+h)-\cos x}{h}$$
$$= \lim_{h\to 0}\frac{-2\sin\left(x+\frac{h}{2}\right)\cdot\sin\frac{h}{2}}{h} = -\lim_{h\to 0}\sin\left(x+\frac{h}{2}\right)\cdot\frac{\sin\frac{h}{2}}{\frac{h}{2}}$$
$$= -\lim_{h\to 0}\sin\left(x+\frac{h}{2}\right)\cdot\lim_{h\to 0}\frac{\sin\frac{h}{2}}{\frac{h}{2}} = -\sin x\cdot 1 = -\sin x$$

정리 2-2-9를 이용하면 나머지 삼각함수들에 대한 미분공식도 유도해낼 수 있다.

보기 ❶ $y = \tan x$ 의 도함수를 구하여라.

풀이 $$\frac{d}{dx}\tan x = \frac{d}{dx}\left(\frac{\sin x}{\cos x}\right)$$
$$= \frac{\cos x\cdot\left(\frac{d}{dx}\sin x\right) - \sin x\cdot\left(\frac{d}{dx}\cos x\right)}{\cos^2 x}$$
$$= \frac{\cos^2 x + \sin^2 x}{\cos^2 x} = \frac{1}{\cos^2 x} = \sec^2 x$$

참고 나머지 삼각함수들에 대한 미분공식도 위의 보기 1과 같이 유도해낼 수 있다. 즉,

(a) $$\frac{d}{dx}\cot x = -\csc^2 x \tag{15}$$

(b) $$\frac{d}{dx}\sec x = \sec x\tan x \tag{16}$$

(c) $$\frac{d}{dx}\csc x = -\csc x\cot x \tag{17}$$

이다. 결과는 연습문제로 남긴다. 위에서 언급한 삼각함수들에 대한 미분공식은 반드시 기억해 두어야 한다.

예제 ① $y = 4\sin 3x$의 그래프 위의 점 $\left(\frac{\pi}{3},\ 0\right)$에서의 접선의 방정식을 구하여라.

풀이 주어진 함수의 도함수를 구하여 $(x,\ y) = \left(\frac{\pi}{3},\ 0\right)$을 대입하여 접선의 기울기를 구한다. 즉, 합성함수의 미분법에 의하여

$$\frac{dy}{dx} = 4(\cos 3x)\cdot 3 = 12\cos 3x$$

이고 $x = \frac{\pi}{3}$에서 미분계수는 -12이다. 이것이 그 점에서의 접선의 기울기이므로 구하는 접선의 방정식은

$$y - 0 = -12\left(x - \frac{\pi}{3}\right) = -12x + 4\pi$$

이다. 정리하면

$$y = -12x + 4\pi.$$

역삼각함수의 도함수

1장에서 역삼각함수에 대한 설명을 하였다. 이제 역삼각함수의 도함수를 구하는 방법에 대하여 알아보자. 이것은 나중에 적분공식을 유도하는 데 유용하게 사용된다.

정리 2-2-10 역삼각함수의 미분 I

함수 $f(x) = \sin^{-1}x\ (-1 \leqq x \leqq 1)$와 $g(x) = \cos^{-1}x\ (-1 \leqq x \leqq 1)$는 각각 $-1 < x < 1$에서 미분가능하며 그 도함수는 다음과 같다.

(a) $\frac{d}{dx}\sin^{-1}x = \frac{1}{\sqrt{1-x^2}}\quad (-1 < x < 1)$ (18)

(b) $\frac{d}{dx}\cos^{-1}x = -\frac{1}{\sqrt{1-x^2}}\quad (-1 < x < 1)$ (19)

증명 (a) $y = \sin^{-1}x\,(-1 < x < 1)$라 놓자.

이것은 $y = \sin x \left(-\frac{\pi}{2} < x < \frac{\pi}{2}\right)$의 연속인 역함수이며 $-1 < x < 1$에서 미분가능하다.

따라서 $y = \sin^{-1}x\ (-1 < x < 1)$로부터

$$x = \sin y \ \left(-\frac{\pi}{2} < y < \frac{\pi}{2}\right)$$

이므로 역함수의 미분법에 의해

$$\frac{dy}{dx} = \frac{1}{\frac{dx}{dy}} = \frac{1}{\cos y}$$

이다. 한편, $\cos y = \pm\sqrt{1-\sin^2 y} = \pm\sqrt{1-x^2}$ 이고 $-\frac{\pi}{2} < y < \frac{\pi}{2}$ 이므로 $\cos y > 0$이다.

따라서 $\cos y = \sqrt{1-x^2}$ 이므로

$$\frac{dy}{dx} = \frac{d}{dx}\sin^{-1}x = \frac{1}{\sqrt{1-x^2}} \quad (-1 < x < 1)$$

(b) (a)와 같은 방법으로 증명하면 된다.

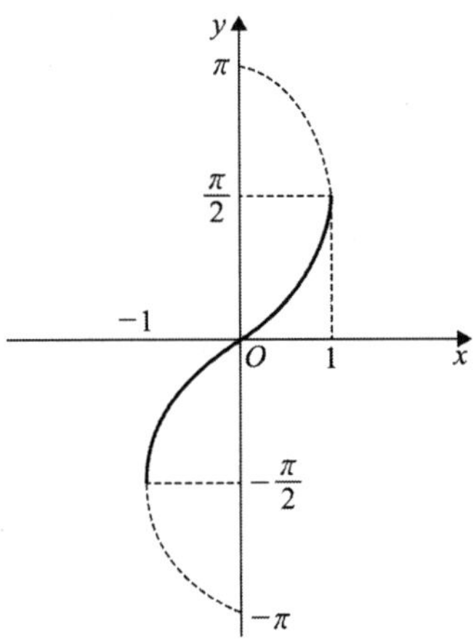

▮그림 2-5 역삼각사인 그래프

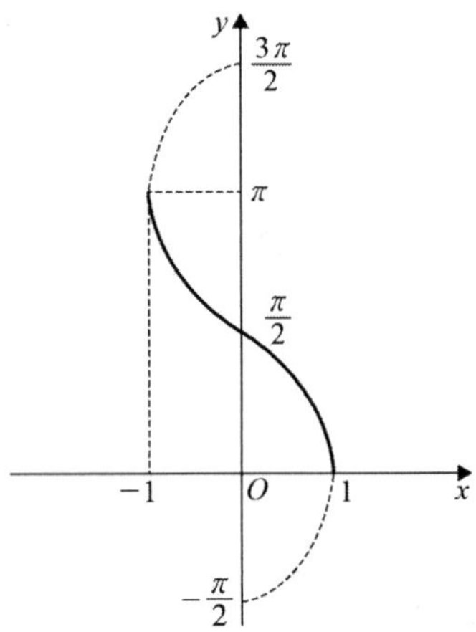

▮그림 2-6 역삼각코사인 그래프

보기 ❷ $y = \sin^{-1}(x^3)$의 도함수를 구하여라.

풀이 $\dfrac{dy}{dx} = \dfrac{1}{\sqrt{1-(x^3)^2}} \cdot \dfrac{d}{dx}(x^3) = \dfrac{3x^2}{\sqrt{1-x^6}}$

정리 2-2-11 역삼각함수의 미분 II

나머지 역삼각함수들에 대한 도함수는 정리 2-2-10과 유사한 방법으로 다음과 같이 됨을 증명할 수 있다.

(a) $\dfrac{d}{dx}\tan^{-1}x = \dfrac{1}{1+x^2} \quad (-\infty < x < \infty)$ (20)

(b) $\dfrac{d}{dx}\cot^{-1}x = -\dfrac{1}{1+x^2} \quad (-\infty < x < \infty)$ (21)

(c) $\dfrac{d}{dx}\sec^{-1}x = \dfrac{1}{|x|\sqrt{x^2-1}} \quad (x \in (-\infty, -1) \cup (1, \infty))$ (22)

(d) $\dfrac{d}{dx}\csc^{-1}x = -\dfrac{1}{|x|\sqrt{x^2-1}} \quad (x \in (-\infty, -1) \cup (1, \infty))$ (23)

증명 (a) $y = \tan^{-1}x \ (-\infty < x < \infty)$라 놓자. 이것은 $y = \tan x \left(-\dfrac{\pi}{2} < x < \dfrac{\pi}{2}\right)$의 연속인 역함수이며 $-\infty < x < \infty$에서 미분가능하며 그 도함수 $y' = \sec^2 x$는 0이 아니다. 따라서 $y = \tan^{-1}x$로부터 $x = \tan y \left(-\dfrac{\pi}{2} < y < \dfrac{\pi}{2}\right)$이므로 역함수의 미분법에 의해

$$\frac{dy}{dx} = \frac{1}{\dfrac{dx}{dy}} = \frac{1}{\sec^2 y} = \frac{1}{1+\tan^2 y} = \frac{1}{1+x^2}$$

이다. 그러므로

$$\frac{d}{dx}\tan^{-1}x = \frac{1}{1+x^2} \quad (-\infty < x < \infty)$$

(b) (a)의 증명과 같은 방법으로 하면 된다.

(c) $y = \sec^{-1}x,\ x \in (-\infty,\ -1) \bigcup (1,\ \infty)$라 놓자. 이것은 (c)의 증명에서와 같은 방법으로 $(-\infty,\ -1) \bigcup (1,\ \infty)$에서 미분가능하다. 이제 $y = \sec^{-1}x$로부터 $x = \sec y,\ 0 < y < \pi,\ y \neq \frac{\pi}{2}$이므로 역함수의 미분법에 의해

$$\frac{dy}{dx} = \frac{1}{\frac{dx}{dy}} = \frac{1}{\sec y \tan y}$$

이다. 그런데 $\tan y = \pm\sqrt{\sec^2 y - 1}$이므로 $\sec y \tan y = \pm \sec y \sqrt{\sec^2 y - 1}$이고 $0 < y < \pi,\ y \neq \frac{\pi}{2}$이므로 $\sec y \tan y > 0$이다. 따라서

$$\sec y \tan y = |x| \sqrt{x^2 - 1}$$

이므로

$$\frac{dy}{dx} = \frac{d}{dx}\sec^{-1}x = \frac{1}{|x|\sqrt{x^2-1}}, \quad x \in (-\infty,\ -1) \bigcup (1,\ \infty)$$

(d) (c) 증명과 같은 방법으로 하면 된다.

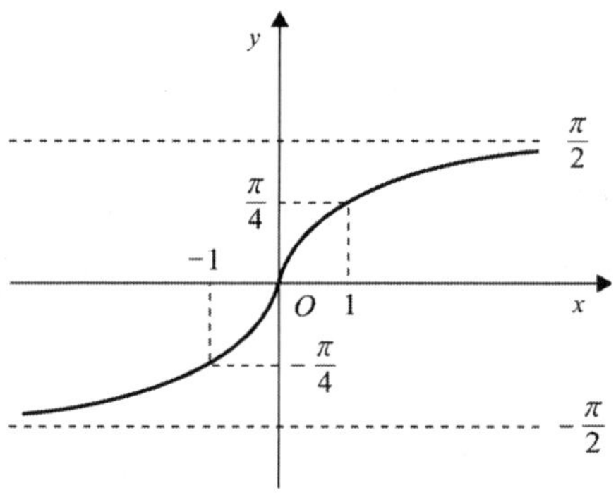

▌그림 2-7 역삼각탄젠트 그래프

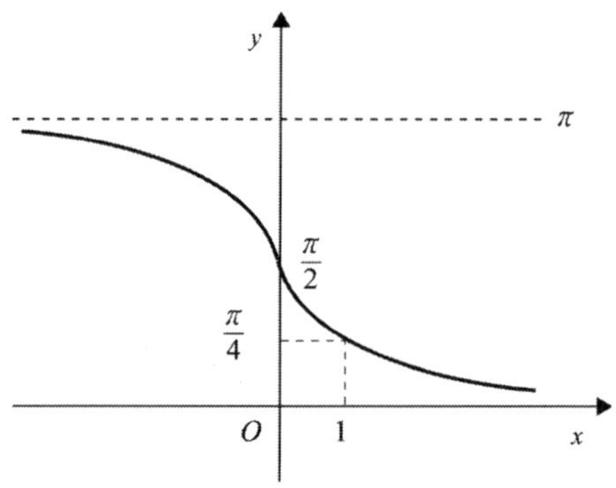

▌그림 2-8 역삼각코탄젠트 그래프

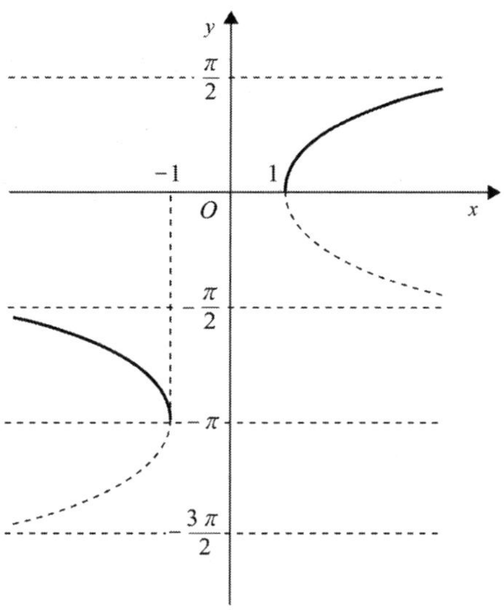

▌그림 2-9 역삼각시컨트 그래프

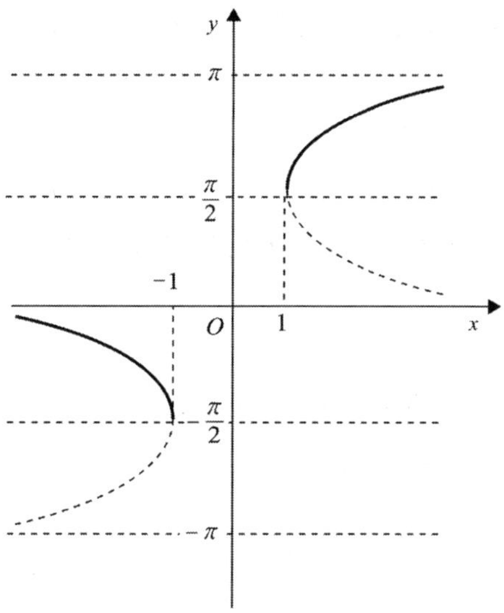

▌그림 2-10 역삼각코시컨트 그래프

예제 ❷ 다음 주어진 함수들의 도함수를 구하여라.

(1) $y = \sec^{-1}(e^{2x})$ (2) $y = \tan^{-1}\left(\frac{1-x}{1+x}\right)$

풀이 (1) 정리 2-2-11의 (c)와 합성함수의 미분법의 연쇄법칙에 의해

$$\frac{dy}{dx} = \frac{1}{e^{2x}\sqrt{(e^{2x})^2 - 1}} \cdot \frac{d}{dx}e^{2x}$$

$$= \frac{2e^{2x}}{e^{2x}\sqrt{e^{4x} - 1}} = \frac{2}{\sqrt{e^{4x} - 1}}$$

(2) 정리 2-2-11의 (a)와 합성함수의 미분법의 연쇄법칙에 의해

$$\frac{dy}{dx} = \frac{1}{1+\left(\frac{1-x}{1+x}\right)^2} \cdot \frac{d}{dx}\left(\frac{1-x}{1+x}\right) = \frac{\frac{-(1+x)-(1-x)}{(1+x)^2}}{1+\left(\frac{1-x}{1+x}\right)^2}$$

$$= \frac{\frac{-2}{(1+x)^2}}{\frac{(1+x)^2 + (1-x)^2}{(1+x)^2}} = \frac{\frac{-2}{(1+x)^2}}{\frac{2+2x^2}{(1+x)^2}} = \frac{-1}{1+x^2}$$

쌍곡선함수의 도함수

1장에서 지수함수를 이용하여 쌍곡선함수를 정의하였다. 이 쌍곡선함수는 공학분야에서 많이 응용되어 쓰이고 있는데 여기서는 쌍곡선함수의 도함수에 대하여 알아보도록 하자. 쌍곡선함수에 대한 도함수는 일반 함수식의 도함수와 지수함수의 도함수를 구하는 방법을 알면 쉽게 구할 수 있다. 요약하면 다음 정리와 같다.

정리 2-2-12 쌍곡선함수의 미분

다음 쌍곡선함수들은 주어진 정의역 안에서 미분가능하며 그 도함수는 다음과 같다.

(a) $\dfrac{d}{dx}\sinh x = \cosh x,\ \ x \in R$ (24)

(b) $\dfrac{d}{dx}\cosh x = \sinh x,\ \ x \in R$ (25)

(c) $\dfrac{d}{dx}\tanh x = \operatorname{sech}^2 x,\ \ x \in R$ (26)

(d) $\dfrac{d}{dx}\coth x = -\operatorname{csch}^2 x,\ \ x \neq 0$ (27)

(e) $\dfrac{d}{dx}\operatorname{sech} x = -\operatorname{sech} x \tanh x,\ \ x \in R$ (28)

(f) $\dfrac{d}{dx}\operatorname{csch} x = -\operatorname{csch} x \coth x,\ \ x \neq 0$ (29)

증명 (a) 쌍곡선함수의 정의에 의해 $\sinh x = \dfrac{e^x - e^{-x}}{2}$이고 e^x와 e^{-x}는 모든 점에서 미분가능하므로 $\sinh x$도 모든 점에서 미분가능하다. 따라서

$$\frac{d}{dx}\sinh x = \frac{d}{dx}\left(\frac{e^x - e^{-x}}{2}\right) = \frac{e^x + e^{-x}}{2} = \cosh x.$$

(b) (a)와 같은 방법으로 증명하면 된다.

(c) $\sinh x$와 $\cosh x$는 모든 점에서 미분가능하므로 정리 2-2-2의 (6)에 의하여 정의역 안에서 $\tanh x = \dfrac{\sinh x}{\cosh x}$도 모든 점에서 미분가능하다. 따라서

$$\frac{d}{dx}\tanh x = \frac{d}{dx}\left(\frac{\sinh x}{\cosh x}\right) = \frac{\cosh^2 x - \sinh^2 x}{\cosh^2 x}$$

$$= \frac{1}{\cosh^2 x} = \text{sech}^2 x.$$

(d) (c)와 같은 방법으로 증명하면 된다.

(e) 정의역 안에서 $\text{sech}\, x = \dfrac{1}{\cosh x}$는 미분가능하므로

$$\frac{d}{dx}\text{sech}\, x = \frac{d}{dx}\left(\frac{1}{\cosh x}\right) = \frac{-\sinh x}{\cosh^2 x}$$

$$= \frac{-1}{\cosh x} \cdot \frac{\sinh x}{\cosh x} = -\text{sech}\, x \tanh x.$$

(f) (e)와 같은 방법으로 증명하면 된다.

보기 ❸ $y = e^{\tanh x}$의 도함수를 구하여라.

풀이 $\dfrac{dy}{dx} = e^{\tanh x} \cdot \dfrac{d}{dx}(\tanh x) = e^{\tanh x} \cdot \text{sech}^2 x$

역쌍곡선 함수의 도함수

삼각함수와 마찬가지로 쌍곡선함수도 정의역을 적당히 제한하면 각각의 역함수가 존재한다. 즉, 쌍곡선사인과 쌍곡선탄젠트의 도함수는 양수이므로 쌍곡선사인과 쌍곡선탄젠트는 증가함수이고, 따라서 모든 점에서 역함수가 존재한다. 그러나 쌍곡선코사인과 쌍곡선시컨트는 그들의 정의역을 $x \geq 0$으로 제한해야만 그의 역함수가 존재한다. 따라서

$$x = \sinh^{-1} y \iff y = \sinh x$$

$$x = \cosh^{-1} y \iff y = \cosh x,\ x \geq 0$$

$$x = \tanh^{-1} y \iff y = \tanh x$$

$$x = \text{sech}^{-1} y \iff y = \text{sech}\, x,\ x \geq 0$$

쌍곡선함수는 지수식 e^x와 e^{-x}를 사용하여 정의되는 함수이므로 쌍곡선함수의 역함수는 자연로그를 써서 나타낼 수 있다. 즉, $y = \sinh x$의 역함수를 구한 방법과 같이 쌍곡선함수의 역함수를 구해보면 다음과 같다(그래프는 부록 1 참조).

$$y = \sinh^{-1}x = \log\left(x + \sqrt{x^2+1}\right)$$
$$y = \cosh^{-1}x = \log\left(x + \sqrt{x^2-1}\right),\ x \geqq 1$$
$$y = \tanh^{-1}x = \frac{1}{2}\log\frac{1+x}{1-x},\ -1 < x < 1$$
$$y = \mathrm{sech}^{-1}x = \log\left(\frac{1+\sqrt{1-x^2}}{x}\right),\ 0 < x \leqq 1$$

1장에서 정의한 이러한 역쌍곡선함수들에 대한 도함수를 구하는 법을 간략하게 설명하겠다.

정리 2-2-13 역쌍곡선함수의 미분

다음 역쌍곡선함수들은 주어진 정의역 안에서 미분가능하며 그 도함수는 다음과 같다.

(a) $\dfrac{d}{dx}\sinh^{-1}x = \dfrac{1}{\sqrt{x^2+1}}$ (30)

(b) $\dfrac{d}{dx}\cosh^{-1}x = \dfrac{1}{\sqrt{x^2-1}},\ x > 1$ (31)

(c) $\dfrac{d}{dx}\tanh^{-1}x = \dfrac{1}{1-x^2},\ -1 < x < 1$ (32)

(d) $\dfrac{d}{dx}\mathrm{sech}^{-1}x = -\dfrac{1}{x\sqrt{1-x^2}},\ 0 < x < 1$ (33)

증명 (a) $y = \sinh^{-1}x$라 놓자. 이것은 $y = \sinh x$의 연속인 역함수이며 모든 점에서 미분가능하다. 따라서 $y = \sinh^{-1}x$로부터 $x = \sinh y$이므로 역함수의 미분법에 의해

$$\frac{dy}{dx} = \frac{1}{\frac{dx}{dy}} = \frac{1}{\cosh y}$$

이다. 한편, $\cosh y = \pm\sqrt{1+\sinh^2 y} = \pm\sqrt{1+x^2}$이고 모든 실수 y에 대하여 $\cosh y > 0$이다. 따라서 $\cosh y = \sqrt{1+x^2}$이므로

$$\frac{dy}{dx} = \frac{d}{dx}\sinh^{-1}x = \frac{1}{\sqrt{1+x^2}}.$$

(b), (c), (d)의 증명은 (a)와 같은 요령으로 증명하면 되므로 연습문제로 남긴다.

연습문제 (2-2-3)

1. 다음 역삼각함수의 값을 주치 안에서 구하여라.

(1) $\sin\left(\dfrac{1}{2}\cos^{-1}\left(\dfrac{7}{9}\right)\right)$ (2) $\cos\left(2\tan^{-1}\left(\dfrac{1}{3}\right)\right)$

(3) $\tan\left(2\sin^{-1}\left(-\dfrac{2}{3}\right)\right)$ (4) $\sin\left(2\cos^{-1}\left(\dfrac{2}{3}\right)\right)$

2. 다음 함수들의 도함수를 구하여라.

(1) $y=\sin^{-1}4x$ (2) $y=2\tan^{-1}\left(\dfrac{1}{3}x\right)$

(3) $y=x\cos^{-1}2x$ (4) $y=\sin^{-1}\left(\dfrac{x-1}{x}\right)$

(5) $y=\tan^{-1}\left(\dfrac{4+x}{1-4x}\right)$ (6) $y=\sec^{-1}\left(\dfrac{x-1}{x}\right)$

(7) $y=\cot^{-1}(4x)$ (8) $y=\dfrac{1}{3}\tan^{-1}\dfrac{x}{3}+3$

3. 다음을 증명하여라.

(1) $\dfrac{d}{dx}\cosh^{-1}x=\dfrac{1}{\sqrt{x^2-1}}\quad (x>1)$

(2) $\dfrac{d}{dx}\tanh^{-1}x=\dfrac{1}{1-x^2}\quad (-1<x<1)$

(3) $\sinh(x\pm y)=\sinh x\cosh y\pm\cosh x\sinh y$

(4) $\tanh(x\pm y)=\dfrac{\tanh x\pm\tanh y}{1\pm\tanh x\tanh y}$

요약 (2-2)

1. 대수함수의 미분법

(1) $y = f(x) = k$ (상수)이면 $y' = f'(x) = 0$이다.

(2) $y = f(x) = x^n$ (n은 실수)이면 $y' = f'(x) = n\,x^{n-1}$이다.

2. 일반적 형태의 함수의 미분법

함수 $y = f(x)$, $y = g(x)$가 미분가능한 함수라고 하면 다음 미분공식이 성립한다.

(1) $y = kf(x)$ (k는 상수)이면 $y' = kf'(x)$이다.

(2) $y = f(x) \pm g(x)$이면 $y' = f'(x) \pm g'(x)$이다.

(3) $y = f(x) \cdot g(x)$이면 $y' = f'(x)g(x) + f(x)g'(x)$이다.

(4) $y = \dfrac{f(x)}{g(x)}$ $(g(x) \neq 0)$이면 $y' = \dfrac{f'(x)g(x) - f(x)g'(x)}{[g(x)]^2}$이다.

3. 연쇄법칙

함수 $y = f(u)$와 $u = g(x)$가 합성함수 $y = (f \circ g)(x) = f(g(x))$를 결정한다고 가정하자. 함수 g가 x에서 미분가능하고 함수 f는 $u = g(x)$에서 미분가능하면 $f \circ g$는 x에서 미분가능하고

$$\frac{df(g(x))}{dx} = \frac{df(u)}{du} \cdot \frac{dg(x)}{dx}$$

이다. 즉, $\dfrac{dy}{dx} = \dfrac{dy}{du} \cdot \dfrac{du}{dx}$ 또는 $\dfrac{dy}{dx} = f'(u)g'(x)$이다.

4. 역함수의 미분

함수 $y = f(x)$가 구간 $[a, b]$에서 연속이고 증가(감소)한다고 하자. 또 함수 f가 한 점 $x \in (a, b)$에서 미분가능하고 $f'(x) \neq 0$이라 하자. 이때, $x = f^{-1}(y)$의 도함수

$$(f^{-1})'(y) = \frac{df^{-1}(y)}{dy} = \frac{1}{\dfrac{df(x)}{dx}} = \frac{1}{f'(x)}$$

즉, $\dfrac{dx}{dy} = \dfrac{1}{\dfrac{dy}{dx}}$ 이다.

5. 매개변수함수의 미분

폐구간 $[a, b]$에서 정의된 두 함수 $x = f(t)$, $y = g(t)$가 이 정의역에서 미분가능하고 $a \leqq t \leqq b$인 모든 t에 대하여 $f'(t) \neq 0$라 하자. 그러면 매개변수함수 $x = f(t)$, $y = g(t)$에 의하여 정의된 x의 함수 y는 미분가능하며 그 도함수는

$$\frac{dy}{dx} = \frac{dy/dt}{dx/dt}$$

이다.

6. 제곱의 법칙

r을 임의의 유리수라고 가정하자. 그러면

$$\frac{d}{dx}(x^r) = rx^{r-1}$$

이다.

7. 지수함수의 미분

함수 $y = f(x) = a^x\ (a > 0)$은 모든 점 x에서 미분가능하며 그 도함수는 다음과 같다.

$$\frac{d}{dx}(a^x) = a^x \log a$$

8. 로그함수의 미분

함수 $y = f(x) = \log_a x\ (a > 0,\ a \neq 1,\ x > 0)$는 모든 점 x에서 미분가능하며 그 도함수는 다음과 같다.

$$\frac{d}{dx}(\log_a x) = \frac{1}{x \log a}$$

9. 삼각함수의 미분

함수 $f(x) = \sin x$, $g(x) = \cos x$는 모든 점에서 미분가능하며 그 도함수와 나머지 삼각함수의 도함수는 다음과 같다.

(1) $\dfrac{d}{dx}\sin x = \cos x$

(2) $\dfrac{d}{dx}\cos x = -\sin x$

(3) $\dfrac{d}{dx}\tan x = \sec^2 x$

(4) $\dfrac{d}{dx}\cot x = -\csc^2 x$

(5) $\dfrac{d}{dx}\sec x = \sec x \tan x$

(6) $\dfrac{d}{dx}\csc x = -\csc x \cot x$

10. 역삼각함수의 미분 I

함수 $f(x) = \sin^{-1}x$ $(-1 \leqq x \leqq 1)$와 $g(x) = \cos^{-1}x$ $(-1 \leqq x \leqq 1)$는 각각 $-1 < x < 1$에서 미분가능하며 그 도함수는 다음과 같다.

(1) $\dfrac{d}{dx}\sin^{-1}x = \dfrac{1}{\sqrt{1-x^2}}$ $(-1 < x < 1)$

(2) $\dfrac{d}{dx}\cos^{-1}x = -\dfrac{1}{\sqrt{1-x^2}}$ $(-1 < x < 1)$

11. 역삼각함수의 미분 II

(1) $\dfrac{d}{dx}\tan^{-1}x = \dfrac{1}{1+x^2}$ $(-\infty < x < \infty)$

(2) $\dfrac{d}{dx}\cot^{-1}x = -\dfrac{1}{1+x^2}$ $(-\infty < x < \infty)$

(3) $\dfrac{d}{dx}\sec^{-1}x = \dfrac{1}{|x|\sqrt{x^2-1}}$ $(x \in (-\infty, -1) \cup (1, \infty))$

(4) $\dfrac{d}{dx}\csc^{-1}x = -\dfrac{1}{|x|\sqrt{x^2-1}}$ $(x \in (-\infty, -1) \cup (1, \infty))$

12. 쌍곡선함수의 미분

(1) $\dfrac{d}{dx}\sinh x = \cosh x,\ x \in R$

(2) $\dfrac{d}{dx}\cosh x = \sinh x,\ x \in R$

(3) $\dfrac{d}{dx}\tanh x = \operatorname{sech}^2 x,\ x \in R$

(4) $\dfrac{d}{dx}\coth x = -\operatorname{csch}^2 x,\ x \neq 0$

(5) $\dfrac{d}{dx}\operatorname{sech} x = -\operatorname{sech} x \tanh x,\ x \in R$

(6) $\dfrac{d}{dx}\operatorname{csch} x = -\operatorname{csch} x \coth x,\ x \neq 0$

13. 역쌍곡선함수의 미분

다음 역쌍곡선함수들은 주어진 정의역 안에서 미분가능하며 그 도함수는 다음과 같다.

(1) $\dfrac{d}{dx}\sinh^{-1} x = \dfrac{1}{\sqrt{x^2+1}}$

(2) $\dfrac{d}{dx}\cosh^{-1} x = \dfrac{1}{\sqrt{x^2-1}},\ x > 1$

(3) $\dfrac{d}{dx}\tanh^{-1} x = \dfrac{1}{1-x^2},\ -1 < x < 1$

(4) $\dfrac{d}{dx}\operatorname{sech}^{-1} x = \dfrac{-1}{x\sqrt{1-x^2}},\ 0 < x < 1$

종합문제 (2-2)

1. 도함수의 공식들을 이용하여 다음 함수들의 도함수 $\left(\dfrac{dy}{dx}\right)$를 구하여라.

(1) $y = 2x^3$

(2) $y = \pi x^4$

(3) $y = 5x^6 + 3x^5 - 11x + 9$

(4) $y = x(x^2 + 3)$

(5) $y = \dfrac{\sin x}{\sin x + \cos x}$

(6) $y = \left(\dfrac{x^2 - 1}{x + 4}\right)^5$

(7) $y = \sin^4(x^2 + 3x)$

(8) $y - x^3 y + y^3 x = 10$

(9) $y = \sqrt[4]{1 + \cos(x^2 + 2x)}$

(10) $y = 2^x \log(x + 5)$

(11) $y = \sin(\tan^{-1} x)$

(12) $y = x \sinh^{-1}(2x)$

(13) $y = \dfrac{\sqrt{x + 13}}{(x - 4)^3 \sqrt{2x + 1}}$

2. $f(0) = 4$, $f'(0) = -1$, $g(0) = -3$, 그리고 $g'(0) = 5$이다. 이때, 다음을 구하여라.

(1) $(f \times g)'(0)$

(2) $(f + g)'(0)$

(3) $\left(\dfrac{f}{g}\right)'(0)$

3. 곡선 $y = \sqrt{2}\sin x$와 $y = \sqrt{2}\cos x$는 $0 < x < \dfrac{\pi}{2}$의 한 점에서 직교함을 밝혀라.

4. $y = (x^2 + 1)^3 (x^4 + 1)^2$의 그래프상의 점 $(1, 32)$에서의 접선의 방정식을 구하여라.

5. 반지름이 10 cm이고 중심이 원점인 바퀴가 반시계방향으로 1초에 5바퀴의 속도로 회전하고 있다. 이때, 다음을 구하여라.

(1) 시각이 t초일 때의 점 P의 좌표

(2) $t = 1'$일 때 P의 상승(또는 낙하) 속도

6. 박테리아의 증가율은 처음 당시 박테리아 수에 비례한다. 12시에 박테리아 수는 20,000마리였고 3시간 후의 박테리아 수는 40,000마리였다. 오후 5시에 박테리아 수는 얼마나 될까?

7. 연이율 13%로 매일 복리이자로 500원을 은행에 맡기면 3년 후에는 얼마나 되겠는가?

8. 다음을 계산하여라.

(1) $\cos\left(2\sin^{-1}\left(-\frac{2}{3}\right)\right)$

(2) $\sin\left(\cos^{-1}\left(\frac{3}{5}\right)+\cos^{-1}\left(\frac{5}{13}\right)\right)$

9. 다음을 증명하여라.

(1) $\tan(\sin^{-1}x)=\dfrac{x}{\sqrt{1-x^2}}$

(2) $e^x=\cosh x+\sinh x$

(3) $\cos(\tan^{-1}x)=\dfrac{1}{\sqrt{1+x^2}}$

제3장

도함수의 응용

3장에서는 도함수의 개념을 바탕으로 수학의 범주 안에서의 응용분야를 소개한다. 이를 토대로 여러 가지 예제를 통하여 각 학문분야에서 어떻게 응용되는지를 보여준다. 특히, 변화율의 응용, 복잡한 함수식으로 주어지는 함수의 그래프를 추적하는 방법, 최대·최솟값을 구하는 문제 등을 다룬다.

3-1 미분과 변화율

1. 미분과 근삿값

여기서는 함수의 도함수를 또 하나의 함수로 생각하여 그의 도함수들, 즉 2계도함수 이상의 고계도함수에 대하여 설명을 한다. 그리고 지금까지는 함수 $y=f(x)$의 도함수를 라이프니츠의 표기법인 $\dfrac{dy}{dx}$로 하나의 기호로 써 사용하여 왔다. 이것에 대해 미분의 개념인 dy와 dx에 별도의 의미를 부여하고자 한다. 마지막으로 미분을 이용한 근삿값 계산과 오차에 대해 설명한다.

고계도함수

함수 $y=f(x)$의 x에 관한 도함수는 x값에 따라서 변화하는 것이기 때문에 이 또한 x의 함수이다. 원래 도함수라는 용어는 $y=f(x)$에서 또 하나의 유도된 함수라는 뜻이다. 그러므로 이 도함수가 다시 x에 대하여 미분가능하면 이 미분한 함수를 x에 관한 **2계도함수**(second derivative)라고 부른다. 마찬가지로 2계도함수의 도함수가 존재하면 이를 **3계도함수**라 한다. 즉, $y=f(x)$의 도함수는

$$f'(x)=\lim_{\Delta x\to 0}\frac{f(x+\Delta x)-f(x)}{\Delta x}$$

이고 $f'(x)$가 미분가능하면 $y=f(x)$의 2계도함수를

$$f''(x)=\lim_{\Delta x\to 0}\frac{f'(x+\Delta x)-f'(x)}{\Delta x}$$

로 나타낸다. 이와 같은 방법으로 $y=f(x)$의 3계도함수가 존재하면 이를

$$f'''(x)=\lim_{\Delta x\to 0}\frac{f''(x+\Delta x)-f''(x)}{\Delta x}$$

와 같이 나타낸다. 따라서 주어진 함수 $y=f(x)$가 n번 미분가능하면 $f^{(n)}(x)$를 $y=f(x)$의 n계도함수라 하고 다음과 같이 나타낸다. 2계 이상의 도함수를 $y=f(x)$의 **고계도함수**라고 한다.

$$f^{(n)}(x) = \lim_{\Delta x \to 0} \frac{f^{(n-1)}(x+\Delta x) - f^{(n-1)}(x)}{\Delta x}$$

참고 위에서 언급한 고계도함수에 대한 표현들은 도함수의 정의에 의한 것이고 실제로 주어진 함수의 고계도함수를 구할 때에는 미분공식에 의하여 구하면 된다. $y = f(x)$의 2계도함수의 기호는 다음과 같이 다양하게 나타낸다. 즉,

$$y'',\ f''(x),\ \frac{d^2y}{dx^2},\ \frac{d^2}{dx^2}f(x)$$

따라서 $y = f(x)$의 n계도함수($n \geq 0$)는

$$y^{(n)},\ f^{(n)}(x),\ \frac{d^n y}{dx^n},\ \frac{d^n}{dx^n}f(x)$$

등으로 나타낸다. 이때, $f^{(0)}(x)$는 $f(x)$를 의미하는 것으로 한다.

보기 ❶ 다음 함수들의 n계도함수를 구하여라.

(1) $y = 3x^4 + 2x^3 - 4x^2 + 15x + 7$ (2) $y = \dfrac{1}{x}$

(3) $y = \sqrt{x}$ (4) $y = \sin x$

풀이 (1) $y' = 12x^3 + 6x^2 - 8x + 15,\ y'' = 36x^2 + 12x - 8,\ y''' = 72x + 12,$

$y^{(4)} = 72,\ y^{(5)} = 0,\ \cdots,\ y^{(n)} = 0$

(2) $y' = -\dfrac{1}{x^2},\ y'' = \dfrac{2}{x^3},\ y''' = -\dfrac{2\times 3}{x^4},\ \cdots,$

$y^{(n)} = (-1)^n \dfrac{2\times 3\times \cdots \times n}{x^{n+1}} = (-1)^n \dfrac{n!}{x^{n+1}}$

(3) $y' = \dfrac{1}{2}x^{-\frac{1}{2}},\ y'' = \dfrac{1}{2}\left(-\dfrac{1}{2}x^{-\frac{3}{2}}\right),\ y''' = \dfrac{1}{2}\left(\dfrac{1}{2}\times\dfrac{3}{2}x^{-\frac{5}{2}}\right),\ \cdots,$

$y^{(n)} = (-1)^{n+1}\dfrac{1\times 3\times \cdots \times(2n-3)}{2^n}x^{\frac{-2n+1}{2}}\quad (n \geq 2)$

(4) $y' = \cos x = \sin\left(x + \dfrac{\pi}{2}\right),\ y'' = -\sin x = \sin\left(x + \dfrac{2\pi}{2}\right),$

$y''' = -\cos x = \sin\left(x + \dfrac{3\pi}{2}\right),\ y^{(4)} = \sin x = \sin\left(x + \dfrac{4\pi}{2}\right),\ \cdots,$

$y^{(n)} = \sin\left(x + \dfrac{n\pi}{2}\right)$

C^n −급, C^∞ −급

어떤 함수가 미분가능하더라도 계속해서 미분가능하라는 보장은 없으므로 몇 계까지의 도함수가 본래의 주어진 함수의 정의역에서 정의되는가가 문제가 되는 것이다. 폐구간 $I=[a, b]$에서 정의된 함수 $y=f(x)$에서 특히 n계도함수가 I 전체에 걸쳐 정의되는 경우 이 함수를 I에서 n번 미분가능하다고 말한다. 또 n계도함수 $f^{(n)}(x)$가 I에서 연속일 때, $y=f(x)$는 I에서 n번 연속미분가능 또는 **C^n −급**이라고 한다. 특히, 모든 자연수 n에 대하여 I에서 C^n −급인 함수를 I에서 **C^∞ −급**이라고 한다. 미분계수의 개념도 마찬가지로 확장된다. 즉, 함수 $y=f(x)$가 $x=a$ 근방에서 n번 미분가능하고 동시에 그 n계도함수 $f^{(n)}(x)$가 $x=a$에서 미분가능하면 $y=f(x)$는 $x=a$에서 $(n+1)$번 미분가능하다고 하며, $f^{(n)}(x)$의 $x=a$에서의 미분계수 $f^{(n)\prime}(a)$를 $y=f(x)$의 $x=a$에서의 $(n+1)$계미분계수라 하며, $f^{(n+1)}(a)$로 나타낸다. 또, $f(a)$를 $f^{(0)}(a)$라고도 쓰며 0계미분계수라 한다.

보기 ❷ 보기 1의 함수들은 모두가 C^∞ −급임을 알 수 있다.

예제 ❶ 함수 $f(x)=\begin{cases} x^2\sin\dfrac{1}{x} & (x\neq 0) \\ 0 & (x=0)\end{cases}$은 C^1−급이 아님을 보여라.

증명 $x\neq 0$이면 $f(x)=x^2\sin\dfrac{1}{x}$이므로 $f'(x)=2x\sin\dfrac{1}{x}-\cos\dfrac{1}{x}$이다. 한편,

$$f'(0)=\lim_{h\to 0}\frac{f(h)-f(0)}{h}=\lim_{h\to 0}\frac{h^2\sin\frac{1}{h}-0}{h}$$

$$=\lim_{h\to 0}h\sin\frac{1}{h}=0.$$

그런데

$$\lim_{x\to 0}f'(x)=\lim_{x\to 0}\left(2x\sin\frac{1}{x}-\cos\frac{1}{x}\right)$$

$$=\lim_{x\to 0}2x\sin\frac{1}{x}-\lim_{x\to 0}\cos\frac{1}{x}=0-\lim_{x\to 0}\cos\frac{1}{x}$$

이 되어 $\lim_{x \to 0} f'(x)$는 존재하지 않는다. 왜냐하면 $\cos\frac{1}{x}$은 -1과 1 사이를 한없이 진동하기 때문이다. 따라서

$$\lim_{x \to 0} f'(x) \neq f'(0)$$

이므로 $f'(x)$는 $x=0$에서 연속이 아니다. 그러므로 $f(x)$는 한 번 미분가능하지만 $x=0$에서 $f'(x)$가 연속이 아니므로 C^1 −급이 아니다. (따라서 두 번 미분가능하지 않는 것은 물론이다.)

정리 3-1-1

두 함수 $y=f(x)$, $y=g(x)$가 각각 n번 미분가능하다면 α, β를 실수로 할 때 $F(x)=\alpha f(x)+\beta g(x)$도 n번 미분가능하고 동시에 다음 식이 성립한다.

$$F^{(n)}(x)=\alpha f^{(n)}(x)+\beta g^{(n)}(x)$$

증명 수학적 귀납법으로 증명하자.

$$F^{(0)}(x)=\alpha f(x)+\beta g(x)=\alpha f^{(0)}(x)+\beta g^{(0)}(x)$$

이므로 $n=0$일 때는 분명히 성립한다. 다음에 $n=r$일 때 성립한다고 가정하고 $n=r+1$일 때를 생각해보자. 가정으로부터 $f(x)$, $g(x)$는 각각 $(r+1)$번까지도 미분가능하므로 당연히 r번 미분가능하다. 따라서 $n=r$일 때 성립한다고 가정하면

$$F^{(r)}(x)=\alpha f^{(r)}(x)+\beta g^{(r)}(x)$$

이 되어 우변이 다시 한번 미분가능하므로

$$F^{(r)\prime}(x)=\alpha f^{(r)\prime}(x)+\beta g^{(r)\prime}(x)$$

이 된다. 즉,

$$F^{(r+1)}(x)=\alpha f^{(r+1)}(x)+\beta g^{(r+1)}(x).$$

그러므로 $n=r+1$일 때도 위 식은 성립하므로 증명되었다.

보기 ❸ $F(x) = \sin^2 x$의 n계도함수를 구하여라.

풀이 $\sin^2 x = \dfrac{1-\cos 2x}{2} = \dfrac{1}{2} - \dfrac{1}{2}\cos 2x$이므로 정리 3-1-1로부터

$$\alpha = \frac{1}{2},\ \beta = -\frac{1}{2},\ f(x) = 1,\ g(x) = \cos 2x$$

로 놓으면 $f(x)$는 n번 미분가능하게 된다. 즉,

$$f^{(n)}(x) = 0\ (n \geqq 1), \quad g^{(n)}(x) = 2^n \cos\left(2x + \frac{n\pi}{2}\right)$$

이다. 따라서 정리 3-1-1에 의해

$$\begin{aligned} F^{(n)}(x) &= \alpha f^{(n)}(x) + \beta g^{(n)}(x) \\ &= \frac{1}{2} \times 0 - \frac{1}{2} \times 2^n \cos\left(2x + \frac{n\pi}{2}\right) \\ &= -2^{n-1}\cos\left(2x + \frac{n\pi}{2}\right),\ n \geqq 1. \end{aligned}$$

정리 3-1-2 라이프니츠 정리

두 함수 $y = f(x)$, $y = g(x)$가 n번 미분가능하다면 그의 곱 $F(x) = f(x) \cdot g(x)$도 역시 n번 미분가능하고 다음 식이 성립한다.

$$F^{(n)}(x) = \sum_{r=0}^{n} {}_nC_r \cdot f^{(n-r)}(x) \cdot g^{(r)}(x)$$

단, ${}_nC_r = \dfrac{n!}{r!\,(n-r)!}$.

증명 수학적 귀납법으로 증명한다.

$F^{(0)}(x) = f(x) = f(x) \cdot g(x) = {}_0C_0 \cdot f^{(0)}(x) \cdot g^{(0)}(x)$이므로 $n = 0$일 때 성립한다. 다음에 $n = k$일 때 성립한다고 가정하면

$$
\begin{aligned}
&F^{(k)}(x)\\
&=\sum_{r=0}^{k} {}_kC_r \cdot f^{(k-r)}(x) \cdot g^{(r)}(x)\\
&={}_kC_0 \cdot f^{(k)}(x) \cdot g^{(0)}(x) + \cdots + {}_kC_{r-1} \cdot f^{(k-r+1)}(x) \cdot g^{(r-1)}(x)\\
&\quad + {}_kC_r \cdot f^{(k-r)}(x) \cdot g^{(r)}(x) + \cdots + {}_kC_k \cdot f^{(0)}(x) \cdot g^{(k)}(x) \qquad ①
\end{aligned}
$$

그런데 $f(x)$, $g(x)$는 $(k+1)$번 미분가능하므로 $f^{(k-r)}(x)$, $g^{(r)}(x)$도 한번 더 미분가능하다. 따라서 ①의 양변을 다시 한번 미분하면

$$
\begin{aligned}
&F^{(k+1)}(x)\\
&={}_kC_0\{f^{(k+1)}(x) \cdot g^{(0)}(x) + f^{(k)}(x) \cdot g^{(1)}(x)\} + \cdots\\
&\quad + {}_kC_{r-1}\{f^{(k-r+1)}(x) \cdot g^{(r)}(x) + f^{(k-r+2)}(x) \cdot g^{(r-1)}(x)\}\\
&\quad + {}_kC_r\{f^{(k-r+1)}(x) \cdot g^{(r)}(x) + f^{(n-r)}(x) \cdot g^{(r+1)}(x)\}\\
&\quad + \cdots + {}_kC_k\{f^{(1)}(x) \cdot g^{(k)}(x) + f^{(0)}(x) \cdot g^{(k+1)}(x)\}\\
&={}_kC_0\, f^{(k+1)}(x) \cdot g^{(0)}(x) + ({}_kC_0 + {}_kC_1) f^{(k)}(x) \cdot g^{(1)}(x) + \cdots\\
&\quad + ({}_kC_{r-1} + {}_kC_r) f^{(k-r+1)}(x) \cdot g^{(r)}(x) + \cdots\\
&\quad + {}_kC_k\, f^{(0)}(x) \cdot g^{(k+1)}(x).
\end{aligned}
$$

여기서 ${}_kC_0 = {}_{k+1}C_0$, ${}_kC_r + {}_kC_{r-1} = {}_{k+1}C_r$, ${}_kC_k = {}_{k+1}C_{k+1}$을 대입하면

$$
\begin{aligned}
F^{(k+1)}(x) &= {}_{k+1}C_0\, f^{(k+1)}(x) \cdot g^{(0)}(x) + {}_{k+1}C_1\, f^{(k)}(x) \cdot g^{(1)}(x)\\
&\quad + \cdots + {}_{k+1}C_r\, f^{(k-r+1)}(x) \cdot g^{(r)}(x) + \cdots\\
&\quad + {}_{k+1}C_{k+1}\, f^{(0)}(x) \cdot g^{(k+1)}(x).
\end{aligned}
$$

따라서 $n = k+1$일 때도 성립하므로 이 정리는 증명되었다.

예제 ❷ $F(x)=x\sin x$의 n계도함수를 구하여라.

풀이 $f(x)=x,\ g(x)=\sin x$로 놓으면

$$f^{(0)}(x)=x,\ f^{(1)}(x)=1,\ \cdots,\ f^{(n)}(x)=0\ (n \geqq 2)$$

이고 보기 1의 (4)에 의하여 $g^{(n)}(x)=\sin\left(x+\frac{n\pi}{2}\right)$이다. 따라서 라이프니츠 공식에 의하여

$$\begin{aligned} F^{(n)}(x) &= {}_nC_0 f^{(n)}(x)g^{(0)}(x)+{}_nC_1 f^{(n-1)}(x)g^{(1)}(x) \\ &\quad +\cdots+{}_nC_n f^{(0)}(x)g^{(n)}(x) \\ &= {}_nC_{n-1}f^{(1)}(x)g^{(n-1)}(x)+{}_nC_n f^{(0)}(x)g^{(n)}(x) \\ &= n\sin\left(x+\frac{(n-1)\pi}{2}\right)+x\sin\left(x+\frac{n\pi}{2}\right) \end{aligned}$$

참고 (1) $y=kf(x)$ 형태의 n계도함수는 $y^{(n)}=kf^{(n)}(x)$이다.
(2) $y=f(x)\pm g(x)$ 형태의 n계도함수는 $y^{(n)}=f^{(n)}(x)\pm g^{(n)}(x)$이다.
(3) $y=f(ax+b)$ 형태의 n계도함수는 $y^{(n)}=a^n f^{(n)}(ax+b)$이다.

미분

한 변수 x가 x_0에서 x_1까지 변한다면 x_1-x_0를 x의 **증분**(increment)이라 하고 Δx로 나타낸다. 즉, $\Delta x=x_1-x_0$로 나타낸다. 만약 $y=f(x)$에서 x가 x_0에서 x_1까지 변한다면 y의 값은 $y_0=f(x_0)$에서 $y_1=f(x_1)$까지 변하게 된다. 다시 말해서 x의 증분 $\Delta x=x_1-x_0$는 y에 대응되는 증분

$$\Delta y=y_1-y_0=f(x_1)-f(x_0)$$

를 생성해낸다. 이제 x_0와 x_1 대신에 x와 $x+\Delta x$로 나타내기로 하자. 물론 y_0와 y_1도 y와 $y+\Delta y$로 나타내기로 한다.

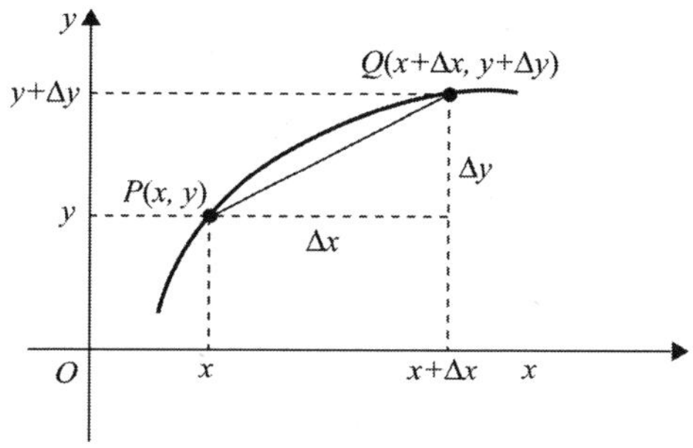

▮그림 3-1

그림 3-1에서 점 P와 Q를 잇는 직선의 기울기는 $\frac{\Delta y}{\Delta x}$이다. 여기서 $\Delta x \to 0$이면 점 Q는 곡선 $y = f(x)$를 따라 점 P에 접근해 가고 직선 PQ의 기울기는 결국 점 P에서의 접선의 기울기에 접근해 간다. 즉, 점 P에서의 접선의 기울기는

$$\frac{dy}{dx} = \lim_{\Delta x \to 0} \frac{\Delta y}{\Delta x} = \lim_{\Delta x \to 0} \frac{f(x + \Delta x) - f(x)}{\Delta x} \tag{1}$$

이다. 종속변수 y 대신 f를 사용하여 $\Delta f = f(x + \Delta x) - f(x)$로 쓰고

$$f'(x) = \lim_{\Delta x \to 0} \frac{\Delta f}{\Delta x} \tag{2}$$

로 나타내기도 한다. 위의 표현들은 도함수의 정의를 나타낼 때 이미 도함수편에서 다루었다. 지금까지는 함수 $y = f(x)$의 도함수를 라이프니츠의 표기법인 $\frac{dy}{dx}$로, 하나의 기호로써 사용하여 왔다. 이것에 대해 dy와 dx를 **미분**(differentials)이라고 말한다. 이것들은 그 자체로서는 의미가 없다. $\frac{dy}{dx}$가 dy와 dx의 비로서 간주될 수 있도록 이 기호들에 대하여 살펴보자.

그림 3-2에서 곡선 $y = f(x)$ 위의 고정점을 $P(x, y)$라 하고 점 P를 원점으로 하고 이 점에서 x, y축과 평행한 직선을 각각 dx, dy축이 되는 새로운 직교좌표를 $(dx\text{-}dy)$-좌표라고 하자. 그러면 $y = f(x)$ 위의 점 P에서의 접선의 방정식은 기울기를 m이라 할 때

$$dy = m\,dx \tag{3}$$

이다.

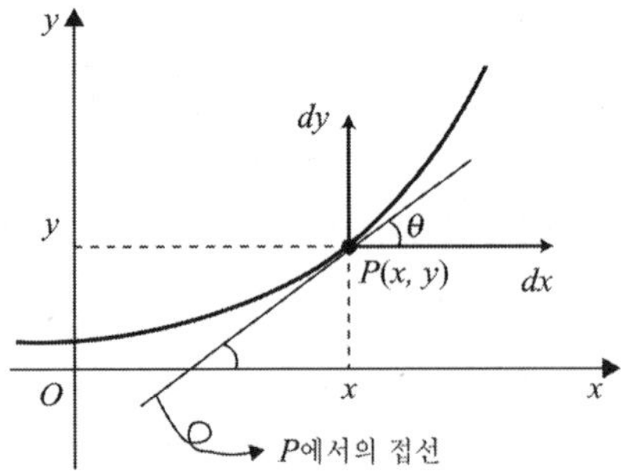

▌그림 3-2

한편, xy-좌표축과 $(dx\text{-}dy)$-좌표축은 평행하기 때문에 어느 좌표계에서도 접선은 같은 크기의 경사각 θ를 가지고 있으므로 기울기는 같다. 따라서 (3)은

$$dy = f'(x)dx \tag{4}$$

로 다시 나타낼 수 있다. 그러므로 $dx \neq 0$이면 (4)의 양변을 dx로 나누어

$$\frac{dy}{dx} = f'(x) \tag{5}$$

로 나타낼 수 있다. 즉, 도함수를 두 미분의 분수로 생각하여도 좋다. 이것으로 x에 관한 y의 도함수를 $\frac{dy}{dx}$라 쓰는 이유를 알게 될 것이다. 기하학적으로 (4)에서 미분 dy는 점 $P(x,\ y)$에서 출발했을 때 발생하는 y에서의 변화를 나타내고 x에서 dx만큼 변화할 때까지 점 P에서의 접선을 따라 움직인다(그림 3-3 참조).

반면에 Δy는 점 $P(x,\ y)$에서 출발했을 때 발생하는 y의 변화를 나타내되 x에서 dx만큼 변화할 때까지 $y = f(x)$를 따라 움직인다(그림 3-4 참조).

그림 3-4는 $dx = \Delta x$인 경우 dy와 Δy의 값을 잘 비교하여 표현해 놓은 것이다.

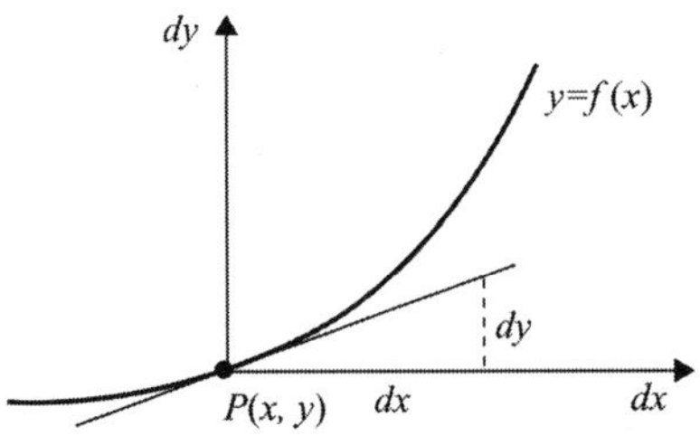

▌그림 3-3

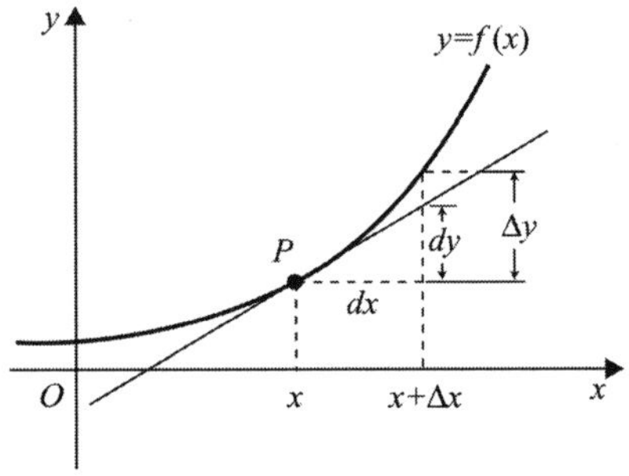

▌그림 3-4

표 3-1

도함수의 법칙	미분의 법칙
1. $\frac{dk}{dx} = 0$	1. $dk = 0$
2. $\frac{d}{dx}(kf) = k\frac{df}{dx}$	2. $d(kf) = kdf$
3. $\frac{d}{dx}(f+g) = \frac{df}{dx} + \frac{dg}{dx}$	3. $d(f+g) = df + dg$
4. $\frac{d}{dx}(f \times g) = f\frac{dg}{dx} + g\frac{df}{dx}$	4. $d(f \times g) = fdg + gdf$
5. $\frac{d}{dx}\left(\frac{f}{g}\right) = \frac{g\frac{df}{dx} - f\frac{dg}{dx}}{g^2}$	5. $d\left(\frac{f}{g}\right) = \frac{gdf - fdg}{g^2}$
6. $\frac{d}{dx}(f^n) = nf^{n-1}\frac{df}{dx}$	6. $d(f^n) = nf^{n-1}df$

앞의 개념들은 다음에 나오는 근삿값 계산에 유용하게 활용되니 잘 이해해 두어야 한다. 표 3-1에서 도함수의 법칙과 미분의 법칙을 잘 대비시켜 놓았다. 이것은 도함수의 법칙에 대응되는 미분의 법칙은 각 도함수의 법칙에 'dx'를 곱하여 얻을 수 있음을 알 수 있다.

예제 ❸ 다음 함수들의 미분 dy를 구하여라.

(1) $y = x^n$ (2) $y = x\sin x$

풀이 (1) $dy = d(x^n) = nx^{n-1}dx$

(2) $dy = d(x\sin x) = xd(\sin x) + (\sin x)d(x)$

$= x(\cos x)dx + (\sin x)1\,dx = x(\cos x)dx + (\sin x)dx$

$= (x\cos x + \sin x)dx$

근삿값

미분은 이 교재에서 여러 가지 역할을 한다. 그러나 여기서는 주로 근삿값을 계산하는 데 사용하려고 한다. 그림 3-4의 함수에서 Δx는 x의 증분이고 여기에 대응하는 y의 증분을 Δy라 할 때 Δy를 dy로 근사시킬 수 있다. 즉, $\Delta y = f(x + \Delta x) - f(x)$이므로

$$f(x+\Delta x) = \Delta y + f(x) \fallingdotseq f(x) + dy$$

이다. 따라서

$$f(x+\Delta x) \fallingdotseq f(x) + dy = f(x) + f'(x)\Delta x \tag{6}$$

로 근사시킬 수 있다. 다음 예제들을 풀어보자.

예제 4 계산기를 사용하지 않고 다음 식의 근삿값을 구하여라.

(1) $\sqrt{4.6}$ (2) $\sqrt{8.3}$

풀이 (1) $y = f(x) = \sqrt{x}$ 라 놓자. 이때 $x = 4$, $\Delta x = 0.6$이라 놓으면

$$f(x+\Delta x) = f(4.6) = \sqrt{4.6}$$

이므로 위의 공식 (6)을 사용한다. 한편,

$$dy = \frac{1}{2\sqrt{x}}dx = \frac{1}{2\sqrt{x}}\Delta x$$

이므로

$$dy = \frac{1}{2\sqrt{4}}(0.6) = \frac{0.6}{4} = 0.15.$$

따라서

$$\sqrt{4.6} = f(4+0.6) \fallingdotseq f(4) + dy = \sqrt{4} + 0.15 = 2.15.$$

그러므로

$$\sqrt{4.6} \fallingdotseq 2.15.$$

(2) (1)과 같은 방법으로 $y = f(x) = \sqrt{x}$ 라 놓고 $x = 9$, $\Delta x = -0.7$이라 하면

$$dy = \frac{1}{2\sqrt{9}}(-0.7) = -\frac{0.7}{6} \fallingdotseq -0.117.$$

따라서

$$\sqrt{8.3} \fallingdotseq f(9) + dy = 3 - 0.117 = 2.883.$$

주의 예제 4의 (2)에서는 dx와 dy가 모두 음수임을 주의하라. 실제로 계산기에 의한 $\sqrt{4.6}$과 $\sqrt{8.3}$의 값은 각각 2.1448과 2.8636이다. Δx가 작으면 작을수록 $\Delta y - dy$는 거의 0으로 접근해 간다. 즉, $\Delta y \fallingdotseq dy$이다.

Δy를 dy로 근사시킬 수 있는 다른 예제를 풀어보자.

예제 ❺ $y = x^3$일 때 다음의 경우에 Δy와 dy를 구하여 $\Delta y - dy$를 계산하여라.

(1) $x = 1,\ \Delta x = 0.1$ (2) $x = 1,\ \Delta x = 0.01$

풀이 $y = x^3$에서

$$\Delta y = (x + \Delta x)^3 - x^3 = 3x^2 \Delta x + 3x(\Delta x)^2 + (\Delta x)^3$$
$$dy = 3x^2 \Delta x$$
$$\Delta y - dy = 3x(\Delta x)^2 + (\Delta x)^3$$

이다. 따라서

(1) $x = 1,\ \Delta x = 0.1$일 때

$$\Delta y = 3(0.1) + 3(0.1)^2 + (0.1)^3 = 0.331$$
$$dy = 3(0.1) = 0.3$$
$$\Delta y - dy = 0.331 - 0.3 = 0.031$$

(2) $x = 1,\ \Delta x = 0.01$일 때

$$\Delta y = 3(0.01) + 3(0.01)^2 + (0.01)^3 = 0.030301$$
$$dy = 3(0.01) = 0.03$$
$$\Delta y - dy = 0.030301 - 0.03 = 0.000301$$

예제 ⑥ 비눗방울의 반지름이 3 cm에서 3.025 cm증가할 때 겉넓이 증가의 근삿값을 구하여라.

풀이 비눗방울의 겉넓이를 $S = f(r) = 4\pi r^2$으로 놓았을 때 ΔS의 근삿값을 구하는 문제이다. $\Delta S \fallingdotseq dS$이므로 dS로서 ΔS의 근삿값을 구하면 된다. 따라서 S를 미분하면

$$dS = 8\pi r\, dr.$$

주어진 문제에 의해 $r = 3$, $dr = \Delta r = 0.025$이므로

$$dS = 8\pi(3)(0.025) \fallingdotseq 1.885\,(\mathrm{cm}^2)$$

참고 위 문제는 $\Delta S = f(r + \Delta r) - f(r) = f(3.025) - f(3)$을 구하는 문제이다.

오차

만약 $dx = \Delta x$이면 $\Delta x \to 0$에 따라 $\Delta y - dy \to 0$임은 그림 3-4로부터 분명하다. 이것은 $\Delta y \fallingdotseq dy$임을 보여준다. 이 근삿값은 **오차전달**(error propagation) 연구에서 많이 응용된다. 어떤 연구자가 물리적인 양을 측정할 때 기구사용과 다른 어떤 환경요소에서 발생할 수 있는 잘못 때문에 정확한 양 x값을 얻지 못하는 경우가 있다. 그러나 만약 Δx를 측정오차라 할 때 $x + \Delta x$의 값은 얻을 것이다. 이 값은 어떤 다른 양 y를 계산하는 데 사용될 수도 있다. 이러한 방법으로 측정오차 Δx는 y값 계산에서 오차 Δy를 생성해 낸다. 다음 예제를 풀어보자.

예제 ⑦ 구의 반지름이 최대측정오차 ± 0.02 cm를 허용하여 50 cm로 측정되었다고 하자. 그러면 구의 체적의 오차를 계산하여라.

풀이 구의 반지름을 r, 체적을 V라 하면

$$V = \frac{4}{3}\pi r^3$$

이다. r에서의 오차 Δr은 체적 V의 오차 ΔV를 생성하게 한다. 즉,

$$\Delta V = \frac{4}{3}\pi(r+\Delta r)^3 - \frac{4}{3}\pi r^3.$$

만약, $dr = \Delta r$이라 놓고 Δr이 아주 작으면

$$\Delta V \fallingdotseq dV = 4\pi r^2 dr = 4\pi r^2 \Delta r$$

이므로 $r = 50$, $\Delta r = \pm 0.02$를 대입하면

$$\Delta V \fallingdotseq 4\pi(2500)(\pm 0.02) \fallingdotseq \pm 628.32.$$

그러므로 체적의 최대오차는 약 $\pm 628.32\,(\mathrm{cm}^3)$이다.

참고 예제 7에서 r은 구의 정확한 반지름 값이다. 그러나 r의 정확한 값은 알지 못하기 때문에 ΔV를 얻기 위해 측정된 값 $r = 50$을 대입하였다. 이것은 오차 Δr이 아주 작기 때문에 가능하다. 일반적으로 질량의 정확한 값이 q이고 측정값에 대한 오차가 Δq일 때 $\frac{\Delta q}{q}$를 측정값에 대한 **상대오차**(relative error)라고 한다. 이것이 백분율로서 표현될 때 **백분오차**(percentage error)라고 한다. 실질적인 문제에 있어서 정확한 값 q는 보통 알려지지 않는다. 그래서 q 대신 측정된 값이 사용된다. 그리고 상대오차는 $\frac{dq}{q}$에 의해 근사된다. 예제 7의 구의 측정된 반지름은 최대오차 $\pm 0.02\,\mathrm{cm}$를 갖는 $50\,\mathrm{cm}$였다. 따라서 반지름에 대한 상대오차는 거의 $\pm \frac{0.02}{50} = \pm 0.0004$이고 백분오차는 대략 $\pm 0.04\%$이다.

연습문제 (3-1-1)

1. 다음 함수의 5계도함수를 구하여라.

(1) $y = \dfrac{3x^2+9x+2}{x^3}$

(2) $y = 4x^5 - 6x^4 + 7x^2 - 5$

(3) $y = 23 + 16x - 3x^3 + 4x^4$

(4) $y = (px+1)(qx+1)(rx+1)$ (단, p, q, r은 상수)

2. $y=\dfrac{1}{x}$의 n계도함수를 구하여라.

3. $f(x)=\begin{cases} x^3\sin\dfrac{1}{x} & (x\neq 0) \\ 0 & (x=0) \end{cases}$는 두 번 미분가능하지만 C^2-급이 아님을 나타내어라.

4. 다음 함수들의 미분 dy를 구하여라.

(1) $y=2x^3$ (2) $y=\dfrac{1}{x^3}$

5. $y=x^2$에서 x와 Δx값이 다음과 같이 주어졌을 때 Δy와 dy를 구하여라.

(1) $x=2\,;\ \Delta x=1$ (2) $x=1\,;\ \Delta x=0.1$

6. 어떤 전선의 전력저항 R이 $R=\dfrac{k}{r^2}$(k: 상수, r: 전선의 반지름)로 주어졌다고 하자. 이때, 반지름 r은 $\pm 5\%$의 최대오차를 갖는다고 하자. 미분을 이용하여 R에서의 백분오차를 계산하여라.

2. 변화율

미분을 통해서 함수 $y = f(x)$의 도함수 $\dfrac{dy}{dx}$는 x값에 대한 함숫값 y의 변화율을 나타냄을 알았다. 또한 이에 관한 기본개념과 여러 가지 함수들에 대한 도함수를 구하는 방법을 설명하였다. 여기서는 이러한 개념을 이용하여 변화율에 대해 알아보기로 한다. 미분의 개념을 가장 많이 응용하고 있는 분야가 특히 물리학 분야로, 속도에 관한 문제와 변화율에 대해서 알아본다.

변화율

$y = f(x)$의 접선의 기울기로서 그의 도함수 $\dfrac{dy}{dx}$를 설명하겠다. 도함수는 역시 변화율로서 설명된다.

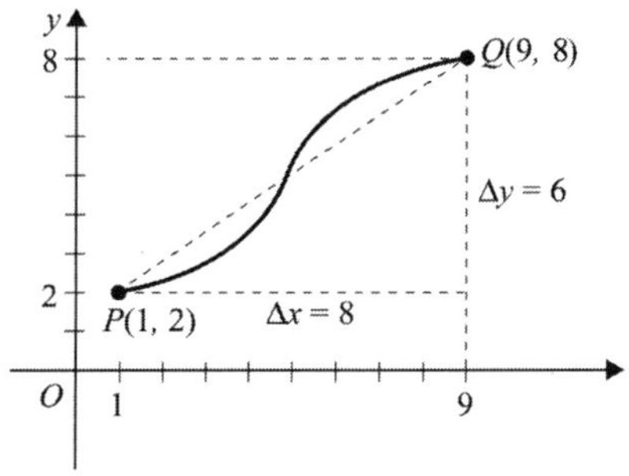

▌그림 3-5

그림 3-5에서 $y = f(x)$ 위의 점 P에서 Q까지 곡선을 따라 가면 y값이 처음에는 천천히 증가하다가 조금씩 빨라지고 그러고 나서 다시 천천히 증가한다. 어쨌든 점 P에서 Q까지 움직이는 동안 x가 $\Delta x = 8$만큼 변할 때 y값의 변화량은 $\Delta y = 6$만큼 변했다. 따라서 $\dfrac{\Delta y}{\Delta x} = \dfrac{3}{4}$이다. 이것은 x가 단위량만큼 변할 때 y의 값이 각 단위량의 $\dfrac{3}{4}$씩 평균적으로 증가한다는 의미이다. 예를 들어 y가 시각 t의 함수라 하면 그의 도함수 $\dfrac{dy}{dt}$를 시간에 따르는 y의 변화율이라고 한다. 만약 y가 거리를 나타내면 이 변화율 $\dfrac{dy}{dt}$는 속도가 된다. 여러 가지 물리적인 현상 중에 시간에 대한 변화율은 관심의 대상이다. 댐 안팎으로 흐르는 물의 비율(토목공학), 도시의 중심으로부터 도시의 반지름이 늘어남에 따라 도시 내의 인구밀도의 변화를 통한 도시계획 수립

(도시공학), 학습이론에 응용되는 학습곡선(심리학), 여론동향의 변화(사회학), 유기물의 성장속도(생물학), 한계비용(경제학), 철사의 밀도(물리학), 용해속도(화학) 등은 도함수의 개념을 달리 표현한 것이다. y가 시각 t만의 함수라 하면 문제는 간단하다. 즉, y를 t에 관하여 미분하여지정된 시각의 변화율을 구하면 된다. 그러나 y와 t와의 관계를 직접 몰라도 y와 x의 관계식과 $\frac{dx}{dt}$를 알고 있으면 $\frac{dy}{dt}$를 구할 수 있다. 이때, $\frac{dy}{dt}$와 $\frac{dx}{dt}$를 **관련된 변화율**(related rate)이라고 한다. 다양한 분야에의 응용문제들을 예제를 통하여 다루어 보자.

관련된 변화율에 대한 문제를 풀 때에는 다음의 단계를 거치면서 체계적으로 해결하는 것이 도움이 된다.

[1단계] 변하는 양을 적당한 미지수로 설정한다.

[2단계] 알려지지 않은 변화율을 갖는 양에서 알려진 변화율을 갖는 양과의 관계식을 찾는다.

[3단계] 시간에 대해 이 방정식의 양변을 미분하고 구하고자 하는 변화율에 대한 도함수를 구한다.

[4단계] 주어진 점에서 이 도함수를 계산한다.

예제 ❶ 원뿔 모양의 물통에 $8\,\mathrm{m}^3/\mathrm{min}$의 일정한 비율로 물을 채우고 있다. 물통의 깊이가 $12\,\mathrm{m}$이고 윗부분의 반지름이 $6\,\mathrm{m}$이면 물의 깊이가 $4\,\mathrm{m}$일 때, 물 표면은 어떤 속도로 오르겠는가?

풀이 위에서 설명한 4단계에 의해 변화율을 계산해보자.

[1단계] t분 후의 물의 깊이를 h, 물 표면의 반지름을 r, 물의 부피를 V라 하자.

[2단계] 이 문제는 시간 t에 대한 깊이의 변화율을 구하는 문제이므로 $\frac{dh}{dt}$를 구해야 한다. 한편, $V=\frac{1}{3}\pi r^2 h$이므로 V를 h만의 식으로 표현해야 한다. 따라서 그림 3-6에서 $6:12=r:h$이므로 $r=\frac{h}{2}$이다. 그러므로

$$V=\frac{1}{3}\pi\left(\frac{h}{2}\right)^2 h=\frac{1}{12}\pi h^3 \qquad ①$$

[3단계] ①의 양변을 t에 관하여 매개변수함수를 미분하면

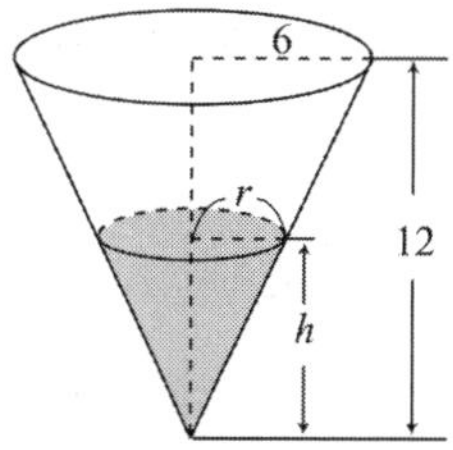

▌그림 3-6

$$\frac{dV}{dt} = \frac{3\pi h^2}{12} \times \frac{dh}{dt}$$

이다. 따라서

$$\frac{dh}{dt} = \frac{4}{\pi h^2} \times \frac{dV}{dt} \qquad ②$$

[4단계] 한편, $h = 4$이고 $\frac{dV}{dt} = 8$일 때 $\frac{dh}{dt}$를 구하는 문제이므로 이 값을 ②에 대입하면

$$\frac{dh}{dt} = \frac{4}{16\pi} \times 8 = \frac{2}{\pi} \fallingdotseq 0.637\,(\mathrm{m/min})$$

예제 ❷ 반지름이 1.5 cm 인 단면이 원인 동맥의 벽에 지방침전물이 원형으로 규칙적으로 생긴다고 하자. 지방침전물이 0.5 cm 만큼 두꺼워졌을 때 지방침전물의 두께에 대한 동맥 단면의 영역은 어떤 비율로 열려져 있겠는가?

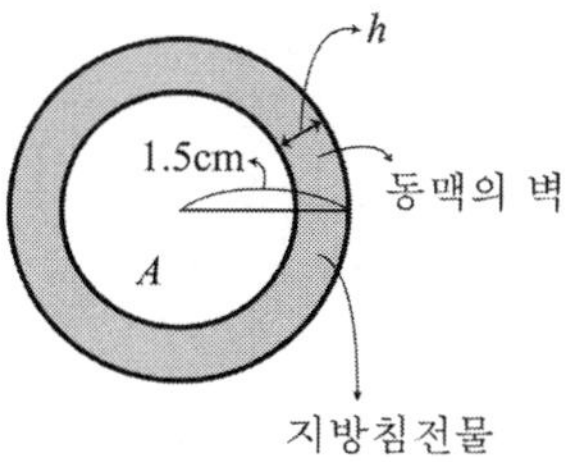

▌그림 3-7

풀이 [1단계] 열려있는 동맥의 단면적(cm^2)을 A라 하고 지방침전물의 두께를 $h(\mathrm{cm})$라 놓자.

[2단계] 지방침전물의 두께에 대한 열려있는 동맥의 단면적이 변할 때의 비율은 $\frac{dA}{dh}$이다. 그림 3-7에서 열려있는 동맥의 반지름은 $(1.5-h)$이므로 동맥의 단면적은

$$A = \pi(1.5-h)^2 \qquad ①$$

이다.

[3단계] ①의 양변을 h에 관하여 미분하면

$$\frac{dA}{dh} = -2\pi(1.5-h) \qquad ②$$

이다.

[4단계] 따라서 이 문제는 $h=0.5(\mathrm{cm})$일 때 지방침전물에 대한 열린 동맥 단면의 변화율을 구하는 문제이므로 ②에 $h=0.5(\mathrm{cm})$를 대입하면

$$\left.\frac{dA}{dh}\right]_{h=0.5} = -2\pi(1.5-0.5) = -2\pi \fallingdotseq -6.28(\mathrm{cm}^2/\mathrm{cm})$$

예제 ❸ 사오정이 수직벼랑 끝에서 벼랑 쪽으로 곧바로 접근하는 여객선을 망원경으로 바라보고 있다. 수면에서 망원경까지의 거리가 60 m이고 여객선도 벼랑에서 60 m 떨어진 거리에서 초당 6 m씩 접근하고 있다. 이때, 망원경의 각의 변화율을 구하여라.

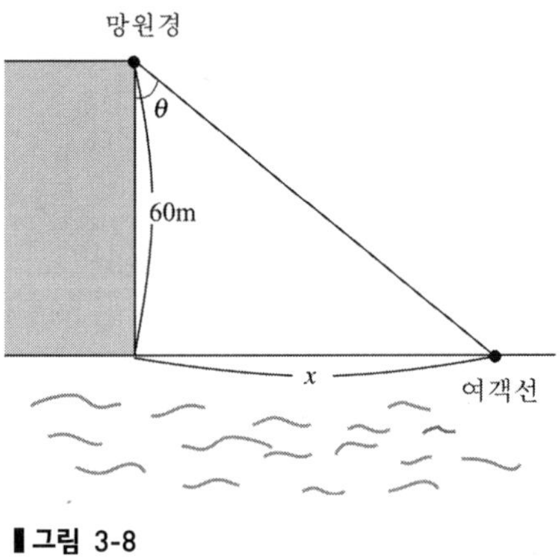

▌그림 3-8

풀이 [1단계] 그림 3-8과 같이 문제에 맞게 각의 크기를 θ, t초 경과할 때의 거리를 x라 놓자.

[2단계] 문제에서 $\dfrac{dx}{dt} = -6$(거리 x는 시간 t가 경과할수록 작아지므로 $\dfrac{dx}{dt} < 0$)이며 $x = 60\,(\mathrm{m})$일 때의 $\dfrac{d\theta}{dt}$를 구하는 문제이다.

[3단계] 한편, $\tan\theta = \dfrac{x}{60}$이므로 양변을 t에 관하여 미분하면

$$\sec^2\theta \frac{d\theta}{dt} = \frac{1}{60} \times \frac{dx}{dt} \qquad ①$$

[4단계] $x = 60$일 때 $\theta = \dfrac{\pi}{4}$이므로 $\sec^2\theta = 2$이다. 이를 ①에 대입하면

$$2\frac{d\theta}{dt} = \frac{1}{60} \times (-6) \qquad ②$$

이다. 그러므로

$$\frac{d\theta}{dt} = -\frac{1}{20} = -0.05\,(\mathrm{rad/sec})$$

즉, 망원경은 초당 -0.05라디안으로 변하고 있다.

주의 위 문제에서 각 θ는 시간이 경과할수록 감소하므로 음수값이 됨을 주의하자.

연습문제 (3-1-2)

1. $y = \dfrac{1}{x^2+1}$에서 다음을 구하여라.

(1) x가 -1에서 2까지 변할 때 y의 평균변화율

(2) $x = -1$에서 y의 순간변화율

2. 한 변의 길이가 x인 정사각형의 면적을 A라 하자. 그리고 x는 시간 t에 의해 변한다고 가정하자.

(1) $\dfrac{dA}{dt}$와 $\dfrac{dx}{dt}$는 어떤 관련이 있나?

(2) 어떤 순간에 한 변의 길이가 $3\,\text{cm}$이고 길이가 $2\,\text{cm/min}$의 속도로 증가할 때 그 순간 증가하는 면적의 변화율을 구하여라.

3. 반지름이 r인 원의 면적을 A라 하자. 그리고 r은 시간 t에 의해 변한다고 하자.

(1) $\dfrac{dA}{dt}$와 $\dfrac{dr}{dt}$는 어떤 관련이 있나?

(2) 어떤 순간에 반지름이 $5\,\text{cm}$이고 매초당 반지름의 길이가 $2\,\text{cm/min}$의 속도로 증가할 때 그 순간 원의 면적의 변화율을 구하여라.

4. 어떤 한 분자가 방정식 $\dfrac{xy^3}{1+y^2} = \dfrac{8}{5}$인 곡선을 따라 움직이고 있다. x축은 분자가 점 $(1,\ 2)$에 있을 때 $6\,\text{unit/sec}$의 속도로 증가하고 있다.

(1) 그 순간 이 점에서의 y축의 순간속도를 구하여라.

(2) 그 순간 분자는 증가하는가, 감소하는가?

요약 (3-1)

1. n계도함수

주어진 함수 $y = f(x)$가 n번 미분가능하면 $f^{(n)}(x)$를 $y = f(x)$의 n계도함수라 하고 다음과 같이 나타낸다. 즉,

$$f^{(n)}(x) = \lim_{\Delta x \to 0} \frac{f^{(n-1)}(x+\Delta x) - f^{(n-1)}(x)}{\Delta x}$$

2. 라이프니츠 정리

두 함수 $y = f(x)$, $y = g(x)$가 n번 미분가능하다면 그의 곱

$$f(x) = f(x) \cdot g(x)$$

도 역시 n번 미분가능하고 다음 식이 성립한다.

$$F^{(n)}(x) = \sum_{r=0}^{n} {}_nC_r \cdot f^{(n-r)}(x) \cdot g^{(r)}(x)$$

단, ${}_nC_r = \dfrac{n!}{r!\,(n-r)!}$

3. 도함수와 미분의 법칙

도함수의 법칙	미분의 법칙
1. $\dfrac{dk}{dx} = 0$	1. $dk = 0$
2. $\dfrac{d}{dx}(kf) = k\dfrac{df}{dx}$	2. $d(kf) = kdf$
3. $\dfrac{d}{dx}(f+g) = \dfrac{df}{dx} + \dfrac{dg}{dx}$	3. $d(f+g) = df + dg$
4. $\dfrac{d}{dx}(f \times g) = f\dfrac{dg}{dx} + g\dfrac{df}{dx}$	4. $d(f \times g) = fdg + gdf$
5. $\dfrac{d}{dx}\left(\dfrac{f}{g}\right) = \dfrac{g\dfrac{df}{dx} - f\dfrac{dg}{dx}}{g^2}$	5. $d\left(\dfrac{f}{g}\right) = \dfrac{gdf - fdg}{g^2}$
6. $\dfrac{d}{dx}(f^n) = nf^{n-1}\dfrac{df}{dx}$	6. $d(f^n) = nf^{n-1}df$

4. 관련된 변화율 문제를 해결하는 단계는 다음과 같다.

[1단계] 변하는 양을 적당한 미지수로 설정한다.

[2단계] 알려지지 않은 변화율을 갖는 양에서 알려진 변화율을 갖는 양과의 관계식을 찾는다.

[3단계] 시간에 대해 이 방정식의 양변을 미분하고 구하고자 하는 변화율에 대한 도함수를 구한다.

[4단계] 주어진 점에서 이 도함수를 계산한다.

종합문제 (3-1)

1. 다음 함수의 3계도함수까지 구하여라.

(1) $y = x^4 - 2x^2 + 5$

(2) $y = (2x+1)^3$

(3) $y = \dfrac{1}{x}(x^2 - 3x)^3$

(3) $y = x^2 - \dfrac{2}{x}$

2. 다음 함수의 미분 dy를 구하여라.

(1) $y = 3x + 2$

(2) $y = x^2 + 4$

(3) $y = ax^n + \dfrac{b}{x^n}$

(4) $y = 3x^{2.7}$

3. 다음 함수의 Δy, dy, $\Delta y - dy$를 구하여라.

(1) $y = \dfrac{1}{2}x^2 + x$, $x = 2$; $\Delta x = \dfrac{1}{2}$

(2) $y = \dfrac{1}{2x^3}$, $x = \dfrac{1}{3}$; $\Delta x = \dfrac{1}{4}$

(3) $y = \sqrt{x}$, $x = 4$; $\Delta x = 0.3$

4. 정사각형의 한 변의 길이 s가 Δs만큼 증가했을 때 그 넓이의 증분을 구하고 넓이의 미분과 비교하여라.

5. $\sqrt{100.1}$의 근삿값을 구하고 오차의 한계를 구하여라.

6. 어떤 시계의 분침은 4 cm 이고 시침은 3 cm 이다. 정각 9시에 시침과 분침 사이의 거리의 순간 변화율을 구하여라.

3-2 함수의 변화와 극값

1. 접선의 방정식

함수 $y = f(x)$가 임의의 점에서 미분가능하다면 이 점에서 그 곡선에 대하여 접선을 그을 수 있다. 즉, $x = x_0$에서 $y = f(x)$의 미분계수 $f'(x_0)$는 이 점에서의 접선의 기울기를 의미한다고 설명하였다. 따라서 $y = f(x)$ 위의 한 점 $P(x_0, y_0)$에서 접선을 그을 수 있다면 접점과 기울기를 알 수 있으므로 접선의 방정식을 구할 수 있다. 여기서는 곡선의 접선과 법선의 방정식 그의 길이를 구하는 문제를 다룬다.

곡선의 접선과 법선

곡선 C 위의 한 점 P를 지나는 접선을 다음과 같이 생각해 본다. 점 P가까이에 곡선 위의 다른 점 Q를 택하여 직선 PQ를 긋는다. 다음에 점 Q를 곡선을 따라 점 P에 가까이 보낸다. 이렇게 했을 때 직선 PQ의 극한의 위치가 있으면, 그 위치의 직선을 점 P를 지나는 곡선 C의 **접선**이라고 말한다.

점 P와 Q의 좌표를 각각 (x_1, y_1), $(x_1 + \Delta x, y_1 + \Delta y)$라 하자. Q의 좌표에 Δx, Δy를 쓴 것은 점 P와의 좌표의 차가 작다는 것을 암시하는 것이다. 그러면 곡선 C를 $y = f(x)$라 할 때, 그림 3-9에서 $PR = \Delta x$, $RQ = \Delta y$가 되어 직선 PQ의 기울기는 $\dfrac{RQ}{PR} = \dfrac{\Delta y}{\Delta x}$가 된다. 이제 $y = f(x)$가 미분가능하다면 $\Delta x \to 0$일 때 $\Delta y \to 0$이므로 점 Q는 점 P에 곡선을 따라서 가까이 갈 것이고, 직선 PQ는 마침내 $\displaystyle\lim_{\Delta x \to 0} \frac{\Delta y}{\Delta x} = f'(x_1)$을 기울기로 하는 직선에 가까이 갈 것이다. 다시 말하면 점 $P(x_1, y_1)$을 지나고 기울기가 $f'(x_1)$인 직선이 그 점을 지나는 곡선의 접선이 된다. 한편, 1장에서 점 (x_1, y_1)을 지나고 기울기가 m인 직선의 방정식은 $y - y_1 = m(x - x_1)$이라 했으므로 (x_1, y_1)을 지나는 접선의 방정식은

$$y - y_1 = f'(x_1)(x - x_1) \qquad (1)$$

이 된다. 또, **법선**이라 함은 점 P를 지나는 접선에 수직인 직선을 말한다. 즉, 법선의 기울기와

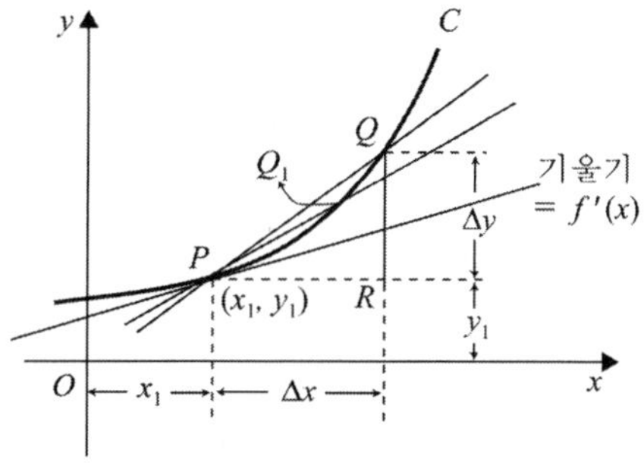

▌그림 3-9

접선의 기울기의 곱은 -1이 된다. 따라서 그림 3-9에서 점 $P(x_1,\ y_1)$를 지나는 법선의 방정식은

$$y - y_1 = -\frac{1}{f'(x_1)}(x - x_1) \tag{2}$$

이다.

보기 ❶ 곡선 $y = 4x - x^3$ 위의 점 $(2,\ 0)$에서의 접선과 법선의 방정식을 구하여라.

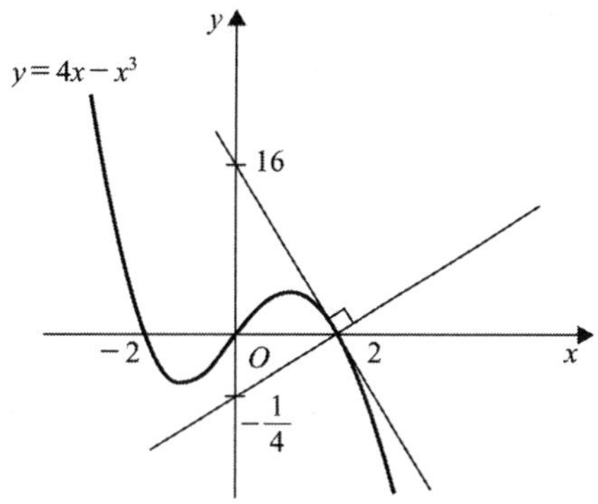

▌그림 3-10

풀이 점 $(2,\ 0)$에서의 접선의 기울기는 $f'(2) = 4 - 3(2)^2 = -8$이므로 접선의 방정식은

$$y - 0 = -8(x - 2)$$

이다. 따라서 정리하면 $8x + y - 16 = 0$이고 같은 방법으로 법선의 방정식을 구하면 $x - 8y - 2 = 0$이다.

참고 두 곡선의 교각이라 함은 그 교점에서의 접선의 교각을 말한다. 기울기가 m_1, m_2인 두 직선의 교각 ϕ는 $\tan\phi = \left| \dfrac{m_1 - m_2}{1 + m_1 m_2} \right|$로 주어진다(그림 3-11 참조).

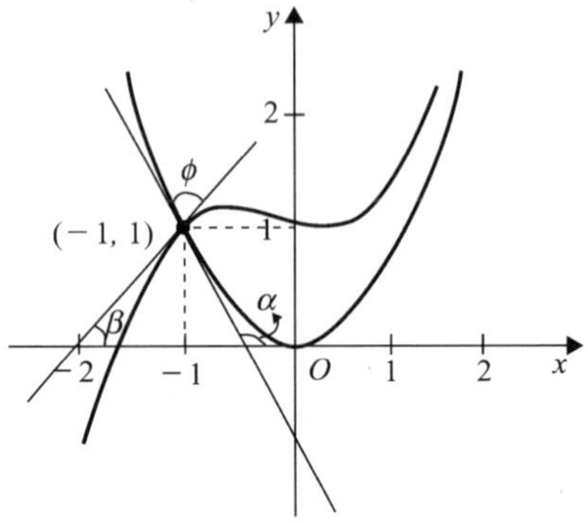

▮그림 3-11

접선영 · 법선영

그림 3-12에서 곡선 C는 점 $P(x_1,\ y_1)$에서 기울어진 접선을 가지고 있다고 하자. P를 지나는 접선과 법선이 x축과 만나는 점을 각각 T, N이라 하고 P를 지나 x축에 수직선과 만나는 점을 M이라 할 때, 선분 TM을 **접선영**, MN을 **법선영**이라 부른다.

$P(x_1,\ y_1)$을 지나는 접선의 기울기를 m이라 하면 그 접선, 법선의 방정식은 각각

$$y - y_1 = m(x - x_1)$$

$$y - y_1 = -\frac{1}{m}(x - x_1)$$

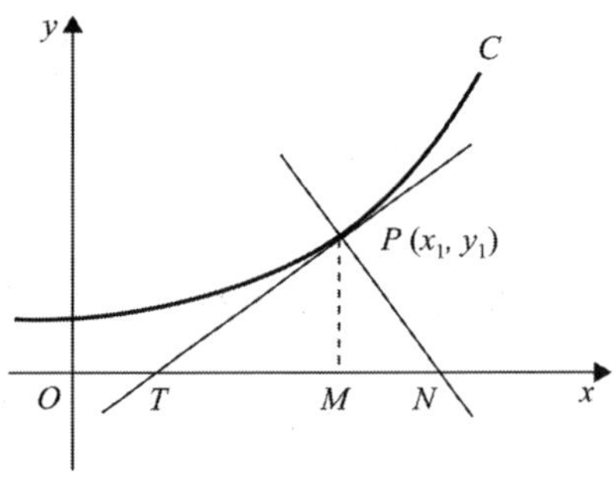

▮그림 3-12

이므로 T, N의 좌표는 각각 $(x_1 - \frac{y_1}{m},\ 0)$, $(x_1 + my_1,\ 0)$임을 알 수 있다. 그러므로 접선영의 길이 TM과 법선영의 길이 MN은 각각

$$|TM| = \left| x_1 - \left(x_1 - \frac{y_1}{m} \right) \right| = \left| \frac{y_1}{m} \right| \tag{3}$$

$$|MN| = |(x_1 + my_1) - x_1| = |my_1| \tag{4}$$

이다. 또, TP, NP의 길이를 각각 **접선의 길이**, **법선의 길이**라 하고 그의 길이는 각각

$$|TP| = \left| \frac{y_1\sqrt{1+m^2}}{m} \right| \tag{5}$$

$$|NP| = \left| y_1\sqrt{1+m^2} \right| \tag{6}$$

이 된다.

보기 ❷ 다음 곡선의 주어진 점을 지나는 접선영, 법선영, 접선, 그리고 법선의 길이를 구하여라.

(1) $y = x^2 + 3x + 2$; $(0,\ 2)$　　　　(2) $y = x^3 - 9x$; $(-1,\ 8)$

풀이 (1) 점 $(0,\ 2)$에서의 접선의 기울기 $m = 3$이고 $y_1 = 2$이므로 접선영과 법선영의 길이는 공식 (3), (4)에 의하여 각각

$$|TM| = \frac{2}{3},\quad |MN| = |3 \times 2| = 6$$

또, 공식 (5), (6)에 의하여 접선과 법선의 길이는 각각

$$|TP| = \left| \frac{2\sqrt{1+3^2}}{3} \right| = \frac{2\sqrt{10}}{3},$$

$$|NP| = |2\sqrt{1+3^2}| = 2\sqrt{10}$$

(2) 주어진 점에서 접선의 기울기를 구하면 $m = -6$이고 $y_1 = 8$이므로 (1)과 같은 방법으로 하면 접선영과 법선영의 길이는 각각

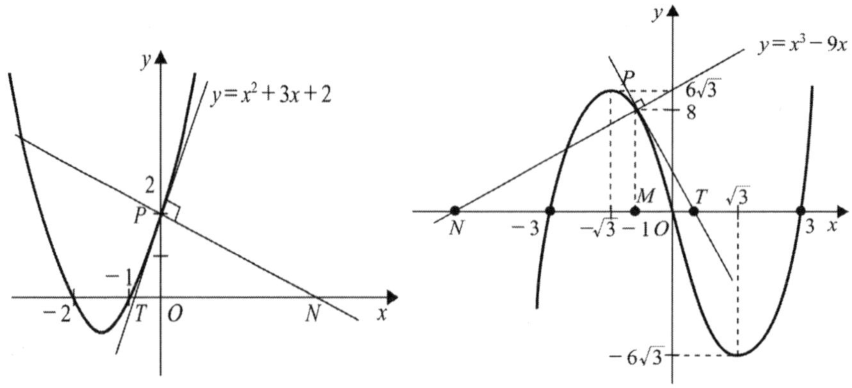

▌그림 3-13

$$|TM| = \left| -\frac{8}{6} \right| = \frac{4}{3}, \quad |MN| = |-6 \times 8| = 48$$

또, 접선과 법선의 길이는 각각

$$|TP| = \left| \frac{8\sqrt{1+(-6)^2}}{-6} \right| = \frac{4\sqrt{37}}{3},$$

$$|NP| = \left| 8\sqrt{1+(-6)^2} \right| = 8\sqrt{37}.$$

연습문제 (3-2-1)

1. 다음 곡선의 괄호 안의 점을 지나는 접선, 법선의 방정식을 구하여라.

(1) $y = x^3 - 9x$; $(1, -8)$ (2) $y = x(x-3)$; $(3, 0)$

(3) $y = \sqrt[3]{x}$; $(8, 2)$ (4) $y = 4x - x^2$; $(2, 0)$

2. 문제 1의 함수에서 표시된 점을 지나는 접선영, 법선영, 접선, 법선의 길이를 구하여라.

3. 곡선 $y^2 = 2x^3$ 위의 접선 중 직선 $4x - 3y + 1 = 0$에 수직이 되는 점은 무엇인가?

4. 곡선 $x^2 - 4x + y^2 + 3 = 0$에 접하는 접선 중 원점을 지나는 두 개의 접선의 방정식을 구하여라.

2. 함수의 단조성과 요철

함수 $y = f(x)$의 $x = a$에서의 미분계수 $f'(a)$는 평균변화율의 극한값으로 설명하였다. 그러나 $f'(a)$가 $x = a$ 근방에서 $f(x)$의 변화상태를 나타낸다는 사실을 완벽하게 따져보지는 못했다. 여기서는 이러한 함수의 변화상태를 엄격하게 따져 보기로 한다. 먼저, 함수의 그래프를 추적하는 요소 중 하나가 단조성과 그래프의 오목, 볼록성이다. 이들의 정의 자체는 도함수와 관련은 없지만 도함수에 의해 판정은 할 수가 있다. 이제 이 요소들에 의한 함수의 변화상태를 도함수에 의해 엄격하게 판정하는 방법을 소개한다.

함수의 단조성

함수 $y = f(x)$가 구간 I에서 정의되었다고 하고 I 내의 임의의 두 점 x_1, x_2에 대하여

i) $x_1 < x_2$일 때 $f(x_1) < f(x_2)$이면 $f(x)$는 구간 I에서 **단조증가한다**고 하고 이러한 함수를 **단조증가함수**라고 한다.

ii) $x_1 < x_2$일 때 $f(x_1) > f(x_2)$이면 $f(x)$는 구간 I에서 **단조감소한다**고 하고 이러한 함수를 **단조감소함수**라고 한다.

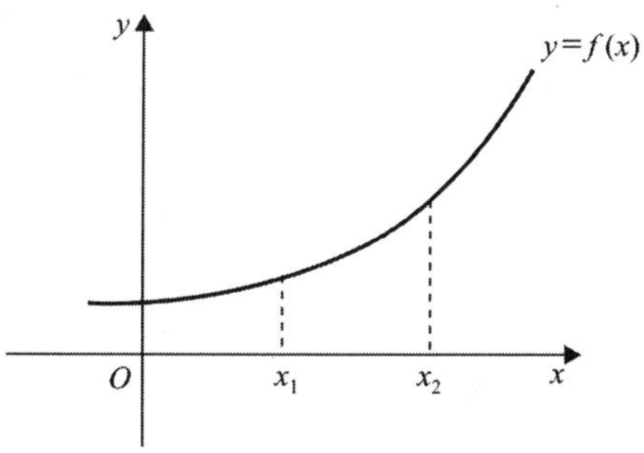

그림 3-14

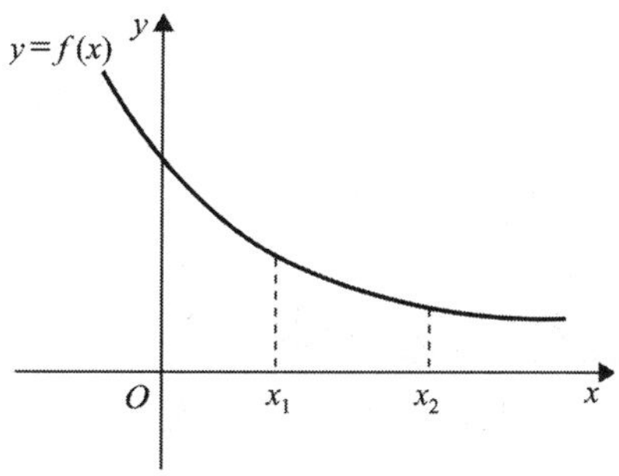

그림 3-15

또, 충분히 작은 모든 양수 h에 대하여

$$f(a-h) < f(a) < f(a+h)$$

가 성립하면 함수 $f(x)$는 $x = a$에서 **증가상태에 있다**고 하며

$$f(a-h) > f(a) > f(a+h)$$

가 성립하면 함수 $f(x)$는 $x = a$에서 **감소상태에 있다**고 한다.

참고 함수 $f(x)$가 $x=a$에서 증가(감소)상태에 있다는 것은 아주 작은 구간 $[a-h, a+h]$에서 증가(감소)함수라고 볼 수 있다.

보기 ① 다음 함수가 단조증가함수인지 단조감소함수인지를 보여라.

(1) $y = 3x+1$　　　　(2) $y = 3^{-x}$

풀이 (1) 임의의 실수 x_1, x_2에 대하여 $x_1 < x_2$이면

$$f(x_1) - f(x_2) = (3x_1+1) - (3x_2+1)$$
$$= 3(x_1 - x_2) < 0$$

이므로 $3x_1 + 1 < 3x_2 + 1$이다. 따라서 $f(x_1) < f(x_2)$이므로 정의에 의하여 단조증가함수이다.

(2) 임의의 실수 x_1, x_2에 대하여 $x_1 < x_2$이면

$$\frac{f(x_1)}{f(x_2)} = \frac{3^{-x_1}}{3^{-x_2}} = 3^{-(x_1-x_2)} > 1$$

이므로 $f(x_1) > f(x_2)$이다. 따라서 정의에 의하여 단조감소함수이다.

함수의 단조성 판정

다음 두 정리는 미분을 이용하여 함수의 단조성을 판정하는 중요한 정리이다.

정리 3-2-1

함수 $f(x)$가 구간 (a, b)에서 미분가능할 때, 그 구간 안의 모든 점 x에 대하여

(1) $f'(x) > 0$이면 $f(x)$는 (a, b)에서 단조증가

(2) $f'(x) < 0$이면 $f(x)$는 (a, b)에서 단조감소

한다.

증명 (1) $a < x_1 < x_2 < b$인 임의의 두 점 x_1, x_2에 대하여 평균값 정리를 이용하면

$$\frac{f(x_2)-f(x_1)}{x_2-x_1}=f'(c)\ (x_1<c<x_2)$$

인 c가 존재한다. 그런데 가정에서 $f'(x)>0$이므로 $f'(c)>0$이다. 한편, 위 식을 정리하면 $f(x_2)-f(x_1)=f'(c)(x_2-x_1)$이고 $f'(c)(x_2-x_1)>0$이므로

$$f(x_2)-f(x_1)>0$$

이다. 따라서 $f(x_2)>f(x_1)$이므로 $f(x)$는 $(a,\ b)$에서 단조증가한다.

(2) (1)과 같은 방법으로 증명하면 된다.

참고 주어진 구간 내에서 함수 $f(x)$가 단조증가(감소)한다는 것은 그 구간 내에서 이 함수는 증가(감소) 상태에 있다는 것이다.

예제 ❶ 다음 함수의 증감상태를 조사하여라.

(1) $f(x)=x^3-3x^2-9x$ (2) $f(x)=\sin^2 x\ (0\leqq x\leqq\pi)$

풀이 (1) 함수의 단조성 판정법에 의해 증감상태를 조사해보자. 먼저,

$$f'(x)=3x^2-6x-9=3(x-3)(x+1)$$

이므로 $f'(x)=3(x-3)(x+1)>0$인 구간에서는 함수 $f(x)$는 단조증가하므로 증가상태에 있고 $f'(x)=3(x-3)(x+1)<0$인 구간에서는 감소상태에 있다. 그러므로 $3(x-3)(x+1)>0$을 계산하면 $x<-1$, $x>3$에서 함수 $f(x)$는 증가상태에 있고 $3(x-3)(x+1)<0$을 계산하면 $-1<x<3$에서 감소상태에 있다.

(2) (1)과 같은 방법으로 하면

$$f'(x)=2\sin x\cos x=\sin 2x$$

이다. $\sin 2x>0$이면 단조증가하므로 $0<2x<\pi$, 즉 $0<x<\frac{\pi}{2}$에서 증가상태에 있고 $\sin 2x<0$이면 단조감소하므로 $\pi<2x<2\pi$, 즉 $\frac{\pi}{2}<x<\pi$에서 감소상태에 있다.

예제 ❷ $x > 0$에서 $e^x > 1 + x$임을 증명하여라.

풀이 $f(x) = e^x - (1 + x)$라고 하면 $f(0) = e^0 - 1 = 0$이다. 또, $x > 0$에서 $f'(x) = e^x - 1 > 0$이므로 $f(x)$는 $x > 0$에서 단조증가함수이다.

그러므로 $x > 0$에서 $f(x) = e^x - (1 + x) > 0$이므로 $e^x > 1 + x$이다.

정리 3-2-2

함수 $f(x)$가 구간 (a, b)에서 미분가능할 때, 그 구간 안의 모든 점 x에 대하여

(1) $f(x)$가 단조증가하면, (a, b)에서 $f'(x) \geqq 0$

(2) $f(x)$가 단조감소하면, (a, b)에서 $f'(x) \leqq 0$

이다.

참고 정리 3-2-2는 정리 3-2-1의 역이 성립하기 위해서는 $f'(x)$에 등호가 들어가야 된다는 것을 보여주고 있다. 예를 들어, $f(x) = x^3$은 모든 실수에서 단조증가하지만 $f'(0) = 0$이 되므로 정리 3-2-1의 역은 성립하지 않음을 보여준다. 따라서 두 정리를 하나로 묶어서 필요충분조건으로 정리하면 다음과 같이 말할 수 있다.

정리 3-2-3 함수의 단조성 판정

함수 $f(x)$가 구간 (a, b)에서 미분가능할 때, 그 구간 안의 모든 점 x에 대하여

(1) $f(x)$가 단조증가할 필요충분조건은 구간 (a, b)에서 $f'(x) \geqq 0$이다. (단, 등호는 셀 수 있는 점에서만 성립한다.)

(2) $f(x)$가 단조감소할 필요충분조건은 구간 (a, b)에서 $f'(x) \leqq 0$이다. (단, 등호는 셀 수 있는 점에서만 성립한다.)

곡선의 요철

지금까지 앞에서 함수 $f(x)$의 증가, 감소에 대하여 살펴보았다. 그러나 $f'(x)$는 함수 $f(x)$의 그래프상에서 진동상태가 잘 나타나지 않을 수도 있다. 만약에 함수의 진동이 위아래로 충분히 크면 그의 도함수는 부호가 변한다(그림 3-16 참조). 반면에 함수의 진동이 미약하다면 그의 도함수의 부호가 변하지 않을 수도 있다. 예를 들어, 그림 3-17에서 곡선에 대한 접선은 모두가 양의 기울기를 가지고 있다. 따라서 함수 $f(x)$의 도함수는 비록 $f(x)$가 진동하더라도 부호가 변하지 않는 경우이다.

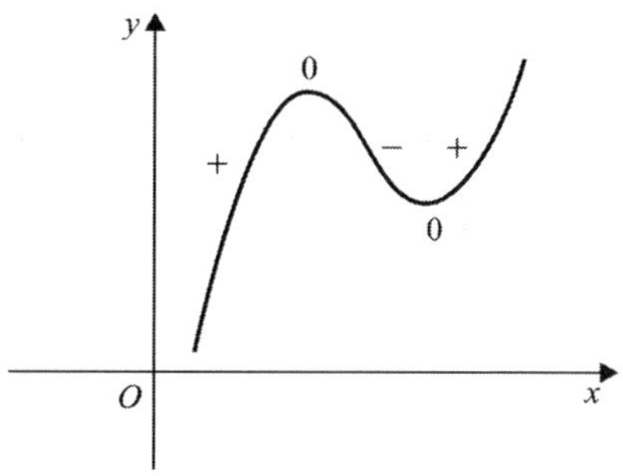

▮그림 3-16

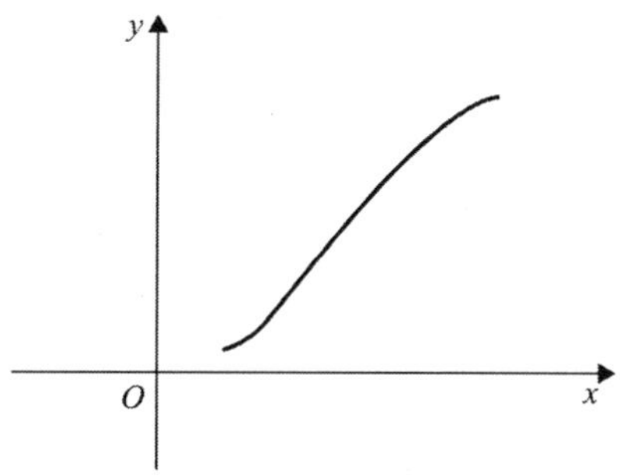

▮그림 3-17

이외에, 함수의 그래프에서 확신성을 가지고 진동여부를 결정할 수 있는 방법은 직관적인 관찰에 있다. 아무리 함수의 진동이 미약할지라도 두 부분으로 구성되어 있다. 한 부분은 위로 오목한, 즉 '물을 담는 부분'과 아래로 오목한, 즉 '물을 엎지르는 부분'이다(그림 3-18).

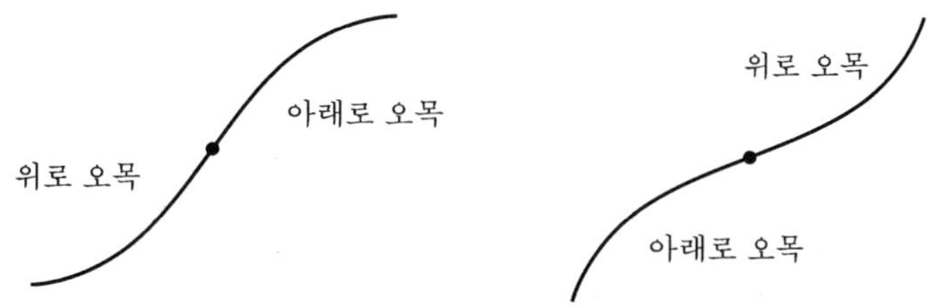

▮그림 3-18

함수 $f(x)$의 도함수 $f'(x)$가 어떤 구간에서 증가한다면 $f(x)$는 주어진 구간에서 **위로 오목(아래로 볼록)**하다고 하고 $f'(x)$가 어떤 구간에서 감소한다면 $f(x)$는 주어진 구간에서 **아래로 오목(위로 볼록)**하다고 한다. $f''(x)$를 $f'(x)$의 도함수라 하자. 그러면 모든 $x \in (a, b)$에 대하여 $f''(x) > 0$라면 정리 3-2-1로부터 $f'(x)$는 (a, b)에서 증가할 것이고 $f''(x) < 0$라면 $f'(x)$는 (a, b)에서 감소할 것이다. 따라서 다음 정리의 결과를 얻는다.

정리 3-2-4

(1) 만약 모든 $x \in (a, b)$에 대하여 $f''(x) > 0$라면 $f(x)$는 (a, b)에서 위로 오목하다.
(2) 만약 모든 $x \in (a, b)$에 대하여 $f''(x) < 0$라면 $f(x)$는 (a, b)에서 아래로 오목하다.

보기 ❷ 함수 $f(x) = \frac{1}{3}x^3 - 3x^2 + 8x$의 오목, 볼록성을 조사하여라.

풀이 $f(x)$의 도함수를 구하면 $f'(x) = x^2 - 6x + 8$이고 $f'(x)$의 도함수는 $f''(x) = 2x - 6$이다. 따라서 $f''(x) = 2x - 6 > 0$을 만족하는 x값에서는 위로 오목하고 $f''(x) = 2x - 6 < 0$을 만족하는 x값에서는 아래로 오목하다. 그러므로 $f(x)$는 $x > 3$에서는 위로 오목하고 $x < 3$에서는 아래로 오목하다.

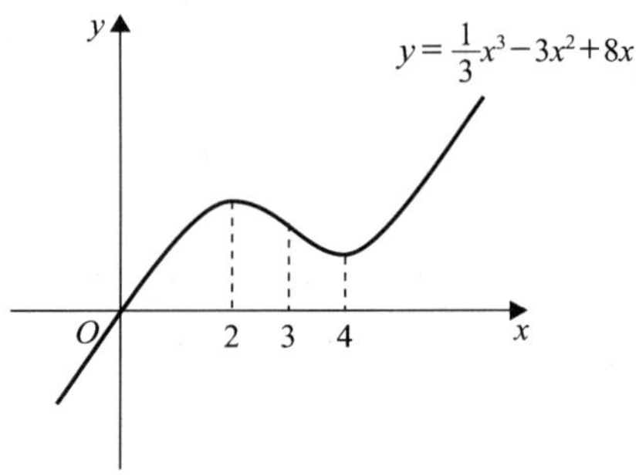

▌그림 3-19

보기 2에서 $x = 3$에서는 그래프가 그의 오목성(요철)의 방향이 변하는 점이기 때문에 특별히 흥미가 있다. 일반적으로 함수 $f(x)$가 점 x_0에서 그의 오목성의 방향이 변한다면 $f(x)$는 x_0에서 변곡점을 갖는다고 말한다. 특히, 함수 $f(x)$가 x_0를 포함하는 어떤 개구간에서 그의 도함수 $f'(x)$가 $x < x_0$일 때 감소(증가)하고 $x > x_0$에서는 증가(감소)한다면 $f(x)$는 x_0에서 **변곡점**을 갖는다(그림 3-20 참조).

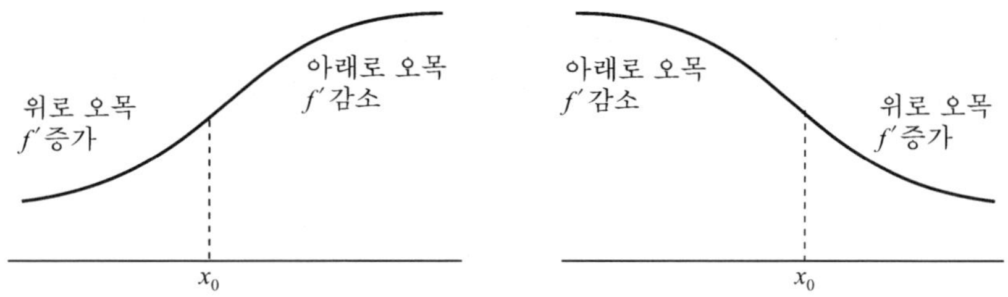

▌그림 3-20

곡선의 요철 판정법

지금까지 논의한 내용을 요약하면 다음과 같은 정리를 얻는다.

> **정리 3-2-5　곡선의 요철 판정법**
>
> 함수 $f(x)$가 $x = x_0$ 근방에서 C^2-급일 때, 곡선 $y = f(x)$는 점 x_0에서
>
> (1) $f''(x_0) > 0$이면 위로 오목(아래로 볼록)
>
> (2) $f''(x_0) < 0$이면 아래로 오목(위로 볼록)
>
> (3) $f''(x_0) = 0$이고 x가 x_0를 지날 때, $f''(x)$의 부호가 변하면 $(x_0, f(x_0))$는 변곡점이다.

참고 정리 3-2-5를 일반화하면 다음과 같은 정리를 얻을 수 있다. 즉, 함수 $f(x)$가 $x = x_0$ 근방에서 C^n-급이고 $f''(x_0) = \cdots = f^{(n-1)}(x_0) = 0$, $f^{(n)}(x_0) \neq 0$이면 곡선 $y = f(x)$는 점 x_0에서

(1) n이 짝수이고 $f^{(n)}(x_0) > 0$이면 위로 오목(아래로 볼록)

(2) n이 짝수이고 $f^{(n)}(x_0) < 0$이면 아래로 오목(위로 볼록)

(3) n이 홀수이면 점 $(x_0, f(x_0))$는 곡선 $y = f(x)$의 변곡점이다.

예제 ③ 함수 $f(x) = x^3 - 6x^2 + 12$의 변곡점을 조사하여라.

풀이 $f(x)$의 도함수를 구하면 $f'(x) = 3x^2 - 12x$이고 $f''(x) = 6x - 12$이므로 위 정리에 의하여 $f''(2) = 0$이다. $f'''(2) \neq 0$이므로 n은 홀수이므로 $(2, f(2))$는 위

곡선의 변곡점이다. 즉, $(2,\ -4)$가 변곡점이 된다. $6x - 12 > 0$인 x값, 즉 $x > 2$에서는 위로 오목하고 $6x - 12 < 0$인 x값, 즉 $x < 2$에서 아래로 오목하다.

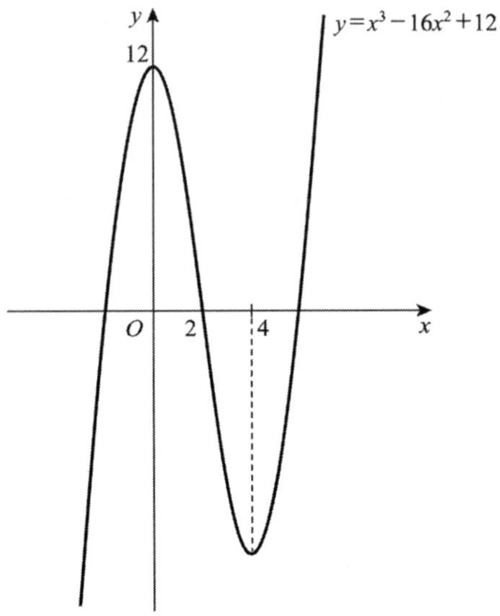

▌그림 3-21

주의 변곡점은 때로는 $f''(x)$를 정의할 수 없는 점에 존재하는 경우가 있다. 예를 들면 함수 $f(x) = \sqrt[3]{x}$에서 $f'(x) = \frac{1}{3}x^{-2/3}$, $f''(x) = -\frac{2}{9}x^{-5/3}$이다. 이때, $x < 0$이면 $f''(x) > 0$, $x > 0$이면 $f''(x) < 0$임을 알 수 있다. 이것은 $(0,\ 0)$이 변곡점임을 말하는 것이다. 왜냐하면 x가 0을 지나 증가할 때 곡선은 위로 오목한 곳에서 아래로 오목한 방향으로 변하기 때문이다.

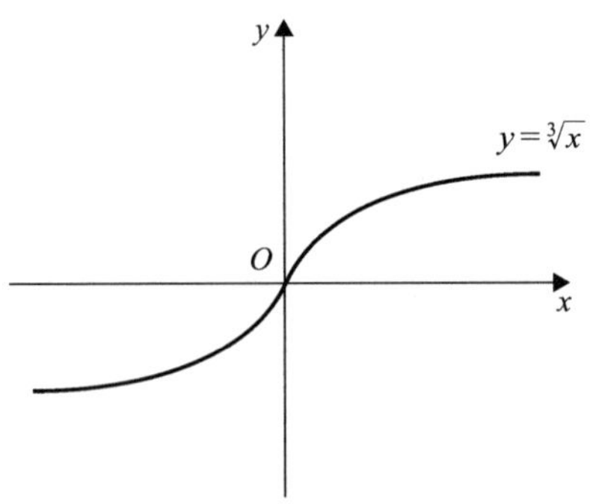

▌그림 3-22

연습문제 (3-2-2)

1. 단조성 정리를 이용하여 다음 함수들의 증가 또는 감소구간, 위로 오목 또는 아래로 오목한 구간, 그리고 변곡점을 구하여라.

(1) $f(x) = x^2 - 4x + 2$

(2) $f(x) = x^3 - 1$

(3) $f(x) = (x+2)^3$

(4) $f(x) = 3x^4 - 4x^3$

(5) $f(x) = \dfrac{x}{x^2+2}$

(6) $f(x) = \sqrt[3]{x+2}$

2. 다음 조건을 만족하는 연속함수 $y = f(x)$의 그래프를 그려라.

(1) $f(2) = 4,\ f'(2) = 0,\ f''(x) > 0,\ x \in R$

(2) $f(2) = 4$, $x < 2$일 때 $f''(x) > 0$, $x > 2$일 때 $f''(x) < 0$,

$$\lim_{x \to 2^-} f'(x) = +\infty,\ \lim_{x \to 2^+} f'(x) = +\infty$$

3. $f(x) = (x-a)^3$에서 다음을 구하여라.

(1) 임의의 x에 대하여 정점

(2) 임의의 x에 대하여 변곡점

(3) f의 그래프

4. 2차함수에는 변곡점이 없다. 이것을 증명하여라.

3. 함수의 극값

여기서는 경영학이나 건설공학, 물리학, 생물학, 정보공학, 사회과학 등 학문 전 분야에서 흔히 발생하는 최적화 문제를 해결하는 기법을 공부한다. 즉, 여러 분야에서 종종 함수의 극대, 극솟값을 물어보는 문제를 접하게 되는데, 이때마다 수학적 도구인 도함수를 사용하여 극댓값과 극솟값을 구하게 된다. 이외에도 함수의 극값판정법에 대해서도 다룬다.

극대 · 극소

함수 $y = f(x)$가 $x = a$ 근방에서 연속이라 하자. 지금 충분히 작은 임의의 양수 h에 대하여 항상

$$f(a) > f(a \pm h)$$

가 성립할 때, $f(x)$는 $x = a$에서 **극대**(maximal)가 된다고 하고, $f(a)$를 **극댓값**(maximal value)이라고 한다. 이와는 반대로

$$f(a) < f(a \pm h)$$

이면 $f(x)$는 $x = a$에서 **극소**(minimal)가 된다고 하고 $f(a)$를 **극솟값**(minimal value)이라 한다. 극댓값과 극솟값을 통틀어 **극값**(extreme value)이라 한다.

보기 ① $f(x) = x^2 + 3$의 극값을 구하여라.

풀이 $f(x) = x^2 + 3$은 모든 점에서 연속이다. 따라서 임의의 양수 h에 대하여 구간 $[-h, h]$ 안에 있는 모든 x에 대하여 함숫값을 비교해보면 $x = 0$에서의 함숫값 $f(0) = 3$이 가장 작음을 알 수 있다. 따라서 $f(x)$는 $x = 0$에서 극솟값 3을 갖게 된다. 극댓값은 존재하지 않는다.

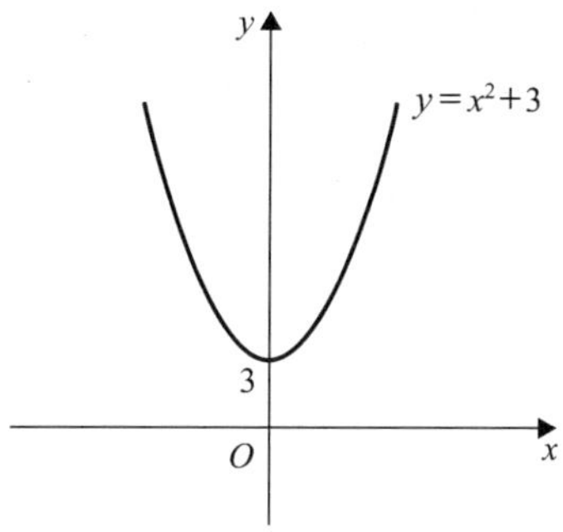

▮그림 3-23

최대 · 최소

함수 $y = f(x)$가 구간 $[a,\ b]$의 모든 x에 대하여 $f(x) \leqq f(\alpha)$ $(a \leqq \alpha \leqq b)$일 때, 이 함수 $f(x)$는 $x = \alpha$에서 최대(국소극대)가 된다고 하고 $f(\alpha)$를 이 구간에 있어서 $f(x)$의 **최댓값(국소극댓값)**(geatest value)이라고 한다. 또 구간 $[a,\ b]$의 모든 x에 대하여 $f(x) \geqq f(\beta)$ $(a \leqq \beta \leqq b)$일 때, 이 함수 $f(x)$는 $x = \beta$에서 최소(국소극소)가 된다고 하고 $f(\beta)$를 이 구간에 있어서 $f(x)$의 **최솟값(국소극솟값)**(least value)이라고 한다. 즉, 넓은 영역에서 가장 큰(작은) 값은 최댓(최솟)값이라 하고 좁은 영역에서 가장 큰(작은) 값은 국소극댓(국소극솟)값이라 한다. 앞으로 국소극댓(국소극솟)값을 그냥 극댓(극솟)값이라고 하겠다. 극대, 극소는 최대, 최소와 다르며 극댓값이 극솟값보다 크다고만 말할 수 없다. 극대, 극솟값은 다만 그 근방의 점의 함숫값과 비교하여 가장 크다, 작다는 뜻이지 먼 곳에 있는 점의 함숫값과 비교해서는 크고 작음을 말할 수 없다. 다음 그림 3-24를 참조하기 바란다.

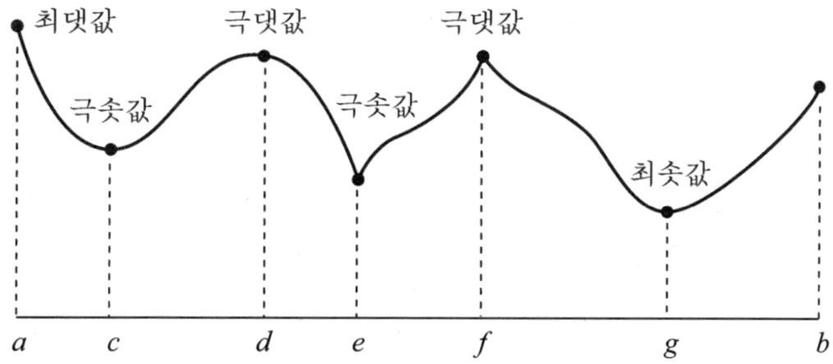

▮그림 3-24

참고 $f'(c)=0$이 되는 점 c를 **정점**(stationary point)이라고 한다. 또한, 구간 $[a, b]$ 내의 임의의 점 c에 대하여 $f'(c)$가 존재하지 않는 점 c를 **특이점**(singular point)이라 하고 a, b를 **끝점**(end point)이라 한다. 정점, 특이점, 끝점을 통틀어 우리는 **임계점**(critical point)이라고 한다. 결국, 최대, 최솟값은 임계점에서의 함숫값을 비교하면 된다.

보기 ❷ 다음 함수들의 주어진 구간 내에서 최대, 최솟값을 구하여라.

(1) $f(x)=x^3$; $[0, 1]$　　　　(2) $f(x)=\dfrac{1}{x}$; $[0, 1]$

풀이 (1) 위 정의에 의하여 최댓값은 $f(1)=1$이고 최솟값은 $f(0)=0$이다.

(2) 이 함수는 감소함수이므로 $x=0$에서 최대가 되어야 하고 $x=1$에서 최소가 된다. 그러나 $x=0$에서 함수가 정의되지 않으므로 최댓값은 존재하지 않고 최솟값은 1이다.

주의 최대, 최솟값의 존재유무는 주어진 구간이 개구간이냐, 폐구간이냐에 따라 결정되는 경우가 많으므로 주의해야 하고 또 구간 내에서 함수의 연속성도 살펴보아야 한다.

다음 정리는 어떤 함수가 최댓값과 최솟값을 가질 조건을 보여주고 있다.

정리 3-2-6

함수 $f(x)$가 폐구간 $[a, b]$에서 연속이면, 이 함수는 $[a, b]$에서 최댓값과 최솟값을 갖는다.

결국, 함수 $f(x)$의 모든 극값을 구하기 위하여 미분가능한 점과 미분가능하지 않은 점으로 분류하고 미분가능한 점에 대해서는 $f'(x)=0$인 점(정점)을 조사하고 미분가능하지 않은 연속인 점에 대해서는 그 점의 앞뒤에서 함수의 증감상태를 조사하여 극대 및 극소를 판정한다. 다음에 나오는 극값판정법에서 좀 더 자세하게 다루도록 하겠다.

극값판정법

그림 3-24에서 점 c는 극소점이고 점 d는 극대점이다. 또 이들 점에서의 곡선에 대한 접선의 기울기는 0이다. 즉, $f'(c)=0$, $f'(d)=0$이다. 그러나 점 e는 극소점이지만 $f'(e)$는 존재하지 않는다. 이 사실로부터 다음 정리가 성립함을 알 수 있다.

정리 3-2-7

함수 $f(x)$가 $x=c$ 근방에서 미분가능하고 그 점에서 극값을 가지면 $f'(c)=0$이다.

증명 $f(x)$가 $x=c$에서 극대가 된다고 하면 충분히 작은 양수 h에 대하여

$$\frac{f(c+h)-f(c)}{h} \leqq 0 \text{이고 } \frac{f(c-h)-f(c)}{-h} \geqq 0$$

이므로

$$\lim_{h\to 0}\frac{f(c+h)-f(c)}{h} \leqq 0 \text{이고 } \lim_{h\to 0}\frac{f(c-h)-f(c)}{-h} \geqq 0$$

이다. 그런데 $f'(c)$가 존재해야 하므로 위 두 극한값은 같아야 하고, 따라서 $f'(c)=0$이다.

$f(x)$가 $x=c$에서 극소일 때도 마찬가지 방법으로 하면 $f'(c)=0$이다.

위의 정리에 의하여 미분가능한 함수 $f(x)$가 있을 때, 이 함수의 임계값 $x=c$의 좌우에서 도함수 $f'(x)$의 부호가 어떻게 변하는지를 조사함으로써 이 함수의 극값을 판정할 수 있다. 실제로 다음 정리는 1계도함수에 의해 극값을 판정하는 법을 말해주고 있다.

정리 3-2-8 1계도함수에 의한 극값판정법 I

함수 $f(x)$가 $x=c$ 근방에서 연속이고 $x=c$를 제외한 다른 점에서 미분가능하다고 하자.

(1) 만일 x의 값이 증가하면서 c를 지날 때, $f'(x)$의 부호가 $+$에서 $-$로 변하면 $f(c)$는 극댓값이다.

(2) 만일 x의 값이 증가하면서 c를 지날 때, $f'(x)$의 부호가 $-$에서 $+$로 변하면 $f(c)$는 극솟값이다.

(3) x의 값이 증가하면서 c를 지날 때, $f'(x)$의 부호가 변하지 않는다면 $f(c)$는 극값이 아니다.

증명 (1) $f(x)$가 $x=c$의 바로 앞에서 $f'(x)>0$, 바로 뒤에서 $f'(x)<0$이라 하고 양수 h를 충분히 작게 잡으면

$$f(c)-f(c-h)=hf'(\xi)>0,\ (c-h<\xi<c)$$
$$f(c+h)-f(c)=hf'(\eta)<0,\ (c<\eta<c+h)$$

이다. 따라서 h가 충분히 작으면

$$f(c)>f(c\pm h)$$

로 되어 $f(c)$는 극대가 된다.

(2) 극소에 대해서도 마찬가지로 증명된다.

(3) 극대, 극소의 정의에 의하여 당연하다.

예제 ❶ 함수 $f(x)=x^3-12x^2+36x+10$의 극값을 구하고 그래프를 그려라.

풀이 함수 $f(x)=x^3-12x^2+36x+10$에서 x에 관하여 미분하면,

$$f'(x)=3x^2-24x+36=3(x-2)(x-6)$$

이다. 이제 $f'(x)=0$으로 놓고 임계점을 구하면 $x=2$ 또는 $x=6$이다. 이 임계점을 기준으로 함수의 증감표를 만들어 보면

x	$\cdots$	2	$\cdots$	6	$\cdots$
$x-2$	$-$	0	$+$	4	$+$
$x-6$	$-$	-4	$-$	0	$+$
$f'(x)$	$+$	0	$-$	0	$+$
$f(x)$	증가	42	감소	10	증가

이다. 따라서 $f(2)=42$은 극댓값이고, $f(6)=10$이 극솟값이 된다. 이 증감표를 토대로 그래프를 그리면 그림 3-25와 같다.

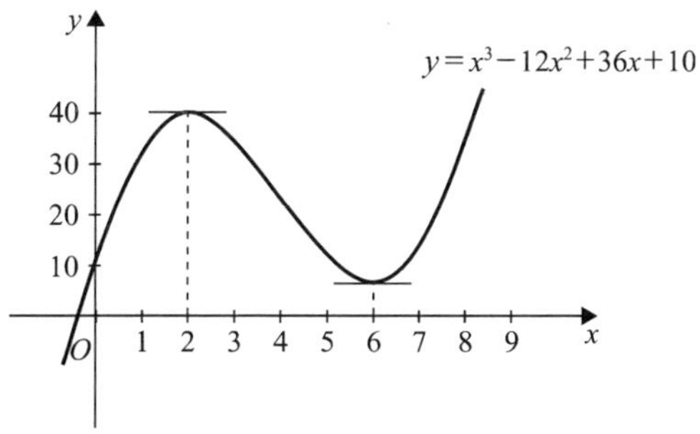

▌그림 3-25

위 정리에 의하면 함수의 증감상태는 그의 도함수 $f'(x)$의 부호에 따라 정해짐을 알 수 있다. 또, $f'(x)$의 증감상태는 $f'(x)$를 다시 한번 미분한 $f''(x)$의 값의 부호에 의해 정해진다. 즉, x값이 증가함에 따라 $f'(x)$의 값이 감소하는 경우에는 $f''(x)<0$이고 증가하는 경우에는 $f''(x)>0$이다. 따라서 도함수만을 이용하여 극값을 판정하는 방법 이외에 다음 정리와 같이 2계도함수에 의해 함수의 극값을 판정할 수 있다.

정리 3-2-9 2계도함수에 의한 극값판정법 II

함수 $f(x)$가 $x=c$ 근방에서 C^2-급이고 $f'(c)=0$라 하자. 이때,

(1) 만약 $f''(c)<0$이면 $f(c)$는 극댓값이고

(2) 만약 $f''(c)>0$이면 $f(c)$는 극솟값이다.

보기 ❸ 예제 1에서 정리 3-2-9를 이용하여 극값을 구하면 $f''(2)=-12<0$이므로, $f(2)=42$은 극댓값이고 $f''(6)=12>0$이므로 $f(6)=10$이 극솟값이다.

예제 ❷ $f(x) = \dfrac{x}{1+x^2}$의 극값을 구하여라.

풀이 주어진 함수의 도함수를 구하면 $f'(x) = \dfrac{1-x^2}{(1+x^2)^2}$이므로 $f'(x)=0$인 x값을 구하면 $x = \pm 1$을 얻는다. 한편, $f''(x) = \dfrac{2x(x^2-3)}{(1+x^2)^3}$이므로 $x = \pm 1$을 $f''(x)$에 대입하면

$$f''(1) = -\frac{1}{2} < 0, \quad f''(-1) = \frac{1}{2} > 0$$

이다. 따라서 극댓값은 $f(1) = \dfrac{1}{2}$이고 극솟값은 $f(-1) = -\dfrac{1}{2}$이다.

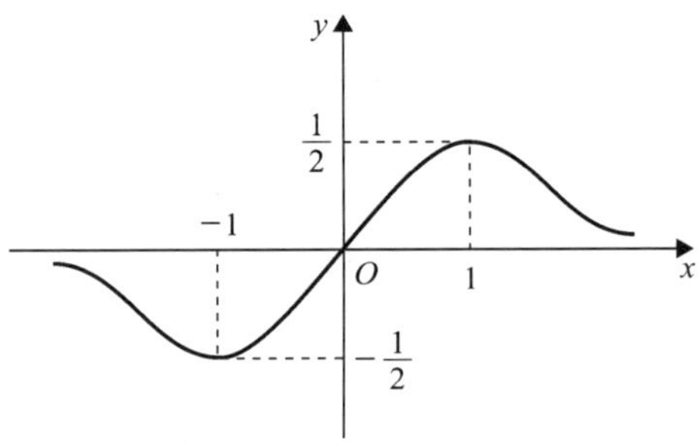

▌그림 3-26

정리 3-2-9를 일반화하면 다음 정리를 얻는다.

3-2-10 고계도함수에 의한 극값판정법

함수 $f(x)$가 $x = c$ 근방에서 C^n-급이고 $f'(c) = f''(c) = \cdots = f^{(n-1)}(c) = 0$, $f^{(n)}(c) \neq 0$일 때,

(1) n이 짝수이고 $f^{(n)}(c) < 0$이면, $f(c)$는 극댓값이다.

(2) n이 짝수이고 $f^{(n)}(c) > 0$이면, $f(c)$는 극솟값이다.

(3) n이 홀수이면 점 $(c, f(c))$는 곡선 $y = f(x)$의 변곡점이다.

예제 ③ 다음 함수들의 극값을 구하여라.

(1) $f(x) = x^x \ (x > 0)$ (2) $f(x) = e^x + e^{-x} + 2\cos x$

풀이 (1) $f'(x) = x^x(\ln x + 1) = f(x)(\ln x + 1)$이 되어 $f'(x) = 0$인 x값을 구하면 $\ln x + 1 = 0$에서 $x = \dfrac{1}{e}$이다.

한편, 2계도함수에 의한 극값을 구하기 위해 $f'(x)$의 도함수를 구하면

$$f''(x) = f'(x)(\ln x + 1) + f(x) \cdot \frac{1}{x}$$

이므로 $f''\left(\dfrac{1}{e}\right) = f\left(\dfrac{1}{e}\right) \cdot e > 0$이다.

따라서 $f(x)$는 $x = \dfrac{1}{e}$에서 극소가 되고 극솟값은 $f\left(\dfrac{1}{e}\right) = \left(\dfrac{1}{e}\right)^{\frac{1}{e}}$이다.

(2) 주어진 함수를 x에 관해 미분하면 $f'(x) = e^x - e^{-x} - 2\sin x$이다. 여기서 $f'(x) = 0$인 x값을 구하면 $x = 0$이다.

한편, 이 문제는 고계도함수에 의한 극값판정법에 의해 극값을 구하는 것이 간편하다. 따라서 $f'(x)$의 도함수를 구하면

$$f''(x) = e^x + e^{-x} - 2\cos x$$

이므로 $f''(0) = 0$이다. 다시 $f''(x)$의 도함수를 구하면

$$f'''(x) = e^x - e^{-x} + 2\sin x$$

이므로 $f'''(0) = 0$이다.

같은 방법으로 하면

$$f^{(4)}(x) = e^x + e^{-x} + 2\cos x$$

이고 $f^{(4)}(0) = 4 > 0$이므로 정리 3-2-10에 의하여 n은 짝수가 되어 극솟값 $f(0) = 4$를 갖는다.

극값의 응용

이제 앞에서 논의했던 극값판정법들에 의해 각 분야에서 응용되는 최적화 문제들을 다루어 보자.

예제 ❹ 가로 30 cm, 세로 16 cm인 직사각형 모양의 도화지를 가지고 네 귀퉁이를 똑같은 크기의 정사각형으로 잘라내어 그림 3-27과 같이 접어 올려서 직육면체 모양의 상자를 만들려고 한다. 이 상자의 부피를 가장 크게 하려면 잘라내는 정사각형의 한 변의 길이를 얼마로 하면 좋겠는가?

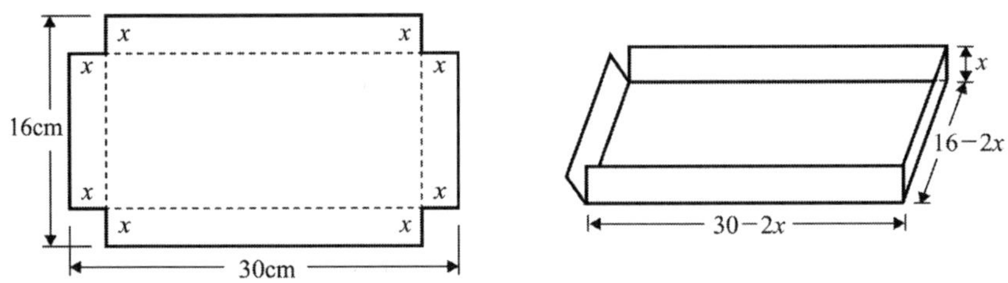

▌그림 3-27

풀이 잘라내는 정사각형의 한 변의 길이를 x라 하고 구하려는 상자의 부피를 V라 하자. 그러면 상자의 부피

$$V = (16 - 2x)(30 - 2x)x = 480x - 92x^2 + 4x^3 \qquad ①$$

의 식으로 나타낼 수 있다. 여기서 $0 \leq x \leq 8$이어야 한다. 결국 이것은 변수 x가 구간 $[0, 8]$에서 움직일 때 V의 최댓값을 구하는 문제이다. V는 x의 3차 다항함수이고 $[0, 8]$에서 연속이며 미분가능하므로 극값판정법에 의하여 V가 $[0, 8]$ 내에서 최대가 되는 x값을 구하면 된다. 따라서

$$\frac{dV}{dx} = 480 - 184x + 12x^2 = 4(120 - 46 + 3x^2) \qquad ②$$

를 얻는다. 여기에서 $\frac{dV}{dx} = 0$으로 놓으면 $120 - 46x + 3x^2 = 0$이 되어 $x = \frac{10}{3}$, $x = 12$를 얻는다. 그런데 $x = 12$는 구간 밖의 값이므로 버린다. 따라서 함수의 증감표를 그리면 $x = \frac{10}{3}$에서 부피 V의 최댓값(국소극댓값)이 된다.

x	0	$\cdots$	$\frac{10}{3}$	$\cdots$	8
$3x-10$	-10	$-$	0	$+$	14
$x-12$	-12	$-$	$-\frac{26}{3}$	$-$	-4
$\frac{dV}{dx}$		$+$	0	$-$	
V	0	증가	$\frac{19600}{27}$	감소	0

그러므로 $x = \frac{10}{3}$ cm를 ①에 대입하면 최대부피

$$V = \left(16 - 2 \times \frac{10}{3}\right)\left(30 - 2 \times \frac{10}{3}\right)\frac{10}{3}$$

$$= \frac{28}{3} \times \frac{70}{3} \times \frac{10}{3} = \frac{19600}{27}$$

즉, $V = \frac{19600}{27}\ \mathrm{cm}^3$이다.

예제 ❺ 앞바다의 기름샘이 직선 해안선에 가장 가까운 해안점 A로부터 5km 떨어진 바다 위의 점 W에 위치해 있다(그림 3-28). 기름은 W에서 A와 B 사이의 해안점 P와 점 A로부터 8km 떨어진 해안점 B로 파이프를 통하여 운반되고 있다. 물론 P에서 B까지도 직선 해안선을 따라가는 파이프로 연결되어 있다. 파이프를 설치하는 비용은 해저 1km당 10만 달러이고 육지에서는 1km당 75,000달러가 소요된다면 파이프를 설치하는 비용을 최소화하려면 점 P의 위치를 어떻게 설정하면 되는가?

풀이 A에서 P까지의 거리를 x라 하고 설치하는 데 필요한 파이프라인의 총 비용을 c라 하자. 그림 3-28로부터 해저파이프의 길이는 W와 P 사이의 거리이다. 따라서 피타고라스의 정리에 의해

$$WP = \sqrt{x^2 + 25} \qquad ①$$

이다. 또, 육지에서의 파이프의 길이는 P와 B 사이의 거리이므로

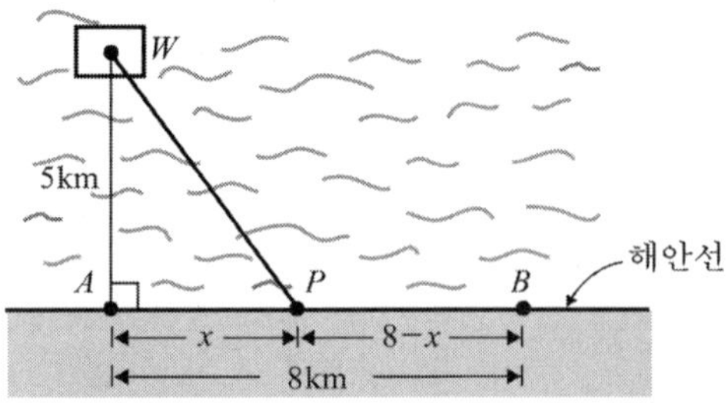

▌그림 3-28

$$PB = 8 - x \quad ②$$

이다. 여기서 A와 P 사이의 거리 x는 $0 \leqq x \leqq 8$이어야 한다. 따라서 ①과 ②로부터 파이프라인의 총 비용 c는

$$c = 100\sqrt{x^2 + 25} + 75(8 - x) \quad ③$$

이다. 이것은 구간 $[0, 8]$에서 ③의 최솟값이 되는 x의 값을 구하는 문제로 귀착된다. c는 구간 $[0, 8]$에서 x에 관한 연속이고 미분가능한 함수이므로 앞에서 언급한 극값판정법에 의해 최솟값을 구하면 된다.
즉, ③으로부터

$$\frac{dc}{dx} = \frac{100x}{\sqrt{x^2 + 25}} - 75 = 25\left(\frac{4x}{\sqrt{x^2 + 25}} - 3\right)$$

이 되어 $\frac{dc}{dx} = 0$이 되는 x값은

$$\frac{4x}{\sqrt{x^2 + 25}} - 3 = 0 \quad ④$$

을 풀면 된다. 정리하면

$$4x = 3\sqrt{x^2 + 25} \Leftrightarrow 16x^2 = 9(x^2 + 25)$$
$$\Leftrightarrow 7x^2 = 125$$

따라서

$$x = \pm\frac{15}{\sqrt{7}}$$

이다. 여기서 $-\dfrac{15}{\sqrt{7}}$는 ④의 근이 아니므로 버리고 $x=\dfrac{15}{\sqrt{7}}$만 임계점으로 채택한다. 따라서 최솟값은 $x=0$, $x=\dfrac{15}{\sqrt{7}}$, $x=8$ 중 한 점에서 발생한다. 이 값들을 식 ③에 대입하면 다음과 같은 증감표를 얻는다.

x	0	$\cdots$	$\dfrac{15}{\sqrt{7}}$	$\cdots$	8
$\dfrac{dc}{dx}$		$-$	0	$+$	
c	1100	감소	$600+125\sqrt{7}$ ≒ 930.719	증가	$100\sqrt{89}$ ≒ 943.398

따라서 $x=\dfrac{15}{\sqrt{7}}$일 때 극소이자 최솟값 $c≒930.719$달러가 소요된다.

즉, 점 P가 A로부터 $\dfrac{15}{\sqrt{7}}≒5.67(\mathrm{km})$ 위치해 있을 때 최소경비가 소요된다.

예제 ❻ 직사각형의 둘레가 P일 때 최대면적이 되려면 가로, 세로를 얼마로 하면 되는가?

풀이 직사각형의 세로를 x, 가로를 y라 놓고 면적을 A라 하자. 그러면

$$A=xy \qquad ①$$

이고

$$P=2x+2y \Leftrightarrow y=\frac{1}{2}P-x \qquad ②$$

이다(그림 3-29).

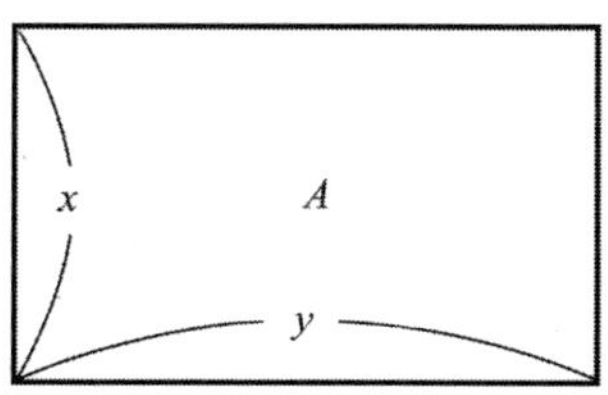

▌그림 3-29

식 ②를 식 ①에 대입하면

$$A = \frac{1}{2}Px - x^2 \qquad ③$$

한편, $0 \leq x \leq \frac{P}{2}$이므로 구간 $\left[0, \frac{P}{2}\right]$에서 식 ③이 최대가 되는 x의 값을 구하는 문제가 된다. 식 ③으로부터

$$\frac{dA}{dx} = \frac{1}{2}P - 2x = 0$$

인 x값은 $x = \frac{P}{4}$이다. 이 값은 $\left[0, \frac{P}{2}\right]$ 안에 존재하므로 A의 최댓값은 $x = 0$, $x = \frac{P}{4}$, $x = \frac{P}{2}$ 중 한 점에서 발생한다.

이 세 점의 값을 ③에 대입하면 다음 증감표를 얻는다. 즉,

x	0	$\cdots$	$\frac{P}{4}$	$\cdots$	$\frac{P}{2}$
$\frac{dA}{dx}$		$+$	0	$-$	
A	0	증가	$\frac{P^2}{16}$	감소	0

따라서 $x = \frac{P}{4}$, $y = \frac{P}{4}$에서 최대면적 $A = \frac{P^2}{16}$을 얻는다. 즉, 둘레가 일정할 때는 정사각형일 때 최대면적이 된다.

위의 예제들에서 알 수 있듯이 많은 응용된 극값 문제를 해결하는 데는 1계도함수에 의한 극값 판정법을 사용했음을 알 수 있다. 이 방법은 다음 5단계 과정을 거쳐서 구하면 편리하다. 즉,

[1단계] 문제에 맞게 변수를 설정한다.
[2단계] 극값을 구하는 데 알맞는 식을 세운다.
[3단계] 문제에서 서술한 조건을 이용하여 변수를 소거하여 1변수함수로 표현한다.
[4단계] 문제에 맞는 제한영역을 찾아낸다.
[5단계] 위에서 언급한 1계도함수의 극값판정법에 의해 극값을 구한다.

예제 ⑦ 반지름이 60 cm 이고 높이가 1 m 인 원뿔 모양의 목재가 있다. 이 목재를 있는 그대로의 상태에서 다듬어 가장 큰 부피를 가질 수 있는 원기둥을 만들고자 한다. 이 원기둥의 반지름과 높이를 구하여라(그림 3-30).

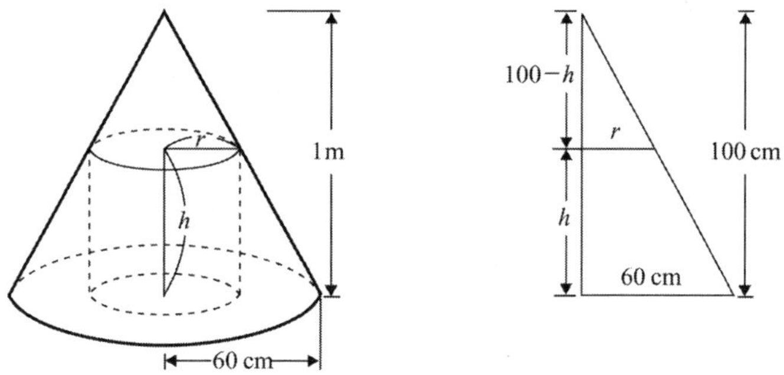

▌그림 3-30

풀이 구하고자 하는 원기둥의 반지름을 r, 높이를 h, 그리고 부피를 V라 하자. 그러면 원기둥의 부피

$$V = \pi r^2 h \qquad ①$$

이다. ①에서 변수가 r과 h이므로 변수의 하나를 제거하기 위해 r과 h의 관계를 구해보면 $\dfrac{100-h}{r} = \dfrac{10}{6}$ 또는

$$h = 100 - \frac{5}{3}r \qquad ②$$

을 얻는다. 따라서 ②를 ①에 대입하면

$$V = \pi r^2\left(100 - \frac{5}{3}r\right) = 100\pi r^2 - \frac{5}{3}\pi r^3 \qquad ③$$

이고 이것은 V가 r만의 함수로 표현된 것이다. 한편, r은 원기둥의 반지름이므로 $0 \leq r \leq 60$이어야 한다. V는 구간 $[0, 60]$에서 r에 대한 연속함수이므로 위의 방법대로

$$\frac{dV}{dr} = 200\pi r - 5\pi r^2 = 5\pi r(40 - r)$$

이고 $\dfrac{dV}{dr}=0$인 r을 구하면 $r=0$, $r=40$을 얻는다. 따라서 $r=0$, $r=40$, $r=60$을 차례대로 식 ③에 대입하여 증감표를 구하여 최대의 부피를 구해보면 $r=40\,(\text{cm})$, $h=\dfrac{100}{3}\,(\text{cm})$일 때, 최대부피

$$V=\frac{16\pi}{3}\fallingdotseq 16.8\,(\text{m}^3)$$

이다.

* 경제학에서의 응용

경제학자들과 사업가들은 재고품, 생산품, 공급, 광고, 그리고 가격과 같은 변수들이 이익, 수입, 수요, 통화팽창, 그리고 고용과 같은 다른 변수들에 영향을 미쳐 어떻게 변화하는지에 관심이 있다. 이러한 문제들은 **한계분석**(marginal analysis)을 이용하는 데 연구된다. **한계**(marginal)라는 것은 변화율 또는 도함수의 개념으로 경제학자들이 사용하는 용어이다. 경제학자나 경영자에게 있어서 다음과 같은 중요한 세 가지 함수가 있다. 즉,

$C(x)$: 어떤 시간 주기 동안 생산품의 x단위를 생산하는 데 필요한 총 비용
$R(x)$: 시간 주기 동안 생산품의 x단위를 판매하여 얻는 총 수입
$P(x)$: 시간 주기 동안 생산품의 x단위를 판매하여 얻는 총 수익

이 있다. 이 함수들을 각각 **비용함수**(cost function), **수입함수**(revenue function), 그리고 **수익함수**(profit function)라고 부른다. 만약, 시간 주기 동안 생산품의 x단위가 모두 팔렸다면

$$P(x)=R(x)-C(x)$$

인 관계가 성립한다. 이 세 가지 함수의 도함수인 $C'(x)$, $R'(x)$, 그리고 $P'(x)$를 각각 **한계비용**(marginal cost), **한계수입**(marginal revenue), 그리고 **한계수익**(marginal profit)이라고 말한다. 만약 시간 주기 동안 생산품의 x단위가 모두 팔렸다면 이 세 가지 도함수들 사이의 관계는 위의 식의 양변을 x에 관해 미분함으로써 얻어진다. 즉,

$$P'(x)=R'(x)-C'(x)$$

이다. 실제로, $C'(x)$는 종종 $(x+1)$번째 단위를 제작하는 비용으로 설명된다. 비록 이것은

정확하지는 않지만 대개는 좋은 근삿값이다. 왜냐하면

$$C'(x) = \lim_{\Delta x \to 0} \frac{C(x + \Delta x) - C(x)}{\Delta x}$$

$$\fallingdotseq \frac{C(x+1) - C(x)}{1} = C(x+1) - C(x)$$

이기 때문이다. x는 보통 크고 $\Delta x = 1$은 상대적으로 0에 가깝다고 생각할 수 있기 때문에 이 근삿값은 나름대로 의미가 있다고 볼 수 있다. $C(x+1)$은 $(x+1)$단위를 생산하는 비용이고 $C(x)$는 x단위를 생산하는 비용이기 때문에 $(x+1)$번째 단위를 생산하는 근사비용은

$$C'(x) \fallingdotseq C(x+1) - C(x)$$

에 따른다. 유사하게, $R'(x)$는 $(x+1)$번째 단위를 팔았을 때 얻어지는 근사수입이고 $P'(x)$는 $(x+1)$번째 팔았을 때 얻어지는 근사수익이다.

a를 총 경비, $M(x)$를 제조비용을 나타내는 함수라 할 때, x단위를 생산하는 데 필요한 총 비용은 다음 식으로 나타내어진다. 즉,

$$C(x) = a + M(x)$$

이다. 총 경비라 함은 변수 x에 의존하지 않는 집세(지세, 임대료 등)와 보험료와 같은 고정비용을 포함하는 경비를 말한다. 반대로 제조비용이라 함은 자재와 노동과 같은 항목의 비용을 포함하는 것으로 제조하는 품목들의 수에 의존한다. 적당히 간결된 가정으로 $M(x)$는 다음과 같은 형태로 표현된다는 것을 경제학에서 보여주고 있다. 즉,

$$M(x) = bx + cx^2$$

이다. 이 식을 위 식에 대입하면

$$C(x) = a + bx + cx^2$$

로 나타내어진다.

예제 ❽ 페인트 제조업자가 하루에 x갤런(gallons)의 페인트를 생산하는 달러의 총 비용은 다음과 같은 식으로 주어진다고 한다.

$$C(x) = 5000 + x + 0.001x^2$$

(1) 하루 생산기준이 500갤런일 때 한계비용을 구하여라.

(2) 501번째 갤런을 생산하는 비용에 근사한 한계비용을 구하여라.

(3) 501번째 갤런을 생산하는 정확한 비용을 구하여라.

풀이 (1) 한계비용은 $C'(x) = 1 + 0.002x$이다. 따라서

$$C'(500) = 1 + (0.002)(500) = 2.$$

(2) $C'(500) = 2$이기 때문에 501번째 갤런을 생산하는 비용은 근사적으로 2달러이다.

(3) 501갤런을 생산하는 총 비용은

$$C'(501) = 5000 + 501 + 0.001(501)^2 = 5752.001(\text{달러})$$

이고 500갤런을 생산하는 총 비용은

$$C'(500) = 5000 + 500 + 0.001(500)^2 = 5750(\text{달러})$$

이다. 따라서 501번째 갤런을 생산하는 정확한 비용은

$$C(501) - C(500) = 2.001(\text{달러})$$

이다.

한 제작회사가 하나에 대하여 p달러로 생산하는 품목들을 모두 팔 수 있다면 전체수입 $R(x)$는

$$R(x) = px$$

이고 그의 전체수익 $P(x)$는

$$P(x) = R(x) - C(x) = px - C(x)$$

가 될 것이다. 따라서 비용함수가 위와 같이

$$C(x) = a + bx + cx^2$$

으로 주어졌다면 전체수익 $P(x)$는

$$P(x) = px - (a + bx + cx^2)$$

이다. 고용자 수, 쓸모있는 기계의 양, 경제조건, 그리고 경쟁력과 같은 요인에 의존한다면 제작자는 생산과 판매를 감당할 수 있는 항목의 수에 어떤 상한 l이 존재할 것이다. 따라서 한정된 시간 주기 동안 위 식의 변수 x는 $0 \leqq x \leqq l$을 만족할 것이다. 따라서 구간 $[0, l]$에서 전체수익 $P(x)$를 극대화하는 x의 가격을 결정함으로써 회사는 최대수익을 내기 위해 얼마나 많은 단위의 생산품을 제작해야만 하고 판매해야만 하는지를 결정할 수 있다.

예제 ⑨ 제약회사에서 만들어지는 액체형태의 페니실린은 한 묶음당 200달러의 가격으로 대량 판매되고 있다. x묶음당 총 생산비용(달러)이

$$C(x) = 500,000 + 80x + 0.003x^2$$

으로 주어진다고 가정하자. 그리고 이 회사의 생산능력은 지정된 시간 내에 기껏해야 30,000묶음이라면 이익을 극대화하기 위해 지정된 시간 안에 얼마나 많은 묶음의 페니실린을 팔아야만 하는가?

풀이 x묶음을 팔기위한 총 수입은 $R(x) = 200x$이기 때문에 x묶음에서 발생하는 수익금 $P(x)$는

$$P(x) = R(x) - C(x) = 200x - (500,000 + 80x + 0.003x^2) \quad ①$$

이다. 생산능력은 기껏해야 30,000묶음이기 때문에 x는 구간 $[0, 30,000]$ 내에 놓여야 한다. 식 ①로부터

$$\frac{dP}{dx} = 200 - (80 + 0.006x) = 120 - 0.006x$$

이다. $\frac{dP}{dx} = 0$으로 놓으면

$$120 - 0.006x = 0$$

또는

$$x = 20{,}000$$

이다. 이 임계값은 구간 $[0,\ 30{,}000]$ 안에 있으므로 최대이익은

$$x = 0,\ x = 20{,}000,\ x = 30{,}000$$

중의 한 점에서 발생하여야만 한다. 이 세 점의 값을 각각 식 ①에 대입하여 증감표를 만들면 최대이익은 $x = 20{,}000$묶음을 제작하여 지정된 시간에 팔 때 $P = 700{,}000$ 달러를 얻는다.

x	0	$\cdots$	20,000	$\cdots$	30,000
$\frac{dP}{dx}$		+	0	−	
P		증가	700,000	감소	0

연습문제 (3-2-3)

1. 다음 함수들에서 임계점을 구하고 미분 불가능한 점, 정점을 찾아라.

(1) $f(x) = x^2 - 5x + 6$

(2) $f(x) = \sqrt[3]{x^2}$

(3) $f(x) = \dfrac{x}{x^2+2}$

(4) $f(x) = \cos 3x$

(5) $f(x) = \sin^2 2x,\ 0 < x < 2\pi$

(6) $f(x) = x\tan x,\ -\dfrac{\pi}{2} < x < \dfrac{\pi}{2}$

2. 다음 함수들에서 주어진 구간 내에서 극대, 극솟값을 구하여라.

(1) $y = 8x - x^2;\ [0,\ 6]$

(2) $y = 2x^3 - 3x^2 - 12x;\ [-2,\ 3]$

(3) $y = \dfrac{x}{x^2+2};\ [-1,\ 4]$

(4) $y = \dfrac{3x}{\sqrt{4x^2+1}};\ [-1,\ 1]$

(5) $y = \sqrt[3]{x^2}(20 - x);\ [-1,\ 20]$

(6) $y = x - \tan x;\ \left[-\dfrac{\pi}{4},\ \dfrac{\pi}{4}\right]$

3. $f(x) = 3\cos\frac{x}{3} + 2\cos\frac{x}{2}$ 의 극대, 극솟값을 구하여라.

4. $[0,\ 2\pi]$에서 $1 - \frac{x^2}{2} \leq \cos x$임을 증명하여라.

5. 음이 아닌 두 수의 합이 10일 때 곱이 최대가 되는 두 수를 구하여라.

6. 반지름이 R인 반원 안에 내접하는 직사각형의 최대면적을 구하여라.

7. 매주 생산되는 일용품 x단위의 총 비용은

$$C(x) = 200 + 4x + 0.1x^2$$

으로 주어진다고 하자.

(1) 생산수준이 100단위일 때 한계비용을 구하여라.

(2) 101번째 단위를 생산하는 비용에 근사하는 한계비용을 구하여라.

(3) 101번째 단위를 생산하는 정확한 비용을 구하여라.

4. 함수의 그래프

여기서는 대수함수의 그래프를 추적하기 위해 앞에서 공부한 내용들을 어떻게 이용하는지를 보여줄 것이다. 특히, 유리함수의 그래프를 추적할 때는 점근선의 유무가 중요하므로 무한대와 극한의 개념에 대한 내용도 곁들여 소개한다. 마지막으로 무리함수의 그래프 추적을 예제를 통해 설명한다.

다항함수의 그래프

함수들 중 가장 간단한 형태의 함수가 다항함수이다. 함수 $y = f(x)$가 다항함수라고 하자. 다항함수의 그래프 개형을 추적하는 방법은 다음 단계의 과정을 거치면 충분하다.

[1단계] $f'(x)$와 $f''(x)$를 구한다.

[2단계] $f'(x)$로부터 극점을 구하고 함수의 증가, 감소구간을 구한다.

[3단계] $f''(x)$로부터 변곡점을 구하고 함수의 오목볼록한 구간을 구한다.

[4단계] 그래프의 형태를 완성하기 위해 필요로 하는 부가적인 정보를 제공하도록 잘 선택된 점(절편)들을 표시한다.

보기 ① $y = x^3 - 3x + 2$의 그래프 개형을 그려라.

풀이 $\dfrac{dy}{dx} = 3x^2 - 3 = 3(x+1)(x-1)$, $\dfrac{d^2y}{dx^2} = 6x$이므로 $x = 1$과 $x = -1$에서 정점이 있다. 즉, $x < -1$일 때 $\dfrac{dy}{dx} > 0$이므로 주어진 함수의 그래프는 증가하고 $-1 < x < 1$일 때 $\dfrac{dy}{dx} < 0$이므로 감소한다. 또, $x > 1$일 때 $\dfrac{dy}{dx} > 0$이므로 다시 증가한다. 한편, $x > 0$일 때 $\dfrac{d^2y}{dx^2} > 0$이므로 아래로 볼록하고 $x < 0$일 때 $\dfrac{d^2y}{dx^2} < 0$이기 때문에 위로 볼록하다. 또, $\dfrac{d^2y}{dx^2} = 6x = 0$인 x값을 구하면 $x = 0$이고 $x < 0$에서 $\dfrac{d^2y}{dx^2} < 0$이고 $x > 0$에서 $\dfrac{d^2y}{dx^2} > 0$이므로 $x = 0$에서 변곡점이 존재한다. 이러한 정도의 정보로부터 그래프 기본개형을 그리면 그림 3-32와 같다. 마지막으로 정확

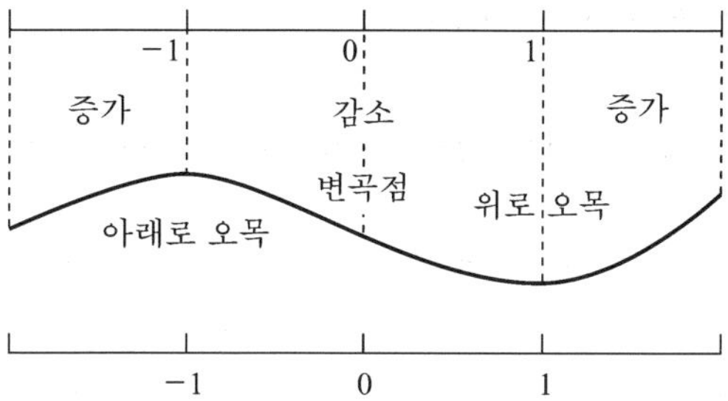

▌그림 3-32

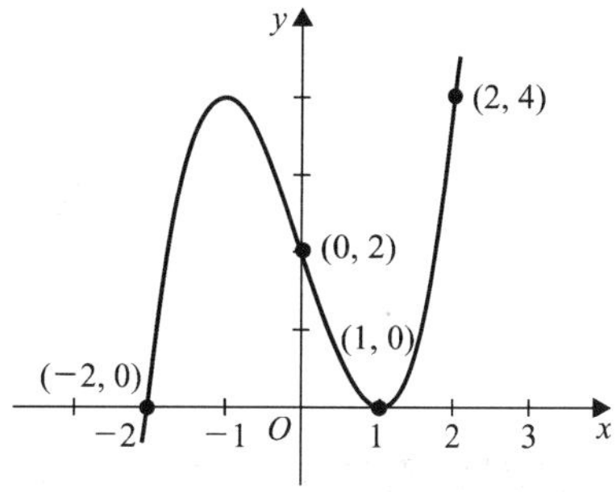

▌그림 3-33

한 그래프를 완성하기 위해 정점(극점), 변곡점, 그리고 x, y 절편과 간단한 점에서의 함숫값을 구하여 그래프를 그려보면 그림 3-33과 같은 형태임을 알 수 있다.

유리함수의 그래프

$P(x)$와 $Q(x)$가 다항식이라고 할 때 그들의 비

$$f(x) = \frac{P(x)}{Q(x)}$$

를 유리함수라고 한다는 것은 1장에서 다루었다. 이 유리함수를 추적할 때 $Q(x) = 0$인 점에서 불연속점이 생긴다는 사실에 주의해야 한다. 예를 들어, 유리함수 $f(x) = \dfrac{x}{x-2}$의 그래프를 그려보면 그림 3-34와 같다. 이것은 유리함수의 가장 전형적인 형태를 나타내주고 있다. $x = 2$에서 $f(x)$의 분모가 0이므로 이 점에서 불연속성이 나타난다. 따라서

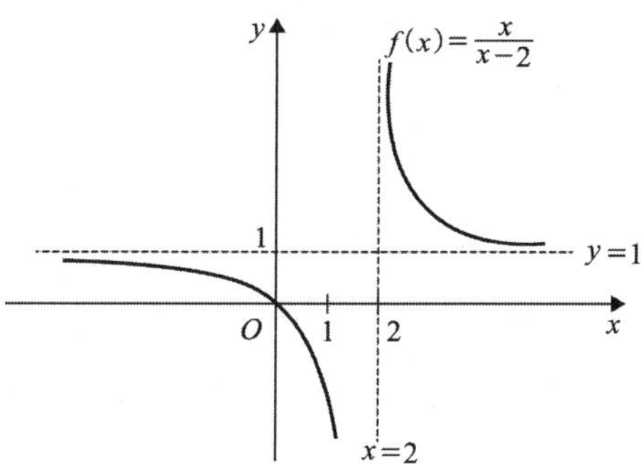

▌그림 3-34

$$\lim_{x \to 2^+} \frac{x}{x-2} = +\infty, \quad \lim_{x \to 2^-} \frac{x}{x-2} = -\infty$$

이다. 여기서 직선 $x = 2$를 이 그래프의 **수직점근선**(vertical asymptote)이라 한다. 또,

$$\lim_{x \to +\infty} \frac{x}{x-2} = 1, \quad \lim_{x \to -\infty} \frac{x}{x-2} = 1$$

이므로 직선 $y = 1$을 이 그래프의 **수평점근선**(horizontal asymptote)이라 부른다. 이 사실을 일반화하면 다음과 같이 정의할 수 있다.

정의 3-2-11

x가 오른쪽 또는 왼쪽으로부터 x_0에 접근해 감에 따라 $f(x) \to +\infty$ 또는 $f(x) \to -\infty$이라면 $x = x_0$를 함수 $f(x)$의 **수직점근선**(vertical asymptote)이라 한다. 또, $x \to +\infty$ 또는 $x \to -\infty$일 때 $f(x) \to L$이라면 직선 $y = L$을 함수 $f(x)$의 **수평점근선**(horizontal asymptote)이라 한다.

유리함수 $f(x) = \dfrac{P(x)}{Q(x)}$의 그래프를 추적하는 방법은 다음의 단계에 의해 얻는 정보로서 충분하다.

[1단계] 이 그래프가 x축과 만나는 x절편($f(x) = 0$)을 찾기 위해 $P(x) = 0$인 x값을 찾는다.

[2단계] 그래프의 수직점근선을 찾기 위해 $Q(x) = 0$인 x값을 구한다.

[3단계] $\lim_{x \to +\infty} f(x)$와 $\lim_{x \to -\infty} f(x)$를 계산한다. 만약 어느 하나가 유한극한값 L을 갖는다면 직선 $y = L$은 수평점근선이다.

[4단계] $f(x)$가 부호를 변화시킬 수 있는 유일한 곳은 그래프가 x축과 만나거나 수직점근선을 가지고 있는 점들에서이다. 이러한 점들로 결정되는 개구간의 각각에서 이 그래프가 x축 위 또는 아래에 존재하는지를 보이기 위해 $f(x)$의 몇몇 표본값을 계산한다.

[5단계] $f'(x)$와 $f''(x)$로부터 정점, 변곡점, 증가구간, 감소구간, 그리고 오목, 볼록성을 조사한다.

[6단계] 필요하다면 잘 선택된 점들을 나타내고 그래프가 수평점근선들의 어떤 것과 교차한다면 위치를 결정한다.

예제 ❶ $f(x) = \dfrac{x^2 - 1}{x^3}$의 그래프를 그려라.

풀이 $P(x) = x^2 - 1 = 0$인 x값을 구하면 $x = \pm 1$이다. 이것은 x절편이다. $Q(x) = x^3 = 0$인 x값은 수직점근선으로서 $x = 0$이다. 또, 극한으로부터

$$\lim_{x \to +\infty} \frac{x^2 - 1}{x^3} = \lim_{x \to +\infty} \left(\frac{1}{x} - \frac{1}{x^3} \right) = 0$$

이고

$$\lim_{x \to -\infty} \frac{x^2 - 1}{x^3} = \lim_{x \to -\infty} \left(\frac{1}{x} - \frac{1}{x^3} \right) = 0$$

이므로 $y = 0$이 수평점근선이 된다. 이러한 사실로부터 x축은 다음과 같은 4가지의 개구간으로 분류된다. 즉,

$$(-\infty,\ -1)\ (-1,\ 0)\ (0,\ 1)\ (1,\ +\infty)$$

각 구간상에 주어진 그래프는 x축 위 또는 아래에 존재한다. 이것은 각 구간 안에 임의의 표본점에서 $f(x)$의 부호를 찾아내어 결정할 수 있다. 다음 표는 대강의 그래프를 추적할 수 있는 근거가 된다.

구간	표본점	$f(x)$	그래프의 존재영역
$(-\infty,\ -1)$	$x = -2$	$f(-2) = -\dfrac{3}{8} < 0$	x축 아래
$(-1,\ 0)$	$x = -\dfrac{1}{2}$	$f\left(-\dfrac{1}{2}\right) = 6 > 0$	x축 위
$(0,\ 1)$	$x = \dfrac{1}{2}$	$f\left(\dfrac{1}{2}\right) = -6 < 0$	x축 아래
$(1,\ +\infty)$	$x = 2$	$f(2) = \dfrac{3}{8} > 0$	x축 위

좀 더 정밀한 그래프를 추적하기 위해 주어진 함수의 1계, 2계도함수를 구해보자. 즉,

$$f'(x) = \frac{x^3(2x) - (x^2 - 1)(3x^2)}{(x^3)^2} = \frac{3 - x^2}{x^4},$$

$$f''(x) = \frac{x^4(-2x) - (3 - x^2)(4x^3)}{(x^4)^2} = \frac{2(x^2 - 6)}{x^5}$$

이므로 $f'(x) = 0$, $f''(x) = 0$인 x값을 구하여 함수의 증감표를 만들어 보면 다음과 같다.

x	$\cdots$	$-\sqrt{6}$	$\cdots$	$-\sqrt{3}$	$\cdots$	0	$\cdots$	$\sqrt{3}$	$\cdots$	$\sqrt{6}$	$\cdots$
$f'(x)$	$-$	$-$	$-$	0	$+$		$+$	0	$-$	$-$	$-$
$f''(x)$	$+$	0	$-$	$-$	$-$		$-$	$-$	$-$	0	$+$
$f(x)$	위로 볼록	변곡	아래 볼록	극소	아래 볼록	수직 점근선	위로 볼록	극대	위로 볼록	변곡	아래 볼록

앞의 표와 증감표에 의해 주어진 함수의 그래프를 그리면 그림 3-35와 같다.

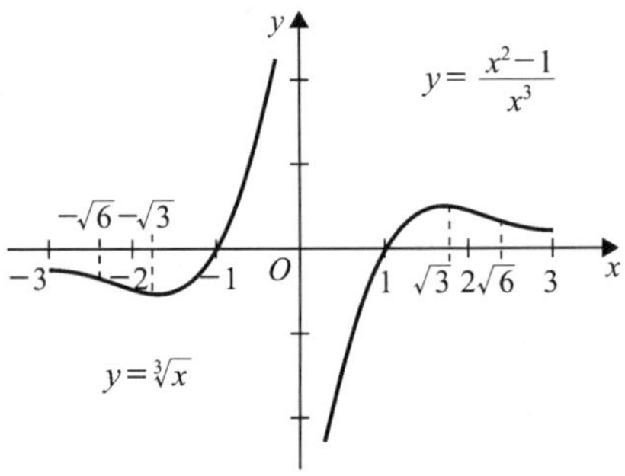

▌그림 3-35

이 밖에도 다항함수와 유리함수의 그래프에서 찾아볼 수 없는 특성을 가지고 있는 함수의 그래프를 추적하는 방법에 대해 생각해보자.

정의 3-2-12

함수 $f(x)$가 만약 x_0에서 연속이고 $|f'(x)|$가 $x \to x_0$일 때 $+\infty$로 접근한다면 x_0에서 **수직접선**(vertical tangent line)을 **갖는다**고 한다.

예제 ❷ $f(x) = \sqrt[3]{x}$의 그래프를 그려라.

풀이 $f(x) = \sqrt[3]{x}$는 연속이다. 그리고

$$f'(x) = \frac{1}{3}x^{-\frac{2}{3}} = \frac{1}{3x^{2/3}},$$

$$f''(x) = \frac{1}{3}\left(-\frac{2}{3}\right)x^{-5/3} = -\frac{2}{9x^{5/3}}$$

이다. 1계도함수는 $x = 0$을 제외하고 모든 x에 대하여 양수이고, 따라서 $f(x)$는 구간 $(-\infty, 0)$와 $(0, +\infty)$에서 증가한다. 모든 x에 대하여 $f'(x) \neq 0$이기 때문에 정점은 없다. 그러나 $f'(0)$가 정의되지 않기 때문에 $x = 0$는 특이점이므로 임계점이다. 한편, 이 점에서 극한을 생각해보면

$$\lim_{x \to 0}|f'(x)| = \lim_{x \to 0}\left|\frac{1}{3x^{2/3}}\right| = +\infty$$

이므로 $f(x)$의 그래프는 $x = 0$에서 수직점근선을 갖는다. 또한, $x > 0$에서 $f''(x) < 0$이므로 구간 $(0, +\infty)$에서 $f(x)$의 그래프는 위로 볼록하고 $x < 0$에서는 $f''(x) > 0$이므로 구간 $(-\infty, 0)$에서 아래로 볼록하다(그림 3-36 참조).

$$\lim_{x \to +\infty} f(x) = \lim_{x \to +\infty} \sqrt[3]{x} = +\infty$$

$$\lim_{x \to -\infty} f(x) = \lim_{x \to -\infty} \sqrt[3]{x} = -\infty$$

이기 때문에 $f(x)$의 그래프는 수평점근선은 갖지 않는다. 따라서 특정한 몇 개의 점에서의 함숫값을 구하여 위에서 언급한 사실들과 종합해보면 그림 3-36과 같은 그래프를 추적할 수 있다.

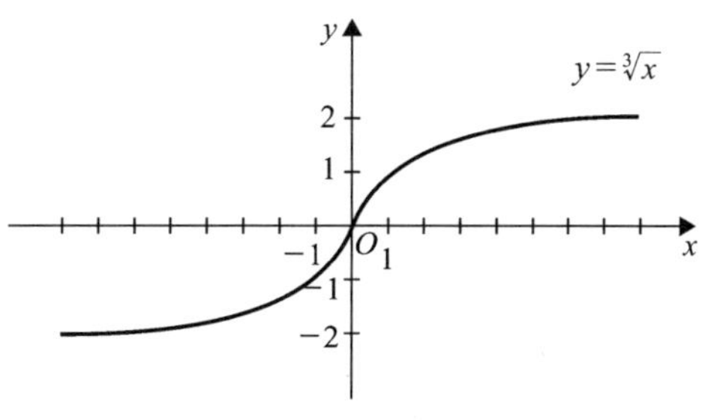

▌그림 3-36

연습문제 (3-2-4)

1. 다음 함수의 그래프 개형을 그리고 정점과 변곡점을 나타내어라.

(1) $y = x^2 - 2x - 3$

(2) $y = (x-1)^4$

(3) $y = x^3 + 3x^2 + 5$

(4) $y = x^5 - 4x^4 + 4x^3$

(5) $y = \dfrac{x}{x^2 - 1}$

(6) $y = \dfrac{1}{x^2 + 1}$

(7) $y = \dfrac{1}{(x-1)^2}$

(8) $y = \dfrac{x}{x^2 + 1}$

2. 다음 함수의 수평, 수직점근선을 구하고 그래프 개형을 그려라.

(1) $y = \dfrac{2x}{x-1}$

(2) $y = \dfrac{3}{x+1}$

(3) $y = \dfrac{14}{2x^2 + 7}$

(4) $y^2(2-x) = x^3$

요약 (3-2)

1. 단조함수

함수 $y = f(x)$가 구간 I 내의 임의의 두 점 x_1, x_2에 대하여

(1) $x_1 < x_2$일 때 $f(x_1) < f(x_2)$이면 $f(x)$는 구간 I에서 단조증가(함수)이고,

(2) $x_1 < x_2$일 때 $f(x_1) > f(x_2)$이면 $f(x)$는 구간 I에서 단조감소(함수)이다.

2. 증·감상태

충분히 작은 모든 양수 h에 대하여

$$f(a-h) < f(a) < f(a+h)$$

가 성립하면 함수 $f(x)$는 $x = a$에서 증가상태에 있고,

$$f(a-h) > f(a) > f(a+h)$$

가 성립하면 함수 $f(x)$는 $x = a$에서 감소상태에 있다.

3. 함수의 단조성 판정

함수 $f(x)$가 구간 (a, b)에서 미분가능할 때, $x \in (a, b)$에 대하여

(1) $f(x)$가 단조증가 $\Leftrightarrow$ 구간 (a, b)에서 $f'(x) \geqq 0$이고,

(2) $f(x)$가 단조감소 $\Leftrightarrow$ 구간 (a, b)에서 $f'(x) \leqq 0$이다.

(단, 등호는 셀 수 있는 점에서만 성립한다.)

4. 곡선의 요철판정법

함수 $f(x)$가 $x = x_0$ 근방에서 C^2-급일 때,

(1) $f''(x_0) > 0$이면 위로 오목(아래로 볼록)

(2) $f''(x_0) < 0$이면 아래로 오목(위로 볼록)

(3) $f''(x_0) = 0$이고 x가 x_0를 지날 때, $f''(x)$의 부호가 변하면 $(x_0, f(x_0))$는 변곡점이다.

5. 1계도함수에 의한 극값판정법 I

함수 $f(x)$가 $x=c$ 근방에서 연속이고 $x=c$를 제외한 다른 점에서 미분가능하고 x의 값이 증가하면서 c를 지날 때, $f'(x)$의 부호가

(1) $+$에서 $-$로 변하면 $f(c)$는 극댓값

(2) $-$에서 $+$로 변하면 $f(c)$는 극솟값

(3) 변하지 않는다면 $f(c)$는 극값이 아니다.

6. 2계도함수에 의한 극값판정법 II

함수 $f(x)$가 $x=c$ 근방에서 C^2-급이고 $f'(c)=0$라 하자. 이때,

(1) $f''(c)<0$이면 $f(c)$는 극댓값

(2) $f''(c)>0$이면 $f(c)$는 극솟값이다.

7. 고계도함수에 의한 극값판정법

함수 $f(x)$가 $x=c$ 근방에서 C^n-급이고 $f'(c)=f''(c)=\cdots=f^{(n-1)}(c)=0$, $f^{(n)}(c)\neq 0$일 때,

(1) n이 짝수이고 $f^{(n)}(c)<0$이면, $f(c)$는 극댓값

(2) n이 짝수이고 $f^{(n)}(c)>0$이면, $f(c)$는 극솟값

(3) n이 홀수이면 점 $(c, f(c))$는 곡선 $y=f(x)$의 변곡점이다.

8. 1계도함수에 의한 극값판정법 절차

[1단계] 문제에 맞게 변수를 설정한다.

[2단계] 극값을 구하는 데 알맞는 식을 수립한다.

[3단계] 문제에서 서술한 조건을 이용하여 변수를 소거하여 1변수함수로 표현한다.

[4단계] 문제에 맞는 제한영역을 조사한다.

[5단계] 위에서 언급한 1계도함수의 극값판정법에 의해 극값을 구한다.

9. 다항함수의 그래프 개형을 추적하는 방법

[1단계] $f'(x)$와 $f''(x)$를 계산한다.

[2단계] $f'(x)$로부터 극점을 구하고 함수의 증가, 감소구간을 조사한다.

[3단계] $f''(x)$로부터 변곡점을 구하고 함수의 오목볼록한 구간을 조사한다.

[4단계] 그래프 형태를 완성하기 위해 필요로 하는 부가적인 정보를 제공하도록 잘 선택된 점 (절편)들을 표시한다.

10. 유리함수 $f(x) = \dfrac{P(x)}{Q(x)}$의 그래프를 추적하는 방법

[1단계] 이 그래프가 x축과 만나는 x절편($f(x) = 0$)을 찾기 위해 $P(x) = 0$인 x값을 계산한다.

[2단계] 그래프의 수직점근선을 찾기 위해 $Q(x) = 0$인 x값을 계산한다.

[3단계] $\lim_{x \to +\infty} f(x)$와 $\lim_{x \to -\infty} f(x)$를 계산하여 어느 하나가 유한극한값 L을 갖는다면 직선 $y = L$은 수평점근선으로 판정한다.

[4단계] $f(x)$가 부호를 변화시킬 수 있는 유일한 곳은 그래프가 x축과 만나거나 수직점근선을 가지고 있는 점들이므로 $f(x)$의 몇몇 표본값을 계산한다.

[5단계] $f'(x)$와 $f''(x)$로부터 정점, 변곡점, 증가구간, 감소구간, 그리고 오목, 볼록성을 조사한다.

[6단계] 필요하다면 선택된 점들과 수평점근선들과의 교차점의 위치를 결정한다.

종합문제 (3-2)

1. 다음 함수들의 주어진 점을 지나는 접선, 법선의 방정식을 구하여라.

(1) $y=\sqrt{x}$; $(9,\ 3)$

(2) $y=4x-x^2$; $(x_1,\ y_1)$

(3) $y=\dfrac{3}{x}(4-x)$; $(1,\ 9)$

(4) $y=ax^2+bx+c$; $(x_1,\ y_1)$

2. x의 어떤 값에 대하여 곡선 $y=\dfrac{x^3}{3}+x^2-3x$의 기울기가 0이 되겠는가?

3. 다음 곡선의 증가·감소구간, 오목·볼록구간, 그리고 변곡점이 있으면 구하여라.

(1) $y=3x^2-x^3$

(2) $y=e^{-x^2}$

(3) $y=x-\sin x$

(4) $(y-2)^2=x-4$

4. 다음 성질들을 만족하는 연속함수 $y=f(x)$의 그래프를 그려라.

(1) $f(2)=4$, $x<2$일 때 $f''(x)<0$, $x>2$일 때 $f''(x)>0$,

$$\lim_{x\to 2^-} f'(x)=0,\quad \lim_{x\to 2^+} f'(x)=+\infty$$

(2) $f(0)=0$, $f(2)=4$, $f''(x)=0$, $x\in R$

5. 다음 함수들의 주어진 구간 내에서 극대, 극솟값을 구하여라.

(1) $y=4x^2-4x+1$; $[0,\ 1]$

(2) $y=(x-1)^3$; $[0,\ 4]$

(3) $y=\sqrt[3]{(x^2+x)^2}$; $[-2,\ 3]$

(4) $y=\sin x-\cos x$; $[0,\ \pi]$

6. 다음 각 경우에 대하여 답하여라.

(1) 직원뿔에 내접하는 원주 가운데 체적이 최대인 것을 구하여라.

(2) 체적이 일정한 원기둥 가운데 표면적이 최소인 것을 구하여라.

(3) 용적이 일정한 직원뿔 가운데 표면적이 최소인 것을 구하여라.

7. 밑변이 20 cm 이고 높이가 12 cm 인 예각삼각형에 내접하는 최대직사각형의 면적을 구하여라. 단, 직사각형의 밑변은 그 삼각형의 밑변에 있다.

8. 반지름이 4 cm 인 반원 속에 어떤 이등변삼각형을 그것의 꼭짓점이 원의 중심에 위치하도록 그렸다. 이 삼각형이 최대의 면적을 가지려면 그의 밑변이 얼마이어야 하는가? 또, 최대면적을 구하여라.

9. 어떤 상품의 원가는 한 개당 1,000원이고 팔리는 개수는 판매가의 제곱에 반비례할 때, 판매가를 얼마로 해야 이익이 최대가 되겠는가?

(힌트: 판매가를 x, 팔리는 개수를 y, 그리고 이익을 B라 하면 $y=\dfrac{1}{x^2}$이고 $B=(x-1000)y$임)

10. 어떤 배가 매시간 연료를 $0.2+0.001\,V^3$(kL)를 사용한다. 이 배의 1,000mile 항해에서 연료의 소비량은 어떤 식으로 나타나는가? 또, 그 항해에서 매시간의 경제속도를 구하여라. 단, V는 mile/h인 속도를 나타낸다.

11. 다음 함수들의 정점, 변곡점 등을 구하고 그래프를 추적해 보아라.

(1) $y^2=x^2(3-x)$

(2) $y=x^6-3x^2+1$

(3) $y=\dfrac{x^2-2}{x}$

(4) $y=\dfrac{(x-2)^2}{x^2}$

3-3 테일러 정리와 그 응용

1. 평균값 정리와 그 응용

여기서는 평균값 정리라고 하는 이론에 대해 공부한다. 이것은 미적분학에서 가장 기초적인 정리로서 많은 중요한 정리들을 낳게 하는 데 도움을 주고 있다. 그중 하나가 이 정리를 일반화시킨 것이 바로 테일러 정리이다. 테일러 정리는 함수의 수치적 계산이나 근삿값 계산에 아주 유용하게 이용된다. 우선 평균값 정리에 대한 개념과 이와 관련된 이론들에 대해 언급하고 그 응용에 대해 살펴보기로 한다.

롤의 정리

평균값 정리를 언급하기 전에 이 정리의 특별한 경우로 다음과 같은 롤의 정리가 있다.

정리 3-3-1 롤의 정리

함수 $f(x)$가 폐구간 $[a, b]$에서 연속이고 개구간 (a, b)에서 미분가능하다고 하자. 이때, $f(a)=f(b)$이면 $f'(c)=0$인 점 c가 (a, b) 안에 적어도 하나 존재한다.

증명 $f(x) = k$(상수)이면 어떤 $c \in (a, b)$에 대해서도 $f'(c) = 0$이므로 분명히 성립한다(그림 3-37).

$f'(x) \neq 0$이면 $f(a) = f(b) \neq f(c)$인 $c \in (a, b)$가 존재한다(그림 3-38).

만약, 최댓값 $f(c)$를 가지면 임의의 $h > 0$에 대하여

$$\frac{f(c+h)-f(c)}{h} \leqq 0$$

이므로

$$\lim_{h \to 0^+} \frac{f(c+h)-f(c)}{h} \leqq 0 \qquad ①$$

또한, 임의의 $h < 0$에 대하여

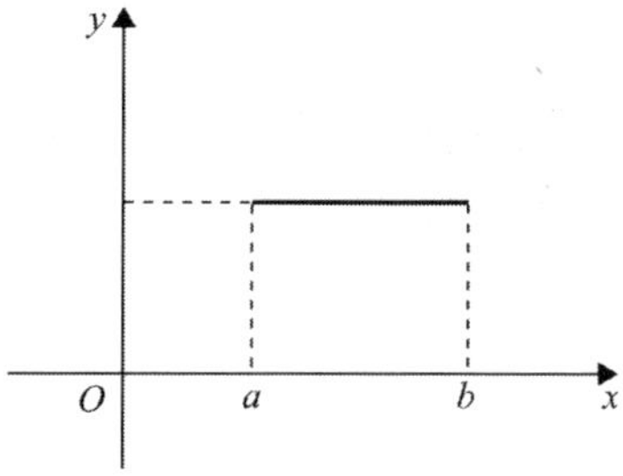

▌그림 3-37

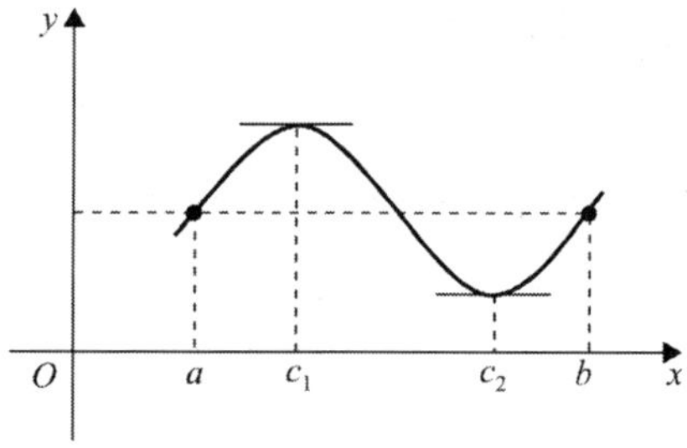

▌그림 3-38

$$\frac{f(c+h)-f(c)}{h} \geqq 0$$

이므로

$$\lim_{h \to 0^-} \frac{f(c+h)-f(c)}{h} \geqq 0 \qquad ②$$

그런데 $f(x)$는 $x = c$에서 미분가능하므로 ①, ②로부터

$$f'(c) \leqq 0,, \quad f'(c) \geqq 0$$

이다. 그러므로 $f'(c) = 0$인 c가 (a, b)안에 존재한다.

함수 $f(x)$가 구간 (a, b)에서 최솟값 $f(c)$를 가질때도 마찬가지로 하면 된다.

주의 롤의 정리는 구간 (a, b)에서 미분가능할 때만 성립한다. 이를테면 $f(x) = |x-3|$은 구간 $[1, 5]$에서 연속이고 $f(1) = f(5) = 2$이지만 구간 $(1, 5)$에서 미분가능하지 않은 점 $x = 3$이 있으므로 롤의 정리는 성립하지 않는다.

보기 ❶ $f(x) = (x-2)^2(x-3)$일 때 $f'(c) = 0\ (2 < c < 3)$이 되는 c가 존재함을 롤의 정리를 써서 보이고 그 c값을 구하여라.

풀이 $f(x) = (x-2)^2(x-3)$에서 $f(2) = f(3) = 0$이고 $(2, 3)$에서 $f(x)$는 미분가능하다. 또한 $[2, 3]$에서 연속이므로 $f'(c) = 0$인 c가 $(2, 3)$ 안에 적어도 하나 존재한다. 또, $f'(x) = (x-2)(3x-8)$이므로

$$f'\left(\frac{8}{3}\right) = 0 \ \left(2 < \frac{8}{3} < 3\right)$$

이다. 따라서 $c = \frac{8}{3}$이다.

평균값 정리

평균값 정리에는 코시(Cauchy) 정리와 라그랑주(Lagrange) 정리가 있다. 우리가 보통 미적분학에서 말하는 평균값 정리는 라그랑주의 평균값을 의미한다. 코시의 평균값 정리는 나중에 나오는 로피탈 법칙을 유도하는 데 유용하게 이용되므로 여기에 소개한다.

정리 3-3-2 코시의 평균값 정리

함수 $f(x)$, $g(x)$가 폐구간 $[a, b]$에서 연속이고 개구간 (a, b)에서 미분가능하다고 하자. 이때, 임의의 $x \in (a, b)$에 대하여 $g'(x) \neq 0$이면

$$\frac{f(b)-f(a)}{g(b)-g(a)} = \frac{f'(c)}{g'(c)}$$

인 점 c가 (a, b) 안에 적어도 하나 존재한다.

증명 $F(x) = \{g(b)-g(a)\}f(x) - \{f(b)-f(a)\}g(x)$라 놓으면, $F(x)$는 $[a, b]$에서 연속이고 (a, b)에서 미분가능하며 동시에

$$F(a) = g(b)f(a) - f(b)g(a) = F(b)$$

이다. 따라서 롤의 정리에 의해 $F'(c) = 0$이 되는 $c \in (a, b)$가 적어도 하나 존재한다. 따라서

$$F'(c) = \{g(b)-g(a)\}f'(c) - \{f(b)-f(a)\}g'(c) = 0$$

이고 $g(a) \neq g(b)$, $g'(c) \neq 0$이므로 다음을 얻는다. 즉,

$$\frac{f(b)-f(a)}{g(b)-g(a)} = \frac{f'(c)}{g'(c)}$$

이다.

다음에 소개하는 평균값 정리는 코시의 평균값 정리에서 $g(x) = x$로 놓은 특수한 경우라 할 수 있다.

정리 3-3-3 라그랑주의 평균값 정리

함수 $f(x)$가 폐구간 $[a, b]$에서 연속이고 개구간 (a, b)에서 미분가능하다고 하자. 이때,

$$\frac{f(b)-f(a)}{b-a}=f'(c)$$

인 점 c가 (a, b) 안에 적어도 하나 존재한다.

증명 이 정리의 증명은 정리 3-3-2에서 $g(x)=x$로 놓은 경우이다. 그러나 다음과 같이 증명을 해보자. 함수 $s(x)=f(x)-h(x)$라고 놓자. 단, $h(x)$는 두 점 $(a, f(a))$, $(b, f(b))$를 지나는 직선이다(그림 3-39). 그러면 직선 AB의 방정식은

$$h(x)=\frac{f(b)-f(a)}{b-a}(x-a)+f(a) \quad ①$$

이다. 따라서

$$\begin{aligned} s(x)&=f(x)-h(x) \\ &=f(x)-f(a)-\frac{f(b)-f(a)}{b-a}(x-a) \end{aligned}$$

이다. 그런데 $s(b)=s(a)=0$이고 모든 $x\in(a, b)$에 대하여

$$s'(x)=f'(x)-\frac{f(b)-f(a)}{b-a} \quad ②$$

이므로 $s(x)$는 $[a, b]$에서 연속이고 (a, b)에서 미분가능하다. 따라서 롤의 정리로부터 $s'(c)=0$이 되는 $c\in(a, b)$가 적어도 하나 존재한다. 그러므로 ②에서

$$s'(c)=f'(c)-\frac{f(b)-f(a)}{b-a}=0$$

이므로

$$f'(c)=\frac{f(b)-f(a)}{b-a}$$

이 되는 $c\in(a, b)$가 적어도 하나 존재한다.

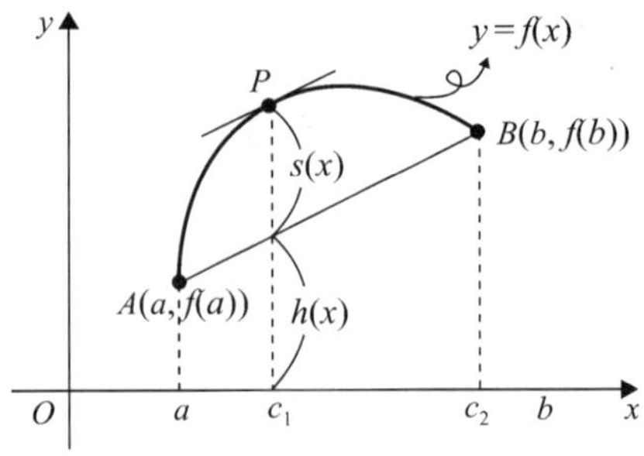

▌그림 3-39

참고 기하학적으로 평균값 정리란 그림 3-39에서 보는 바와 같이 직선 AB의 기울기와 같아지는 접선이 $f(x)$상에 존재하는 점 c가 $(a,\ b)$ 안에 적어도 하나 존재한다는 것이다.

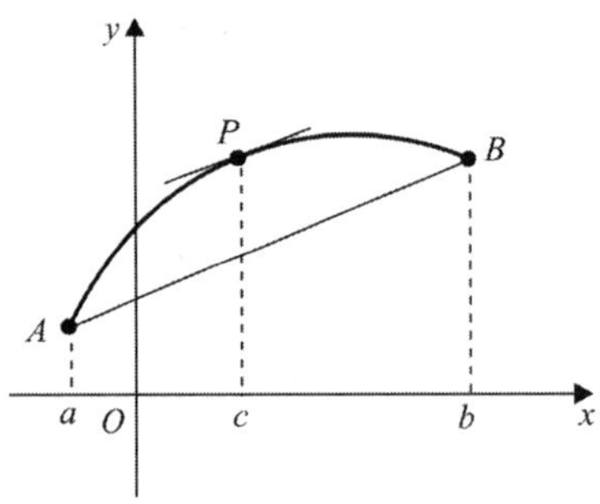

▌그림 3-40

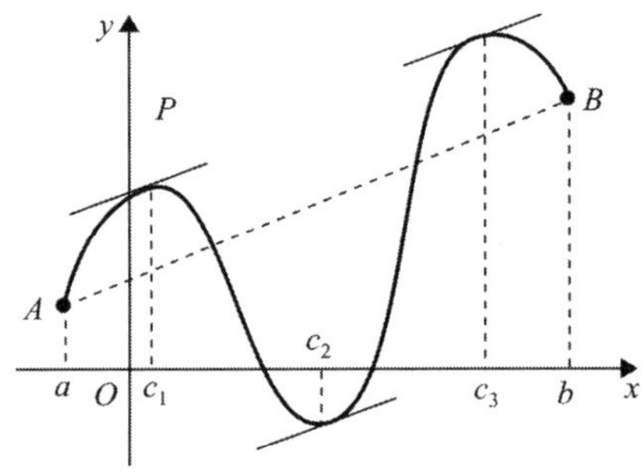

▌그림 3-41

보기 ❷ $f(x)=2\sqrt{x}$가 $[1,\ 4]$에서 정의되었을 때, 평균값 정리를 만족하는 c를 구하여라.

풀이 $f(x)=2\sqrt{x}$는 $[1,\ 4]$에서 연속이고 $(1,\ 4)$에서 미분가능하므로 평균값 정리를 만족하는 점 c가 $(1,\ 4)$ 안에 적어도 하나 존재한다. 따라서

$$f'(x)=2\cdot\frac{1}{2}x^{-\frac{1}{2}}=\frac{1}{\sqrt{x}}=\frac{f(4)-f(1)}{4-1}=\frac{2}{3}$$

이므로 $f'(c)=\dfrac{1}{\sqrt{c}}=\dfrac{2}{3}$를 만족하는 점 c를 구하면 된다. 그러므로 $c=\dfrac{9}{4}$이다.

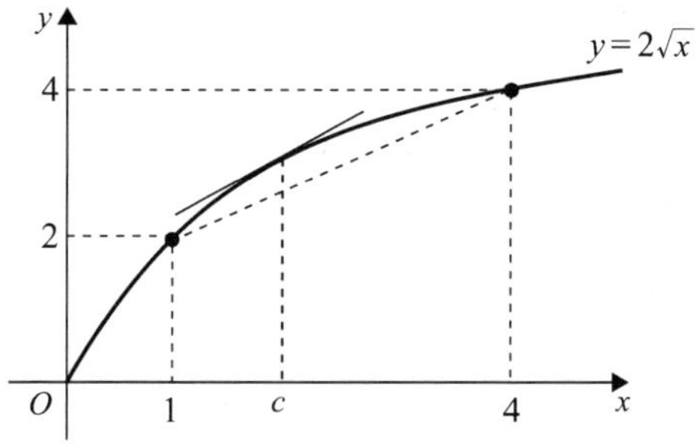

▌그림 3-42

예제 ❶ $f(x) = \sqrt[3]{x^2}$ 이 $[-8, 27]$에서 정의되었을 때, 평균값 정리를 만족하는 c가 존재하지 않음을 보이고 그 이유를 말하여라.

풀이 $f'(x) = \dfrac{2}{3}x^{-\frac{1}{3}} = \dfrac{2}{3}\dfrac{1}{\sqrt[3]{x}}\ (x \neq 0)$이고

$$\frac{f(27)-f(-8)}{27-(-8)} = \frac{5}{35} = \frac{1}{7}$$

이다. 따라서 $\dfrac{2}{3}\dfrac{1}{\sqrt[3]{x}} = \dfrac{1}{7}$을 계산하면

$$c = \left(\frac{14}{3}\right)^3 \fallingdotseq 102$$

이다. 그런데 $c \fallingdotseq 102$는 $(-8, 27)$ 안에 존재하지 않는다. 그 이유는 $(-8, 27)$ 안의 모든 점에서 미분가능하다고 할 수 없기 때문이다. 즉, $f'(0)$가 존재하지 않는다(그림 3-43).

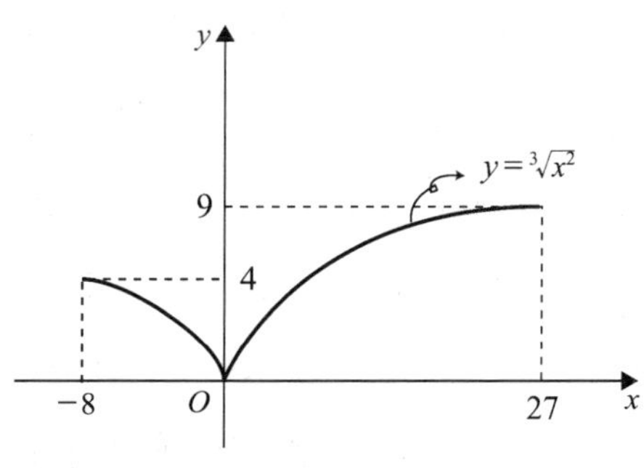

▌그림 3-43

참고 1. 중간값 정리

함수 $f(x)$가 $[a, b]$에서 연속이고 $f(a) \neq f(b)$일 때, $f(a) < k < f(b)$인 k에 대하여 $f(c) = k$인 c가 (a, b) 안에 적어도 하나 존재한다.

2. 최대·최솟값의 정리

함수 $f(x)$가 $[a, b]$에서 연속이면 $f(x)$는 $[a, b]$에서 최대, 최솟값을 갖는다.

로피탈 정리

우리는 1장에서 함수의 극한값에 대해 공부하였다. 그중에 극한이 $\frac{0}{0}$과 $\frac{\infty}{\infty}$ 형태의 부정형에 대한 극한값을 구하는 방법에 대해 알아보기로 하자. 이러한 형태의 극한값을 계산하기 위해서는 도함수를 이용하여 다음과 같은 로피탈(L'Hospital) 정리를 이용하면 편리하다.

정리 3-3-4 $\frac{0}{0}$꼴에 대한 로피탈 정리

기호 $\lim\limits_{x \to a}$, $\lim\limits_{x \to a^-}$, $\lim\limits_{x \to a^+}$, $\lim\limits_{x \to \infty}$, $\lim\limits_{x \to -\infty}$ 를 통틀어 $\lim$라고 나타내자. $\lim f(x) = 0$, $\lim g(x) = 0$이라 하고 $\lim \frac{f'(x)}{g'(x)}$가 유한(L) 또는 무한대의 의미(∞ 또는 $-\infty$)로써 존재한다면

$$\lim \frac{f(x)}{g(x)} = \lim \frac{f'(x)}{g'(x)}$$

이다.

증명 L이 유한하고 $\lim$가 한쪽극한인 $\lim\limits_{x \to a^+}$ 인 경우만 증명해보자.

$\lim\limits_{x \to a^+} \frac{f'(x)}{g'(x)}$가 존재한다라는 것은 $f'(x)$와 $g'(x)$가 a의 한쪽근방 $[a, b]$에서 존재하고 이 근방에서 $g'(x) \neq 0$인 것을 뜻한다. a에서 $f(x)$와 $g(x)$가 정의되는지는 알 수 없으나 $\lim\limits_{x \to a^+} f(x) = 0$, $\lim\limits_{x \to a^+} g(x) = 0$이다. 그러므로 $f(a) = 0$, $g(a) = 0$라고 정의할 수 있다. 이와 같이 할 때, $f(x)$와 $g(x)$는 $x = a$ 오른쪽에서는 연속이 된다. 이와 같은 사실에 의하여 $f(x)$와 $g(x)$는 $[a, b]$에서 코시의 평균값 정리의 가정을 모두 만족시킨다. 그러므로 (a, b)안에 한 점 c가 존재하여

$$\frac{f(b)-f(a)}{g(b)-g(a)}=\frac{f'(c)}{g'(c)}$$

가 된다. $f(a)=0=g(a)$이므로

$$\frac{f(b)}{g(b)}=\frac{f'(c)}{g'(c)}$$

이다. $b\to a^+$ 이면 $c\to a^+$ 이다. 그러므로

$$\lim_{b\to a^+}\frac{f(b)}{g(b)}=\lim_{c\to a^+}\frac{f'(c)}{g'(c)}$$

이다. 나머지 경우의 증명은 생략한다.

참고 극한에서의 부정형(indeterminate form)이라 함은 $\frac{0}{0}$, $\frac{\infty}{\infty}$, $0\cdot\infty$, $\infty-\infty$, 1^∞, 0^0, ∞^0의 꼴을 말한다.

예제 ❷ 다음의 극한값을 구하여라.

(1) $\displaystyle\lim_{x\to 0}\frac{e^x+e^{-x}-2\cos x}{x\sin x}$　　(2) $\displaystyle\lim_{x\to 0^+}\frac{\log x}{\cot x}$

(3) $\displaystyle\lim_{x\to\infty}\frac{\log(1+e^x)}{x}$　　(4) $\displaystyle\lim_{x\to\infty}\frac{x^3}{e^x}$

풀이 (1) $$\lim_{x\to 0}\frac{e^x+e^{-x}-2\cos x}{x\sin x}=\lim_{x\to 0}\frac{e^x-e^{-x}+2\sin x}{x\cos x+\sin x}$$

$$=\lim_{x\to 0}\frac{e^x+e^{-x}+2\cos x}{-x\sin x+2\cos x}=\frac{4}{2}=2\ \left(\frac{0}{0}\text{꼴}\right)$$

(2) $$\lim_{x\to 0^+}\frac{\log x}{\cot x}=\lim_{x\to 0^+}\frac{\frac{1}{x}}{-\csc^2 x}=\lim_{x\to 0^+}\frac{-\sin^2 x}{x}$$

$$=\lim_{x\to 0^+}\left(\frac{\sin x}{x}\right)(-\sin x)=1\cdot 0=0\ \left(-\frac{\infty}{\infty}\text{꼴}\right)$$

(3) $$\lim_{x\to\infty}\frac{\log(1+e^x)}{x}=\lim_{x\to\infty}\frac{e^x}{1+e^x}$$

$$=\lim_{x\to\infty}\frac{1}{\frac{1}{e^x}+1}=1\ \left(\frac{\infty}{\infty}\text{꼴}\right)$$

(4) $\lim_{x \to \infty} \frac{x^3}{e^x} = \lim_{x \to \infty} \frac{3x^2}{e^x} = \lim_{x \to \infty} \frac{6x}{e^x}$

$= \lim_{x \to \infty} \frac{6}{e^x} = 0 \ (\frac{\infty}{\infty}$ 꼴)

참고 (4)에서 e^x는 x^3보다 빨리 증가한다는 것을 알 수 있다. 일반적으로 e^x는 x^n(n은 양수)보다 빨리 증가한다.

부정형의 극한

우리는 위에서 $\frac{0}{0}$와 $\frac{\infty}{\infty}$ 형태의 부정형에 대한 극한값을 로피탈 정리를 이용하여 구하는 방법에 대해 알아보았다. 앞에서 언급했듯이 극한에서의 부정형이라 함은 $\frac{0}{0}$, $\frac{\infty}{\infty}$, $0 \cdot \infty$, $\infty - \infty$, 1^∞, 0^0, ∞^0의 꼴을 말한다. 여기서는 $\frac{0}{0}$, $\frac{\infty}{\infty}$ 형태를 제외한 나머지 부정형에 대한 극한값을 구하는 방법을 다루어 보자.

i) $0 \cdot \infty$와 $\infty - \infty$형

문제를 $\frac{0}{0}$ 또는 $\frac{\infty}{\infty}$인 꼴로 변환시킨 후에 로피탈 정리를 이용하여 구한다.

예제 ③ 다음의 극한값을 구하여라.

(1) $\lim_{x \to \frac{\pi}{2}} (\tan x \cdot \log \sin x)$ (2) $\lim_{x \to 1^+} \left(\frac{x}{x-1} - \frac{1}{\log x} \right)$

풀이 (1) $\lim_{x \to \frac{\pi}{2}} \log \sin x = 0$, $\lim_{x \to \frac{\pi}{2}} |\tan x| = \infty$이므로 이 문제는 $0 \cdot \infty$꼴의 부정형이다. $\tan x = \frac{1}{\cot x}$이므로 이 문제를 $\frac{0}{0}$꼴로 변형할 수 있다. 그러므로

$$\lim_{x \to \frac{\pi}{2}} (\tan x \cdot \log \sin x) = \lim_{x \to \frac{\pi}{2}} \frac{\log \sin x}{\cot x} = \lim_{x \to \frac{\pi}{2}} \frac{\frac{\cos x}{\sin x}}{-\csc^2 x}$$

$$= \lim_{x \to \frac{\pi}{2}} (-\cos x \cdot \sin x) = 0.$$

(2) 이 문제는 $\infty - \infty$ 꼴의 부정형이다. (1)과 같은 방법으로 변형하여 로피탈 정리를 2회 적용한다. 따라서

$$\lim_{x \to 1^+} \left(\frac{x}{x-1} - \frac{1}{\log x} \right) = \lim_{x \to 1^+} \frac{x \log x - x + 1}{(x-1)\log x}$$

$$= \lim_{x \to 1^+} \frac{x \cdot \frac{1}{x} + \log x - 1}{(x-1)\left(\frac{1}{x}\right) + \log x} = \lim_{x \to 1^+} \frac{\log x}{x - 1 + x \log x}$$

$$= \lim_{x \to 1^+} \frac{\log x}{x - 1 + x \log x} = \lim_{x \to 1^+} \frac{1 + \log x}{2 + \log x} = \frac{1}{2}.$$

ii) 1^{∞}, 0^0, ∞^0 형

이와 같은 지수형의 부정형은 log를 취하여 로피탈 정리를 적용한다.

예제 ④ 다음의 극한값을 구하여라.

(1) $\lim_{x \to 0^+} (x+1)^{\cot x}$　　(2) $\lim_{x \to \frac{\pi}{2}^-} (\tan x)^{\cos x}$

(3) $\lim_{x \to 0^+} (\sin x)^{\cot x}$

풀이 (1) 이것은 1^{∞} 꼴의 부정형이다. $y = (x+1)^{\cot x}$ 라 놓고 양변에 log를 취하면

$$\log y = \cot x \log(x+1) = \frac{\log(x+1)}{\tan x}$$

로 된다. 양변에 $x \to 0^+$ 인 극한을 취하면 $\frac{0}{0}$ 꼴이 되어 로피탈 정리를 적용할 수 있다. 즉,

$$\lim_{x \to 0^+} \log y = \lim_{x \to 0^+} \frac{\log(x+1)}{\tan x} = \lim_{x \to 0^+} \frac{\frac{1}{x+1}}{\sec^2 x} = 1$$

이다. $y = e^{\log y}$ 이므로 $\log y = t$ 라 놓으면 $y = e^t$ 가 되고 이것은 연속함수이므로

$$\lim_{x \to 0^+} y = \lim_{x \to 0^+} e^{\log y} = e^{\lim_{x \to 0^+} \log y} = e^1 = e$$

이다. 따라서 $\lim_{x \to 0^+} (x+1)^{\cot x} = e$ 이다.

(2) 이것은 ∞^0 인 부정형이다. $y = (\tan x)^{\cos x}$ 라 놓고 양변에 log를 취하면

$$\log y = \cos x \log \tan x = \frac{\log(\tan x)}{\sec x}$$

로 된다. 양변에 $x \to \frac{\pi}{2}^-$ 인 극한을 취하면 $\frac{\infty}{\infty}$ 꼴이 되어 로피탈 정리를 적용할 수 있다. 즉,

$$\lim_{x \to \frac{\pi}{2}^-} \log y = \lim_{x \to \frac{\pi}{2}^-} \frac{\log \tan x}{\sec x} = \lim_{x \to \frac{\pi}{2}^-} \frac{\frac{\sec^2 x}{\tan x}}{\sec x \tan x}$$

$$= \lim_{x \to \frac{\pi}{2}^-} \frac{\sec x}{\tan^2 x} = \lim_{x \to \frac{\pi}{2}^-} \frac{\cos x}{\sin^2 x} = 0$$

이다. 따라서 $\log \lim_{x \to \frac{\pi}{2}^-} y = 0$ 이므로 $\lim_{x \to \frac{\pi}{2}^-} y = e^0 = 1$ 이다.

(3) 이것은 0^∞ 인 형태로 부정형이 아니다. $x \to 0^+$ 일 때 $\sin x$ 는 0에 가까이 가고 지수 $\cot x$ 는 무한대로 간다. 그러므로 극한은 더 빨리 0에 수렴하게 된다. 따라서

$$\lim_{x \to 0^+} (\sin x)^{\cot x} = 0.$$

연습문제 (3-3-1)

1. 다음 각 함수에 대하여 주어진 구간 내에서 롤의 정리가 성립하는 c값을 모두 찾아라.

(1) $f(x)=x^2-6x+8$; $[2,\ 4]$ (2) $f(x)=\cos x$; $\left[\dfrac{\pi}{2},\ \dfrac{3\pi}{2}\right]$

2. 다음 각 함수에 대하여 주어진 구간 내에서 평균값 정리의 가정이 성립함을 보이고 이 정리의 결론을 만족하는 c의 값을 모두 찾아라.

(1) $f(x)=x^2+x$; $[-4,\ 6]$ (2) $f(x)=\sqrt{x+1}$; $[0,\ 3]$

(3) $f(x)=x^3+x-4$; $[-1,\ 2]$ (4) $f(x)=x+\dfrac{1}{x}$; $[3,\ 4]$

3. 평균값 정리를 이용하여 다음 부등식을 증명하여라.

$$|\tan x+\tan y| \geqq |x+y|$$

단, $x,\ y\in\left(-\dfrac{\pi}{2},\ \dfrac{\pi}{2}\right)$이다.

4. 다음 극한값을 구하여라.

(1) $\displaystyle\lim_{x\to1}\frac{\log x}{x-1}$ (2) $\displaystyle\lim_{x\to0}\frac{e^x-1}{\sin x}$

(3) $\displaystyle\lim_{x\to\pi^+}\frac{\sin x}{x-\pi}$ (4) $\displaystyle\lim_{x\to0}\frac{e^x+e^{-x}-2}{1-\cos 2x}$

(5) $\displaystyle\lim_{x\to0}\frac{(2+x)\log(1-x)}{(1-e^x)\cos x}$ (6) $\displaystyle\lim_{x\to\infty}x\log x\left(\frac{x+1}{x-1}\right)$

(7) $\displaystyle\lim_{x\to0}\frac{\log\sec x}{x^2}$ (8) $\displaystyle\lim_{x\to0}\frac{x^3\cos x}{1-\cos x}$

2. 테일러 정리와 그 응용

여기서는 평균값 정리를 일반화시킨 테일러 정리에 대하여 소개한다. 이 정리는 여러 가지 형태의 함수식을 n차 다항식으로 전개하는 데 이용되며, 이는 함수의 근사식 계산에 아주 유용하게 쓰인다. 이외에도 급수전개에 테일러 정리는 매우 중요한 정리임을 명심해야 한다. 그리고 후반부에서는 여러 가지 근삿값 계산에 대해 소개하기로 한다.

매클로린(Maclaurin) 다항식

미적분학의 초기 응용 중의 하나가 $\sin x$, $\log x$, e^x와 같은 함수들에 대한 값의 계산이었다. 이 기본개념은 결과적인 오차가 어떤 뚜렷하게 지정된 허용오차 범위 내에 있도록 하는 방법으로 다항식에 의해 주어진 함수를 근사시키는 것이다. 이제 다항식에 의한 함수들의 근삿값에 대해 살펴보자. $x=0$에 중심을 둔 구간 위에서 다항식

$$p(x) = c_0 + c_1 x + \cdots + c_n x^n \tag{1}$$

에 의해 어떤 함수 f를 근사시키는 관계에 있다고 가정하자. $p(x)$는 $n+1$개의 상수를 가지고 있기 때문에 이 다항식 위에 $n+1$가지의 조건이 필요하다. 함수 $f(x)$는 $x=0$에서 n번 미분가능하다고 하고

$$\begin{aligned} &f(0)=p(0),\ f'(0)=p'(0), \\ &f''(0)=p''(0),\ \cdots,\ f^{(n)}(0)=p^{(n)}(0) \end{aligned} \tag{2}$$

인 $n+1$가지의 조건을 선택하자. 이들 조건은 $p(x)$와 그의 k계도함수가 $f(x)$의 값과 그의 k계도함수가 $x=0$에서 짝지워지는 것을 요구한다($x=0$에서 이렇게 일치시킴으로써 $f(x)$와 $p(x)$가 $x=0$에 중심을 둔 어떤 구간 위에서 근접하기를 원하는 것은 합당하다. 여기에서 $1 \leq k \leq n$이다). 한편,

$$\begin{aligned} p(x) &= c_0 + c_1 x + \cdots + c_n x^n \\ p'(x) &= c_1 + 2c_2 x + 3c_3 x^2 + \cdots + nc_n x^{n-1} \\ p''(x) &= 2c_2 + 3\cdot 2c_3 x + 4\cdot 3c_4 x^2 + \cdots + n(n-1)c_n x^{n-2} \\ p'''(x) &= 3\cdot 2c_3 + 4\cdot 3\cdot 2c_4 x + 5\cdot 4\cdot 3c_5 x^2 \\ &\quad + \cdots + n(n-1)(n-2)c_n x^{n-3} \end{aligned}$$

$$\vdots$$

$$p^{(n)}(x) = n(n-1)(n-2)\cdots 2\cdot 1c_n$$

이기 때문에 $x=0$를 대입하면

$$\begin{aligned} p(0) &= c_0 \\ p'(0) &= c_1 \\ p''(0) &= 2c_2 = 2!c_2 \\ p'''(0) &= 3\cdot 2c_3 = 3!c_3 \\ &\vdots \\ p^{(n)}(0) &= n(n-1)(n-2)\cdots 2\cdot 1c_n = n!c_n \end{aligned}$$

을 얻는다. 따라서 (2)로부터

$$\begin{aligned} f(0) &= c_0 \\ f'(0) &= c_1 \\ f''(0) &= 2!c_2 \\ f'''(0) &= 3!c_3 \\ &\vdots \\ f^{(n)}(0) &= n!c_n \end{aligned}$$

이므로

$$c_0 = f(0),\ c_1 = f'(0),\ c_2 = \frac{f''(0)}{2!},$$

$$c_3 = \frac{f'''(0)}{3!}\ \cdots,\ c_n = \frac{f^{(n)}(0)}{n!}$$

이다. 그러므로 이 값들을 (1)에 대입하면 다음 정의와 같은 $f(x)$의 n차 매클로린 다항식이라 불리는 다항식 $p_n(x)$를 얻게 된다.

정의 3-3-5 매클로린 다항식

함수 $f(x)$가 $x=0$에서 n번 미분가능하다면 $p_n(x)$를 $f(x)$의 n차 매클로린 다항식이라 말하고 다음과 같이 나타낸다. 즉,

$$p_n(x)=f(0)+f'(0)x+\frac{f''(0)}{2!}x^2+\frac{f'''(0)}{3!}x^3+\cdots+\frac{f^{(n)}(0)}{n!}x^n \quad (3)$$

이 다항식은 $x=0$에서 (2)와 같은 성질을 갖는다.

보기 ❶ $f(x)=e^x$에 대한 매클로린 다항식 p_0, p_1, p_2, p_3와 p_n을 구하여라.

풀이 $f(x)=f'(x)=f''(x)=\cdots=f^{(n)}(x)=e^x$ 이고

$f(0)=f'(0)=f''(0)=\cdots=f^{(n)}(0)=e^0=1$

이다. 따라서

$$p_0(x)=f(0)=1$$

$$p_1(x)=f(0)+f'(0)x=1+x$$

$$p_2(x)=f(0)+f'(0)x+\frac{f''(0)}{2!}x^2=1+x+\frac{x^2}{2}$$

$$p_3(x)=f(0)+f'(0)x+\frac{f''(0)}{2!}x^2+\frac{f'''(0)}{3!}x^3$$

$$=1+x+\frac{x^2}{2!}+\frac{x^3}{3!}$$

$$p_n(x)=f(0)+f'(0)x+\frac{f''(0)}{2!}x^2+\cdots+\frac{f^{(n)}(0)}{n!}x^n$$

$$=1+x+\frac{x^2}{2!}+\frac{x^3}{3!}+\cdots+\frac{x^n}{n!}$$

이다.

그림 3-44는 $f(x)=e^x$의 그래프와 $n=1, 2, 3$일 때의 매클로린 다항식 $p_1(x)$, $p_2(x)$, $p_3(x)$를 그려놓은 것이다. e^x와 $p_3(x)$의 그래프는 $[-0.5, 0.5]$에서는 실질적으로 구분되지 않을 정도이다.

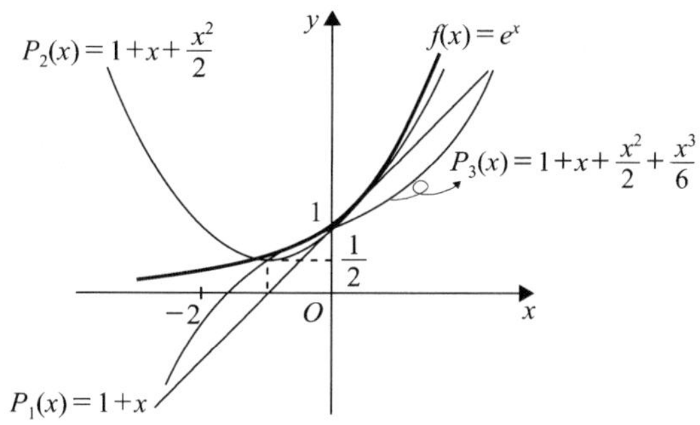

▌그림 3-44

위 사실에 의해 기본 함수들에 대한 n차 매클로린 다항식을 나타내면 다음과 같다. 즉,

(a) $\log(1+x) \fallingdotseq x - \dfrac{x^2}{2} + \dfrac{x^3}{3} - \cdots + (-1)^{n+1}\dfrac{x^n}{n}$

(b) $\sin x \fallingdotseq x - \dfrac{x^3}{3!} + \dfrac{x^5}{5!} - \dfrac{x^7}{7!} + \cdots + (-1)^n \dfrac{x^{2n+1}}{(2n+1)!} \quad (n = 0, 1, 2, \cdots)$

(c) $\cos x \fallingdotseq 1 - \dfrac{x^2}{2!} + \dfrac{x^4}{4!} - \cdots + (-1)^n \dfrac{x^{2n}}{(2n)!} \quad (n = 0, 1, 2, \cdots)$

테일러(Taylor) 다항식

만약 $x = a$에 중심을 둔 구간에서 $f(x)$에 근사한 다항식과 관계가 있다고 한다면, 이 개념은 $x = a$에서 다항식 $p(x)$와 그의 n계도함수의 값과 $f(x)$와 그의 n계도함수의 값이 짝지워지는 다항식 $p(x)$를 선택해야 하는 것이다. 즉, 만약 근접하는 다항식 $p(x)$가

$$p(x) = c_0 + c_1(x-a) + c_2(x-a)^2 + \cdots + c_n(x-a)^n \tag{4}$$

의 형태로 표현된다면 그 계산은 가장 간단하다. 매클로린 다항식을 구할 때와 마찬가지로 계산하면

$$p(a) = c_0,\ p'(a) = c_1,\ p''(a) = 2!\,c_2,$$

$$p'''(a) = 3!\,c_3,\ \cdots,\ p^{(n)}(a) = n!\,c_n$$

임을 알 수 있다. 따라서 $x = a$에서 $p(x)$와 그 n계도함수의 값과, $f(x)$와 그 n계도함수의 값을 짝지으려면

$$c_0 = f(a),\ c_1 = f'(a),\ c_2 = \frac{f''(a)}{2!},$$

$$c_3 = \frac{f'''(a)}{3!}\ \cdots,\ c_n = \frac{f^{(n)}(a)}{n!}$$

이어야 한다. 식 (4)에 이 값들을 대입하면 소위 $f(x)$에 대하여 $x=a$에 대한 n차 테일러 다항식을 얻는다.

정의 3-3-6 테일러 다항식

함수 $f(x)$가 $x=a$에서 n번 미분가능하다면, $x=a$에 대한 $f(x)$의 n차 테일러 다항식 $p_n(x)$를 다음과 같이 정의한다. 즉,

$$p_n(x) = f(a) + f'(a)(x-a) + \frac{f''(a)}{2!}(x-a)^2 \qquad (5)$$

$$+ \frac{f'''(a)}{3!}(x-a)^3 + \cdots + \frac{f^{(n)}(a)}{n!}(x-a)^n$$

참고 테일러 다항식은 특별한 경우($a=0$인 경우)에 매클로린 다항식을 포함한다.

보기 ❷ $x=\frac{\pi}{3}$에 대하여 $f(x)=\sin x$의 테일러 다항식 $p_3(x)$를 구하여라.

풀이 $f(x)=\sin x$에서 $p_3(x)$를 구하려면 $f(x)$의 3계도함수까지 구해야만 한다. 따라서

$$f(x) = \sin x \qquad f\left(\frac{\pi}{3}\right) = \sin\frac{\pi}{3} = \frac{\sqrt{3}}{2}$$

$$f'(x) = \cos x \qquad f'\left(\frac{\pi}{3}\right) = \cos\frac{\pi}{3} = \frac{1}{2}$$

$$f''(x) = -\sin x \qquad f''\left(\frac{\pi}{3}\right) = -\sin\frac{\pi}{3} = -\frac{\sqrt{3}}{2}$$

$$f'''(x) = -\cos x \qquad f'''\left(\frac{\pi}{3}\right) = -\cos\frac{\pi}{3} = -\frac{1}{2}$$

(5)에서 $a = \dfrac{\pi}{3}$ 를 대입하면

$$p_3(x) = f\left(\frac{\pi}{3}\right) + f'\left(\frac{\pi}{3}\right)\left(x - \frac{\pi}{3}\right)$$
$$+ \frac{f''\left(\frac{\pi}{3}\right)}{2!}\left(x - \frac{\pi}{3}\right)^2 + \frac{f'''\left(\frac{\pi}{3}\right)}{3!}\left(x - \frac{\pi}{3}\right)^3$$
$$= \frac{\sqrt{3}}{2} + \frac{1}{2}\left(x - \frac{\pi}{3}\right) - \frac{\sqrt{3}}{2 \cdot 2!}\left(x - \frac{\pi}{3}\right)^2 - \frac{1}{2 \cdot 3!}\left(x - \frac{\pi}{3}\right)^3$$

참고 테일러 다항식 (5)는 다음과 같이 $\sum$ 기호로 나타내면 편리하다. 즉,

$$p_n(x) = \sum_{k=0}^{n} \frac{f^{(k)}(a)}{k!}(x-a)^k$$

($f^{(0)}(a) = f(a), f^{(k)}(a) : f(x)$ 의 $x = a$ 에서의 k 계도함수)

테일러 급수

$f(x)$와 그의 n계도함수의 값은 테일러 다항식의 값과 그의 n계도함수의 값이 $x = a$에서 짝지워지기 때문에 n이 증가함에 따라 $x = a$에서 $f(x)$에 대한 테일러 다항식은 더욱 더 좋은 근삿값이 될 것이다(최소한 $x = a$에 중심을 둔 어떤 구간에서 만큼은). 이것은 $n \to \infty$ 에 따라 테일러 다항식 $p_n(x)$는 $f(x)$에 수렴하는 x의 값을 찾는 문제를 야기한다. 다시 말해서, x의 값에 대하여

$$f(x) = \lim_{n \to \infty} \sum_{k=0}^{n} \frac{f^{(k)}(a)}{k!}(x-a)^k = \sum_{k=0}^{\infty} \frac{f^{(k)}(a)}{k!}(x-a)^k \tag{6}$$

는 참이다. 식 (6)을 우리는 함수 $f(x)$에 대한 $x = a$에서의 테일러 급수라고 부른다. 이를 요약하여 정의하면 다음과 같다.

정의 3-3-7 테일러 급수

함수 $f(x)$가 $x=a$에서 무한번 미분가능하다면, $x=a$에 대한 $f(x)$의 테일러 급수를 다음과 같이 정의한다. 즉,

$$\begin{aligned} f(x) &= \sum_{k=0}^{\infty} \frac{f^{(k)}(a)}{k!}(x-a)^k \\ &= f(a)+f'(a)(x-a)+\frac{f''(a)}{2!}(x-a)^2+\cdots \\ &\quad +\frac{f^{(k)}(a)}{k!}(x-a)^k+\cdots \end{aligned} \tag{7}$$

참고 정의 3-3-7에서 $a=0$를 대입하면 $x=0$에서 $f(x)$의 매클로린 급수가 정의된다. 즉,

$$\sum_{k=0}^{\infty} \frac{f^{(k)}(0)}{k!}x^k = f(0)+f'(0)x+\frac{f''(0)}{2!}x^2+\cdots+\frac{f^{(k)}(0)}{k!}x^k+\cdots \tag{8}$$

이다. 매클로린 급수를 이용하면 여러 가지 함수를 무한차 다항식으로 전개할 수 있고 또한 함수의 근삿값을 구하는 데 있어서도 유용하다. 몇 가지 기본적인 함수에 대한 매클로린 급수를 소개하면 다음과 같다. 자세한 것은 급수편에서 다루겠다.

(a) $e^x = \sum_{k=0}^{\infty} \frac{x^k}{k!} = 1+x+\frac{x^2}{2!}+\cdots+\frac{x^n}{n!}+\cdots \quad (-\infty < x < \infty)$

(b) $\sin x = \sum_{k=0}^{\infty} (-1)^k \frac{x^{2k+1}}{(2k+1)!} = x-\frac{x^3}{3!}+\frac{x^5}{5!}-\frac{x^7}{7!}+\cdots \quad (-\infty < x < \infty)$

(c) $\cos x = \sum_{k=0}^{\infty} (-1)^k \frac{x^{2k}}{(2k)!} = 1-\frac{x^2}{2!}+\frac{x^4}{4!}-\frac{x^6}{6!}+\cdots \quad (-\infty < x < \infty)$

(d) $\log(x+1) = \sum_{k=0}^{\infty} (-1)^k \frac{x^{k+1}}{k+1} = x-\frac{x^2}{2}+\frac{x^3}{3}-\frac{x^4}{4}+\cdots \quad (-1 < x \leqq 1)$

(e) $\frac{1}{1-x} = \sum_{k=0}^{\infty} x^k = 1+x+x^2+x^3+\cdots \quad (-1 < x < 1)$

(f) $(1+x)^\alpha = \sum_{k=0}^{\infty} \frac{\alpha(\alpha-1)(\alpha-2)\cdots(\alpha-k+1)x^k}{k!}$

$= 1+\alpha x+\frac{\alpha(\alpha-1)}{2!}x^2+\frac{\alpha(\alpha-1)(\alpha-2)}{3!}x^3+\cdots \quad (-1 < x < 1)$

보기 ③ $x=1$에 대하여 $f(x)=\dfrac{1}{x}$의 테일러 급수를 구하여라.

풀이 $f(x)=\dfrac{1}{x}$은 $x=1$에서 무한번 미분가능하므로 테일러 급수로 전개할 수 있다. 따라서 $f(x)=\dfrac{1}{x}$에서 $f(1)=1$이고

$$f'(x)=-\frac{1}{x^2},\ f''(x)=\frac{2}{x^3},\ f'''(x)=-\frac{3\cdot 2}{x^4},$$
$$f^{(4)}(x)=\frac{4\cdot 3\cdot 2}{x^5},\ \cdots,\ f^{(k)}(x)=(-1)^k\frac{k!}{x^{k+1}}$$

이므로 $x=1$을 각 도함수에 대입하면

$$f'(1)=-1,\ f''(1)=2!,\ f'''(1)=-3!,$$
$$f^{(4)}(1)=4!,\ \cdots,\ f^{(k)}(1)=(-1)^k k!$$

이다. 그러므로 식 (7)에 $a=1$을 대입하면

$$\sum_{k=0}^{\infty}\frac{(-1)^k k!}{k!}(x-1)^k=\sum_{k=0}^{\infty}(-1)^k(x-1)^k$$
$$=1-(x-1)+(x-1)^2-(x-1)^3+\cdots$$

으로 전개된다.

테일러 정리

함수 $f(x)$가 테일러 또는 매클로린 다항식에 의해 가까이 갈 때, 그 결과 오차가 발생한다. 이 작업은 테일러와 매클로린 급수의 수렴성 조사를 가능하게 한다. 함수 $f(x)$가 n차 테일러 다항식 $p_n(x)$에 의해 접근해 간다면 점 x에서의 오차는 $f(x)-p_n(x)$에 의해 표현된다. 이 오차를 일반적으로 n차 나머지(잉여)라 하고

$$R_n(x)=f(x)-p_n(x)$$

로 나타낸다. 다음 테일러 정리는 이 나머지에 대한 명백한 법칙을 가져다 준다.

정리 3-3-8 테일러 정리

함수 $f(x)$가 $x=a$를 포함하는 구간의 각 점에서 $(n+1)$번 미분가능하다고 하자. 그리고

$$p_n(x) = f(a) + f'(a)(x-a) + \frac{f''(a)}{2!}(x-a)^2 + \cdots + \frac{f^{(n)}(a)}{n!}(x-a)^n$$

를 함수 $f(x)$에 대한 $x=a$에서의 n차 테일러 다항식이라 하자. 그러면 이 구간 안의 각 x에 대하여

$$R_n(x) = f(x) - p_n(x) = \frac{f^{(n+1)}(c)}{(n+1)!}(x-a)^{n+1} \tag{9}$$

인 c가 a와 x 사이에 적어도 하나 존재한다.

증명은 생략하고 그 활용에 중점을 둔다.

참고 1. 식 (9)를 $f(x) = p_n(x) + R_n(x)$로 두면 다시

$$f(x) = f(a) + f'(a)(x-a) + \frac{f''(a)}{2!}(x-a)^2 + \cdots + \frac{f^{(n)}(a)}{n!}(x-a)^n + \frac{f^{(n+1)}(c)}{(n+1)!}(x-a)^{n+1} \tag{10}$$

이 되고 이 식을 나머지를 가진 테일러 법칙이라고 한다. 또, $R_n(x)$를 종종 라그랑주의 나머지라고 부르기도 한다.

2. 일반적으로 평균값 정리는 $f(x)$가 $[a, x]$에서 C^0-급이고 (a, x)에서 한 번 미분가능한 함수이어야 성립하는 것이었다. 테일러 정리는 이의 확장으로서 함수 $f(x)$가 $[a, x]$에서 C^n-급이고 (a, x)에서 $(n+1)$회 미분가능하여야 성립한다.

3. 매클로린 다항식$(a=0)$에 대하여 (9)와 (10)은 다음과 같이 나타난다. 즉,

$$R_n(x) = \frac{f^{(n+1)}(c)}{(n+1)!}x^{n+1}, \quad 0 < c < x \tag{9a}$$

$$f(x) = f(0) + f'(0)x + \frac{f''(0)}{2!}x^2 + \cdots + \frac{f^{(n)}(0)}{n!}x^n + \frac{f^{(n+1)}(c)}{(n+1)!}x^{n+1} \tag{10a}$$

정리 3-3-9

$R_n(x) \to 0$일 때 함수 $f(x)$에 대한 테일러 급수가 $x=a$에서 $f(x)$에 수렴한다. 즉, $x=a$에 대하여

$$f(x) = \sum_{k=0}^{\infty} \frac{f^{(k)}(a)}{k!}(x-a)^k \iff \lim_{n \to \infty} R_n(x) = 0$$

이다.

증명 $x=a$에 대한 $f(x)$에 대한 테일러 급수가 $f(x)$에 수렴한다면

$$f(x) = \sum_{k=0}^{\infty} \frac{f^{(k)}(a)}{k!}(x-a)^k$$

로 나타낼 수 있다. 이 등호는

$$f(x) = \lim_{n \to \infty} \sum_{k=0}^{n} \frac{f^{(k)}(a)}{k!}(x-a)^k$$

또는

$$\lim_{n \to \infty} \left[f(x) - \sum_{k=0}^{n} \frac{f^{(k)}(a)}{k!}(x-a)^k \right] = 0$$

와 동치이다.

한편, $f(x) - \sum_{k=0}^{n} \frac{f^{(k)}(a)}{k!}(x-a)^k = R_n(x)$이므로

$$\lim_{n \to \infty} R_n(x) = 0$$

이다.

예제 ❶ **(심화문제)** $f(x) = e^x$에 대한 매클로린 급수가 모든 x에 대하여 e^x에 수렴함을 보여라.

증명 모든 실수 x에 대하여

$$e^x = 1 + x + \frac{x^2}{2!} + \frac{x^3}{3!} + \cdots + \frac{x^n}{n!} + \cdots$$

임을 보이면 된다. 테일러 정리에 의하여

$$e^x = 1 + x + \frac{x^2}{2!} + \frac{x^3}{3!} + \cdots + \frac{x^n}{n!} + R_n(x)$$

이다. 여기서 $R_n(x) = \frac{e^c}{(n+1)!} x^{n+1}$이고 $0 < c < x$이다. 따라서 모든 x에 대하여

$$\lim_{n \to \infty} R_n(x) = \lim_{n \to \infty} \frac{e^c}{(n+1)!} x^{n+1} = 0$$

임을 보이면 된다. 이것은 $\lim_{n \to \infty} \frac{x^{n+1}}{(n+1)!} = 0$임을 이용하여 보이겠다(이 등호의 증명은 급수편에서 다루기로 한다). 이제 다음 세 가지 경우를 생각하자.

i) $x > 0$인 경우

이 경우에는 $0 < c < x$이므로 $0 < e^c < e^x$가 되어 결국

$$0 < \frac{e^c}{(n+1)!} x^{n+1} < \frac{e^x}{(n+1)!} x^{n+1}$$

이 된다. 양변에 극한을 취하면

$$\lim_{n \to \infty} 0 < \lim_{n \to \infty} \frac{e^c}{(n+1)!} x^{n+1} < \lim_{n \to \infty} \frac{e^x}{(n+1)!} x^{n+1}$$

이다. 한편,

$$\lim_{n \to \infty} \frac{e^x}{(n+1)!} x^{n+1} = e^x \lim_{n \to \infty} \frac{x^{n+1}}{(n+1)!} = e^x \cdot 0 = 0$$

이므로, 극한편에서 다룬 짜내기 정리에 의해

$$\lim_{n \to \infty} \frac{e^c}{(n+1)!} x^{n+1} = 0$$

이다.

ii) $x < 0$인 경우

$0 < c < x$이므로 $c < 0$이다. 따라서 $0 < e^c < 1$이므로

$$0 < e^c \left| \frac{x^{n+1}}{(n+1)!} \right| < \left| \frac{x^{n+1}}{(n+1)!} \right|$$

또는

$$0 < \left| \frac{e^c}{(n+1)!} x^{n+1} \right| < \left| \frac{x^{n+1}}{(n+1)!} \right|$$

또는

$$0 < | R_n(x) | < \left| \frac{x^{n+1}}{(n+1)!} \right|$$

이다. i)의 경우와 마찬가지로 양변에 극한을 취하면 짜내기 정리에 의하여

$$\lim_{n \to \infty} | R_n(x) | = 0$$

이고, 따라서 $\lim_{n \to \infty} R_n(x) = 0$이다.

iii) $x = 0$인 경우

$e^0 = 1 + 0 + 0 + 0 + \cdots$이므로 당연하게 성립한다.

함수의 근삿값

위에서 언급한 테일러와 매클로린 급수가 삼각함수나 로그함수에 대하여 근삿값을 어떻게 얻을 수 있는지를 알아보자. 예를 들어, 모든 실수 x에 대하여 지수함수

$$e^x = 1 + x + \frac{x^2}{2!} + \frac{x^3}{3!} + \frac{x^4}{4!} + \cdots$$

임을 예제 1에서 증명하였다. 위 식에 특별히 $x = 1$을 대입하면 무한급수의 합으로서 e의 값을 얻는다. 즉,

$$e = 1 + 1 + \frac{1}{2!} + \frac{1}{3!} + \frac{1}{4!} + \cdots$$

이다. 따라서 적당한 부분합을 사용하여 e의 근삿값을 구할 수 있다. 즉,

$$e \fallingdotseq 1 + 1 + \frac{1}{2!} + \frac{1}{3!} + \frac{1}{4!} + \cdots + \frac{1}{n!}$$

이다. 이 공식에서 n의 값이 얼마이냐에 따라 e의 근삿값이 달라질 수가 있다. 일반적으로, 테일러 정리를 다른 형태로 표현한 위의 식 (10)에서 $x - a = h$라 놓으면

$$f(a+h) = f(a) + f'(a)h + \frac{f''(a)}{2!}h^2 + \cdots + \frac{f^{(n)}(a)}{n!}h^n + R_n \tag{10b}$$

으로 나타낼 수 있고 $R_n = \dfrac{f^{(n+1)}(c)}{(n+1)!}h^{n+1}$을 나타낸다. $|h|$가 충분히 작을 때, $f(a+h)$의 근삿값을

$$f(a+h) \fallingdotseq f(a) + f'(a)h + \frac{f''(a)}{2!}h^2 + \cdots + \frac{f^{(n)}(a)}{n!}h^n \tag{11}$$

이라 놓으면 오차는 R_n이다. 특히, $n = 2$라면

$$f(a+h) = f(a) + f'(a)h + R_2, \quad R_2 = \frac{f''(c)}{2!}h^2 \tag{12}$$

이 되어 $|h|$가 충분히 작아서 R_2를 생략할 수 있을 때에는

$$f(a+h) \fallingdotseq f(a) + f'(a)h \tag{13}$$

이다. 이때, $f'(a) \neq 0$이면 $f(a+h) - f(a)$는 대체로 h에 비례한다고 볼 수 있다. 로그표나 삼각함수표에서의 비례부분의 원리가 성립하는 것을 이것과 관련해서 생각할 수 있다. 테일러 정리를 이용한 식 (13)은 주로 무리수의 근삿값 계산에 많이 이용된다.

예제 ❷ 다음의 근삿값을 계산하여라.

(1) $\sqrt[3]{122}$　　　(2) $\sqrt[5]{34}$

풀이 (1) $f(x)=\sqrt[3]{x}$라 놓자. $a=125$, $h=-3$이라 놓으면

$$f(a+h)=f(125-3)=f(122)=\sqrt[3]{122}$$

의 근삿값을 구하는 형태가 된다. 한편, $f'(x)=\dfrac{1}{3\sqrt[3]{x^2}}$이므로 식 (13)에 의해

$$\begin{aligned} f(122)=\sqrt[3]{122} &\fallingdotseq f(125)+f'(125)(-3) \\ &=\sqrt[3]{125}+\frac{1}{3\sqrt[3]{125^2}}(-3) \\ &=5-\frac{1}{25}=\frac{124}{25}=4.96 \end{aligned}$$

따라서 $\sqrt[3]{122}\fallingdotseq 4.96$이다.

(2) (1)과 같은 방법으로 $f(x)=\sqrt[5]{x}$라 놓자. 이때, $a=32$, $h=2$라 놓으면

$$f(a+h)=f(32+2)=f(34)=\sqrt[5]{34}$$

의 근삿값을 구하는 형태가 된다. 한편, $f'(x)=\dfrac{1}{5\sqrt[5]{x^4}}$이므로 식 (13)을 이용하면

$$\begin{aligned} f(34)=\sqrt[5]{34} &\fallingdotseq f(32)+f'(32)(2) \\ &=\sqrt[5]{32}+\frac{2}{5\sqrt[5]{32^4}} \\ &=2+\frac{1}{40}=\frac{81}{40}=2.025 \end{aligned}$$

따라서 $\sqrt[5]{34}\fallingdotseq 2.025$이다.

예제 2는 테일러 정리를 이용하여 함수식의 근삿값을 구하는 방법을 설명하였다. 이제 참고에서 설명한 형태들의 매클로린 급수를 이용하여 다음 예제에서 나오는 값들의 근삿값을 구해보자.

예제 ❸ 다음 값을 소수 이하 세 자리까지 구하여라.

(1) $\log 1.1$ (2) $\sin\frac{\pi}{10}$ (3) $\sqrt{\frac{6}{5}}$

풀이 (1) $\log 1.1 = \log(1+0.1) = 0.1 - \frac{1}{2}(0.1)^2 + \frac{1}{3}(0.1)^3 - \cdots$

$\fallingdotseq 0.0953 \fallingdotseq 0.095$

(2) $\sin\frac{\pi}{10} = \frac{\pi}{10} - \frac{1}{3!}\left(\frac{\pi}{10}\right)^3 \fallingdotseq 0.3141 - \frac{1}{6}(0.3141)^3 \fallingdotseq 0.309$

(3) $\sqrt{\frac{6}{5}} = \sqrt{1+\frac{1}{5}} = \left(1+\frac{1}{5}\right)^{\frac{1}{2}}$

$\fallingdotseq 1+\frac{1}{2}\cdot\frac{1}{5}+\frac{1}{2!}\cdot\frac{1}{2}\cdot\left(\frac{1}{2}-1\right)\left(\frac{1}{5}\right)^2\left(x=\frac{1}{5},\ \alpha=\frac{1}{2}\right)$

$\fallingdotseq 1.0954 \fallingdotseq 1.095$

오차의 한계

테일러 근사식 $f(a+h) \fallingdotseq f(a)+f'(a)h$을 이용하여 오차의 한계를 구해보자. 즉, $f(a+h)$의 근삿값으로서 $f(a)+f'(a)h$를 취할 때 실제값과 어느 정도 오차가 발생하는지 살펴보자. 지금 구간 $(a,\ a+h)$ 안의 점 x에 대하여 $f'(x)$의 최댓값과 최솟값을 각각 G, L이라 하면 평균값 정리에 의해

$$|f'(c)-f'(a)| \leqq G-L \quad (a \leqq c \leqq a+h)$$

이므로 $f(a+h)$ 대신에 $f(a)+f'(a)h$를 취할 경우의 오차를 E라고 하면

$$\begin{aligned} E &= f(a+h)-\{f(a)+f'(a)h\} \\ &= f(a+h)-f(a)-f'(a)h \\ &= f'(c)h-f'(a)h \left(\because \frac{f(a+h)-f(a)}{h} = f'(c)\right) \\ &= h(f'(c)-f'(a)) \end{aligned}$$

이다. 그러므로

$$|E| = |h||f'(c)-f'(a)| \leqq |h|(G-L)$$

이다. 따라서

$$|E| \leqq |h|(G-L) \tag{14}$$

이 오차의 한계가 된다. 여기서 $|h|$가 충분히 작으면 $f(a+h)$의 근삿값으로서 $f(a)+f'(a)h$를 취할 수 있고 또, 그때의 오차의 한계를 위 식 (14)에 의해 구할 수 있다.

예제 ❹ $\sqrt{100.1}$ 의 근삿값을 구하고 오차의 한계를 구하라.

풀이 $f(x)=\sqrt{x}$, $a=100$, $h=0.1$ 이라고 놓으면

$$f(a+h)=f(100+0.1) \fallingdotseq f(100)+(0.1)\cdot f'(100)$$

이고 $f'(x)=\dfrac{1}{2\sqrt{x}}$에서

$$f'(100)=\frac{1}{2\sqrt{100}}=\frac{1}{20}$$

이므로

$$f(100+0.1)=\sqrt{100.1} \fallingdotseq \sqrt{100}+(0.1)\cdot\frac{1}{20}$$
$$=10+0.1\times0.05=10.005$$

이다. 그러므로 $\sqrt{100.1} \fallingdotseq 10.005$이다. 이때,

$$G=\frac{1}{2\sqrt{100}},\ L=\frac{1}{2\sqrt{100.1}}$$

이므로

$$G-L=\frac{1}{2}\left(\frac{1}{\sqrt{100}}-\frac{1}{\sqrt{100.1}}\right)=\frac{1}{2\sqrt{100.1}}\left(\frac{\sqrt{100.1}-\sqrt{100}}{\sqrt{100}}\right)$$
$$=\frac{1}{2\sqrt{100.1}}\left(\sqrt{\frac{100.1}{100}}-1\right)<\frac{1}{2\sqrt{100}}\left(\sqrt{\frac{100.1}{100}}-1\right)$$
$$<\frac{1}{20}\left(\sqrt{\frac{101.0025}{10}}-1\right)=\frac{1}{20}\left(\frac{10.05}{10}-1\right)$$
$$=0.00025$$

이다. 따라서 $|E| \leqq |h|(G-L)=\dfrac{1}{10}(G-L)<0.000025$이다. 그러므로 $\sqrt{100.1}$ 의 근삿값으로써 10.005를 취했을 때의 오차는 0.000025를 넘지 않는다.

뉴턴(Newton)의 근사치법

앞에서 근삿값을 구하는 방법으로서 테일러 근사식을 이용하는 방법과 매클로린 급수를 이용하는 방법을 설명하였다. 이런 방법 외에도 뉴턴의 방법이 있다. 즉, 주어진 방정식 $f(x)=0$의 실근이란, 함수 $y=f(x)$의 그래프가 x축과 만나는 x좌표의 값이다. 그러나 함수의 그래프로서는 근을 허용할 수 있는 오차의 범위 안에서 근삿값을 구할 수 없을 때가 있다. 이런 경우에 그 근삿값을 교정하여 실근에 더욱 가깝도록 하는 방법을 생각해보자. 이것을 좀더 구체적으로 언급하면 다음과 같다.

(A) $f(x)$를 필요한 구간에서 미분가능하다고 하자. 그리고 $f(x)=0$의 한 실근 α의 적당한 근삿값 a와의 차이가 아주 작을 때 실근 α의 근삿값을 구해보자. $\alpha=a+h$라 하면

$$f(\alpha)=f(a+h)=0$$

이므로, 평균값 정리에 의해

$$f(a+h)=f(a)+hf'(a+\theta h)=0 \ (0<\theta<1)$$

이다. 가정에서 $|h|$가 아주 작은 값이므로 $f(a)+f'(a)h \fallingdotseq 0$이다. 따라서 $f'(a)\neq 0$이면

$$h \fallingdotseq -\frac{f(a)}{f'(a)}$$

이므로

$$\alpha=a+h \fallingdotseq a-\frac{f(a)}{f'(a)}$$

을 얻는다. 이것은 α의 제 1근삿값으로써

$$x_1=a-\frac{f(a)}{f'(a)}$$

로 나타낸다. 같은 방법으로 x_1을 a로 생각하면 α의 제 2근삿값

$$x_2=x_1-\frac{f(x_1)}{f'(x_1)}$$

을 얻는다. 이와 같은 방법으로 $x_3,\ x_4,\ \cdots$를 계속해서 구하면 α에 충분히 가까운 근삿값

$$x_{n+1}=x_n-\frac{f(x_n)}{f'(x_n)} \tag{15}$$

을 구할 수 있다. 이러한 방법을 뉴턴의 근사치법이라 한다. 여기에서 $x_0 = a$이다.

(B) 뉴턴의 근사치법의 기하학적 의미는 다음 그림 3-45와 같다. 즉, $y = f(x)$의 x축과의 교점 x_0는 $f(x) = 0$의 실근이다. $x = a$에서의 접선의 방정식은 $y - f(a) = f'(a)(x - a)$이고 이 접선과 x축과의 교점을 $(x_1, 0)$이라 두면

$$-f(a) = f'(a)(x_1 - a)$$

이므로 $x_1 = a - \dfrac{f(a)}{f'(a)}$이다.

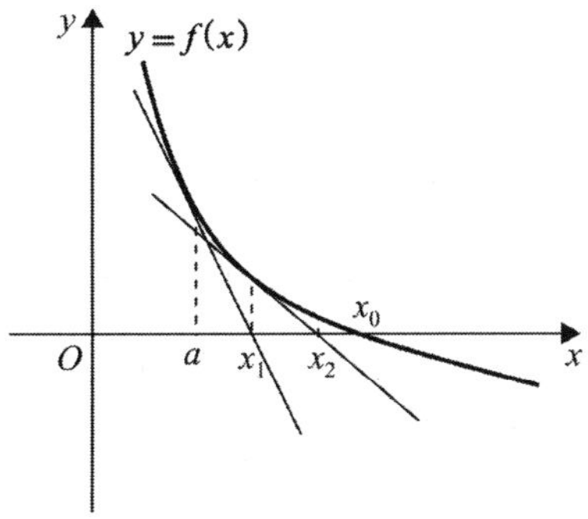

▌그림 3-45

예제 ❺ 방정식 $x^2 - 2 = 0$의 양의 근의 근삿값을 소수 이하 넷째 자리까지 구하여라.

풀이 $f(x) = x^2 - 2$라 놓자. 그러면 $f(x) = 0$의 양의 근은 $\sqrt{2}$이므로 $\sqrt{2}$의 근삿값을 구하는 문제이다. $f'(x) = 2x$이고 $1 < \sqrt{2} < 2$이므로 $a = 1$로 놓으면 공식 (15)에 의해

$$x_{n+1} = x_n - \frac{f(x_n)}{f'(x_n)} = x_n - \frac{x_n^2 - 2}{2x_n},$$

즉

$$x_{n+1} = \frac{x_n^2 + 2}{2x_n}$$

를 얻는다. 따라서

$$x_0 = 1, \quad x_1 = \frac{(1)^2 + 2}{2 \cdot 1} = 1.5,$$

$$x_2 = \frac{(1.5)^2 + 2}{2 \cdot (1.5)} \fallingdotseq 1.4166, \quad x_3 = \frac{x_2^2 + 2}{2x_2} \fallingdotseq 1.4142$$

그러므로 $\sqrt{2} \fallingdotseq 1.4142$ 이다.

연습문제 (3-3-2)

1. 다음 함수를 4차 매클로린 다항식으로 전개하여라.

(1) e^{-2x}　　(2) $\sin 2x$

(3) $\tan x$　　(4) xe^x

(5) $\sec x$　　(6) $\log(3+2x)$

2. 다음 주어진 함수에 대하여 $x=a$에 대한 3차 테일러 다항식으로 전개하여라.

(1) e^{-x}; $a=1$　　(2) $\sqrt{x}$; $a=4$

(3) $\cos x$; $a=\frac{\pi}{4}$　　(4) $\sin\pi x$; $a=-\frac{1}{3}$

3. 다음 주어진 함수들에 대한 매클로린 급수를 $\sum$를 써서 나타내어라.

(1) e^{-x}　　(2) $\frac{1}{1+x}$

(3) $\cos\frac{x}{2}$　　(4) $\cosh x$

4. 다음 주어진 함수들에 대하여 $x=a$에 대한 테일러 급수를 $\sum$를 써서 나타내어라.

(1) $\frac{1}{x}$; $a=-1$　　(2) $\sin\pi x$; $a=\frac{1}{2}$

5. 다음 함수들에 대하여 주어진 a와 n값에 대한 라그랑주의 나머지 $R_n(x)$를 구하여라.

(1) e^{2x} ; $a=0,\ n=5$

(2) $\dfrac{1}{x+1}$; $a=0,\ n=4$

(3) xe^{x} ; $a=0,\ n=3$

(4) $\sqrt{x}$; $a=4,\ n=3$

6. 다음의 근삿값을 구하여라.

(1) $\sin 4°$

(2) $\sqrt{e}$

(3) $\sqrt{27}$

(4) $\sqrt[4]{83.7}$

(5) $\cos\left(\dfrac{\pi}{20}\right)$

(6) $\log 1.25$

요약 (3-3)

1. 롤(Rolle)의 정리

함수 $f(x)$가 폐구간 $[a, b]$에서 연속이고 개구간 (a, b)에서 미분가능하며 $f(a) = f(b)$이면 $f'(c) = 0$인 점 c가 (a, b) 안에 적어도 하나 존재한다.

2. 코시(Cauchy)의 평균값 정리

함수 $f(x)$, $g(x)$가 폐구간 $[a, b]$에서 연속이고 개구간 (a, b)에서 미분가능하다고 하자. 이때, 임의의 $x \in (a, b)$에 대하여 $g'(x) \neq 0$이면

$$\frac{f(b) - f(a)}{g(b) - g(a)} = \frac{f'(c)}{g'(c)}$$

인 점 c가 (a, b) 안에 적어도 하나 존재한다.

3. 라그랑주(Lagrange)의 평균값 정리

함수 $f(x)$가 폐구간 $[a, b]$에서 연속이고 개구간 (a, b)에서 미분가능하다고 하자. 이때,

$$\frac{f(b) - f(a)}{b - a} = f'(c)$$

인 점 c가 (a, b) 안에 적어도 하나 존재한다.

4. $\frac{0}{0}$꼴에 대한 로피탈(L'Hospital)의 정리

$\lim f(x) = 0$, $\lim g(x) = 0$이라 하고 $\lim \dfrac{f'(x)}{g'(x)}$가 유한($L$) 또는 무한대의 의미($\infty$ 또는 $-\infty$)로써 존재한다면

$$\lim \frac{f(x)}{g(x)} = \lim \frac{f'(x)}{g'(x)}$$

이다.

5. 매클로린(Maclaurin) 다항식

함수 $f(x)$가 $x=0$에서 n번 미분가능하다면 $p_n(x)$를 $f(x)$의 n차 매클로린 다항식이라 말하고 다음과 같이 나타낸다. 즉,

$$p_n(x) = f(0) + f'(0)x + \frac{f''(0)}{2!}x^2 + \frac{f'''(0)}{3!}x^3 + \cdots + \frac{f^{(n)}(0)}{n!}x^n$$

6. 테일러(Taylor) 다항식

함수 $f(x)$가 $x=a$에서 n번 미분가능하다면, $x=a$에 대한 $f(x)$의 n차 테일러 다항식 $p_n(x)$는

$$p_n(x) = f(a) + f'(a)(x-a) + \frac{f''(a)}{2!}(x-a)^2 + \frac{f'''(a)}{3!}(x-a)^3 + \cdots + \frac{f^{(n)}(a)}{n!}(x-a)^n$$

7. 테일러(Taylor) 급수

함수 $f(x)$가 $x=a$에서 무한번 미분가능하다면, $x=a$에 대한 $f(x)$의 테일러 급수를 다음과 같이 정의한다. 즉,

$$\sum_{k=0}^{\infty} \frac{f^{(k)}(a)}{k!}(x-a)^k = f(a) + f'(a)(x-a) + \frac{f''(a)}{2!}(x-a)^2 + \cdots + \frac{f^{(k)}(a)}{k!}(x-a)^k + \cdots$$

8. 매클로린(Maclaurin) 급수

Taylor의 급수에서 $a=0$를 대입하면 $x=0$에서 $f(x)$의 매클로린 급수가 정의된다. 즉,

$$\sum_{k=0}^{\infty} \frac{f^{(k)}(0)}{k!}x^k = f(0) + f'(0)x + \frac{f''(0)}{2!}x^2 + \cdots + \frac{f^{(k)}(0)}{k!}x^k + \cdots$$

이다.

9. 테일러(Taylor) 정리

함수 $f(x)$가 $x = a$를 포함하는 구간의 각 점에서 $(n+1)$번 미분가능하다고 하자. 그리고

$$p_n(x) = f(a) + f'(a)(x-a) + \frac{f''(a)}{2!}(x-a)^2 + \cdots + \frac{f^{(n)}(a)}{n!}(x-a)^n$$

를 함수 $f(x)$에 대한 $x = a$에서의 n차 테일러 다항식이라 하자. 그러면 이 구간 안의 각 x에 대하여

$$R_n(x) = f(x) - p_n(x) = \frac{f^{(n+1)}(c)}{(n+1)!}(x-a)^{n+1}$$

인 c가 a와 x 사이에 적어도 하나 존재한다.

10. $$f(x) = \sum_{k=0}^{\infty} \frac{f^{(k)}(a)}{k!}(x-a)^k \Leftrightarrow \lim_{n \to \infty} R_n(x) = 0$$

이다.

11. 함수의 근삿값을 구하는 방법은 크게 테일러 정리를 이용하는 방법, 매클로린 급수를 이용하는 방법, 뉴턴의 근사치법이 있다.

종합문제 (3-3)

1. 다음 각 함수에 대하여 주어진 구간 내에서 롤의 정리의 가정이 성립함을 보이고 이 정리의 결론을 만족하는 c의 값을 모두 찾아보아라.

(1) $f(x) = x^3 - 3x^2 + 2x$; $[0, 2]$

(2) $f(x) = \dfrac{x^2 - 1}{x - 2}$; $[-1, 1]$

2. 다음 각 함수에 대하여 주어진 구간 내에서 평균값 정리의 가정이 성립함을 보이고 이 정리의 결론을 만족하는 c의 값을 모두 구하여라.

(1) $f(x) = x^2 - 2x + 2$; $[0, 4]$

(2) $f(x) = x^3 - 6x$; $[1, 3]$

3. 롤의 정리를 이용하여 방정식 $4x^3 + 9x^2 - 4x - 2 = 0$은 $(0, 1)$에서 해를 가짐을 증명하여라.

4. 다음 극한값을 구하여라.

(1) $\displaystyle\lim_{x\to 0} \frac{1-\cos x}{x^2}$

(2) $\displaystyle\lim_{x\to 0} \frac{\sec x - 1}{x}$

(3) $\displaystyle\lim_{x\to \infty} \frac{\log x}{x}$

(4) $\displaystyle\lim_{\theta\to 0} \frac{\sin^2\theta - \sin(\theta^2)}{\theta^4}$

5. $\displaystyle\lim_{x\to 0} \frac{k - \cos lx}{x^2} = 4$를 만족하는 k와 l 의 값을 구하여라.

6. 다음 주어진 함수를 5차 매클로린 다항식으로 나타내어라.

(1) $\dfrac{1}{1+x}$

(2) $e^x \cos x$

(3) $x^3 - x^2 + 2x + 1$

(4) $\tan^{-1} x$

(5) $\sqrt{1+x}$

(6) $\sinh x$

7. 다음 주어진 함수를 $x=a$에 대한 3차 테일러 다항식으로 전개하여라.

(1) $\log x$; $a=1$

(2) x^4+x-3; $a=-2$

(3) $\tan x$; $a=\dfrac{\pi}{3}$

(4) $\cosh x$; $a=\log 2$

8. 다음 주어진 함수의 $x=a$에서의 테일러 급수를 $\sum$를 써서 나타내고 그 외의 함수는 매클로린 급수로 나타내어라.

(1) $\dfrac{1}{x}$; $a=3$

(2) e^x; $a=2$

(3) e^{-3x}

(4) xe^x

(5) $\dfrac{1}{x+2}$; $a=3$

(6) $\sinh x$

9. $\log(1+x)$에 대한 매클로린 급수는 $0 \leqq x < 1$에 대하여 $\log(1+x)$로 수렴함을 증명하여라.

10. 다음 근삿값을 구하여라.

(1) $\sin 85°$

(2) $\cos 58°$

(3) $\sqrt[3]{28}$

(4) $\sinh 0.5$

11. $|x|$가 아주 작을 때 다음 근사식을 증명하여라.

(1) $\sqrt{1+x} \fallingdotseq 1+\dfrac{x}{2}-\dfrac{1}{8}x^2$

(2) $e^x\cos x \fallingdotseq 1+x-\dfrac{1}{3}x^3$

제4장

적분법

4-1 부정적분

4-2 정적분

Calculus의 초기 업적 중의 하나는 어떤 물체의 초기 위치와 속도함수를 통하여 움직이는 물체의 미래위치를 예측하는 것이었다. 오늘날 우리가 볼 수 있는 Calculus의 활용 중의 하나는 미분에 관한 정보로부터 원래의 함수를 발견하는 것이다. 즉, 도함수에 관한 정보만으로 원함수를 복구시켜야 할 경우가 있다. 예를 들어, 현재의 인구수와 그 증가율로부터 미래의 인구의 규모를 계산할 수 있고, 방사능 쓰레기의 자연붕괴 비율로부터 얼마 후에 이 물질이 무해하게 되는가를 계산할 수 있다. 이처럼, 알고 있는 도함수로부터 원함수를 찾는 이론이 적분학(integral calculus)이다. 단순히 말해서, 함수를 적분한다는 것은 주어진 함수의 역도함수를 구하는 것이다. 사실 적분(integrate)의 본래 '어떤 것의 합(sum) 또는 합계(total)를 구하는'이라는 뜻이 있다. 이런 의미에서 적분은 곡선들로 경계된 영역의 면적을 계산할 수 있는 수학적 과정이다. 이 장에서 적분의 체계적인 방법 그리고 부정적분과 정적분 사이의 관계를 설명하는 뉴턴과 라이프니츠의 기본정리를 배운다.

4-1 부정적분

1. 역도함수(부정적분)

속도와 가속도의 관계를 살펴보면 가속도는 속도를 시간으로 미분함으로써 얻어진다. 이와 반대로 미분의 역산에 의하여 가속도로부터 속도를 구할 수 있는데, 여기서는 이와 같은 미분의 역연산인 역도함수에 대하여 알아본다. 또한 역도함수를 구하기 위한 방법은 매우 다양하다. 그 중에서 어떤 변수의 변환에 의하여 종종 복잡한 식의 적분을 쉽고 간단한 적분의 형태로 변형시켜줄 수 있는 치환적분법에 대하여 살펴본다.

역도함수와 부정적분

함수 $f(x)$에 대해서

$$F'(x) = f(x)$$

를 만족하는 $F(x)$를 $f(x)$의 **역도함수**(anti-derivative) 또는 **원시함수**(primitive)라 한다.
만약 $F(x)$와 $G(x)$가 모두 $f(x)$의 역도함수라 하면 이들은

$$F(x) - G(x) = C,\ \text{즉}\ G(x) = F(x) + C,\ C\text{는 상수}$$

의 관계를 갖는다. 결국 역도함수가 존재한다면 무수히 많이 존재할 것인데, 이와 같은 $f(x)$의 모든 역도함수들의 집합을

$$\int f(x)dx$$

라 쓰고, 이를 x에 관한 $f(x)$의 **부정적분**(indefinite integral)이라 한다. 즉,

$$\int f(x)dx = F(x) + C.$$

이때, $\int$는 적분기호로 **인티그럴**(integral)이라 읽고, $f(x)$를 피적분함수, x를 적분변수라 한다. 미분과 적분의 관계로부터

$$\frac{d}{dx}\left(\int f(x)\,dx\right) = f(x), \quad \int\left(\frac{d}{dx}f(x)\right)dx = f(x) + C$$

임을 알 수 있다. 또한 적분은 미분의 역연산이므로 이미 알고있는 간단한 미분공식과 비교하여 살펴보면 매우 유용하다.

보기 ❶ $F(x) = x^3$이라 할 때, $\dfrac{dF}{dx} = 3x^2$이므로 $F(x)$는 $f(x) = 3x^2$의 하나의 역도함수이고, 따라서 $f(x)$의 부정적분은 $\int 3x^2 dx = x^3 + C$이다.

정리 4-1-1 적분공식

적분과 대응미분

1. $\int u'(x)dx = u(x) + C \Leftrightarrow \dfrac{d}{dx}(u(x) + C) = u'(x)$
2. $\int au(x)dx = a\int u(x)dx \Leftrightarrow \{au(x)\}' = au'(x)$, ($a$는 상수)
3. $\int \{u(x) + v(x)\}dx = \int u(x)dx + \int v(x)dx \Leftrightarrow \{u(x) + v(x)\}' = u'(x) + v'(x)$
4. $\int a\,dx = a\int dx = ax + C$, ($a$는 상수)
5. $\int x^n dx = \dfrac{x^{n+1}}{n+1} + C \Leftrightarrow \left(\dfrac{x^{n+1}}{n+1}\right) = x^n \ (n \neq -1)$
6. $\int \dfrac{1}{x}dx = \ln|x| + C \Leftrightarrow (\ln x)' = \dfrac{1}{x}$
7. $\int \{f(x)\}^n f'(x)dx = \dfrac{\{f(x)\}^{n+1}}{n+1} + C, \ (n \neq -1)$

   $\Leftrightarrow \dfrac{d}{dx}\{f(x)\}^{n+1} = (n+1)\{f(x)\}^n f'(x)$

예제 ❶ 다음 부정적분을 구하여라.

(1) $\int (x^2 - 3x + 2)dx$ (2) $\int (x\sqrt{x} - x^{-1} + x^{-2})dx$

(3) $\int (x^3 + 2x)^5 (3x^2 + 2)dx$

풀이 (1) $\int (x^2 - 3x + 2)dx = \int x^2 dx - 3\int x\, dx + 2\int dx$

$$= \frac{1}{3}x^3 - \frac{3}{2}x^2 + 2x + C$$

(2) $\int (x\sqrt{x} - x^{-1} + x^{-2})dx = \int x^{\frac{3}{2}} dx - \int \frac{1}{x} dx + \int x^{-2} dx$

$$= \frac{2}{5}x^{\frac{5}{2}} - \log x - \frac{1}{x} + C$$

(3) $f(x) = x^3 + 2x$라면 $f'(x) = 3x^2 + 2$이므로

$$\int (x^3 + 2x)^5 (3x^2 + 2)\, dx = \frac{(x^3 + 2x)^6}{6} + C$$

치환적분법

어떤 변수의 변환에 의하여 종종 복잡한 식의 적분을 쉽고 간단한 적분의 형태로 변형시켜줄 수 있다. 이와 같은 방법을 **치환적분법**이라 하는데 그 과정을 살펴보면 다음과 같다. 예를 들어, 적분 $\int (x^4 - 3)^5 \cdot 4x^3\, dx$를 계산하기 위하여 $(x^4 - 3)^5$을 전개하는 것은 어리석은 것이며 그렇게 해서는 적분을 원활하게 할 수 없다. 이때, 다음과 같은 과정을 따라 계산하면 적분은 매우 쉽게 해결될 수 있다.

$$\int (x^4 - 3)^5 \cdot 4x^3\, dx = \int u^5\, du \qquad (u = x^4 - 3 \Rightarrow du = 4x^3\, dx)$$

$$= \frac{u^6}{6} + C \qquad (u\text{의 식을 적분})$$

$$= \frac{(x^4 - 3)^6}{6} + C \quad (u = x^4 - 3\text{을 대입})$$

위 과정을 요약하면 다음과 같은 적분 단계를 얻을 수 있다. 즉, 두 함수 f와 g'이 연속일 때 적분

$$\int f(g(x))\, g'(x)\, dx$$

은 다음과 같은 단계에 의해 변환시켜 계산한다.

[단계1] $g(x) = t$라 치환하여 $g'(x)dx = dt$를 주어진 식에 대입한다.

[단계2] x에 관한 적분은 t에 관한 적분

$$\int f(t)dt$$

으로 변환된다.

[단계3] 위의 t에 관한 식을 적분하여 $t = g(x)$를 다시 대입한다.

예제 ❷ 다음의 부정적분을 구하여라.

(1) $\int 2x\sqrt{1+x^2}\,dx$ (2) $\int \frac{e^{\sqrt{x}}}{\sqrt{x}}dx$

(3) $\int (3x-2)^{10}dx$ (4) $\int \frac{x}{\sqrt{x-1}}dx$

풀이 (1) $1+x^2 = v$라 놓으면 $2x\,dx = dv$이므로

$$\int 2x\sqrt{1+x^2}\,dx = \int \sqrt{v}\,dv = \frac{2}{3}v^{\frac{3}{2}} + C = \frac{2}{3}(1+x^2)^{\frac{3}{2}} + C$$

(2) $\sqrt{x} = v$라 놓으면 $\frac{1}{2\sqrt{x}}dx = dv$이므로

$$\int \frac{e^{\sqrt{x}}}{\sqrt{x}}dx = 2\int e^v dv = 2e^v + C = 2e^{\sqrt{x}} + C$$

(3) $3x-2 = v$라 놓으면 $3dx = dv$이므로

$$\int (3x-2)^{10}dx = \frac{1}{3}\int v^{10}dv = \frac{1}{33}v^{11} + C = \frac{1}{33}(3x-2)^{11} + C$$

(4) $x-1 = v$라 놓으면 $dx = dv$이므로

$$\int \frac{x}{\sqrt{x-1}}dx = \int \frac{v+1}{\sqrt{v}}dv = \int \sqrt{v}\,dv + \int \frac{1}{\sqrt{v}}dv$$

$$= \frac{2}{3}v^{\frac{3}{2}} + 2\sqrt{v} + C = \frac{2}{3}(x-1)^{\frac{3}{2}} + 2\sqrt{x-1} + C$$

예제 3 다음의 부정적분을 구하여라.

(1) $\int x\sqrt{2x-1}\,dx$ (2) $\int x^3\sqrt{4-x^2}\,dx$

(3) $\int \frac{2x}{\sqrt{4-9x^2}}\,dx$

풀이 (1) $2x-1=v$라 놓으면 $x=\frac{v+1}{2}$이고 $2dx=dv$이므로

$$\int x\sqrt{2x-1}\,dx=\frac{1}{4}\int(v+1)\sqrt{v}\,dv=\frac{1}{4}\left\{\frac{2}{5}v^{\frac{5}{2}}+\frac{2}{3}v^{\frac{3}{2}}\right\}+C$$

$$=\frac{1}{10}(2x-1)^{\frac{5}{2}}+\frac{1}{6}(2x-1)^{\frac{3}{2}}+C$$

(2) $4-x^2=v$라 놓으면 $-2x\,dx=dv$이므로

$$\int x^3\sqrt{4-x^2}\,dx=-\frac{1}{2}\int(4-v)\sqrt{v}\,dv=-\frac{1}{2}\left\{\frac{8}{3}v^{\frac{3}{2}}-\frac{2}{5}v^{\frac{5}{2}}\right\}+C$$

$$=-\frac{4}{3}(4-x^2)^{\frac{3}{2}}+\frac{1}{5}(4-x^2)^{\frac{5}{2}}+C$$

(3) $4-9x^2=v$라 치환하면 $-18xdx=dv$, 즉 $2xdx=-\frac{1}{9}dv$이므로

$$\int\frac{2x}{\sqrt{4-9x^2}}dx=-\frac{1}{9}\int\frac{-18x}{\sqrt{4-9x^2}}dx=-\frac{1}{9}\int\frac{1}{\sqrt{v}}dv$$

$$=-\frac{2}{9}\sqrt{v}+C=-\frac{2}{9}\sqrt{4-9x^2}+C$$

연습문제 (4-1-1)

1. 다음의 부정적분을 구하여라.

(1) $\int (2x+3)dx$　　(2) $\int (x^5-3x^2)dx$

(3) $\int \frac{1}{x^4}dx$　　(4) $\int (2x-1)^2 dx$

2. 치환적분법에 의해서 다음을 구하여라.

(1) $\int 5(x-1)^4 dx$　　(2) $\int (2x^3+1)^4 \cdot x^2 dx$

(3) $\int x \cdot \sqrt{x^2+1}\,dx$　　(4) $\int \frac{1}{\sqrt{x}\,(1+\sqrt{x}\,)^2}dx$

3. 다음의 역도함수를 구하라.

(1) $f(x)=2$　　(2) $f(x)=x-\sqrt{3}$

(3) $f(x)=x^{\frac{1}{2}}+x^{-\frac{1}{2}}$　　(4) $f(x)=\frac{2}{x^2}-\frac{1}{x^3}$

4. $f(x)=\sqrt{x^2+1}$ 일 때, $\int f'(x)dx$ 와 $\int f''(x)dx$ 를 각각 구하여라.

5. 다음 공식

$$\int f^{(m-1)}(x)g^{(n-1)}(x)[n f(x) g'(x)+m f'(x) g(x)]dx$$
$$=f^{(m)}(x)g^{(n)}(x)+C$$

을 증명하여라.

2. 초월함수의 적분법

여기서는 미분의 역연산과 치환적분법을 이용하여 간단한 초월함수의 적분법과 부정적분이 역삼각함수로 얻어지는 복잡한 대수함수의 적분법을 살펴본다. 또한 여러 가지 형태의 삼각함수에 대한 적분법을 유형별로 살펴본다.

초월함수의 적분도 우선 이미 알고 있는 간단한 미분공식을 통한 그 역연산의 이해로부터 시작한다.

정리 4-1-2 삼각함수의 적분

적분과 대응미분

8. $\int \sin x\, dx = -\cos x + C \Leftrightarrow \frac{d}{dx}\cos x = -\sin x$

9. $\int \cos x\, dx = \sin x + C \Leftrightarrow \frac{d}{dx}\sin x = \cos x$

10. $\int \sec^2 x\, dx = \tan x + C \Leftrightarrow \frac{d}{dx}\tan x = \sec^2 x$

11. $\int \csc^2 x\, dx = -\cot x + C \Leftrightarrow \frac{d}{dx}\cot x = -\csc^2 x$

12. $\int \sec x \tan x\, dx = \sec x + C \Leftrightarrow \frac{d}{dx}\sec x = \sec x \tan x$

13. $\int \csc x \cot x\, dx = -\csc x + C \Leftrightarrow \frac{d}{dx}\csc x = -\csc x \cot x$

예제 ❶ 다음의 부정적분을 구하여라.

(1) $\int \tan x\, dx$　　(2) $\int \cos 3x\, dx$

(3) $\int \sin(2x+3)\, dx$

풀이 (1) $\cos x = v$ 라 놓으면 $\sin x\, dx = -dv$ 이므로

$$\int \tan x\, dx = \int \frac{\sin x}{\cos x} dx = -\int \frac{1}{v} dv = -\log|v| + C$$

$$= -\log|\cos x| + C = \log|\sec x| + C$$

(2) $3x = v$ 라 놓으면 $3dx = dv$ 이므로

$$\int \cos 3x\, dx = \frac{1}{3}\int \cos v\, dv$$

$$= \frac{1}{3}\sin v + C = \frac{1}{3}\sin 3x + C$$

(3) $2x + 3 = v$ 라 놓으면 $2dx = dv$ 이므로

$$\int \sin(2x+3)\, dx = \frac{1}{2}\int \sin v\, dv$$

$$= -\frac{1}{2}\cos v + C = -\frac{1}{2}\cos(2x+3) + C$$

예제 ❷ 다음의 부정적분을 구하여라.

(1) $\int \frac{\cos 3x}{\sin^2 3x} dx$　　(2) $\int \tan^2 x \sec^2 x\, dx$

(3) $\int \tan^2 x\, dx$

풀이 (1) $\sin 3x = v$ 라 놓으면 $3\cos 3x\, dx = dv$ 이므로

$$\int \frac{\cos 3x}{\sin^2 3x} dx = \frac{1}{3}\int \frac{1}{v^2} dv = -\frac{1}{3v} + C = -\frac{1}{3\sin 3x} + C$$

(2) $\tan x = v$ 라 놓으면 $\sec^2 x\, dx = dv$ 이므로

$$\int \tan^2 x \sec^2 x\, dx = \int v^2 dv = \frac{1}{3}v^3 + C = \frac{1}{3}\tan^3 x + C$$

(3) $\tan^2 x = \sec^2 x - 1$ 이므로

$$\int \tan^2 x\, dx = \int (\sec^2 x - 1) dx = \tan x - x + C$$

정리 4-1-3 지수함수의 적분

적분과 대응미분

14. $\int e^x\,dx = e^x + C \Leftrightarrow \dfrac{d}{dx}e^x = e^x$

15. $\int a^x\,dx = \dfrac{a^x}{\log a} + C \Leftrightarrow \dfrac{d}{dx}a^x = a^x \log a,\ a > 0$

예제 ❸ 다음의 부정적분을 구하여라.

(1) $\int x e^{x^2} dx$　　(2) $\int 2^{x+1} dx$

(3) $\int e^{\sin x} \cos x\,dx$

풀이 (1) $x^2 = v$ 라 놓으면 $2x\,dx = dv$ 이므로

$$\int x e^{x^2} dx = \frac{1}{2}\int e^v dv$$

$$= \frac{1}{2}e^v + C = \frac{1}{2}e^{x^2} + C$$

(2) $x+1 = v$ 라 놓으면 $dx = dv$ 이므로

$$\int 2^{x+1} dx = \int 2^v dv$$

$$= \frac{2^v}{\log 2} + C = \frac{2^{x+1}}{\log 2} + C$$

(3) $\sin x = v$ 라 놓으면 $\cos x\,dx = dv$ 이므로

$$\int e^{\sin x} \cos x\,dx = \int e^v dv$$

$$= e^v + C = e^{\sin x} + C$$

정리 4-1-4 대수함수의 적분 I

적분과 대응미분

16. $\int \frac{1}{\sqrt{1-x^2}}dx = \sin^{-1}x + C$

16(a). $\int \frac{1}{\sqrt{a^2-x^2}}dx = \sin^{-1}\frac{x}{a} + C \Leftrightarrow \frac{d}{dx}(\sin^{-1}x) = \frac{1}{\sqrt{1-x^2}}$

17. $\int \frac{1}{1+x^2}dx = \tan^{-1}x + C$

17(a). $\int \frac{1}{a^2+x^2}dx = \frac{1}{a}\tan^{-1}\frac{x}{a} + C \Leftrightarrow \frac{d}{dx}(\tan^{-1}x) = \frac{1}{1+x^2}$

18. $\int \frac{1}{x\sqrt{x^2-1}}dx = \sec^{-1}|x| + C \Leftrightarrow \frac{d}{dx}(\sec^{-1}x) = \frac{1}{|x|\sqrt{x^2-1}},\ |x|>1$

예제 ❹ 다음의 부정적분을 구하여라.

(1) $\int \frac{x}{\sqrt{9-4x^4}}dx$　　(2) $\int \frac{1}{25+x^2}dx$

(3) $\int \frac{1}{\sqrt{9-4x^2}}dx$　　(4) $\int \frac{\cos x}{16+\sin^2 x}dx$

풀이 (1) $2x^2 = v$ 라 놓으면 $4x\,dx = dv$ 이므로

$$\int \frac{x}{\sqrt{9-4x^4}}dx = \frac{1}{4}\int \frac{1}{\sqrt{3^2-v^2}}dv$$

$$= \frac{1}{4}\left(\sin^{-1}\frac{v}{3} + C_1\right) = \frac{1}{4}\sin^{-1}\frac{2x^2}{3} + C$$

(2) 공식 17(a)에 의하여

$$\int \frac{1}{25+x^2}dx = \frac{1}{5}\tan^{-1}\frac{x}{5} + C$$

(3) 피적분함수를 변형하면 $\frac{1}{\sqrt{9-4x^2}} = \frac{1}{3\sqrt{1-(2x/3)^2}}$ 이다. 이때 $\frac{2x}{3} = v$ 로

치환하면 $dx = \frac{3}{2}dv$ 이고, 따라서

$$\int \frac{1}{\sqrt{9-4x^2}}dx = \frac{1}{2}\int \frac{1}{\sqrt{1-v^2}}\, dv$$
$$= \frac{1}{2}\sin^{-1}v + C = \frac{1}{2}\sin^{-1}\frac{2}{3}x + C$$

(4) $\sin x = v$ 로 치환하면 $\cos dx = dv$ 이므로 주어진 적분은

$$\int \frac{\cos x}{16+\sin^2 x}dx = \int \frac{1}{4^2+v^2}\, dv$$
$$= \frac{1}{4}\tan^{-1}\frac{v}{4} + C = \frac{1}{4}\tan^{-1}\left(\frac{\sin x}{4}\right) + C$$

정리 4-1-5 대수함수의 적분 II

적분과 대응미분

19. $\int \frac{1}{\sqrt{x^2+1}}dx = \sinh^{-1}x + C \Leftrightarrow \frac{d}{dx}\sinh^{-1}x = \frac{1}{\sqrt{x^2+1}}$

20. $\int \frac{1}{\sqrt{x^2-1}}dx = \cosh^{-1}x + C \Leftrightarrow \frac{d}{dx}\cosh^{-1}x = \frac{1}{\sqrt{x^2-1}},\ x > 1$

21. $\int \frac{1}{1-x^2}dx = \tanh^{-1}x + C \Leftrightarrow \frac{d}{dx}\tanh^{-1}x = \frac{1}{1-x^2},\ -1 < x < 1$

22. $\int \frac{-1}{x\sqrt{1-x^2}}dx = \operatorname{sech}^{-1}x + C \Leftrightarrow \frac{d}{dx}\operatorname{sech}^{-1}x = \frac{-1}{x\sqrt{1-x^2}},\ 0 < x < 1$

예제 ❺ 다음의 부정적분을 구하여라.

(1) $\int \frac{1}{\sqrt{x^2+2x-3}}dx$ (2) $\int \frac{1}{\sqrt{4x^2+4x}}dx$

풀이 (1) 식을 변형하면

$$\sqrt{x^2+2x-3} = \sqrt{(x+1)^2-2^2} = 2\sqrt{\left(\frac{x+1}{2}\right)^2 - 1}$$

이고, $\frac{x+1}{2} = v$ 라 놓으면 $dx = 2dv$ 이므로

$$\int \frac{1}{\sqrt{x^2+2x-3}}dx = \int \frac{1}{\sqrt{v^2-1}}dv$$
$$= \cosh^{-1}v + C = \cosh^{-1}\left(\frac{x+1}{2}\right) + C$$

(2) $\sqrt{4x^2+4x} = \sqrt{(2x+1)^2-1}$ 이므로 $2x+1=t$로 치환하면 $dx = \frac{1}{2}dt$이므로

$$\int \frac{1}{\sqrt{4x^2+4x}}dx = \frac{1}{2}\int \frac{1}{\sqrt{t^2-1}}dt = \frac{1}{2}\cosh^{-1}t + C$$
$$= \frac{1}{2}\cosh^{-1}(2x+1) + C$$

여러형태의 삼각함수 적분법

삼각공식의 이용과 적절한 치환에 의하여 다음 여러 가지의 형태의 삼각함수의 부정적분을 구할 수 있다.

[형태 1] $\int \sin^n x\,dx$ (또는 $\int \cos^n x\,dx$)

(1) n이 홀수인 경우:

$\sin^n x = \sin^{n-1}x \sin x$에서 $\sin^{n-1}x$를 $\cos x$의 식으로 변환하고 $\cos x = v$로 치환한다.

(또는 $\cos^n x = \cos^{n-1}x \cos x$에서 $\cos^{n-1}x$를 $\sin x$의 식으로 변환하고 $\sin x = v$로 치환)

(2) n이 짝수인 경우:

배각공식을 사용하여 $\sin^n x$ (또는 $\cos^n x$)를 코사인의 1차식으로 변환한다.

예제 6 다음의 부정적분을 구하여라.

(1) $\int \sin^2 x\,dx$　　(2) $\int \sin^3 x\,dx$

(3) $\int \cos^4 x dx$

풀이 (1) n이 짝수이므로 배각으로 변형하면

$$\int \sin^2 x\, dx = \int \frac{1-\cos 2x}{2} dx$$

$$= \frac{1}{2}x - \frac{1}{4}\sin 2x + C$$

(2) n이 홀수이므로 치환할 수 있는 형태로 변형시키면

$$\sin^3 x = \sin^2 x \sin x = (1-\cos^2 x)\sin x$$

이므로 $\cos x = v$라 놓으면

$$\int \sin^3 x\, dx = \int (1-v^2)(-dv)$$

$$= \frac{1}{3}v^3 - v + C = \frac{1}{3}\cos^3 x - \cos x + C$$

(3) $\cos^4 x = \left(\frac{1+\cos 2x}{2}\right)^2 = \frac{1}{4}\left(1+2\cos 2x + \frac{1+\cos 4x}{2}\right)$이므로

$$\int \cos^4 x dx = \int \frac{1}{4}\left(1+2\cos 2x + \frac{1+\cos 4x}{2}\right)dx$$

$$= \frac{1}{4}\left[x + \sin 2x + \frac{1}{2}x + \frac{1}{8}\sin 4x\right] + C$$

$$= \frac{3}{8}x + \frac{1}{4}\sin 2x + \frac{1}{32}\sin 4x + C$$

[형태 2] $\int \sin^m x \cos^n x\, dx$

(1) m, n 중 적어도 하나가 홀수인 경우는 형태 1의 (1)과 같은 방법으로 치환한다.

(2) m, n 모두 짝수일 경우는 형태 1의 (2)와 같은 방법으로 각각을 모두 배각으로 변형하여 식을 전개한 후 다시 곱을 합, 차로 바꾸는 삼각공식을 이용하여 피적분함수를 사인, 코사인의 1차식으로 변형한다.

예제 ❼ 다음의 부정적분을 구하여라.

(1) $\int \sin^2 x \cos^3 x \, dx$ (2) $\int \sin^2 x \cos^2 x \, dx$

풀이 (1) $\sin^2 x \cos^3 x = \sin^2 x (1-\sin^2 x)\cos x$ 이므로 $\sin x = v$ 라 놓으면 $\cos x \, dx = dv$ 이고, 따라서 주어진 적분은

$$\int \sin^2 x \cos^3 x \, dx = \int v^2 (1-v^2)\, dv = \frac{1}{3}v^3 - \frac{1}{5}v^5 + C$$

$$= \frac{1}{3}\sin^3 x - \frac{1}{5}\sin^5 x + C$$

(2) 지수가 모두 짝수이므로 배각으로 변형하면

$$\sin^2 x \cos^2 x = \frac{(1-\cos 2x)}{2} \cdot \frac{(1+\cos 2x)}{2} = \frac{1-\cos^2 2x}{4}$$

$$= \frac{1}{4}\left\{1 - \frac{1+\cos 4x}{2}\right\} = \frac{1}{8} - \frac{\cos 4x}{8}$$

이므로 주어진 적분은

$$\int \sin^2 x \cos^2 x \, dx = \int \left(\frac{1}{8} - \frac{\cos 4x}{8}\right) dx$$

$$= \frac{1}{8}x - \frac{1}{32}\sin 4x + C$$

[형태 3] $\int \tan^n x \, dx$ (또는 $\int \cot^n x \, dx$)

(1) $\tan^n x$ 인 경우:

$\tan^2 x = \sec^2 x - 1$ 을 적용한다.

(2) $\cot^n x$ 인 경우:

$\cot^2 x = \csc^2 x - 1$ 을 적용한다.

예제 ❽ 다음의 부정적분을 구하여라.

(1) $\int \tan^3 x\, dx$ (2) $\int \cot^2 x\, dx$

풀이 (1) $\tan^2 x = \sec^2 x - 1$이므로

$$\int \tan^3 x\, dx = \int (\sec^2 x - 1)\tan x\, dx = \int \sec^2 x \tan x\, dx - \int \tan x\, dx$$

$$= \frac{1}{2}\tan^2 x + \log|\sec x| + C$$

(2) $\cot^2 x = \csc^2 x - 1$이므로

$$\int \cot^2 x\, dx = \int (\csc^2 x - 1) dx = -\cot x - x + C$$

[형태 4] $\int \tan^m x \sec^n x\, dx$ (또는 $\int \cot^m x \csc^n x\, dx$)

(1) m은 홀수, n임의의 수일 경우:

$\tan^{m-1}x$ 는 $\sec^2 x$ 의 식으로 바꾸고 $\sec x$를 치환한다.

(2) n은 짝수, m은 임의의 수일 경우:

$\sec^{n-2}x$ 는 $\tan^2 x$ 의 식으로 바꾸고 $\tan x$를 치환한다.

예제 ❾ 다음의 부정적분을 구하여라.

(1) $\int \tan^3 x \sec^{1/2} x\, dx$ (2) $\int \tan^{-1/2} x \sec^4 x\, dx$

풀이 (1) $\tan^3 x \sec^{1/2} x = \tan^2 x \sec^{-1/2} x\,(\sec x \tan x)$

$= (\sec^2 x - 1)\sec^{-1/2} x\,(\sec x \tan x)$

이고 $\sec x = v$라 놓으면 $\sec x \tan x\, dx = dv$ 이므로

$$\int \tan^3 x \sec^{1/2} x\, dx = \int (\sec^2 x - 1)\sec^{-1/2} x\,(\sec x \tan x) dx$$

$$= \int (v^2 - 1)v^{-1/2}\,dv$$

$$= \frac{2}{5}v^{5/2} - 2v^{1/2} + C$$

$$= \frac{2}{5}\sec^{5/2}x - 2\sec^{1/2}x + C$$

(2) $\tan^{-1/2}x\sec^4 x = \tan^{-1/2}x\,(1+\tan^2 x)\sec^2 x$이고 $\tan x = v$라 놓으면 $\sec^2 x\,dx = dv$이므로

$$\int \tan^{-1/2}x\sec^4 x\,dx = \int \tan^{-1/2}x\,(1+\tan^2 x)\sec^2 x\,dx$$

$$= \int v^{-1/2}(1+v^2)\,dv$$

$$= 2v^{1/2} + \frac{2}{5}v^{5/2} + C$$

$$= 2\tan^{1/2}x + \frac{2}{5}\tan^{5/2}x + C$$

[형태 5] $\int \sin mx \cos nx\,dx$ (또는 $\int \sin mx \sin nx\,dx$, $\int \cos mx \cos nx\,dx$)

이런 형태의 적분은 교류이론, 열전도 문제, 광선의 굴절, 현수교 케이블의 압력분석, 그 밖의 삼각함수의 급수가 쓰이는 수학, 과학, 공학의 많은 분야에서 나타난다. 이것은 부분적분을 통하여 계산할 수 있지만 다음과 같이 삼각함수의 곱을 합, 차로 바꾸는 공식을 이용하면 간편하게 계산된다.

(1) $\sin mx \sin nx = -\frac{1}{2}[\cos(m+n)x - \cos(m-n)x]$

(2) $\sin mx \cos nx = \frac{1}{2}[\sin(m+n)x + \sin(m-n)x]$

(3) $\cos mx \cos nx = \frac{1}{2}[\cos(m+n)x + \cos(m-n)x]$

예제 ⑩ 다음의 부정적분을 구하여라.

(1) $\int \sin 5x \cos 3x \, dx$ (2) $\int \sin 2y \sin 3y \, dy$

(3) $\int \cos^2 x \cos 3x \, dx$

풀이 (1) $\int \sin 5x \cos 3x \, dx = \frac{1}{2}\int [\sin 8x + \sin 2x]\, dx$

$$= -\frac{1}{16}\cos 8x - \frac{1}{4}\cos 2x + C$$

(2) $\int \sin 2y \sin 3y \, dy = -\frac{1}{2}\int [\cos 5y - \cos(-y)]\, dy$

$$= \frac{1}{2}\sin y - \frac{1}{10}\sin 5y + C$$

(3) $\cos^2 x = \frac{1+\cos 2x}{2}$ 이므로

$$\begin{aligned}\int \cos^2 x \cos 3x \, dx &= \frac{1}{2}\int (1+\cos 2x)\cos 3x \, dx \\ &= \frac{1}{2}\int [\cos 3x + \cos 2x \cos 3x]\, dx \\ &= \frac{1}{2}\int \left[\cos 3x + \frac{1}{2}(\cos 5x + \cos(-x))\right] dx \\ &= \frac{1}{6}\sin 3x + \frac{1}{20}\sin 5x + \frac{1}{4}\sin x + C\end{aligned}$$

연습문제 (4-1-2)

1. 다음의 부정적분을 구하여라.

(1) $\int \cos(2x-3)dx$ (2) $\int \sin 2x \, dx$

(3) $\int 2x \sin(x^2)dx$ (4) $\int \frac{\cos x}{\sin^2 x}dx$

(5) $\int \frac{\sec^2 x}{\tan^2 x} dx$

(6) $\int e^{-2x} dx$

(7) $\int \frac{e^{\frac{1}{x}}}{x^2} dx$

(8) $\int \frac{1}{\sqrt{4-x^2}} dx$

2. 다음의 부정적분을 구하여라.

(1) $\int \frac{3}{1+9x^2} dx$

(2) $\int \frac{1}{\sqrt{3+2x-x^2}} dx$

(3) $\int \frac{\cos x}{10-\cos^2 x} dx$

(4) $\int \frac{1}{\sqrt{1+4x^2}} dx$

3. 다음의 부정적분을 구하여라.

(1) $\int \sin x \cos^2 x \, dx$

(2) $\int \sin x \cos 3x \, dx$

4. $\int \sqrt{a^2-x^2}\, dx = \frac{x}{2}\sqrt{a^2-x^2} + \frac{a^2}{2}\sin^{-1}\frac{x}{a} + C,\ (a > 0)$임을 증명하여라.

5. 부정적분 $\int \left[\sqrt{2+\sin^3(2x-3)}\ \sin^2(2x-3)\cos(2x-3)\right] dx$를 다음의 방법으로 각각 계산하여라.

(1) $u = 2x-3,\ v = \sin u,\ w = 2+v^3$로 치환

(2) $u = \sin(2x-3),\ v = 2+u^3$로 치환

(3) $u = 2+\sin^3(2x-3),\ v = \sqrt{u}$로 치환

3. 부분적분법

피적분함수가 두 함수의 곱으로 표현되어 있는 경우에 적용할 수 있는 적분법의 하나인 부분적분(integration by parts)을 소개한다. 이것은 두 함수의 곱의 미분을 역으로 이용한 것으로 다음과 같다.

부분적분법

두 함수 $f(x)$와 $g(x)$의 곱을 미분하면

$$\{f(x)g(x)\}' = f(x)g'(x) + f'(x)g(x)$$

이므로

$$f(x)g'(x) = \{f(x)g(x)\}' - f'(x)g(x)$$

이고 양변 적분에 의해서 다음 관계식을 얻는다.

$$\int f(x)g'(x)\,dx = f(x)g(x) - \int f'(x)g(x)\,dx$$

여기서 $u = f(x)$, $v = g(x)$라 하면 $du = f'(x)dx$, $dv = g'(x)dx$이므로 위의 관계식을 보통 다음과 같이 간단히 쓴다.

$$\int u\,dv = uv - \int v\,du$$

예제 1 다음의 부정적분을 구하여라.

(1) $\int x e^x\,dx$　　　(2) $\int x \sin x\,dx$

풀이 (1) $f(x) = x$, $g'(x) = e^x$라 하면 $f'(x) = 1$, $g(x) = e^x$이므로

$$\int x e^x\,dx = x e^x - \int e^x\,dx = x e^x - e^x + C$$

(2) $f(x) = x$, $g'(x) = \sin x$라 하면 $f'(x) = 1$, $g(x) = -\cos x$이므로

$$\int x \sin x\,dx = -x\cos x + \int \cos x\,dx = -x\cos x + \sin x + C$$

예제 ② 다음의 부정적분을 구하여라.

(1) $\int \log x \, dx$ (2) $\int \sin^{-1} x \, dx$

풀이 (1) $f(x) = \log x$, $g'(x) = 1$이라 하면 $f'(x) = \dfrac{1}{x}$, $g(x) = x$이므로

$$\int \log x \, dx = x \log x - \int dx = x \log x - x + C$$

(2) $f(x) = \sin^{-1} x$, $g'(x) = 1$이라 하면 $f'(x) = \dfrac{1}{\sqrt{1-x^2}}$, $g(x) = x$이므로

$$\int \sin^{-1} x \, dx = x \sin^{-1} x - \int \frac{x}{\sqrt{1-x^2}} dx$$

이 되고, 우변의 적분은 $1-x^2$을 치환하여 풀면

$$\int \frac{x}{\sqrt{1-x^2}} dx = -\sqrt{1-x^2} + C$$

이므로 주어진 적분은

$$\int \sin^{-1} x \, dx = x \sin^{-1} x + \sqrt{1-x^2} + C$$

경우에 따라서는 부분적분을 한 번 적용해서 결과를 얻을 수 없고 여러 번 반복해야 할 경우가 있다. 또한, 부분적분법을 반복적용한 결과에 다시 원래의 문제형태가 나타나는 경우가 있는데, 다음 예제를 통하여 이런 경우의 해결법을 살펴보자.

예제 ③ 다음의 부정적분을 구하여라.

(1) $\int x^2 \cos x \, dx$ (2) $\int e^x \sin x \, dx$

풀이 (1) $f(x) = x^2$, $g'(x) = \cos x$라 하면 $f'(x) = 2x$, $g(x) = \sin x$이므로 부분적분법에 의해서

$$\int x^2 \cos x \, dx = x^2 \sin x - \int 2x \sin x \, dx$$

을 얻을 수 있는데, 우변의 적분식은 다시 한번 부분적분법을 적용하여야 한다. 실제로

$$\int 2x\sin x\,dx = -2x\cos x + 2\sin x + C$$

이므로 결과는

$$\int x^2\cos x\,dx = x^2\sin x + 2\left[x\cos x - \sin x\right] + C$$

(2) $f(x) = \sin x$, $g'(x) = e^x$라 하면 $f'(x) = \cos x$, $g(x) = e^x$이므로 부분적분법에 의하여

$$\int e^x \sin x\,dx = e^x\sin x - \int e^x\cos x\,dx$$

를 얻는다. 우변의 적분식에 다시 부분적분법을 적용하여 보자. 즉, $p(x) = \cos x$, $q'(x) = e^x$라 하면 $f'(x) = \cos x$, $g(x) = e^x$이므로

$$\int e^x\cos x\,dx = e^x\cos x + \int e^x\sin x\,dx$$

이다. 여기서 주어진 적분을 $\int e^x\sin x\,dx = A$라 하면

$$A = e^x\sin x - (e^x\cos x + A)$$

이므로 우변의 A를 좌변으로 이항하여 정리하면 다음의 결론을 얻는다. 즉,

$$\int e^x\sin x\,dx = \frac{1}{2}(e^x\sin x - e^x\cos x) + C$$

점화공식

부분적분을 통한 함수 $\phi(x)$의 n-제곱 $\phi^n(x)$의 적분과정에서 적당한 함수 $\psi(x)$와 적당한 상수 $0 < r < n$, k에 대해서

$$\int \phi^n(x)dx = \psi(x) + k\int \phi^{n-r}(x)dx$$

으로 표현될 때가 있는데, 이 공식을 **점화공식**(reduction formula)이라 한다.

예제 ④ 점화공식

$$\int x^n e^x\,dx = x^n e^x - n\int x^{n-1} e^x\,dx$$

을 유도하고 이를 이용하여 $\int x^5 e^x\,dx$ 를 구하여라.

풀이 $f(x) = x^n$ 라 하고 $g'(x) = e^x$ 하면 $f'(x) = nx^{n-1}$ 이고 $g(x) = e^x$ 이므로 부분적분법에 의하여 다음의 점화공식이 유도된다.

$$\int x^n e^x\,dx = x^n e^x - n\int x^{n-1} e^x\,dx$$

이 점화공식에서 지수와 계수를 비교하여 반복적으로 적용하면

$$\begin{aligned}\int x^5 e^x\,dx &= x^5 e^x - 5\int x^4 e^x\,dx \\ &= x^5 e^x - 5\left(x^4 e^x - 4\int x^3 e^x\,dx\right) \\ &= x^5 e^x - 5x^4 e^x + 20\left(x^3 e^x - 3\int x^2 e^x\,dx\right) \\ &= x^5 e^x - 5x^4 e^x + 20x^3 e^x - 60\left(x^2 e^x - 2\int x e^x\,dx\right) \\ &= x^5 e^x - 5x^4 e^x + 20x^3 e^x - 60x^2 e^x + 120\left(x e^x - \int e^x\,dx\right) \\ &= x^5 e^x - 5x^4 e^x + 20x^3 e^x - 60x^2 e^x + 120x e^x - 120e^x + C\end{aligned}$$

예제 ⑤ 임의의 자연수 n에 대해서 $\int \sin^n x\,dx$를 구하는 식을 유도하여라.

풀이 $f(x) = \sin^{n-1}(x)$, $g'(x) = \sin x$라 하면 부분적분에 의하여

$$\int \sin^n x\,dx = -\sin^{n-1}x\cos x + (n-1)\int \sin^{n-2}x\cos^2 x\,dx$$

이므로 $\cos^2 x = 1 - \sin^2 x$를 대입하여 식을 정리하면

$$\int \sin^n x\,dx = -\frac{\sin^{n-1}x\cos x}{n} + \frac{(n-1)}{n}\int \sin^{n-2}x\,dx$$

을 얻는다.

연습문제 (4-1-3)

1. 다음의 부정적분을 구하여라.

(1) $\int x\cos x\, dx$

(2) $\int x\sin 2x\, dx$

(3) $\int x^2 e^{-x} dx$

(4) $\int 2x^3 e^{x^2} dx$

2. $\int \frac{\log x}{x} dx$를 부분적분과 치환적분법으로 각각 구하여라.

3. $\log x = u$이면 $x = e^u$임을 이용하여 $\int \sin(\log x) dx$를 구하여라.

4. $\int \cos^n x\, dx$를 구하는 식을 유도하여라.

5. 점화공식 $\int x^n e^x dx = x^n e^x - n\int x^{n-1} e^x dx$를 유도하고 $\int x^3 e^x dx$를 구하여라.

4. 유리함수의 적분

여기서는 간단한 유리함수의 적분법에 대해서 살펴본다. 앞에서 배운 치환적분법이 적용되는 일반적인 경우(형태 1)를 포함하여 유리함수의 분모의 인수가 모두 2차 이하의 식인 경우(형태2, 3)에 대하여 그 적분법을 살펴본다.

유리함수

두 식이 서로소(relatively prime)인 두 다항함수 $P(x)$, $Q(x)$에 대해서 $f(x)=\dfrac{P(x)}{Q(x)}$를 **유리함수**(rational function)라 한다.

유리함수에서 분자의 차수가 분모의 차수보다 클 경우에는 나눗셈에 의하여 분수식을 몫과 나머지의 합으로 표현할 수 있으므로 유리함수의 적분에서는 분모의 차수가 분자의 차수보다 높은 유리함수의 경우만 생각해도 무방하다. 여기서 $\deg P(x)$는 다항함수 $P(x)$의 차수를 나타낸다.

유리함수의 적분법

이제 여러 형태의 유리함수 중에서 우리는 다음과 같은 형태의 유리함수의 적분을 다룬다.

[형태1] $P(x)$가 $Q'(x)$의 상수배일 경우 (즉, $P(x)=k\,Q'(x)$)

[형태2] $Q(x)$가 1차의 식으로 인수분해되는 경우

[형태3] $Q(x)$가 인수분해되지 않는 2차식인 경우

[형태1] $P(x)$가 $Q'(x)$의 상수배일 경우

분모의 치환에 의해서 간단히 계산된다. 즉,

$$\int \frac{kf'(x)}{f}(x)\,dx = k\int \frac{f'(x)}{f}(x)\,dx = k\log|f(x)|+C.$$

예제 ❶ 다음의 부정적분을 구하여라.

(1) $\int \frac{3x}{x^2+1}dx$ (2) $\int \frac{e^x}{1-e^x}dx$

(3) $\int \frac{1}{x\log x}dx$ (4) $\int \sec x\, dx$

풀이 (1) 분모의 미분이 $\frac{d}{dx}(x^2+1)=2x$ 이므로 피적분함수를

$$\frac{3x}{x^2+1} = \frac{3}{2} \cdot \frac{2x}{x^2+1}$$

로 변형하면 형태1의 공식을 적용할 수 있다. 따라서

$$\int \frac{3x}{x^2+1}dx = \frac{3}{2}\int \frac{2x}{x^2+1}dx = \frac{3}{2}\log(x^2+1)+C$$

(2) 분모의 미분이 $\frac{d}{dx}(1-e^x) = -e^x$ 이고 피적분함수를 변형하면

$$\int \frac{e^x}{1-e^x}dx = -\int \frac{-e^x}{1-e^x}dx = -\log|1-e^x|+C$$

(3) 피적분함수를 $\frac{1}{x\log x} = \frac{\frac{1}{x}}{\log x}$ 로 표현하면 $\frac{d}{dx}(\log x) = \frac{1}{x}$ 이므로 다음과 같이 적분이 계산된다.

$$\int \frac{1}{x\log x}dx = \int \frac{1/x}{\log x}dx = \log|\log x|+C$$

(4) 분자분모에 각각 $\sec x + \tan x$ 를 곱하면

$$\sec x = \frac{\sec x(\sec x+\tan x)}{\sec x+\tan x}$$

이므로

$$\int \sec x\, dx = \int \frac{\sec x(\sec x+\tan x)}{\sec x+\tan x}dx = \log|\sec x+\tan x|+C.$$

[형태2] $Q(x)$가 1차의 식으로 인수분해되는 경우

부분분수로 분해하여 공식

$$\int \frac{a}{ax+b}dx = \log|ax+b| + C$$

를 적용한다.

형태 2의 문제를 해결하기 위해서는 우선 다음과 같이 분수식의 부분분수 분해요령을 익혀야 할 것이다.

[부분분수 분해요령]

(a) 주어진 분수식의 분모를 인수분해하고

(b) 이것을 분모의 각각의 인수를 분모로 하는 여러 개의 부분분수식의 합으로 나타내는데, 이 때 각각의 부분분수식의 분자는 분모의 차수보다 한 차수 낮은 식의 일반형으로 놓는다. 단, 분모가 완전제곱식인 경우의 분자는 모두 상수로 놓는다.

(c) 다시 (b)에서 얻은 식을 통분하여 분자의 미지수를 결정한다.

예제 ❷ 다음 각각의 식을 부분분수로 분해하여라.

(1) $\dfrac{5x-1}{x^2-1}$ (2) $\dfrac{x}{(x-2)^2}$ (3) $\dfrac{1}{x^3-1}$

풀이 (1) 부분분수 분해요령에 따라 정리하면

$$\frac{5x-1}{x^2-1} = \frac{5x-1}{(x-1)(x+1)} \qquad \text{(a)의 과정}$$

$$= \frac{A}{x-1} + \frac{B}{x+1} \qquad \text{(b)의 과정}$$

$$= \frac{(A+B)x+(A-B)}{(x-1)(x+1)} \qquad \text{(c)의 과정}$$

이므로 $A+B=5$, $A-B=-1$을 얻고, 따라서 $A=2$, $B=3$이다. 결론적으로

$$\frac{5x-1}{x^2-1} = \frac{2}{x-1} + \frac{3}{x+1}$$

(2) 분모가 완전제곱식인 경우이므로

$$\frac{x}{(x-2)^2} = \frac{A}{x-2} + \frac{B}{(x-2)^2} = \frac{Ax+(-2A+B)}{(x-2)^2}$$

이다. 그러므로 $A=1$, $-2A+B=0$이고, 이를 풀면 $A=1$, $B=2$를 얻는다. 따라서

$$\frac{x}{(x-2)^2} = \frac{1}{x-2} + \frac{2}{(x-2)^2}$$

(3) 부분분수 분해요령에 의하여

$$\begin{aligned}\frac{1}{x^3-1} &= \frac{1}{(x-1)(x^2+x+1)} \\ &= \frac{A}{x-1} + \frac{Bx+C}{x^2+x+1} \\ &= \frac{(A+B)x^2+(A-B+C)x+(A-C)}{(x-1)(x^2+x+1)}\end{aligned}$$

이므로 계수를 비교하여 연립방정식

$$\begin{cases} A+B = 0 \\ A-B+C=0 \\ A-C=1 \end{cases}$$

을 풀면 $A=\frac{1}{3}$, $B=-\frac{1}{3}$, $C=-\frac{2}{3}$를 얻는다. 따라서

$$\frac{1}{x^3-1} = \frac{1}{3}\left(\frac{1}{x-1} - \frac{x+2}{x^2+x+1}\right)$$

이제 부분분수 분해를 통하여 분수식의 부정적분을 계산하여 보자.

예제 ❸ 다음의 부정적분을 구하여라.

(1) $\displaystyle\int \frac{5x-1}{x^2-1}dx$ (2) $\displaystyle\int \frac{x}{(x-2)^2}dx$ (3) $\displaystyle\int \frac{1}{x^3-1}dx$

풀이 (1) 부분분수 분해요령에 의하여

$$\int \frac{5x-1}{x^2-1}dx = \int \frac{2}{x-1}dx + \int \frac{3}{x+1}dx$$
$$= 2\log|x-1| + 3\log|x+1| + C.$$

(2) $$\int \frac{x}{(x-2)^2}dx = \int \frac{1}{x-2}dx + \int \frac{2}{(x-2)^2}dx$$
$$= \log|x-2| - \frac{2}{x-2} + C$$

(3) $$\int \frac{1}{x^3-1}dx = \frac{1}{3}\left(\int \frac{1}{x-1}dx - \int \frac{x+2}{x^2+x+1}dx\right)$$
$$= \frac{1}{3}\log|x-1| - \frac{1}{3}\int \frac{x+2}{x^2+x+1}dx$$

여기에서 $\displaystyle\int \frac{x+2}{x^2+x+1}dx$는 [형태3]에 의해서 계산하면 된다.

[형태3] $Q(x)$가 인수분해되지 않는 2차식인 경우

분모가 인수분해되지 않는 2차식인 경우에는 분모가

$$px^2 + qx + r = p\{\beta^2 + (x-\alpha)^2\}$$

꼴로 변형이 되므로 다음의 적분공식과 간단한 치환을 이용하여 계산한다.

$$\int \frac{1}{a^2+x^2}dx = \frac{1}{a}\tan^{-1}\left(\frac{x}{a}\right) + C$$

예제 4 다음의 부정적분을 구하여라.

(1) $\displaystyle\int \frac{e^x}{1+e^{2x}}dx$　　(2) $\displaystyle\int \frac{1}{2-2x+x^2}dx$　　(3) $\displaystyle\int \frac{1}{4+9x^2}dx$

풀이 (1) $e^x = v$라 놓으면 $e^x dx = dv$이다. 따라서

$$\int \frac{e^x}{1+e^{2x}}dx = \int \frac{1}{1+v^2}dv = \tan^{-1}v + C$$
$$= \tan^{-1}e^x + C$$

(2) 분모의 식은 $2-2x+x^2 = 1+(x-1)^2$이다. 이때, $x-1=v$라 치환하면

$$\frac{1}{2-2x+x^2} = \frac{1}{1+v^2}, \quad dx = dv$$

이므로

$$\int \frac{1}{2-2x+x^2}dx = \int \frac{1}{1+v^2}dv = \tan^{-1}v + C$$
$$= \tan^{-1}(x-1) + C$$

(3) $3x = v$라 놓으면 $dx = \frac{1}{3}dv$이므로

$$\int \frac{1}{4+9x^2}dx = \frac{1}{3}\int \frac{1}{2^2+v^2}dv = \frac{1}{6}\tan^{-1}\frac{v}{2} + C$$
$$= \frac{1}{6}\tan^{-1}\left(\frac{3x}{2}\right) + C$$

연습문제 (4-1-4)

1. 다음을 부분분수로 분해하여라.

(1) $\dfrac{1}{x^2+2x}$　　(2) $\dfrac{x-11}{x^2+3x-4}$

(3) $\dfrac{-2x+4}{(x^2+1)(x-1)^2}$　　(4) $\dfrac{x^3-8x^2-1}{(x+3)(x-2)(x^2+1)}$

2. 문제 1의 식을 적분하여라.

3. $\displaystyle\int \frac{\sqrt{x}-1}{\sqrt{x}+1}dx$를 구하여라. ($\sqrt{x}=u$로 치환)

4. 주어진 식을 몫과 나머지로 나누어 다음의 부정적분을 구하여라.

(1) $\displaystyle\int \frac{x^3}{x^2-1}dx$　　(2) $\displaystyle\int \frac{x^2+8}{x^2-5x+6}dx$

(3) $\displaystyle\int \frac{e^{4x}}{1-e^{2x}}dx$　　(4) $\displaystyle\int \frac{x^4+2x^3-5x^2-8x+16}{x^3-x^2-4x+4}dx$

요약 (4-1)

1. $F(x)$, $G(x)$가 $f(x)$의 역도함수라 하면 $G(x) = F(x) + C$(C는 상수)이고

$$\int f(x)dx = F(x) + C$$

를 $f(x)$의 부정적분이라 한다.

2. 치환적분법

$$\int f(g(x))g'(x)dx = \int f(t)dt = F(t) + C = F(g(x)) + C$$

3. 형태별 삼각함수 적분법

(1) $\int \sin^n x dx$, $\left(\int \cos^n x\, dx\right)$

i) n이 홀수: $\sin^{n-1}x$를 $\cos x$의 식으로 바꾸고 $\cos x = v$로 치환한다.

ii) n이 짝수: 배각공식에 의하여 코사인의 배각으로 변형한다.

(2) $\int \sin^m x \cos^n x\, dx$

i) m, n중 적어도 하나가 홀수: (1)의 i)의 형태와 같은 방법으로 치환한다.

ii) m, n모두 짝수인 경우: 모두 배각으로 바꾼 후 형태 (5)를 적용한다.

(3) $\int \tan^n x\, dx$, $\left(\int \cot^n x\, dx\right)$

$\tan^2 x = \sec^2 x - 1$을 적용하여 식을 변경한다.

(4) $\int \tan^m x \sec^n x\, dx$, $\left(\int \cot^m x \csc^n x\, dx\right)$

i) m이 짝수인 경우: $\tan^{m-1}x$를 $\sec^2 x$의 식으로 바꾸고 $\sec x = v$로 치환한다.

ii) n이 짝수인 경우: $\sec^{n-2}x$를 $\tan^2 x$의 식으로 바꾸고 $\tan x = v$로 치환한다.

(5) $\int \sin mx \cos nx dx$, $\left(\int \sin mx \sin nx\, dx,\ \int \cos mx \cos nx\, dx\right)$

다음 공식을 이용하여 사인, 코사인의 배각으로 변형한다.

$$\sin mx \sin nx = -\frac{1}{2}\left[\cos(m+n)x - \cos(m-n)x\right]$$

$$\sin mx \cos nx = \frac{1}{2}\left[\sin(m+n)x + \sin(m-n)x\right]$$

$$\cos mx \cos nx = \frac{1}{2}\left[\cos(m+n)x + \cos(m-n)x\right]$$

4. 부분적분법

$$\int f(x)g'(x)\,dx = f(x)g(x) - \int f'(x)g(x)\,dx$$

5. 점화공식

(1) $\int x^n e^x\,dx = x^n e^x - n\int x^{n-1}e^x\,dx$

(2) $\int \sin^n x\,dx = -\frac{1}{n}\sin^{n-1}x\cos x + \frac{n+1}{n}\int \sin^{n-2}x\,dx$

6. 부분분수 분해요령

(1) 분모의 차수 > 분자의 차수임을 확인(그렇지 않을때는 직접 나눠서 몫과 나머지로 분리) 한다.

(2) 분모를 인수분해한다.

(3) 분모의 각각의 인수를 분모로 하는 여러 개의 분수식의 합으로 표현한다. 이때, 분자는 분모보다 한 차수 낮은 식의 일반형으로 놓는다.

(4) (3)의 식을 다시 통분하고 원식과 비교하여 계수를 결정한다.

종합문제 (4-1)

1. 다음의 부정적분을 구하여라.

(1) $\int -3x^4\,dx$

(2) $\int \sqrt{5x+1}\,dx$

(3) $\int \left(e^{\frac{x}{2}}+e^{-\frac{x}{2}}\right)dx$

(4) $\int \left(x^{\frac{2}{3}}-2x^{\frac{1}{3}}+5\sqrt{x}-3\right)dx$

2. 다음의 부정적분을 구하여라.

(1) $\int \sec 2x\,dx$

(2) $\int \frac{1}{\sin^2 x}\,dx$

(2) $\int (\tan\theta+\cot\theta)^2\,dx$

(4) $\int \frac{1}{1+\cos x}\,dx$

3. 다음의 부정적분을 구하여라.

(1) $\int \frac{1}{4-9t^2}\,dt$

(2) $\int \frac{\cos\theta}{4-\sin^2\theta}\,d\theta$

(3) $\int \sqrt{2x-x^2}\,dx$

(4) $\int \frac{e^x}{1+e^{2x}}\,dx$

4. 다음의 부정적분을 구하여라.

(1) $\int \sin^7 x\,dx$

(2) $\int \sin^3 x\cos^3 x\,dx$

(3) $\int (\cos 2x+\cos x)^2\,dx$

(4) $\int \sin x\cos x\cos^4 2x\,dx$

5. 치환적분법을 이용하여 다음을 구하여라.

(1) $\int \frac{\sqrt{x-4}}{x\sqrt{x}}\,dx$ ($x=4\sec\theta$로 치환)

(2) $\int \frac{dx}{x\sqrt{6x-x^2}}$ ($x=6\sin^2\theta$로 치환)

(3) $\int 2x\sqrt{1+4x}\,dx$ ($\sqrt{1+4x}=t$로 치환)

(4) $\int \dfrac{\sqrt{3+x}}{x-6}\,dx$ ($\sqrt{3+x}=t$로 치환)

6. 부분적분법을 이용하여 다음을 구하여라.

(1) $\int x\,e^{-x}\,dx$

(2) $\int \log x^2\,dx$

(3) $\int \sin^{-1}x\,dx$

(4) $\int e^x \cos 2x\,dx$

7. 부분분수로 분해하여 다음 유리함수의 부정적분을 구하여라.

(1) $\int \dfrac{x^2-1}{x^2-4}\,dx$

(2) $\int \dfrac{7-2x}{x^2+2x-8}\,dx$

(3) $\int \dfrac{x^4+x^3-1}{x^3+1}\,dx$

(4) $\int \dfrac{1}{x^4-1}\,dx$

(5) $\int \dfrac{x}{(x+1)(x^2+1)}\,dx$

(6) $\int \dfrac{1}{x^3(1+x^2)}\,dx$

4-2 정적분

1. 정적분

정적분은 이전까지 계산했던 부정적분과는 완전히 구별되어 역도함수 족이 아니라 수의 극한(numerical limits)이다(정의 참조). 하지만 왜 둘 모두 '적분'이라는 표현을 쓰고있는가 또 그들간에는 어떤 연관성이 있는가 하는 의문을 가질 수 있는데 그 이유는 바로 라이프니츠와 뉴턴에 의해서 발견되고 공식화된 미적분학의 기본정리라는 아주 유명한 정리의 영향 때문이다. 여기서는 정적분의 계산법과 특이적분에 대해 소개한다.

면적

함수 $y=f(x)$가 폐구간 $[a, b]$에서 연속이고 음이 아닐 때 직선 $x=a$, $x=b$와 x축 그리고 곡선 $y=f(x)$로 둘러싸인 영역의 면적 A를 계산하여 보자.

구간 $[a, b]$를 n등분한 $(n-1)$개의 점을 크기순으로 $x_1, x_2, \cdots, x_{n-1}$이라 하면 각 부분구간의 길이는 $\Delta x=(b-a)/n$이다. 이때 영역 A의 면적은 각 부분구간 $[x_{k-1}, x_k]$에서 함수의 최솟값 $f(\xi_k)$에 대하여

$$\begin{aligned} A &= \lim_{n\to\infty}(f(\xi_1)\Delta x+f(\xi_2)\Delta x+\cdots+f(\xi_n)\Delta x) \\ &= \lim_{n\to\infty}\sum_{k=1}^{n} f(\xi_k)\cdot\Delta x \end{aligned} \tag{1}$$

이다.

예제 ❶ 구간 $[0, 2]$에서 함수 $f(x)=x^2$에 의한 영역의 면적을 구하여라.

풀이 구간 $[0, 2]$를 n등분하는 $n-1$개의 점은 $x_k=\dfrac{2k}{n}$이고 각각의 부분구간의 길이는 $\dfrac{2}{n}$이다. 또한 주어진 함수는 구간 $[0, 2]$에서 증가함수이므로 각 부분구간에서의 최솟값은 $f\left(\dfrac{2(k-1)}{n}\right)$이므로 구하고자 하는 면적은

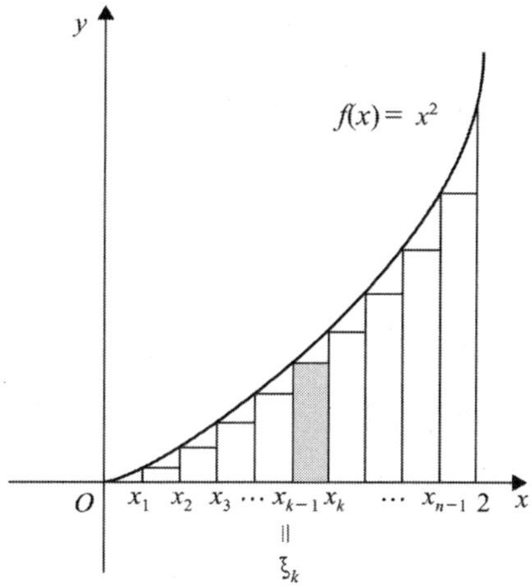

▌그림 4-1

$$
\begin{aligned}
A &= \lim_{n\to\infty} \sum_{k=1}^{n} f\left(\frac{2(k-1)}{n}\right) \cdot \frac{2}{n} \\
&= \lim_{n\to\infty} \sum_{k=1}^{n} \frac{4(k-1)^2}{n^2} \cdot \frac{2}{n} \\
&= \lim_{n\to\infty} \frac{8}{n^3} \sum_{k=1}^{n} (k^2 - 2k + 1) \\
&= \lim_{n\to\infty} \frac{8}{n^3} \left(\frac{n(n+1)(2n+1)}{6} - n(n+1) + n \right) \\
&= \frac{8}{3}
\end{aligned}
$$

이와 같은 맥락에서, 구간 $[a, b]$에서 정의된 함수 $y = f(x)$에 대해서 다음과 같은 과정을 거쳐 정적분을 정의한다.

분할

구간 $[a, b]$에 $a = x_0 < x_1 < \cdots < x_n = b$인 $n-1$개의 임의의 점 $x_1, x_2, \cdots, x_{n-1}$을 취하여 n개의 부분구간으로 나눈다. 이때,

$$P = \{a = x_0 < x_1 < \cdots < x_n = b\}$$

를 구간 $[a, b]$의 **분할**(partition)이라 하고 각 부분구간 $[x_{k-1}, x_k]$의 길이를 $\Delta x_k = x_k - x_{k-1}$로 나타낼 때

$$\|P\| = \max_k \{\Delta x_k : 1 \le k \le n\}$$

을 분할 P의 **크기**(norm)라 한다.

각각의 소구간의 길이는 $\|P\|$를 넘지 않으므로 $\|P\|$의 크기를 아주 작게 하면 할수록 분할 P는 **세분**(refinement)된다고 말한다.

리만(Riemann) 합

각각의 소구간 $[x_{k-1}, x_k]$에서 임의로 한 표본점(samlpe point) ξ_k을 선정하여 만든 합 $R(f, P) = \sum_{k=1}^{n} f(\xi_k)\Delta x_k$을 구간 $[a, b]$ 위에서 함수 f의 분할 P에 대한 **리만 합**이라 한다.

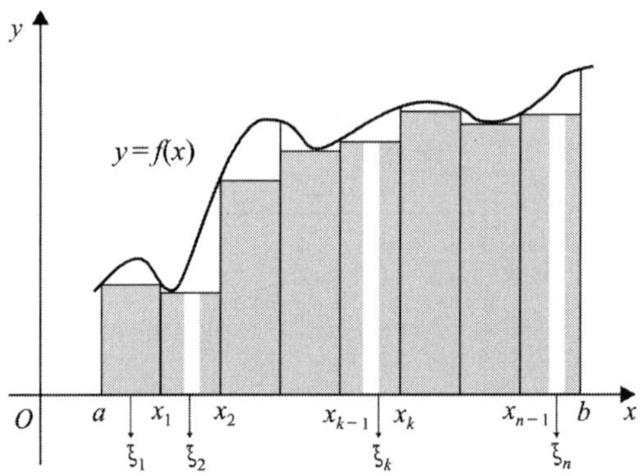

그림 4-2

적분가능

분할 P를 한없이 세분할 때, 즉 $\|P\| \to 0$으로 할 때 표본점 ξ_k의 선택에 관계없이 리만 합 $R(f, P)$가 어떤 일정한 값 A에 한없이 가까워진다면 함수 $f(x)$는 구간 $[a, b]$에서 **적분가능**(integrable)하다고 하며, 이 일정한 값 A를 a에서 b까지의 함수 $y = f(x)$의 **정적분**(또는 **리만 적분**)이라 하고 $A = \int_a^b f(x)\,dx$로 나타낸다. 즉,

$$\lim_{\|P\|\to 0} R(f,\ P) = \lim_{\|P\|\to 0} \sum_{k=1}^{n} f(\xi_k)\Delta x_k = \int_a^b f(x)dx \tag{2}$$

또한 다음의 관계를 정의한다.

(1) $\int_a^a f(x)dx = 0$	(2) $\int_b^a f(x)dx = -\int_a^b f(x)dx$

상합 · 하합

특히 함수 $y = f(x)$가 구간 $[a,\ b]$에서 연속일 때, 각각의 부분구간에서 함숫값을 최소로 하는 표본점을 택한 리만 합을 **하합** $L(f,\ P)$, 함숫값을 최대로 하는 표본점을 택한 리만 합을 **상합** $U(f,\ P)$이라 한다. 즉,

$$L(f,\ P) = \sum_{k=1}^{n} m_k \cdot \Delta x_k, \quad m_k = \min\{f(x) : x \in [x_{k-1},\ x_k]\}$$

$$U(f,\ P) = \sum_{k=1}^{n} M_k \cdot \Delta x_k, \quad M_k = \max\{f(x) : x \in [x_{k-1},\ x_k]\}$$

이때, 분할 P의 크기를 무한히 작게 하면, 즉 $\|P\| \to 0$을 취하면

$$\lim_{\|P\|\to 0} (U(f,\ P) - L(f,\ P)) = 0$$

또는

$$\lim_{\|P\|\to 0} L(f,\ P) = \lim_{\|P\|\to 0} U(f,\ P)$$

이 된다. 그런데 각각의 소구간 $[x_{k-1},\ x_k]$ 안의 임의의 표본점 ξ_k에 대하여

$$L(f,\ P) \le \sum_{k=1}^{n} f(\xi_k)\Delta x_k \le U(f,\ P)$$

을 만족하므로 정적분 A는

$$\lim_{\|P\|\to 0} L(f,\ P) = \lim_{\|P\|\to 0} \sum_{k=1}^{n} f(\xi_k)\Delta x_k = \int_a^b f(x)dx = \lim_{\|P\|\to 0} U(f,\ P) \tag{3}$$

이 된다.

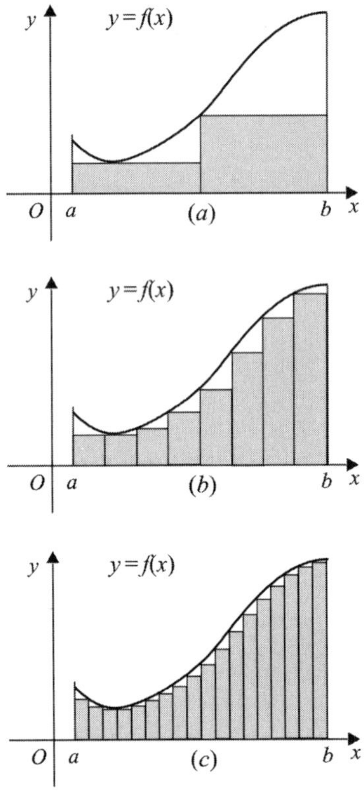

▌**그림 4-3**

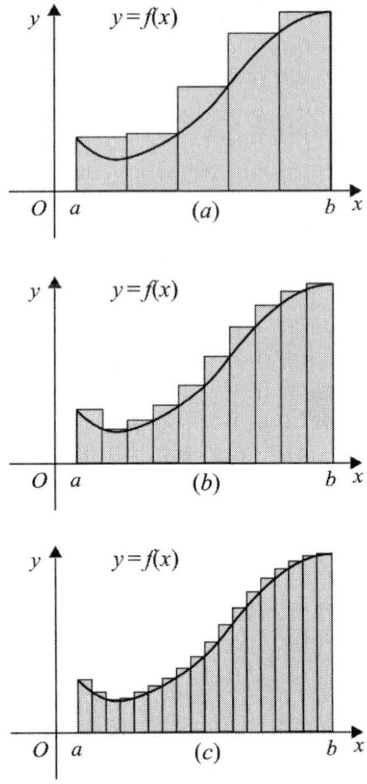

▌**그림 4-4**

예제 ❷ 함수

$$f(x) = \begin{cases} 0, & x\text{는 유리수} \\ 1, & x\text{는 무리수} \end{cases}$$

는 구간 [0, 1]에서 적분가능하지 않음을 보여라.

풀이 구간 [0, 1]의 임의의 분할

$$P : 0 = x_0 < x_1 < \cdots < x_{n-1} < x_n = 1$$

에 대해서 소구간 $[x_{k-1}, x_k]$ 안에는 항상 유리수 p_k와 무리수 q_k가 반드시 존재한다. 그러므로 하합은 모든 소구간에서 대표점을 유리수로 택할 때

$$\lim_{\|P\|\to 0} L(f,\ P) = \lim_{\|P\|\to 0}\sum_{k=1}^{n} f(p_k)\Delta x_k = 0$$

이고, 상합은 모든 소구간에서 대표점을 무리수로 택할 때

$$\lim_{\|P\|\to 0} U(f,\ P) = \lim_{\|P\|\to 0}\sum_{k=1}^{n} f(q_k)\Delta x_k = \lim_{\|P\|\to 0}\sum_{k=1}^{n}\Delta x_k = 1$$

이다. 즉, 대표점의 선택에 따라 값이 다르므로 극한은 존재하지 않는다. 따라서 주어진 함수는 적분가능하지 않다.

정적분의 정의와 위의 예제에서 볼 수 있듯이 적분가능성의 판정은 극한값 A의 존재여부로 판정하는 것이 용이하지 않다. 다음 정리는 적분가능성에 대한 여러 가지 정리 중에서도 아주 유용하게 사용된다.

정리 4-2-1 정적분의 존재정리

함수 f가 구간 $[a,\ b]$에서 연속이면 적분가능하며 실제로 표본값 ξ_k의 선택에 관계없이

$$\int_a^b f(x)dx = \lim_{\|P\|\to 0}\sum_k f(\xi_k)\Delta x_k \tag{4}$$

을 만족한다.

정리 4-2-2

함수 f가 구간 $[a,\ b]$에서 유한개의 점을 제외한 모든 점에서 연속이고 유계(bounded)이면 f는 $[a,\ b]$에서 적분가능하다.

위의 정리로부터 폐구간에서 정의된 대부분의 다항함수 $P(x)$, 유리함수 $\dfrac{P(x)}{Q(x)}$ $(Q(x)\neq 0)$와 사인함수, 코사인함수, 지수함수 a^x $(a>0,\ a\neq 1)$, 그리고 로그함수 $\log_a x$ 등은 모두 적분가능함을 알 수 있다.

구분구적법

폐구간 $[a, b]$에서 앞의 정리를 만족하는 함수 f는 항상 적분가능하므로, 정적분값은 구간 $[a, b]$의 분할 P와 소구간에서의 대표점들을 어떻게 선택하느냐에 관계없이 일정하다. 따라서 정적분을 계산할 때 보통 분할은 소구간의 길이를 같게 하는 균등분할을 택하며 소구간의 대표점은 끝점을 택한다. 즉, 구간의 길이와 대표점은

$$\Delta x_k = \frac{b-a}{n}, \quad \xi_k = a + \frac{b-a}{n}k$$

이고, 따라서

$$\int_a^b f(x)\,dx = \lim_{n\to\infty}\sum_{k=1}^{n} f\left(a + \frac{b-a}{n}k\right)\frac{b-a}{n} \tag{5}$$

이다. 이와 같은 정적분 계산법을 **구분구적법**이라고 한다.

예제 ③ 정적분의 정의에 의해서 다음 적분값을 구하여라.

(1) $\int_{-3}^{1}(2-x)\,dx$ (2) $\int_{-2}^{1}(x^2-4x)\,dx$

풀이 (1) 구간 $[-3, 1]$을 n등분하면 소구간의 길이는 모두 $\frac{4}{n}$이고, 각 소구간 $[x_{k-1}, x_k]$에서의 대표점을 $\xi_k = -3 + \frac{4}{n}k$로 택하면

$$f(\xi_k) = 2 - \left(-3 + \frac{4}{n}k\right) = 5 - \frac{4}{n}k$$

이다. 따라서 구하는 정적분은

$$\begin{aligned}\int_{-3}^{1}(2-x)\,dx &= \lim_{n\to\infty}\sum_{k=1}^{n}\left(5-\frac{4}{n}k\right)\frac{4}{n} = \lim_{n\to\infty}\sum_{k=1}^{n}\left(\frac{20}{n}-\frac{16}{n^2}k\right)\\ &= \lim_{n\to\infty}\left[\frac{20}{n}\times n - \frac{16}{n^2}\times\frac{n(n+1)}{2}\right]\\ &= 20-8=12\end{aligned}$$

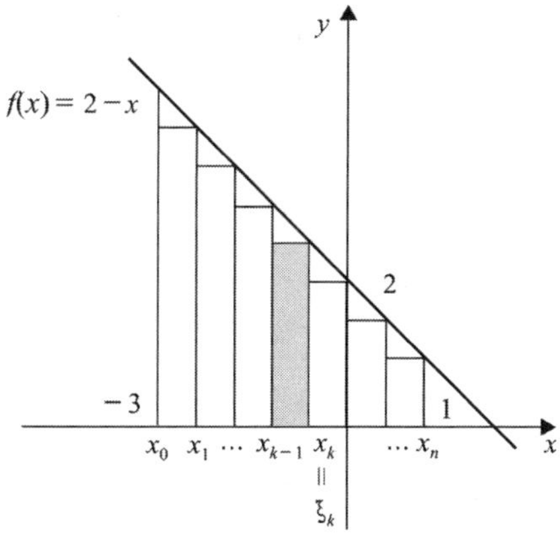

▌그림 4-5

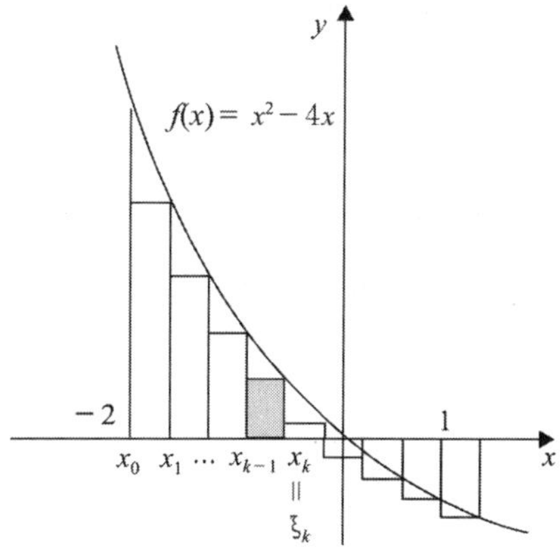

▌그림 4-6

(2) 구간 $[-2,\ 1]$을 n등분하면 소구간의 길이는 모두 $\dfrac{3}{n}$이고, 각 소구간 $[x_{k-1},\ x_k]$에서의 대표점을 $\xi_k = -2+\dfrac{3}{n}k$로 택하면

$$f(\xi_k) = \left(-2+\frac{3}{n}k\right)^2 - 4\left(-2+\frac{3}{n}k\right) = 12-\frac{24}{n}k+\frac{9}{n^2}k^2$$

이다. 따라서 구하는 정적분은

$$\begin{aligned}\int_{-2}^{1}(x^2-4x)\,dx &= \lim_{n\to\infty}\sum_{k=1}^{n}\left(12-\frac{24}{n}k+\frac{9}{n^2}k^2\right)\frac{3}{n}\\ &= \lim_{n\to\infty}\sum_{k=1}^{n}\left(\frac{36}{n}-\frac{72}{n^2}k+\frac{27}{n^3}k^2\right)\\ &= \lim_{n\to\infty}\left[\frac{36}{n}\cdot n-\frac{72}{n^2}\cdot\frac{n(n+1)}{2}+\frac{27}{n^3}\cdot\frac{n(n+1)(2n+1)}{6}\right]\\ &= 36-36+9=9\end{aligned}$$

주의 기억해야 할 점은 정적분은 어떤 구간에서 리만 합의 극한으로 정의된 값(숫자)이라는 것이다. 또한, 함수 f가 주어진 구간 $[a,\ b]$에서 음이 아니면 정적분 $\int_a^b f(x)\,dx$값은 바로 함수의 그래프가 $x-$축과 이룬 영역의 면적과 같다는 것은 자명하다. 따라서 정의에서 볼 수 있듯이 정적분은 부정적분과 달리 적분변수를 달리해도 단지 축의 또 다른 표현일 뿐 정적분값은 언제나 같다. 즉, 임의의 변수 u에 대해서 $\int_a^b f(u)\,du = \int_a^b f(x)\,dx$이다.

다음은 정적분에 관한 대수적 성질에 관한 것으로 증명과정은 생략한다.

정리 4-2-3 정적분의 대수적 성질

주어진 구간에서 적분가능한 함수 f, g에 대해서

(1) $\int_a^b k\,f(x)dx = k\int_a^b f(x)dx$ (k는 상수)

(2) $\int_a^b [f(x) \pm g(x)]\,dx = \int_a^b f(x)dx \pm \int_a^b g(x)dx$

(3) 구간 $[a,\ b]$에서 항상 $f(x) \le g(x)$이면 $\int_a^b f(x)dx \le \int_a^b g(x)\,dx$이다.

(4) m과 M을 각각 구간 $[a,\ b]$에서 $f(x)$의 최솟값과 최댓값이라 할 때(그림 4-7),

$$m(b-a) \le \int_a^b f(x)dx \le M(b-a)$$

(5) 함수 f가 세 점 a, b, c를 포함하는 구간에서 연속이면(그림 4-8)

$$\int_a^b f(x)dx + \int_b^c f(x)dx = \int_a^c f(x)dx$$

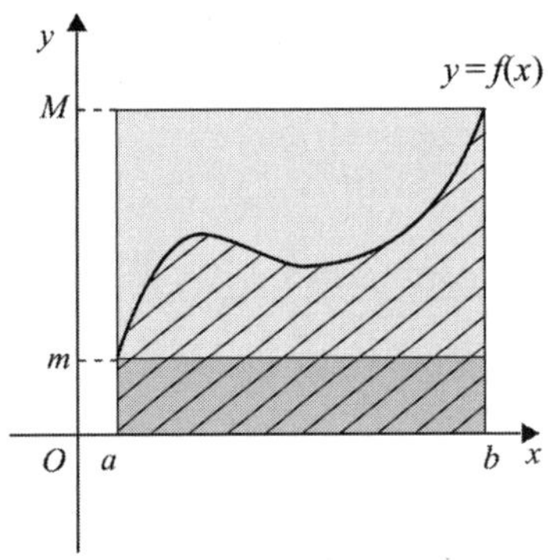

▍그림 4-7

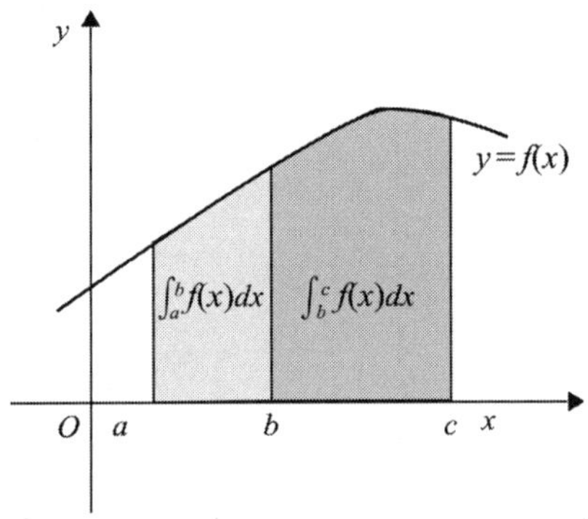

▍그림 4-8

예제 ❹ $1 \le \int_0^1 \sqrt{1+x^4}\,dx \le \frac{6}{5}$ 임을 증명하여라.

증명 구간 $[0,\ 1]$의 모든 x에 대해서 부등식

$$1 \le \sqrt{1+x^4} \le 1+x^4$$

이 만족한다. 따라서 정리 4-2-3의 (3)에 의하여

$$\int_0^1 dx \le \int_0^1 \sqrt{1+x^4}\,dx \le \int_0^1 (1+x^4)\,dx$$

이므로 적분하면

$$1 \le \int_0^1 \sqrt{1+x^4}\,dx \le \frac{6}{5}$$

예제 ❺ $f(x) = |x-2|$일 때 $\int_0^4 f(x)\,dx$를 구하여라.

풀이 $|x-2| = \begin{cases} 2-x, & 0 \le x < 2 \\ x-2, & 2 \le x \le 4 \end{cases}$ 이므로 정리 4-2-3의 (5)에 의하여

$$\begin{aligned}\int_0^4 f(x)\,dx &= \int_0^2 f(x)\,dx + \int_2^4 f(x)\,dx \\ &= \int_0^2 (2-x)\,dx + \int_2^4 (x-2)\,dx\end{aligned}$$

가 성립하고, 정리 4-2-6의 미적분학의 제2기본정리 의하여

$$\begin{aligned}\int_0^2 f(x)\,dx + \int_2^4 f(x)\,dx &= \int_0^2 (2-x)\,dx + \int_2^4 (x-2)\,dx \\ &= \left[2x - \frac{1}{2}x^2\right]_0^2 + \left[\frac{1}{2}x^2 - 2x\right]_2^4 = 4.\end{aligned}$$

정리 4-2-4 미적분학의 제1기본정리

함수 f가 폐구간 $[a,\ b]$에서 연속이면, 함수

$$F(x)=\int_a^x f(t)dt$$

는 $[a,\ b]$ 안의 모든 x에 대해서 미분가능하고, 또한

$$\frac{dF}{dx}=\frac{d}{dx}\int_a^x f(t)dt=f(x) \tag{6}$$

이다.

증명 $F(x)=\int_a^x f(t)dt$ 라 놓고 도함수의 정의에 의하여

$$\lim_{h\to 0}\frac{F(x+h)-F(x)}{h}=f(x)$$

임을 보이자. 정적분의 성질에 의하면

$$\begin{aligned} F(x+h)-F(x) &= \int_a^{x+h} f(t)\,dt-\int_a^x f(t)\,dt \\ &= \int_a^{x+h} f(t)\,dt+\int_x^a f(t)\,dt \\ &= \int_x^{x+h} f(t)\,dt \end{aligned}$$

임을 알 수 있다. 이제 양수 $h>0$에 대해서 함수 f는 폐구간 $[x,\ x+h]$에서 연속이므로 이 구간에서 최댓값 M과 최솟값 m을 갖는다. 따라서 정리 4-2-4에 의하여

$$mh \le \int_x^{x+h} f(t)\,dt = F(x+h)-F(x) \le Mh$$

이므로

$$m \le \frac{F(x+h)-F(x)}{h} \le M$$

이다. f가 연속이므로 $h\to 0^+$이면 $m\to f(x)$, $M\to f(x)$이고, 따라서 우극한은

$$\lim_{h \to 0^+} \frac{F(x+h)-F(x)}{h} = f(x)$$

이다. 또한 $h < 0$일 때 구간 $[x-h,\ x]$에 대해서 위의 방법을 적용하여

$$\lim_{h \to 0^-} \frac{F(x+h)-F(x)}{h} = f(x)$$

이 증명된다.

예제 6 다음을 계산하여라.

(1) $\dfrac{d}{dx}\left(\displaystyle\int_0^x \cos\frac{t}{2}\,dt\right)$ (2) $\dfrac{d}{dx}\left(\displaystyle\int_{-\pi/4}^x \frac{\sin t}{1+t^2}dt\right)$

풀이 (1) 함수 $f(x)=\cos\dfrac{x}{2}$가 연속이므로 위의 정리에 의해서

$$\frac{d}{dx}\left(\int_0^x \cos\frac{t}{2}\,dt\right) = \cos\frac{x}{2}$$

(2) 함수 $f(x)=\dfrac{\sin x}{1+x^2}$가 연속이므로 위의 정리에 의해서

$$\frac{d}{dx}\left(\int_{-\pi/4}^x \frac{\sin t}{1+t^2}dt\right) = \frac{\sin x}{1+x^2}$$

예제 7 $y = \displaystyle\int_0^{x^2} \sin t\,dt$일 때 $\dfrac{dy}{dx}$를 구하여라.

풀이 이 문제의 경우는 적분구간에 x가 아니고 x^2임을 주의해야 한다. 이 경우 $v=x^2$이라 놓으면 y는 두 함수

$$f(v) = \int_0^v \sin t\,dt, \quad v = x^2$$

의 합성함수이고, 또한 $\dfrac{dy}{dv}=\sin v$, $\dfrac{dv}{dx}=2x$이므로 미분에 대한 연쇄법칙에 의하여

$$\frac{dy}{dx} = \frac{dy}{dv}\,\frac{dv}{dx} = \sin v\cdot(2x) = 2x\sin x^2$$

임을 얻는다. 실제로 미적분학의 기본정리를 이용하면

$$y = \int_0^{x^2} \sin t\, dt = [-\cos t]_0^{x^2} = -\cos(x^2)+1$$

이므로

$$\frac{dy}{dx} = \sin(x^2)\cdot(2x) = 2x\sin(x^2)$$

임을 쉽게 알 수 있다.

보기 ❶ 다음은 정적분으로 정의되는 함수들의 몇 가지 예이다.

(a) 로그함수(natural logarithm function)

$$\log x = \int_1^x \frac{1}{t}\, dt, \quad x > 0$$

(b) 오류함수(error function) 확률론 및 열전도이론, 신호전송이론에서 볼 수 있다.

$$\mathrm{erf}(x) = \frac{2}{\sqrt{\pi}} \int_0^x e^{-t^2} dt$$

(c) 사인적분함수(sine integral)

$$\mathrm{si}(x) = \int_0^x \frac{\sin t}{t} dt$$

따름정리 4-2-5 역도함수의 존재정리

함수 $y = f(x)$가 구간 $[a, b]$에서 연속이면 f는 $[a, b]$에서 역도함수를 갖는다.

증명 임의의 $x \in [a, b]$에 대해서 f가 구간 $[a, x]$에서 함수 f가 연속이다. 따라서 정적분의 존재정리에 의해서 $\int_a^x f(t)\,dt$가 존재하고 이를 $F(x)$라 하면 정리 4-2-4에 의해서 $\frac{dF}{dx} = f(x)$이므로 $f(x)$는 역도함수

$$F(x) = \int f(t)\,dt$$

를 갖는다.

다음은 역도함수를 이용해서 정적분을 계산하는 방법을 제시하는 매우 유용한 정리이다. 따라서 이제부터는 정적분을 극한으로 계산하지 않고 대부분 미적분학의 제2기본정리라 불리는 이 정리를 사용할 것인데, 이 정리가 보통 말하는 미적분학의 기본정리이다.

정리 4-2-6 미적분학의 제2기본정리

함수 $y=f(x)$가 구간 $[a,\ b]$에서 연속이고, F가 $[a,\ b]$에서 f의 역도함수라면

$$\int_a^b f(x)dx = [F(x)]_a^b = F(b)-F(a) \tag{7}$$

가 성립한다.

증명 구간 $[a,\ b]$의 임의의 분할을 $P=\{a=x_0<x_1<\cdots<x_n=b\}$라 놓으면 다음 등식이 성립한다.

$$\begin{aligned} F(b)-F(a) &= F(x_n)-F(x_0) \\ &= \{F(x_n)-F(x_{n-1})\}+\{F(x_{n-1})-F(x_{n-2})\} \\ &\quad +\cdots+\{F(x_1)-F(x_0)\} \\ &= \sum_{k=1}^{n}\{F(x_k)-F(x_{k-1})\} \end{aligned}$$

이때, 각각의 소구간 $[x_{k-1},\ x_k]$에서 함수 $f(x)$의 미분에 관한 평균값 정리를 적용하면 각각의 k에 대해서 적당한 $\xi_k\in[x_{k-1},\ x_k]$이 존재하여

$$F(x_k)-F(x_{k-1})=F'(\xi_k)(x_k-x_{k-1})=f(\xi_k)\Delta x_k$$

가 성립한다. 따라서

$$F(b)-F(a)=\sum_{k=1}^{n}f(\xi_k)\Delta x_k$$

이고 이것은 임의의 모든 분할 P에 대해서 항상 성립하므로

$$F(b)-F(a)=\lim_{\|P\|\to 0}\sum_{k=1}^{n}f(\xi_k)\Delta x_k=\int_a^b f(x)dx$$

을 만족한다.

위의 미적분학의 기본정리를 이용하면 다음 정적분은 매우 쉽고 간단하게 구할 수 있다.

예제 8 다음 정적분값을 구하여라.

(1) $\int_{-3}^{1}(2-x)\,dx$ (2) $\int_{-2}^{1}(x^2-4x)\,dx$

(3) $\int_{0}^{1}x\,e^{x}\,dx$ (4) $\int_{0}^{\pi/4}\sin^3 3x\,\cos 3x\,dx$

풀이 (1) $F(x)=2x-\frac{1}{2}x^2$ 은 $f(x)=2-x$ 의 하나의 역도함수이므로 구하는 정적분은

$$\int_{-3}^{1}(2-x)\,dx = F(1)-F(-3)$$
$$=\left(2-\frac{1}{2}\right)-\left(-6-\frac{9}{2}\right)=12$$

(2) $F(x)=\frac{x^3}{3}-2x^2$ 은 $f(x)=x^2-4x$ 의 하나의 역도함수이므로 구하는 정적분은

$$\int_{-2}^{1}(x^2-4x)\,dx = F(1)-F(-2)$$
$$=\left(\frac{1}{3}-2\right)-\left(-\frac{8}{3}-8\right)=9$$

(3) 부분적분에 의하여

$$\int_{0}^{1}x\,e^{x}\,dx = [xe^{x}]_0^1-\int_0^1 e^{x}\,dx$$
$$=[xe^{x}]_0^1-[e^{x}]_0^1=e-(e-1)=1$$

(4) 치환에 의하여 함수 $f(x)=\sin^3 3x\cos 3x$ 의 부정적분을 구하자. 이제 $\sin 3x=v$ 라 놓으면 $3\cos 3x\,dx=dv$ 이므로

$$\int \sin^3 3x\,\cos 3x\,dx=\frac{1}{3}\int v^3\,dv$$
$$=\frac{1}{12}v^4+C=\frac{1}{12}\sin^4 3x+C$$

이다. 그러므로 구하는 정적분은

$$\int_0^{\pi/4}\sin^3 3x\,\cos 3x\,dx=\left[\frac{1}{12}\sin^4 3x\right]_0^{\pi/4}=\frac{1}{48}.$$

정리 4-2-7 적분에 관한 평균값 정리

함수 $f(x)$가 폐구간 $[a,\ b]$에서 연속이면

$$\int_a^b f(x)\,dx = f(c)(b-a) \tag{8}$$

인 점 $c \in (a,\ b)$가 반드시 존재한다.

증명 $F(x) = \int_a^x f(t)\,dt,\ a \le x \le b$라 놓으면 $F(x)$는 구간 $[a,\ b]$에서 미분가능하므로 미분에 관한 평균값 정리에 의하여

$$F(b) - F(a) = F'(c)(b-a)$$

인 점 $c \in (a,\ b)$가 반드시 존재한다.
그런데 $F'(x) = f(x)$이므로 위 식을 다시 쓰면

$$\int_a^b f(x)\,dx = F(b) - F(a) = f(c)(b-a)$$

이다.

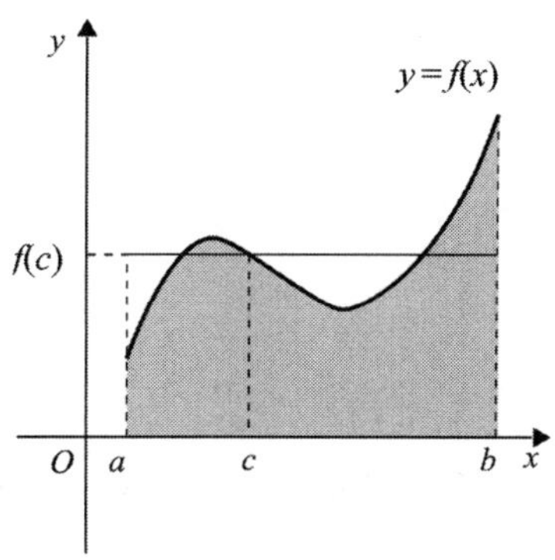

▌그림 4-9

예제 9 구간 $[0,\ 2]$에서 함수 $f(x) = x^3$에 대하여 적분에 관한 평균값 정리를 만족하는 c를 구하여라.

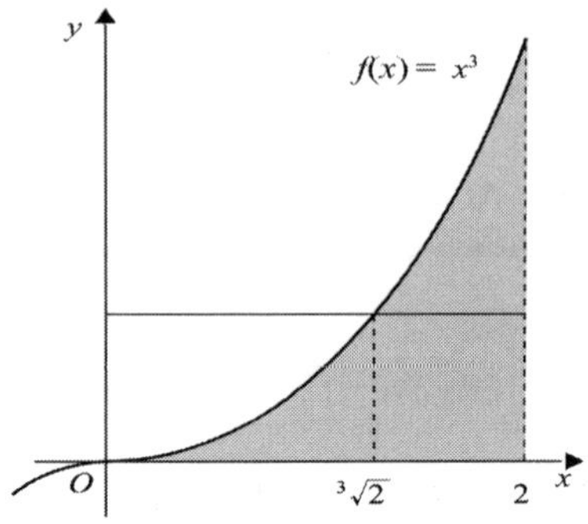

▌그림 4-10

풀이 구간 $[0,\ 2]$에서 적분에 대한 평균값 정리에 의하면

$$4 = \int_0^2 x^3\,dx = f(c)(2-0)$$

인 점 c가 폐구간 $[0,\ 2]$ 안에 존재하고 이것은 $f(c) = c^3 = 2$, 즉

$$c = \sqrt[3]{2}$$

이다.

위 정리의 결과를 다시 쓰면

$$f(c) = \frac{1}{b-a}\int_a^b f(x)\,dx$$

에서 등식의 우변을 **폐구간 $[a,\ b]$에서의 f의 평균값**이라고 하는데 이와 관련된 자세한 내용은 4-2의 '2. 함수의 평균값'에서 다루기로 한다.

부정적분을 구할 때와 마찬가지로 다음의 치환정리는 정적분에서도 매우 유용하게 이용된다. 또한 대칭구간에서의 정적분은 피적분함수의 특성에 따라 그 계산이 매우 간편할 수도 있음을 살펴본다.

정리 4-2-8 정적분의 치환정리

구간 $[a, b]$에서 함수 g'이 연속이고 f가 g의 치역 $g([a, b])$에서 연속이면

$$\int_a^b f(g(x))g'(x)\,dx = \int_{g(a)}^{g(b)} f(u)\,du \tag{9}$$

증명 $g(x) = u$라 치환하면 $g'(x)\,dx = du$이므로 부정적분을 구하면

$$\int f(g(x))g'(x)\,dx = \int f(u)\,du$$

이다. 그러므로 F를 f의 하나의 역도함수라 하면 미적분학의 기본정리에 의하여

$$\int_{g(a)}^{g(b)} f(u)\,du = \Big[F(u)\Big]_{g(a)}^{g(b)} = F(g(b)) - F(g(a))$$

임을 알 수 있다. 또한

$$\frac{d}{dx}F(g(x)) = F'(g(x))g'(x) = f(g(x))g'(x)$$

이므로 $F(g(x))$는 $f(g(x))g'(x)$의 역도함수이다. 그러므로 미적분학의 기본정리에 의하여

$$\int_a^b f(g(x))g'(x)\,dx = \Big[F(g(x))\Big]_a^b = F(g(b)) - F(g(a))$$

이다.

따라서

$$\int_a^b f(g(x))g'(x)\,dx = \int_{g(a)}^{g(b)} f(u)\,du$$

이 성립한다.

예제 ⑩ 다음 정적분값을 구하여라.

(1) $\displaystyle\int_0^1 15x^2\sqrt{5x^3+4}\,dx$ (2) $\displaystyle\int_0^{\pi/4}\frac{\cos x}{\sqrt{2+\sin x}}\,dx$

풀이 (1) $u=g(x)=5x^3+4$라 놓으면 $du=g'(x)dx=15x^2dx$이고 $g(0)=4$, $g(1)=9$이므로 주어진 정적분은

$$\int_0^1 15x^2\sqrt{5x^3+4}\,dx=\int_{g(0)}^{g(1)}\sqrt{u}\,du=\int_4^9\sqrt{u}\,du$$
$$=\left[\frac{2}{3}u^{3/2}\right]_4^9$$
$$=\frac{2}{3}(27-8)=\frac{38}{3}$$

(2) $v=g(x)=2+\sin x$로 놓으면 $dv=\cos x\,dx$이고 $g\left(\frac{\pi}{4}\right)=2+\frac{\sqrt{2}}{2}$, $g(0)=2$이다. 따라서 주어진 정적분은

$$\int_0^{\pi/4}\frac{\cos x}{\sqrt{2+\sin x}}\,dx=\int_2^{2+\frac{\sqrt{2}}{2}}\frac{1}{\sqrt{v}}\,dv$$
$$=\left[2v^{\frac{1}{2}}\right]_2^{2+\frac{\sqrt{2}}{2}}=2\left(\sqrt{2+\frac{\sqrt{2}}{2}}-\sqrt{2}\right)$$

따름정리 4-2-9 추이성

함수 f가 연속일 때

$$\int_a^b f(x)dx=\int_{a-c}^{b-c}f(x+c)dx \tag{10}$$

을 만족한다.

증명 $x+c=t$라 놓으면 위의 치환정리에 의하여 증명이 된다.

예제 11 정적분 $\int_{-1}^{0} x(x+1)^7 dx$의 값을 구하여라.

풀이 $f(x) = x(x+1)^7$이라면 $f(x-1) = x^7(x-1)$이므로 주어진 적분은

$$\int_{-1}^{0} x(x+1)^7 dx = \int_{-1+1}^{0+1} x^7(x-1)dx$$

$$= \int_{0}^{1}(x^8 - x^7)dx = \left[\frac{x^9}{9} - \frac{x^8}{8}\right]_0^1 = -\frac{1}{72}$$

정리 4-2-10 대칭정리

구간 $[-a, a]$에서 적분가능한 함수 f에 대해서

$$\int_{-a}^{a} f(x)dx = \begin{cases} 0, & f(x)\text{는 기함수} \\ 2\int_{0}^{a} f(x)dx, & f(x)\text{는 우함수} \end{cases} \tag{11}$$

을 만족한다.

증명 정적분의 성질에 의하여

$$\int_{-a}^{a} f(x)dx = \int_{-a}^{0} f(x)dx + \int_{0}^{a} f(x)dx$$

이므로

i) $f(x)$가 기함수인 경우

구간 내의 모든 x에 대해서 $f(-x) = -f(x)$를 만족하므로

$$\int_{-a}^{0} f(x)dx = \int_{a}^{0} f(-t)(-dt) = \int_{a}^{0} f(t)dt$$

$$= -\int_{0}^{a} f(t)dt = -\int_{0}^{a} f(x)dx$$

가 되어 $\int_{-a}^{a} f(x)dx = 0$이다.

ii) $f(x)$가 우함수인 경우

구간 내의 모든 x에 대해서 $f(-x) = f(x)$를 만족하므로

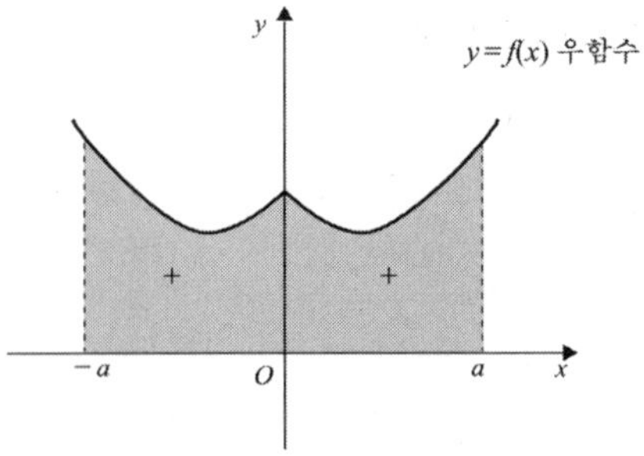

▌그림 4-11

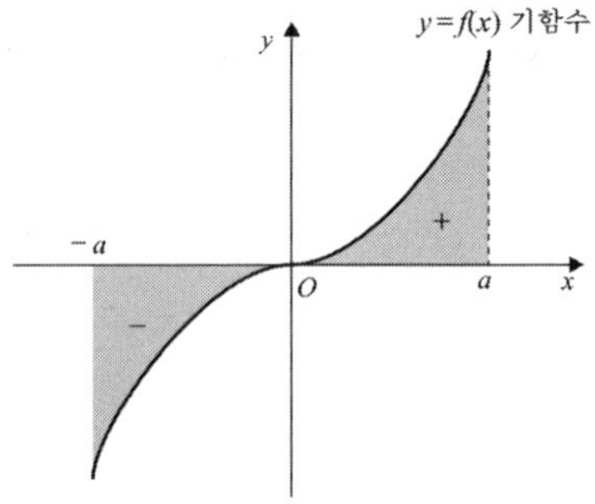

▌그림 4-12

$$\int_{-a}^{0} f(x)dx = \int_{a}^{0} f(-t)(-dt) = -\int_{a}^{0} f(t)dt$$

$$= \int_{0}^{a} f(t)dt = \int_{0}^{a} f(x)dx$$

가 되어 $\int_{-a}^{a} f(x)dx = 2\int_{0}^{a} f(x)dx$이다.

예제 ⑫ 다음의 정적분을 구하여라.

(1) $\int_{-\pi}^{\pi} (\sin x + \cos x)^2 dx$ (2) $\int_{-\pi/4}^{\pi/4} \frac{\sin x}{1+\cos x} dx$

풀이 (1) $(\sin x + \cos x)^2 = 1 + 2\sin x \cos x$이고 $f(x) = \sin x \cos x$는 기함수이므로 대칭구간에서의 정적분은 0이다. 따라서

$$\int_{-\pi}^{\pi} (\sin x + \cos x)^2 dx = \int_{-\pi}^{\pi} (1 + 2\sin x \cos x) dx$$

$$= \int_{-\pi}^{\pi} dx + 2\int_{-\pi}^{\pi} \sin x \cos x\, dx$$

$$= 2\pi$$

이다.

(2) $f(x) = \frac{\sin x}{1+\cos x}$는 기함수이므로 대칭구간에서의 정적분값은 0이다. 즉,

$$\int_{-\pi/4}^{\pi/4} \frac{\sin x}{1+\cos x} dx = 0.$$

정리 4-2-11 주기함수의 정적분

함수 f가 주기가 p인 주기함수이면

$$\int_{a+p}^{b+p} f(x)dx = \int_a^b f(x)dx \tag{12}$$

를 만족한다.

증명 함수 f가 주기가 p인 주기함수라는 조건과 $x+p=t$로 치환하면 정적분의 추이성 (따름정리 4-2-9)에 의하여

$$\int_a^b f(x)dx = \int_{a+p}^{b+p} f(t-p)dt = \int_{a+p}^{b+p} f(t)dt = \int_{a+p}^{b+p} f(x)dx$$

를 만족한다.

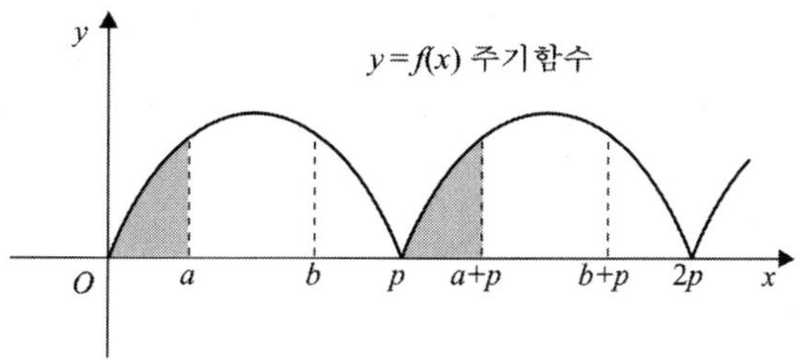

그림 4-13

예제 ⑬ 정적분 $\int_0^{2\pi} |\sin x|dx$의 값을 구하여라.

풀이 $f(x)=|\sin x|$는 주기가 π인 주기함수이므로 위의 정리에 의하여

$$\begin{aligned}\int_0^{2\pi} |\sin x|dx &= \int_0^{\pi} |\sin x|dx + \int_{0+\pi}^{\pi+\pi} |\sin x|dx \\ &= \int_0^{\pi} |\sin x|dx + \int_0^{\pi} |\sin x|dx \\ &= 2\int_0^{\pi} \sin x\, dx = \Big[-2\cos x\Big]_0^{\pi} = 4\end{aligned}$$

정적분의 계산에 미적분학의 기본정리를 이용할 수 있는 필요조건은 적분구간(폐구간)에서 피적분함수가 연속인 것이다. 예를 들어, $\int_0^1 1/x\,dx$에서 피적분함수 $f(x)=\dfrac{1}{x}$이 $x=0$에서 연속이 아니므로 역도함수에 양 끝점을 대입하여 정적분을 계산하는 과정에서 문제가 발생한다. 즉, $f(x)$의 역도함수인 $F(x)=\ln x$에서 $F(0)$는 정의되지 않는다. 이와 같은 경우는 다음과 같이 정적분에 대한 극한으로 계산해야 한다.

특이적분

정적분 $\int_a^b f(x)\,dx$가 다음 중 적어도 하나의 경우에 해당될 때, 이를 **특이적분**(improper integral)이라 한다.

(A) 양 끝점을 포함한 적분구간 내에서 f의 값이 무한대가 되는 점이 적어도 하나 존재하는 경우
(B) $a=-\infty$이거나 $b=\infty$ (또는 양쪽 모두 무한대)인 경우

위에서 언급한 두 가지 경우의 특이적분은 다음과 같은 방법에 의해서 계산한다.

(A) 구간 내의 한 점 $c\in(a,\ b)$에서 $f(c)=\infty$인 경우는

$$\begin{aligned}\int_a^b f(x)\,dx &= \int_a^c f(x)\,dx + \int_c^b f(x)\,dx \\ &= \lim_{s\to c^-}\left[\int_a^s f(x)\,dx\right] + \lim_{t\to c^+}\left[\int_t^b f(x)\,dx\right] \qquad (13)\end{aligned}$$

(B) $a=-\infty$이거나 $b=\infty$인 경우는

$$\begin{aligned}\int_{-\infty}^b f(x)\,dx &= \lim_{s\to-\infty}\left[\int_s^b f(x)\,dx\right] \\ \int_a^\infty f(x)\,dx &= \lim_{t\to\infty}\left[\int_a^t f(x)\,dx\right] \qquad (14)\end{aligned}$$

예제 14 다음의 적분을 계산하여라.

(1) $\displaystyle\int_0^1 \frac{1}{\sqrt{x}}\,dx$ (2) $\displaystyle\int_1^\infty \frac{1}{x^2}\,dx$ (3) $\displaystyle\int_{-1}^2 \frac{1}{x^2}\,dx$

풀이 (1) $f(x)=\dfrac{1}{\sqrt{x}}$ 이라 하면 $f(x)$는 $x=0$ 에서 정의되지 않으므로 미적분학의 기본 정리를 직접 사용할 수 없는 특이적분이다. 그러므로 다음의 방법에 의하여 계산한다.

$$\int_0^1 \frac{1}{\sqrt{x}}\,dx = \lim_{k\to 0^+}\left[\int_k^1 \frac{1}{\sqrt{x}}\,dx\right]$$
$$= \lim_{k\to 0^+}\left[2x^{\frac{1}{2}}\right]_k^1$$
$$= \lim_{k\to 0^+}\left[2-2\sqrt{k}\,\right] = 2$$

(2) 무한대까지의 적분이므로 특이적분법을 사용하여 다음과 같이 계산한다.

$$\int_1^\infty \frac{1}{x^2}\,dx = \lim_{k\to\infty}\left[\int_1^k \frac{1}{x^2}\,dx\right]$$
$$= \lim_{k\to\infty}\left[-\frac{1}{x}\right]_1^k$$
$$= \lim_{k\to\infty}\left(-\frac{1}{k}+1\right) = 1$$

(3) $f(x)=\dfrac{1}{x^2}$ 이라 하면 적분구간 $[-1,\ 2]$ 안에 $f(x)$의 값이 무한대가 되는 점 0이 있다. 그러므로 특이적분 계산법에 의하여

$$\int_{-1}^2 \frac{1}{x^2}\,dx = \int_{-1}^0 \frac{1}{x^2}\,dx + \int_0^2 \frac{1}{x^2}\,dx$$
$$= \lim_{s\to 0^-}\left[\int_{-1}^s \frac{1}{x^2}\,dx\right] + \lim_{t\to 0^+}\left[\int_t^2 \frac{1}{x^2}\,dx\right]$$
$$= \lim_{s\to 0^-}\left[-\frac{1}{x}\right]_{-1}^s + \lim_{t\to 0^+}\left[-\frac{1}{x}\right]_t^2$$
$$= \lim_{s\to 0^-}\left[-\frac{1}{s}-1\right] + \lim_{t\to 0^+}\left[-\frac{1}{2}+\frac{1}{t}\right]_t^2$$
$$= \infty + \infty \;= \infty$$

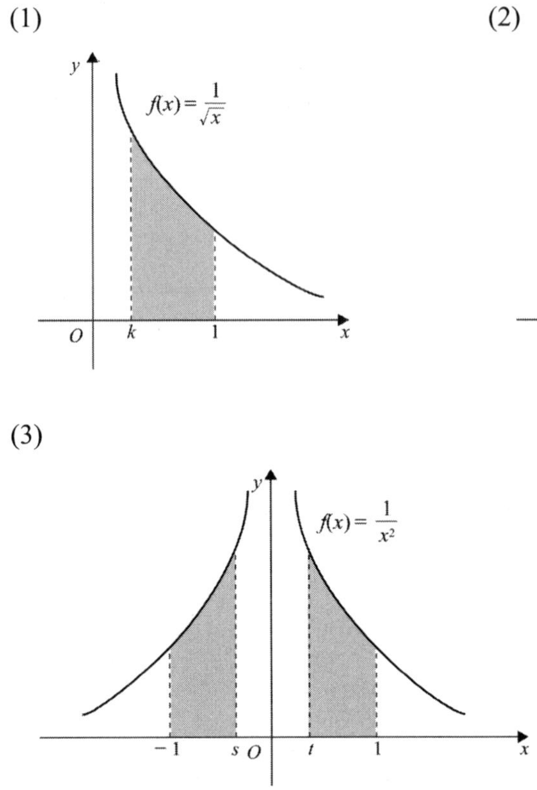

▌그림 4-14

연습문제 (4-2-1)

1. $f(x) = x^2 + 2$에 대하여 구간 $[-1, 2]$를 3개의 소구간과 6개의 소구간으로 균등분할하고 각 소구간의 중점을 표본으로 하여 리만 합을 각각 구하여라.

2. 정의에 의하여 (균등분할) 다음의 정적분을 구하여라.

(1) $\int_{-1}^{2} (x^2 - 1)\, dx$ (2) $\int_{0}^{4} (x^2 - 2x)\, dx$

3. 미적분학의 기본정리를 이용하여 다음을 구하여라.

(1) $\int_0^2 x^4\, dx$ (2) $\int_0^4 \sqrt{x}\, dx$

(3) $\int_5^8 \sqrt{3x+1}\, dx$ (4) $\int_0^{\frac{\pi}{2}} (2x+\cos x)\, dx$

4. 대칭성과 주기를 이용하여 다음의 정적분을 구하여라.

(1) $\int_{-\pi}^{\pi} (\sin x + \cos x)\, dx$ (2) $\int_{-\frac{\pi}{2}}^{\frac{\pi}{2}} \frac{\sin x}{1+\cos x}\, dx$

(3) $\int_{\frac{\pi}{8}}^{\frac{5\pi}{8}} \sin x\, dx$ (4) $\int_0^{4\pi} |\cos x|\, dx$

5. 특이적분 $\int_1^{\infty} \frac{1}{x^p}\, dx$를 구하고 p의 값에 따른 수렴성을 판정하여라.

2. 정적분 근사해법과 함수의 평균값

정해진 구간에서 연속함수이지만 역도함수의 형태를 찾을 수 없을 경우 사다리꼴 법칙이나 심프슨 법칙(Simpson's Rule)과 같은 수치적인 방법이 매우 용이하게 사용된다. 여기서는 정적분의 근사해법과 함수의 평균값에 대하여 소개한다.

사다리꼴 법칙

구간 $[a, b]$의 균등분할점 $a = x_0 < x_1 < \cdots < x_n = b$에 대하여

$$y_0 = f(a),\ y_1 = f(x_1),\ \cdots,\ y_{n-1} = f(x_{n-1}),\ y_n = f(b)$$

라 할 때, 정적분 $\int_a^b f(x)dx$를 추정하기 위해서

$$T = \frac{h}{2}(y_0 + 2y_1 + 2y_2 + \cdots + 2y_{n-1} + y_n) \tag{15}$$

을 이용한다. 이때, $h = \dfrac{b-a}{n}$이다.

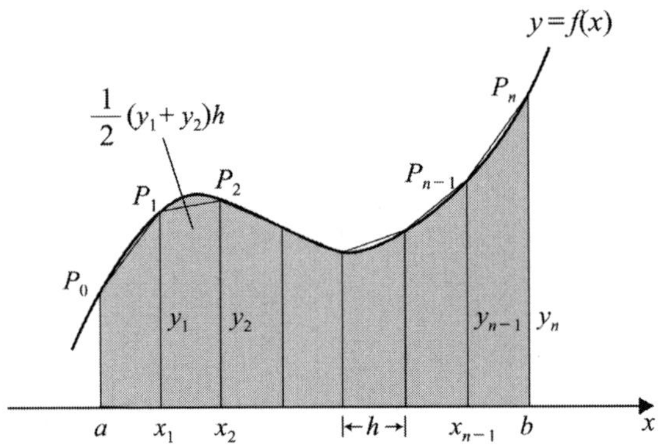

▌그림 4-15

예제 ❶ 정적분 $\int_0^1 x^2\,dx$의 값을 $n=5$인 사다리꼴 법칙을 이용하여 추정하여라.

풀이 $x_k = \frac{k}{5}$, $k=0,\ 1,\ \cdots,\ 5$이므로 $y_k = \left(\frac{k}{5}\right)^2$이고, 따라서

$$\begin{aligned} T &= \frac{1}{10}\left(0+2\left(\frac{1}{25}+\frac{4}{25}+\frac{9}{25}+\frac{16}{25}\right)+1\right) \\ &= \frac{85}{250} = 0.34 \end{aligned}$$

이다.

정리 4-2-12 사다리꼴 법칙에 대한 오차의 한정

f''이 연속이고 M이 $[a,\ b]$상에서 $|f''|$의 하나의 상계라면, 사다리꼴 법칙을 이용한 정적분 $\int_a^b f(x)dx$ 계산에서의 오차 E_T는 다음 부등식을 만족한다.

$$|E_T| \le \frac{b-a}{12}h^2 M \tag{16}$$

예제 ❷ 예제 1에서 얻어진 근삿값의 오차의 상계를 구하여라.

풀이 $f''=2$이므로 $M=2$라 할 수 있으며 $b-a=1$이고 $h=\frac{1}{5}$이므로

$$|E_T| \le \frac{1}{12}\left(\frac{1}{5}\right)^2(2) = \frac{1}{150}$$

이다.

실제로 정적분 $\int_0^1 x^2dx = \frac{1}{3}$이므로 오차 E_T는 $\frac{17}{50}-\frac{1}{3} = \frac{1}{150}$인데, 이것이 위에서 계산한 오차의 상계와 정확히 일치하는 이유는 f''이 상수함수이기 때문이다.
일직선상에 있지 않는 세 점은 하나의 포물선을 형성하는데 심프슨 법칙은 사다리꼴 대신에 이 포물선의 근삿값을 구하는 데 사용한다.

심프슨 법칙

구간 $[a, b]$의 균등분할점 $a = x_0 < x_1 < \cdots < x_n = b$에 대하여

$$y_0 = f(a),\ y_1 = f(x_1),\ \cdots,\ y_{n-1} = f(x_{n-1}),\ y_n = f(b)$$

라 할 때, 정적분 $\int_a^b f(x)dx$를 추정하기 위해서

$$S = \frac{h}{3}\left(y_0 + 4y_1 + 2y_2 + 4y_3 + 2y_2 + \cdots + 2y_{n-2} + 4y_{n-1} + y_n\right) \tag{17}$$

을 이용한다. 이때, n은 짝수이고 $h = \dfrac{b-a}{n}$이다.

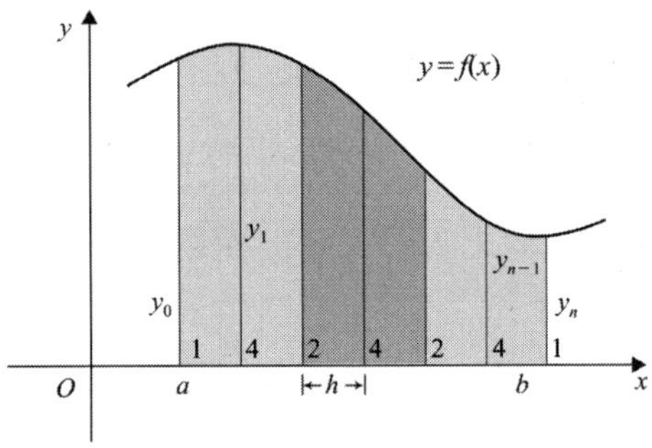

▌그림 4-16

정리 4-2-13 심프슨 법칙에 대한 오차의 한정

$f^{(4)}$이 연속이고 M이 $[a, b]$상에서 $|f^{(4)}|$의 하나의 상계라면, 심프슨 법칙을 이용한 정적분 $\int_a^b f(x)\,dx$ 계산에서의 오차 E_S는 다음 부등식을 만족한다.

$$|E_S| \le \frac{b-a}{180}\, h^4 M \tag{18}$$

예제 ❸ $n = 4$일 때 심프슨 법칙을 이용하여 $\int_0^1 10x^4\,dx$의 근삿값을 추정하고 오차의 상계를 구하여라.

$$f(x) = 10x^4,\quad h = \frac{1}{4},\quad y_k = 10\left(\frac{k}{4}\right)^4,\quad k = 0,\ 1,\ 2,\ 3,\ 4$$

$$S = \frac{1}{12}\left(0+4\left(\frac{10}{256}\right)+2\left(\frac{160}{256}\right)+4\left(\frac{810}{256}\right)+10\right) = 2.005208\dot{3}$$

$f^{(4)}=240$이므로 $M=240$으로 놓을 수 있다. 따라서 오차는

$$|E_S| \le \frac{1}{180}\left(\frac{1}{4}\right)^4(240) = 0.005208\dot{3}.$$

함수의 평균값

구간 $[a, b]$의 균등분할점 $a=x_0 < x_1 < \cdots < x_n = b$에 대하여 함숫값

$$y_1 = f(x_1),\ y_2 = f(x_2),\ \cdots,\ y_n = f(x_n)$$

의 평균을 구하면

$$\frac{y_1+y_2+\cdots+y_n}{n} = \frac{f(x_1)+f(x_2)+\cdots+f(x_n)}{n}$$

이다. 또한,

$$x_2-x_1 = x_3-x_2 = \cdots = x_n-x_{n-1} = \Delta x$$

이고 $\Delta x = \dfrac{b-a}{n}$이다. 따라서 $n=\dfrac{b-a}{\Delta x}$을 위 식에 대입하여

$$\frac{f(x_1)+f(x_2)+\cdots+f(x_n)}{(b-a)/\Delta x} = \frac{1}{b-a}\sum_{k=1}^{n} f(x_k)\Delta x$$

을 얻고, 이때 n을 충분히 크게 하면(상대적으로 Δx는 아주 작아진다) $\sum_{k=1}^{n} f(x_k)\Delta x$는 정적분 $\int_a^b f(x)\,dx$에 근접한다. 따라서 $n\to\infty$인 극한을 취하면

$$\lim_{n\to\infty}\frac{1}{b-a}\sum_{k=1}^{n} f(x_k)\Delta x = \frac{1}{b-a}\int_a^b f(x)\,dx$$

이 된다. 따라서 함수 $y=f(x)$의 구간 $[a, b]$에서의 x에 관한 평균값은

$$y_{av} = \frac{1}{b-a}\int_a^b f(x)\,dx \qquad (19)$$

이다.

보기 ① $x=0$에서 $x=4$까지 x에 관한 $y=\sqrt{x}$의 평균값을 구하여라.

풀이 $y_{av}=\dfrac{1}{4}\displaystyle\int_0^4 \sqrt{x}\,dx=\dfrac{1}{4}\left[\dfrac{2}{3}x^{3/2}\right]_0^4=\dfrac{4}{3}$

보기 ② $|v(t)|$의 속력으로 직선운동을 하는 물체의 시간 $t=a$에서 $t=b$ 사이의 실제 운동거리는

$$\text{운동거리}=\int_a^b |v(t)|\,dt$$

이다. 그러므로 운동의 평균속력은

$$\text{평균속력}=\frac{\text{운동거리}}{b-a}=\frac{1}{b-a}\int_a^b |v(t)|\,dt$$

이다.

전기회로에서의 유효 전압과 전류의 계산에서 평균값을 이용한다.

예제 ④ 우리 가정에서의 전원공급 회로는 전류의 흐름이 함수

$$i=I\sin wt$$

으로 모형된 교류장치이다. i는 시간 t에 대한 함수로서 단위는 암페어이고 진폭 I는 최상승점이고 주기는 $2\pi/w$이다. 반 주기 동안의 i의 평균값 i_{av}을 구하여라.

풀이
$$\begin{aligned}
i_{av}&=\frac{1}{\pi/w}\int_0^{\pi/w} I\sin wt\,dt\\
&=\frac{Iw}{\pi}\int_0^{\pi/w}\sin wt\,dt\\
&=\frac{Iw}{\pi}\left[-\frac{\cos wt}{w}\right]_0^{\pi/w}=\frac{2I}{\pi}
\end{aligned}$$

한 주기 동안의 i 의 평균값 i_{av} 은

$$i_{av} = \frac{2}{2\pi/w}\int_0^{\pi/w} I\sin wt\,dt = 0$$

전류가 표준 이동 코일 검류계로 측정된다면 계량기는 0을 가리킨다.

참고 전류를 효과적으로 측정하기 위하여 전류의 제곱의 평균값의 제곱근을 측정하는 장치 $I_{\text{rms}} = \sqrt{(i^2)_{av}}$ 를 이용한다. 한 주기 동안의 i^2 의 평균값 i^2_{av} 은

$$(i^2)_{av} = \frac{w}{2\pi}\int_0^{2\pi/w} I^2\sin^2 wt\,dt = \frac{I^2}{2}$$

이므로 rms(root mean square) 전류는

$$I_{\text{rms}} = \sqrt{\frac{I^2}{2}} = \frac{I}{\sqrt{2}}$$

같은 방법으로 사인곡선(sinusoidal) 전압 $\nu = V\sin wt$ 의 rms 값은

$$V_{\text{rms}} = \frac{\text{V}}{\sqrt{2}}$$

가정용 전압과 전류의 값은 항상 rms 값이다. 따라서 '115 volts ac'는 rms 전압이 115볼트라는 것을 의미한다. 따라서 위의 식에 의하여 전압의 피크는

$$V = \sqrt{2}\,V_s = \sqrt{2}\cdot\ 115 \fallingdotseq 163\text{ 볼트}$$

이다.

연습문제 (4-2-2)

1. 구간 $[0,\ 4]$에서 $f(x) = 4x^3$의 평균값을 구하여라.

2. 구간 $[-1,\ 3]$에서 $f(x) = 4 + |x|$의 평균값을 구하여라.

3. 다음의 그래프를 보고 각각의 함수의 평균값을 구하여라.

(1)

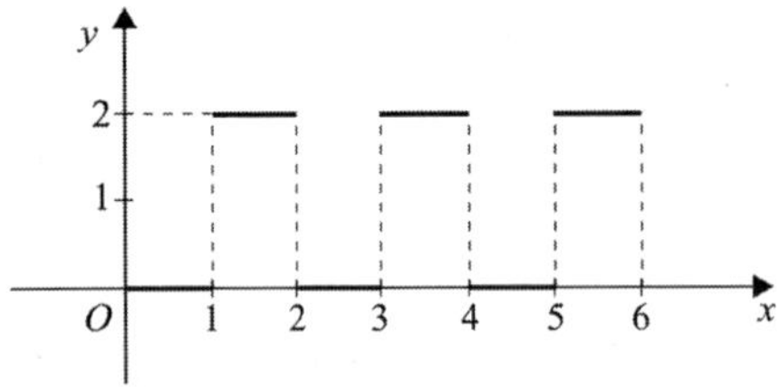

(2)

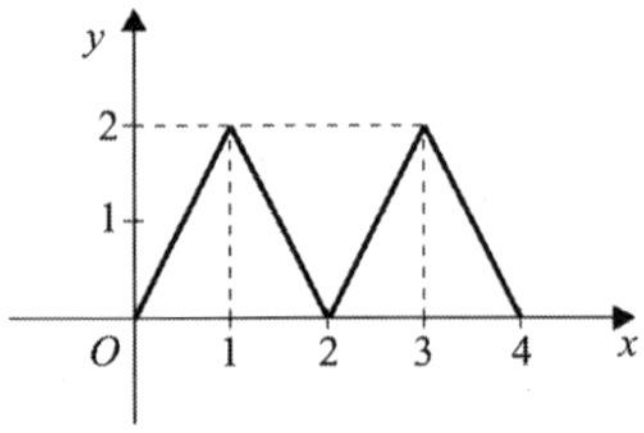

4. 속도 $v(t)=49-9.8t$로 직선운동하는 물체의 시간 $t=0$에서 $t=10$ 사이의 평균속력을 구하여라.

5. 정적분 $\int_0^1 \frac{1}{1+x^2}\,dx$의 근삿값을 구하기 위하여 구간 $[0,\ 1]$을 4등분하고

(1) 사다리꼴 법칙 (2) 심프슨 법칙

을 적용하여라.

6. 함수 $f(x)=\sqrt{1+x^3}$에 대하여 $\int_0^1 f(x)dx$의 근삿값을 문제 1의 방법으로 구하여라.

7. 곡선 $y^2=8x^2-x^5$의 자폐선의 넓이의 근삿값을 구간을 4등분하여 심프슨 법칙으로 구하여라.

요약 (4-2)

1. 적분가능

구간 $[a, b]$의 임의의 분할 $P: a = x_0 < x_1 < \cdots < x_n = b$와 임의의 표본점 $\xi_k \in [x_{k-1}, x_k]$, $k = 1, 2, \cdots, n$에 대하여 극한

$$\lim_{\|P\| \to 0} \sum_{k=1}^{n} f(\xi_k)(x_k - x_{k-1})$$

이 존재할 때 함수 $f(x)$가 구간 $[a, b]$에서 적분가능이라 한다.

2. 함수 f가 구간 $[a, b]$에서 유한개의 점을 제외하고 모든 점에서 연속이고 유계일 때 f는 $[a, b]$에서 적분가능하다.

3. 미적분학의 기본정리

함수 $y = f(x)$가 구간 $[a, b]$에서 연속이고, $F(x)$가 $[a, b]$에서 $f(x)$의 역도함수이면

$$\int_a^b f(x)\,dx = F(b) - F(a)$$

가 성립한다.

4. 적분에 관한 평균값 정리

함수 $f(x)$가 구간 $[a, b]$에서 연속이면

$$\int_a^b f(x)\,dx = f(c)(b-a)$$

를 만족시키는 점 c가 구간 $[a, b]$에 반드시 존재한다.

5. 구간 $[a, b]$에서 g'이 연속이고 f가 $g[a, b]$에서 연속이면

$$\int_a^b f(g(x))\,g'(x)\,dx = \int_{g(a)}^{g(b)} f(u)\,du$$

가 성립한다.

6. 적분가능한 함수 f에 대해서

$$\int_{-a}^{a} f(x)\,dx = \begin{cases} 0, & f(x)\text{는 기함수} \\ 2\int_{0}^{a} f(x)\,dx, & f(x)\text{는 우함수} \end{cases}$$

7. $f(x)$가 주기가 p인 함수일 때

$$\int_{a}^{p+a} f(x)\,dx = \int_{0}^{p} f(x)\,dx, \quad \int_{a+p}^{b+p} f(x)\,dx = \int_{a}^{b} f(x)\,dx$$

8. 특이적분

(1) $f(x)$가 점 $c \in (a, b)$에서 무한대이면

$$\int_{a}^{b} f(x)\,dx = \lim_{s \to c^-}\left[\int_{a}^{s} f(x)\,dx\right] + \lim_{t \to c^+}\left[\int_{t}^{b} f(x)dx\right]$$

(2) $\displaystyle\int_{a}^{\infty} f(x)\,dx = \lim_{k \to \infty}\left[\int_{a}^{k} f(x)\,dx\right]$

9. 구간 $[a, b]$의 균등분할점 $a = x_0 < x_1 < \cdots < x_n = b$에 대하여 함숫값

$$f(x_k) = y_k, \quad k = 0,\ 1,\ \cdots,\ n$$

이라 할 때, 정적분 $\displaystyle\int_{a}^{b} f(x)\,dx$를 추정하기 위해서

$$T = \frac{h}{2}(y_0 + 2y_1 + 2y_2 + \cdots + 2y_{n-1} + y_n)$$

을 이용한다. 이때, $h = \dfrac{b-a}{n}$이다(사다리꼴 법칙).

$$S = \frac{h}{3}(y_0 + 4y_1 + 2y_2 + 4y_3 + 2y_4 + \cdots + 2y_{n-2} + 4y_{n-1} + y_n)$$

을 이용한다. 이때, n은 짝수이고 $h = \dfrac{b-a}{h}$이다(심프슨 법칙).

10. 함수의 평균값

함수 $y=f(x)$의 구간 $[a,\ b]$에서의 x에 관한 평균값은

$$y_{av} = \frac{1}{b-a}\int_a^b f(x)\,dx$$

이다.

종합문제 (4-2)

1. 다음의 극한값을 정적분으로 나타내고 그 값을 구하여라.

(1) $\lim_{n\to\infty}[1+\sqrt{2}+\cdots+\sqrt{n}]\frac{1}{n\sqrt{n}}$

(2) $\lim_{n\to\infty}\left[\frac{1}{n}+\frac{1}{n+1}+\cdots+\frac{1}{2n-1}\right]$

(3) $\lim_{n\to\infty}\left[\frac{1}{n}+\frac{1}{\sqrt{n^2+1^2}}+\cdots+\frac{1}{\sqrt{n^2+(n-1)^2}}\right]$

(4) $\lim_{n\to\infty}\frac{1}{n^3}[(n+1)^2+(n+2)^2+\cdots+(2n)^2]$

2. 구분구적법에 의하여 $\int_0^4(x^2-x)\,dx$를 구하여라.

3. $f(x)=\begin{cases} x, & 0\leqq x<1 \\ 1, & 1\leqq x<3 \\ x-4, & 3\leqq x\leqq 5\end{cases}$ 에 대하여 $\int_0^5 f(x)\,dx$를 구하여라.

4. 다음 함수들이 주어진 구간에 적분가능한지 판별하여라.

(1) $f(x)=\cos x+x^2$, $[0,\ 1]$

(2) $f(x)=\frac{1}{x+3}$, $[-5,\ 2]$

(3) $f(x)=\begin{cases} x^2, & [-2,\ 0] \\ -x^2, & [0,\ 2]\end{cases}$

(4) $f(x)=\begin{cases} \sin\frac{1}{x}, & x\neq 0 \\ 0, & x=0\end{cases}$, $[-\pi,\ \pi]$

5. $f(x)$는 우함수이고

$$\int_0^1 f(x)\,dx=4,\quad \int_{-1}^0 g(x)\,dx=2,\quad \int_0^1 g(x)\,dx=-1$$

일 때 다음을 구하여라.

(1) $\int_0^1[f(x)-g(x)]\,dx$

(2) $\int_{-1}^1[f(x)-2g(x)]\,dx$

6. 다음의 $F(x)$에 대해서 $F'(x)$를 구하여라.

(1) $F(x)=\int_{-1}^{x}(2t-3)\,dt$　　(2) $F(x)=\int_{x}^{\frac{\pi}{2}}\theta\tan\theta\,d\theta$

(3) $F(x)=\int_{x}^{x^2}\sqrt{1+t^2}\,dt$　　(4) $F(x)=\int_{0}^{\cos x}(\theta^3-\sin\theta)\,d\theta$

7. 구간 $[a,\ b]$에서 $f(x)$가 연속이고 $f(x)\geqq 0$일 때

$$\int_a^b f(x)\,dx=0$$

이면 $f(x)=0$임을 보여라.

8. f가 주기 p인 주기함수라 하면

$$\int_a^{a+p} f(x)\,dx=\int_0^p f(x)\,dx$$

임을 그림으로 확인하고, 이것을 이용하여

$$\int_1^{1+\pi}|\cos\theta|\,d\theta$$

를 구하여라.

9. 다음의 특이적분값이 존재하면 구하여라.

(1) $\int_4^{\infty}\frac{1}{3x-2}\,dx$　　(2) $\int_{-\infty}^{\infty}\frac{1}{x^2+4}\,dx$

(3) $\int_0^{\infty}xe^{-x}\,dx$　　(4) $\int_0^3\frac{x}{\sqrt{9-x^2}}\,dx$

10. 사다리꼴 법칙으로 주어진 적분구간을 n등분하여 근삿값을 구하여라.

(1) $\int_0^4\sqrt{4+x^3}\,dx;\ n=4$　　(2) $\int_2^3\frac{1}{\ln x}\,dx;\ n=4$

11. 심프슨 법칙으로 주어진 적분구간을 n등분하여 근삿값을 구하여라.

(1) $\int_0^{0.6}\sin x^2\,dx;\ n=4$　　(2) $\int_0^{0.6}e^{-x^2}\,dx;\ n=6$

제5장

정적분의 응용

적분계산의 중요성은 바로 우리가 알고자 하는 많은 사실들이 적분을 통하여 계산된다는 것이다. 예를 들어 곡선으로 둘러싸인 영역의 면적, 3차원 입체의 체적, 곡선의 길이, 곡면의 면적, 관성의 힘, 표준전압, 그리고 댐에 대한 힘 등은 모두 자연스럽게 유한합의 극한으로 정의된다. 또한 이런 합의 극한이 존재하면 이 값은 바로 적분계산 정리에 의하여 정적분으로 구해질 수 있다. 이 장에서는 여러 가지 적분의 정리와 이를 이용해서 계산되는 많은 유형의 응용분야를 살펴본다.

5-1 평면적

1. 운동물체의 위치, 운동거리

직선운동을 하는 물체의 시간 $t=a$에서 $t=b$까지 위치 $s(t)$의 실제 변화를 구하기 위해서 물체의 속도함수 $v(t)$를 a에서 b까지 적분한다. 또한, 물체의 총 운동거리를 구하기 위해서는 속력 $|v(t)|$를 적분한다.

운동물체의 위치, 운동거리

직선운동을 하는 물체의 속도함수 $v(t)$가 연속이면 물체의 위치함수 $s(t)$는

$$s(t) = \int v(t)\,dt = F(t) + C$$

이고, 따라서 시간 $t=a$에서 $t=b$까지 운동 후의 위치변화 $s(b)-s(a)$는

$$\begin{aligned} s(b)-s(a) &= (F(b)+C)-(F(a)+C) \\ &= F(b)-F(a) \\ &= \int_a^b v(t)\,dt \end{aligned} \tag{1}$$

이므로 운동시간을 적분구간으로 하는 속도에 대한 정적분이다.

예제 ❶ 속도가 $v(t) = \pi \sin \pi t$인 직선운동을 하는 물체의 $t=0$에서 $t=5/2$까지 운동한 후의 위치를 구하여라.

풀이 물체의 현 위치를 구하는 것이므로, 물체의 운동속도를 적분하면

$$s(5/2)-s(0) = \int_0^{5/2} \pi \sin \pi t\,dt = -\Big[\cos \pi t\Big]_0^{5/2} = -(0-1) = 1.$$

그러므로 이 물체는 처음 5/2초 동안 오른쪽으로 1만큼 이동했다.

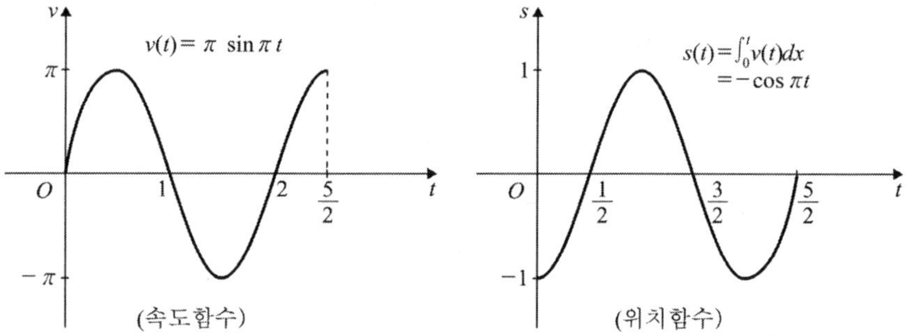

▌그림 5-1

운동거리

직선운동을 하는 물체의 실제 운동거리는 물체의 위치 변화와는 다를 수 있다. 실제로 운동의 방향이 바뀌면 실제 운동거리는 위치의 변화량보다 훨씬 많을 것이다. 따라서 실제의 운동거리를 계산하기 위해서는 운동방향을 고려하지 않은 속력을 적분하여야 할 것이다.

운동속도가 $v(t)$인 물체의 시간 $t = a$에서 $t = b$ 사이의 실제 운동거리 D는 다음과 같다.

$$D = \int_a^b |v(t)|\,dt \tag{2}$$

예제 ❷ 속도가 $v(t) = \pi \sin \pi t$인 직선운동을 하는 물체가 $t = 0$에서 $t = 5/2$까지 실제 운동한 거리를 구하여라.

풀이 운동거리는 속력을 적분하여 다음을 얻는다.

$$\begin{aligned} D &= \int_0^{5/2} |\pi \sin \pi t|\,dt \\ &= \int_0^1 \pi \sin \pi t\,dt + \int_1^2 \pi \sin \pi t\,dt + \int_2^{5/2} \pi \sin \pi t\,dt \\ &= 2 + 2 + 1 = 5 \end{aligned}$$

예제 ❸ 속도 $v(t)=49-9.8t$로 직선운동을 하는 물체의 $t=0$에서 $t=10$까지 운동한 후의 위치 S와 운동거리 D를 구하여라.

풀이 주어진 속도 $v(t)$와 속력 $|v(t)|$를 각각 적분하면 다음을 얻는다.

$$S=\int_0^{10} v(t)\,dt=\int_0^{10}(49-9.8t)\,dt=\left[49t-\frac{49}{10}t^2\right]_0^{10}=0,$$

$$\begin{aligned} D=\int_0^{10}|v(t)|\,dt &= \int_0^{10}|49-9.8t|\,dt \\ &= \int_0^5 (49-9.8t)\,dt+\int_5^{10}(9.8t-49)\,dt \\ &= \left[49t-\frac{49}{10}t^2\right]_0^5+\left[\frac{49}{10}t^2-49t\right]_5^{10} \\ &= \frac{245}{2}+\frac{245}{2}=245 \end{aligned}$$

예제 ❹ 시간 t에서의 물체의 속도 $v(t)$가 다음과 같을 때 $t=0$에서 $t=3$까지의 실제 운동거리 D와 물체의 위치 S를 구하여라.

(1) $v(t)=t-[t]$

(2) $v(t)=\begin{cases} 1, & 2n \le t < 2n+1 \\ 0, & 2n+1 \le t < 2n+2 \end{cases}$

(3) $v(t)=\begin{cases} -1, & 2n \le t < 2n+1 \\ 1, & 2n+1 \le t < 2n+2 \end{cases}$

풀이 (1) 모든 t에 대해서 $t \ge [t]$이므로 항상 $v(t) \ge 0$이다. 따라서

$$\begin{aligned} D=S=\int_0^3 (t-[t])\,dt &= \int_0^1 t\,dt+\int_1^2 (t-1)\,dt+\int_2^3 (t-2)\,dt \\ &= \left[\frac{1}{2}t^2\right]_0^1+\left[\frac{1}{2}t^2-t\right]_1^2+\left[\frac{1}{2}t^2-2t\right]_2^3 \\ &= \frac{1}{2}+\frac{1}{2}+\frac{1}{2}=\frac{3}{2} \end{aligned}$$

(2) 모든 t에 대해서 항상 $v(t) \geq 0$이므로

$$D = S = \int_0^3 v(t)\,dt\,1 = \int_0^1 dt1 + \int_2^3 dt = 1+1 = 2$$

(3) 그림과 같이 정수구간에 따라 $v(t)$는 -1과 $+1$이 반복되므로 위치 S는

$$S = \int_0^3 v(t)\,dt = \int_0^1 (-1)\,dt + \int_1^2 dt + \int_2^3 (-1)dt$$

$$= -1+1-1 = -1$$

이고 운동거리 D는

$$D = \int_0^3 v(t)\,dt = \int_0^3 dt = 3$$

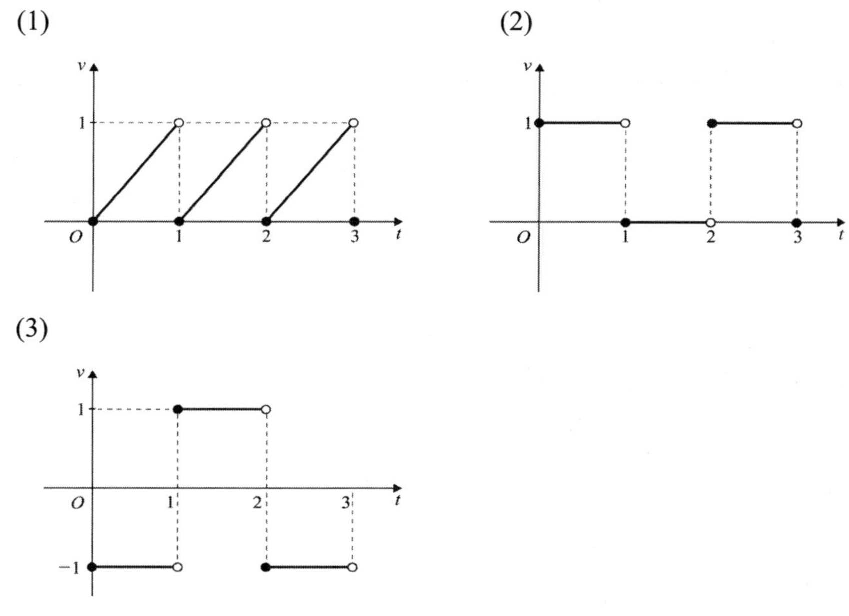

▌그림 5-2

연습문제 (5-1-1)

1. 다음의 주어진 시간에서 속도 $v(t)$로 운동하는 물체의 위치와 운동거리를 구하여라.

(1) $v(t)=5\pi\cos\pi t,\ 0 \leqq t \leqq 2$

(2) $v(t)=6(t-1)(t-2),\ 0 \leqq t \leqq 3$

2. 다음 그래프는 운동하는 물체의 속도를 나타낸다. 운동 후 물체의 위치와 총 운동거리를 구하여라.

(1)

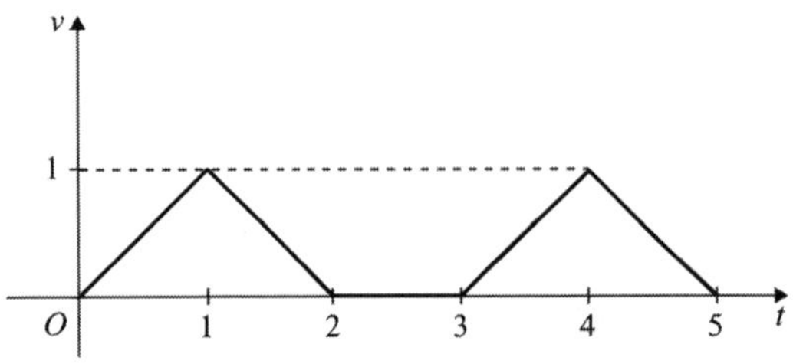

(2)

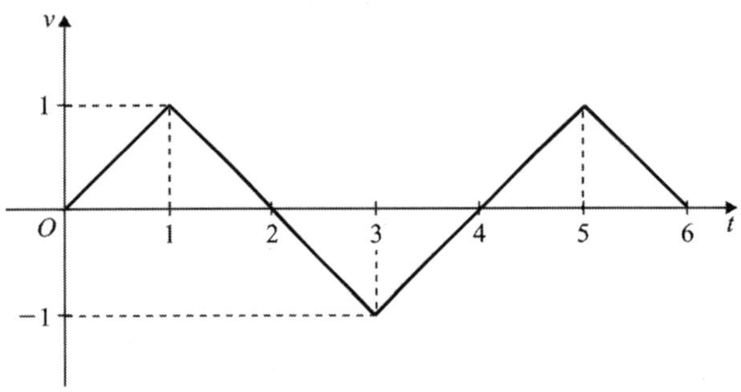

2. 평면적

여기서는 정적분을 이용하여 평면상의 곡선과 직선으로 둘러싸인 영역의 면적을 계산하는 과정을 다룬다. 실제로 정적분(리만적분)은 주어진 구간에서 곡선과 x축 사이의 면적을 구하는 개념에서 유도되었다.

평면적

실제 면적은 음수가 될 수 없지만 정의된 구간에서 함숫값이 음수일 경우에는 정적분이 음수가 된다. 즉, 함숫값의 음수인 구간에서도 영역의 면적은 양수의 값을 갖도록 하기 위해서는 함수의 절대값을 적분하여야 한다. 따라서 구간 $[a, b]$에서 함수의 $f(x)$와 x축이 이룬 영역의 면적 $A(R)$는

$$A(R) = \int_a^b |f(x)|\,dx \tag{3}$$

이 된다.

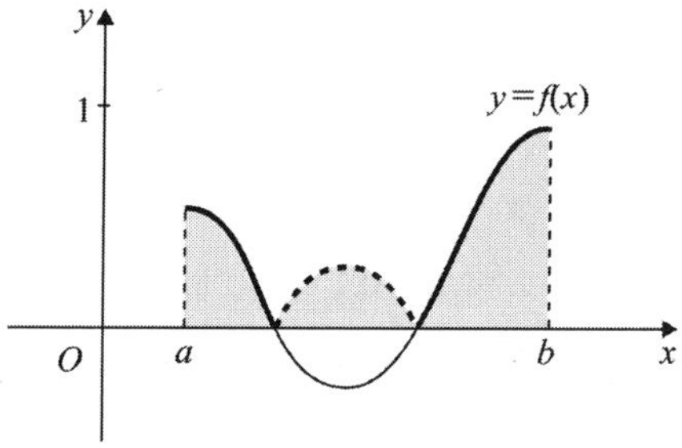

▌그림 5-3

예제 ① 곡선 $y = x^2 - 5$, x축, $x = -1$, $x = 2$로 둘러싸인 영역 R의 면적 $A(R)$을 구하여라.

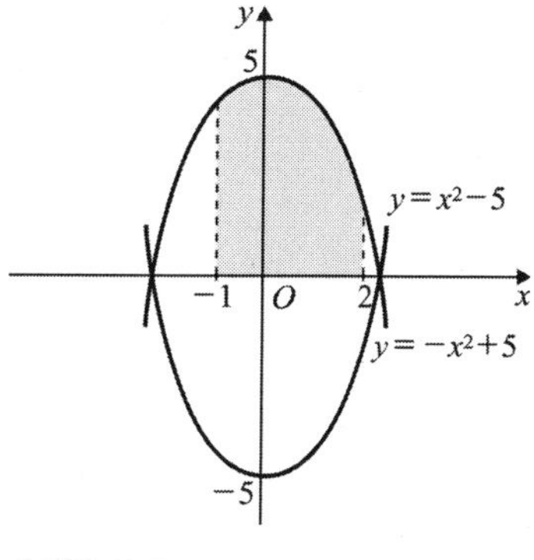

▌그림 5-4

풀이 $A(R) = \int_{-1}^{2} |x^2 - 5|\,dx$

$= \int_{-1}^{2} (5 - x^2)\,dx = \left[5x - \frac{1}{3}x^3\right]_{-1}^{2}$

$$= \left(10 - \frac{8}{3}\right) - \left(-5 + \frac{1}{3}\right)$$
$$= 12$$

예제 ❷ 곡선 $y = x^3 - 1$, x축, $x = 0$, $x = 3$으로 둘러싸인 영역 R의 면적 $A(R)$을 구하여라.

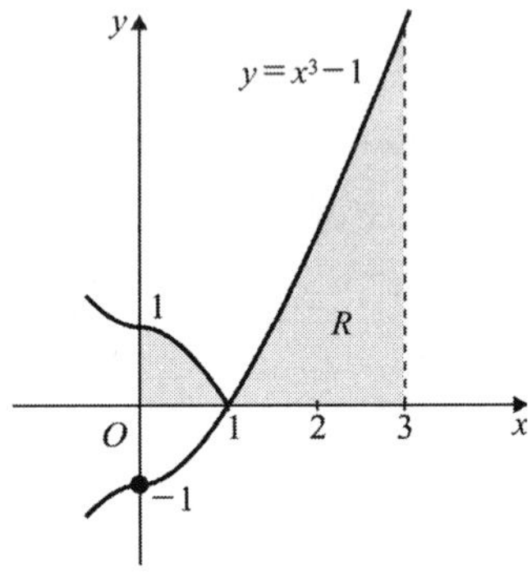

그림 5-5

풀이 $A(R) = \int_0^3 |x^3 - 1|\, dx$

$$= \int_0^1 -(x^3 - 1)\, dx + \int_1^3 (x^3 - 1)\, dx$$
$$= \left[x - \frac{1}{4}x^4\right]_0^1 + \left[\frac{1}{4}x^4 - x\right]_1^3$$
$$= \left(1 - \frac{1}{4}\right) + \left\{\left(\frac{81}{4} - 3\right) - \left(\frac{1}{4} - 1\right)\right\}$$
$$= 18\frac{3}{4}$$

두 곡선 사이의 면적

구간 $[a, b]$의 모든 x에서 $f(x) \le g(x)$인 관계에 있는 두 연속함수와 $x = a$ 그리고 $x = b$로 둘러싸인 영역의 면적을 구해보자. 우선 구간 $[a, b]$를 길이가 $\Delta x = (b - a)/n$인 n개의 부분구간으로 균등분할하고 그 분할점을 $a = x_0, x_1, x_2, \cdots, x_{n-1}, x_n = b$라 하자. 이때, 정적분의 정의와 마찬가지로 소구간의 길이 Δx를 밑변, $g(x_k) - f(x_k)$를 높이로 하는 직사각형들의 면적 $A_k = (g(x_k) - f(x_k)) \cdot \Delta x$의 합

$$S_n = \sum_{k=1}^{n} A_k = \sum_{k=1}^{n} (g(x_k) - f(x_k)) \cdot \Delta x$$

에 $n \to \infty$인 극한을 취하면 정적분의 존재정리(4-2-1)에 의하여

$$\lim_{n \to \infty} S_n = \int_a^b (g(x) - f(x))\, dx \tag{4}$$

가 된다.

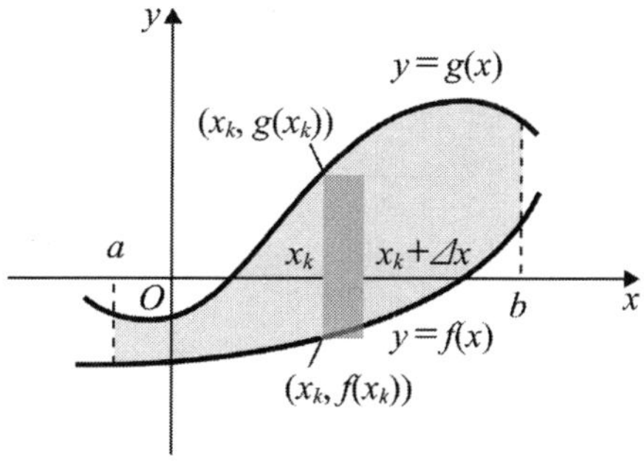

▌그림 5-6

정리 5-1-1

구간 $[a,\ b]$에서 $f(x) \le g(x)$인 두 연속함수 $y = f(x)$, $y = g(x)$와 $x = a$, $x = b$가 이루는 영역의 면적 $A(R)$은

$$A(R) = \int_a^b (g(x) - f(x))\,dx \tag{5}$$

이다.

예제 ❸ $y = x^2 - 2$와 $y = x$로 둘러싸인 영역의 면적을 구하여라.

풀이 영역의 시작점과 끝점의 x좌표는 방정식 $x^2 - 2 = x$의 두 근이다(그림 5-7 참조). 따라서 정적분의 한계점은 -1과 2이다. 또한 이 구간에서 $x \ge x^2 - 2$이므로 구하고자 하는 영역의 면적은

$$\begin{aligned} A(R) &= \int_{-1}^{2} (x - (x^2 - 2))dx \\ &= \left[\frac{x^2}{2} - \frac{x^3}{3} + 2x\right]_{-1}^{2} \\ &= \left(2 - \frac{8}{3} + 4\right) - \left(\frac{1}{2} + \frac{1}{3} - 2\right) \\ &= \frac{9}{2} \end{aligned}$$

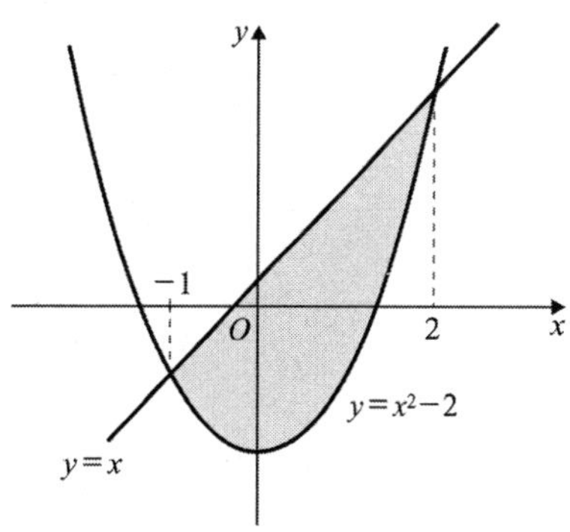

▌그림 5-7

y에 관한 적분

면적을 구하기 위한 적분에서 지금까지는 x축 위의 구간을 분할한 소구간을 밑변으로 하여 만들어지는 수직적 직사각형의 면적을 이용하였는데, 때로는 y축 위의 구간을 분할하여 만들 수 있는 수평적 직사각형의 면적을 이용하는 것(y에 관한 적분)이 편리할 때가 있다. 그 방법은 x축에 대한 방법과 동일하다.

예제 ④ 포물선 $y^2 = x$와 직선 $y = x - 2$ 그리고 x축으로 둘러싸인 영역의 면적을 구하여라.

풀이 i) y에 관한 적분의 경우

두 곡선을 y에 관한 식으로 다시 표현하면 $x = y^2$, $x = y + 2$이고, 구하고자 하는 영역의 시작점과 끝점의 y좌표는 각각 0과 2이다. 또한 이 구간에서 $y + 2 \geq y^2$이므로 구하고자 하는 영역의 면적을 정적분으로 표현하면

$$\int_0^2 \{(y+2) - y^2\}\,dy$$

이 된다.

ii) x에 관한 적분의 경우

그림 5-8에서 보듯이 x축 분할을 통하여 구하려면 구하고자 하는 영역을 두 부분으로 나누어야 한다. 하나는 구간 $[0,\ 2]$에서 $y = \sqrt{x}$와 $y = 0$으로 둘러싸인 영역 R_1이고, 또 하나는 구간 $[2,\ 4]$에서 $y = \sqrt{x}$와 $y = x - 2$로 둘러싸인 영역 R_2로 나누어 구해야 한다. 따라서 구하고자 하는 영역의 면적을 정적분으로 표현하면

$$A(R) = A(R_1) + A(R_2) = \int_0^2 \sqrt{x}\,dx + \int_2^4 (\sqrt{x} - (x-2))\,dx$$

가 된다. 즉, 구하는 면적은

$$\begin{aligned} A(R) &= \int_0^2 \sqrt{x}\,dx + \int_2^4 \{\sqrt{x} - (x-2)\}\,dx \\ &= \left[\frac{2}{3}x^{\frac{3}{2}}\right]_0^2 + \left[\frac{2}{3}x^{\frac{3}{2}} - \frac{1}{2}x^2 + 2x\right]_2^4 \end{aligned}$$

$$= \frac{4\sqrt{2}}{3} + \left\{\left(\frac{16}{3} - 8 + 8\right) - \left(\frac{4\sqrt{2}}{3} - 2 + 4\right)\right\} = \frac{10}{3}$$

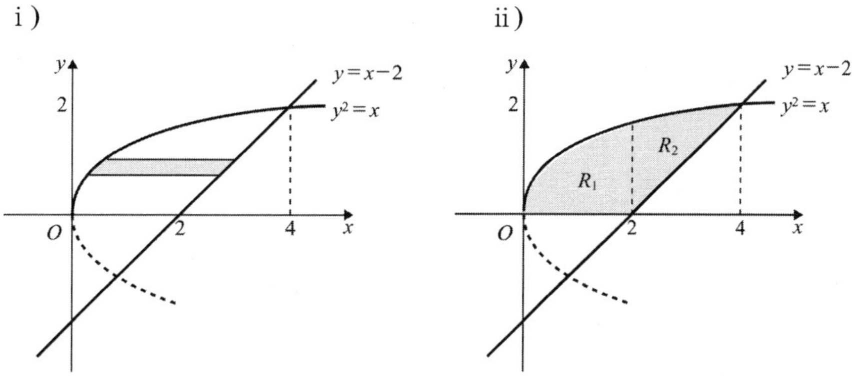

▮그림 5-8

예제 ❺ 포물선 $y^2 = x$와 직선 $y = x - 6$으로 둘러싸인 영역의 면적을 구하여라.

풀이 이 경우는 y에 관한 적분으로 계산하는 것이 간편하다. 우선 영역의 시작점과 끝점의 y좌표는 각각 $y = -2$와 $y = 3$이고, 이 구간에서 $y + 6 \geq y^2$이므로 구하고자 하는 영역의 면적은

$$\begin{aligned} A(R) &= \int_{-2}^{3} ((y+6) - y^2)\, dy \\ &= \left[\frac{1}{2}y^2 + 6y - \frac{1}{3}y^3\right]_{-2}^{3} \\ &= \left(\frac{9}{2} + 18 - 9\right) - \left(2 - 12 + \frac{8}{3}\right) = 20\frac{5}{6} \end{aligned}$$

이다.

연습문제 (5-1-2)

1. 다음의 곡선들로 둘러싸인 영역의 면적을 구하여라.

(1) $y = x^2 - 2;\ y = 2$ (2) $y = x^2;\ y = -x^2 + 4$

(3) $y = \cos x;\ y = -1;\ -\pi \leqq x \leqq \pi\sqrt{2}$

2. 곡선 $y = x^2$과 $y = 4$로 둘러싸인 영역을 $y = c$가 이등분할 때 c를 구하여라.

3. 곡선 $y = x^2$ 위의 두 점 A, B와 원점 O가 정삼각형을 형성할 때, 곡선과 선분 $\overline{OA}$로 둘러싸인 영역의 면적을 구하여라.

요약 (5-1)

1. 속도 $v(t)$로 운동하는 물체의 $t=a$에서 $t=b$까지의 운동 후 위치 s와 운동거리 D는 각각

$$s=\int_a^b v(t)\,dt, \quad D=\int_a^b |v(t)|\,dt$$

이다.

2. 구간 $[a, b]$에서 $f(x)$와 x축이 이룬 영역의 면적 $A(R)$은

$$A(R)=\int_a^b |f(x)|\,dx$$

이다.

3. 두 곡선과 $x=a$, $x=b$로 둘러싸인 영역의 면적 $A(R)$은

$$A(R)=\int_a^b |f(x)-g(x)|\,dx$$

이다.

종합문제 (5-1)

1. 초기위치가 $s(0)=0$인 물체가 속도 $v(t)=\sin\pi t$로 $0 \leqq t \leqq \frac{3}{2}$동안 직선운동하였을 때, 총 운동거리와 물체의 위치를 말하여라.

2. 초기속도 $v(0)=2$이고 가속도 $a(t) = -4\pi^2\cos 2\pi$로 직선운동하는 물체의 $t=0$에서 $t=2$까지 총 운동거리 및 위치를 말하여라.

3. 초기위기가 $s(0)=0$이고 속도 $v(t)=|t-2|+|t-1|$로 직선운동하는 물체의 $0 \leqq t \leqq 3$ 동안 운동거리 및 위치를 말하여라.

4. 원점을 출발하여 초기속도 $v(0)=1$이고 다음 그림과 같은 가속도로 x축 위에서 운동하는 물체의 총 운동거리 및 위치를 말하여라.

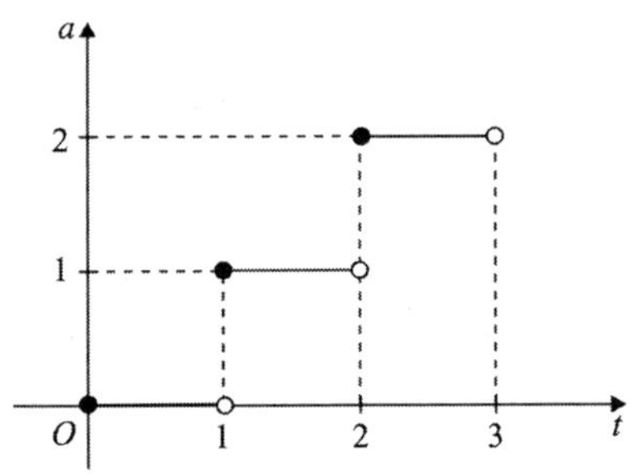

5-2 회전체의 체적

1. 입체도형의 체적

공간상의 일반적인 입체는 2변수함수가 나타내는 곡면에 의해 형성되고, 따라서 그 체적을 구하기 위해서는 2변수함수에 대한 이중적분을 계산하여야 한다. 그러나 여기서는 입체의 단면적 함수가 주어진 경우 단면적의 적분을 통하여 입체의 체적을 구한다.

입체도형의 체적

공간상의 입체의 체적을 구하는 과정을 살펴보자. 우선 입체를 시작점과 끝점의 x 좌표를 구하여 그 구간 $[a, b]$를 앞의 경우와 마찬가지로 분할하고 각 분할점을 $a = x_0 \le x_1 \le x_2 \le \cdots \le x_{n-1} \le x_n = b$라 하자. 이 분할점에서 x축에 수직인 평면으로 입체를 잘게 자르면 입체는 얇은 평판들로 분할된다. 입체를 x축에 수직인 평면으로 자른 단면의 넓이를 $A(x)$라 하면 각 평판의 체적 ΔV_k는 Δx_k 두께의 얇은 원기둥의 체적과 근사하다. 즉, $\Delta V_k \approx A(\overline{x_k})\,\Delta x_k$, $x_{k-1} \le \overline{x_k} \le x_k$임을 알 수 있다. 이 얇은 원기둥의 체적의 합 $\sum_{k=1}^{n} A(\overline{x_k})\,\Delta x_k$에 구간 $[a, b]$의 분할의 크기(norm)를 0으로 보내는 극한을 취할 때 만약 이 극한이 존재하면 이 극한값은 입체의 체적 V가 되고 이 값은

$$V = \int_a^b A(x)\,dx \tag{1}$$

가 된다.

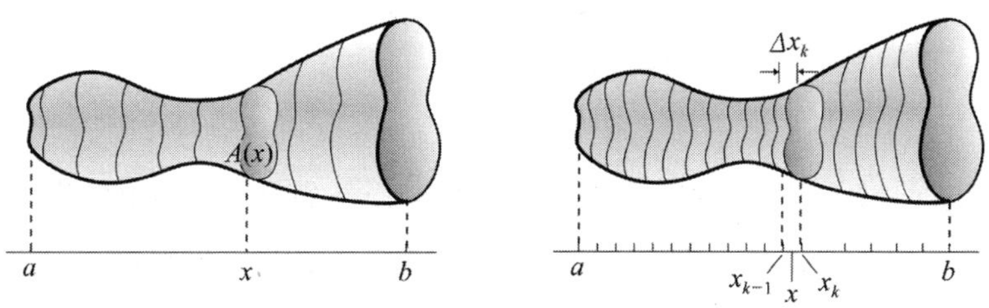

그림 5-9

예제 ❶ 함수 $y = \sin x\ (0 \le x \le \pi)$의 그래프와 x축으로 둘러싸인 영역을 밑면으로 하고 x축에 수직인 평면으로 자른 단면이 정삼각형인 입체도형의 체적을 구하여라.

풀이 임의의 $x \in [0, \pi]$에서 입체를 x축에 수직인 평면으로 자른 단면의 면적 $A(x)$는

$$A(x) = \frac{\sqrt{3}}{4}\sin^2 x$$

이므로, 입체도형의 체적 V는

$$\begin{aligned} V &= \int_0^{\pi} \frac{\sqrt{3}}{4}\sin^2 x\, dx = \frac{\sqrt{3}}{4}\int_0^{\pi}\left(\frac{1-\cos 2x}{2}\right)dx \\ &= \frac{\sqrt{3}}{4}\left[\frac{1}{2}x - \frac{\sin 2x}{4}\right]_0^{\pi} = \frac{\sqrt{3}}{8}\pi \end{aligned}$$

예제 ❷ 반지름이 r인 구의 체적을 구하여라.

풀이 원점을 중심으로 하고 반지름이 r인 공을 생각하자. 이 공을 $0 < x < r$에서 x축과 수직으로 잘랐을 때의 단면은 반지름이 $\sqrt{r^2 - x^2}$인 원으로 그 면적은 $A(x) = \pi(r^2 - x^2)$이다. 따라서 공의 체적은

$$\begin{aligned} V &= \int_{-r}^{r} A(x)\,dx = \int_{-r}^{r} \pi(r^2 - x^2)dx = 2\int_0^{r} \pi(r^2 - x^2)\,dx \\ &= 2\pi\left[r^2 x - \frac{1}{3}x^3\right]_0^{r} = \frac{4}{3}\pi r^3 \end{aligned}$$

예제 ❸ 반지름이 r인 원기둥이 있다. 이 원기둥 밑면 원의 원점을 포함하고 밑면과 이룬 각이 α인 평면으로 원기둥을 잘랐을 때 생기는 입체 중 모서리 부분의 체적을 구하여라. 단, 원기둥의 높이는 충분히 크다.

풀이 원기둥 밑면은 xy평면 위에 있고 그 중심을 원점이라 가정하자. 또한 원기둥을 자른 평면은 원기둥과 y축에서 만난다고 가정하자. 이때, 모서리 부분의 입체를 x축 또는 y축에 수직하게 자르는 두 가지 방법을 살펴보자.

i) y축에 수직으로 자르는 경우

임의의 $-r < y < r$에서 단면은 직각삼각형으로 $h = x\tan\alpha$이고 $x^2 = r^2 - y^2$인 x와 h에 대해서

$$A(y) = \frac{1}{2}xh$$

이다. 따라서 구하고자 하는 입체의 체적은

$$\begin{aligned} V = \int_{-r}^{r} A(y)\,dy &= \frac{1}{2}\tan\alpha \int_{-r}^{r} (r^2 - y^2)\,dy \\ &= \frac{1}{2}\tan\alpha \left[r^2 y - \frac{1}{3}y^3\right]_{-r}^{r} \\ &= \frac{1}{2}\tan\alpha \left[\left(r^3 - \frac{1}{3}r^3\right) - \left(-r^3 + \frac{1}{3}r^3\right)\right] \\ &= \frac{2}{3}r^3\tan\alpha \end{aligned}$$

ii) x축에 수직으로 자르는 경우

임의의 $0 < x < r$에서 단면은 높이가 $x\tan\alpha$이고 밑변이 $2\sqrt{r^2 - x^2}$인 직사각형으로 면적은 $A(x) = 2x\tan\alpha\sqrt{r^2 - x^2}$이다. 따라서 구하고자 하는 입체의 체적은

$$V = \int_0^r A(x)\,dx = 2\tan\alpha \int_0^r x\sqrt{r^2 - x^2}\,dx$$

이다. $r^2 - x^2 = t$라 치환하면 치환적분법에 의하여

$$\int_0^r x\sqrt{r^2 - x^2}\,dx = -\frac{1}{2}\int_{r^2}^{0} \sqrt{t}\,dt = -\frac{1}{2}\left[\frac{2}{3}t^{\frac{3}{2}}\right]_{r^2}^{0} = \frac{1}{3}r^3$$

이다. 그러므로 $V = \dfrac{2}{3}r^3\tan\alpha$이다.

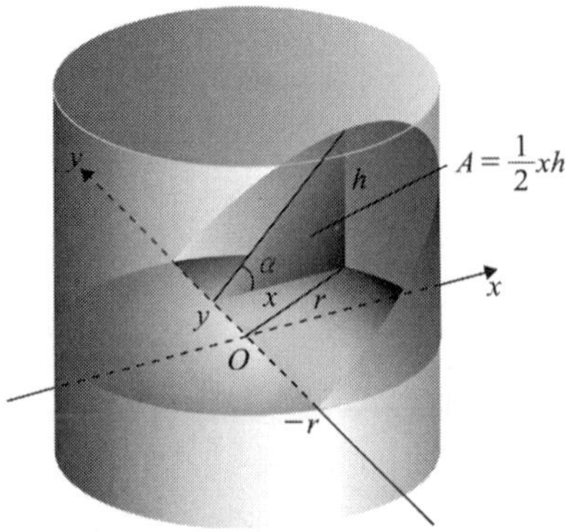

▌그림 5-10

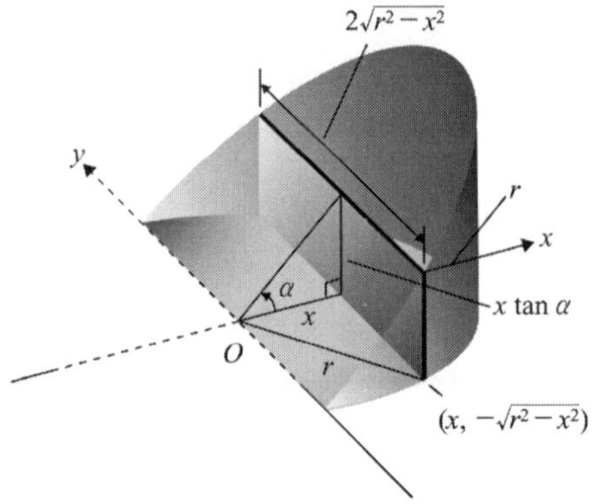

▌그림 5-11

연습문제 (5-2-1)

1. 적분을 이용하여 가로, 세로, 높이가 각각 $3\,\mathrm{m}$인 피라미드의 체적을 구하여라.

2. 입체도형의 밑면은 원 $x^2 + y^2 = 4$의 내부이다. x축에 수직으로 자른 도형의 단면이 정사각형일 때, 입체도형의 체적을 구하여라.

3. 반지름이 r이고 높이가 h인 직원뿔의 체적은 $V = \frac{1}{3}\pi r^2 h$임을 증명하여라.

2. 회전체의 체적

여기서는 주어진 구간에서의 평면상의 곡선을 x축 또는 y축 등을 회전축으로 하여 회전시킬 때 생기는 입체의 체적을 원반 방법, 나사받이 방법, 그리고 원통형 껍질에 의한 방법 등을 사용하여 구해본다.

원반 방법

'1. 입체도형의 체적'의 내용을 이용하면 회전체의 체적을 구하는 것은 매우 용이하다. 실제로 회전체의 단면은 원(disk) 또는 환(annulus)이므로 계산이 용이하다. 회전체의 체적을 구하는 경우는 회전축 및 회전시킬 영역의 형태에 따라 다양한 방법을 적용하는데, 각각의 경우를 예제를 통하여 설명한다.

원반에 의한 체적공식

$$V_x = \int_a^b \pi\,(\text{반지름})^2\,dx = \int_a^b \pi\,(f(x))^2\,dx$$
$$V_y = \int_a^b \pi\,(\text{반지름})^2\,dy = \int_a^b \pi\,(g(y))^2\,dy \qquad (2)$$

예제 ① $y=\sqrt{x}$, x축 그리고 $x=4$로 둘러싸인 영역을 x축을 회전축으로 하여 회전시킬 때 생기는 입체의 체적을 구하여라.

풀이 임의의 $x\in[0,\ 4]$에 대해서 단면적은 $A(x)=\pi(\sqrt{x})^2$이므로 구하는 체적은

$$V=\int_0^4 \pi\,x\,dx = \pi\left[\frac{x^2}{2}\right]_0^4 = 8\pi$$

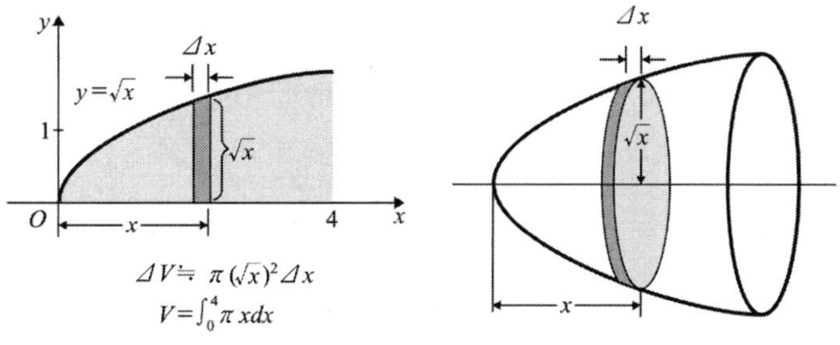

그림 5-12

예제 ❷ 곡선 $y=x^3$, y축 그리고 직선 $y=3$으로 둘러싸인 영역을 y축을 회전축으로 하여 회전시킬 때 생기는 입체의 체적을 구하여라.

풀이 이 경우는 y축을 기준으로 회전시키므로 회전체를 y축에 수직이 되게 잘라야 단면이 원이 되고, 이 경우 임의의 $y \in [0, 3]$에 대한 단면의 반지름은 $x = \sqrt[3]{y}$이므로 단면적은 $A(y) = \pi\left(\sqrt[3]{y}\right)^2$이다. 따라서 구하는 회전체의 체적은

$$V = \int_0^3 \pi\, y^{2/3}\, dy = \pi\left[\frac{3}{5}y^{5/3}\right]_0^3 = \frac{9\sqrt[3]{9}}{5}\pi$$

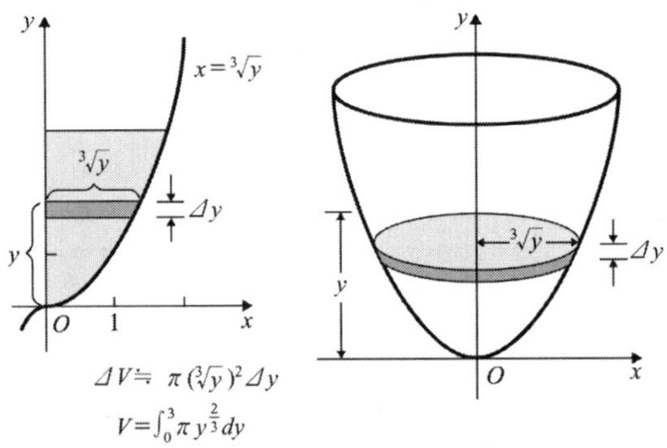

▌그림 5-13

나사받이 방법

앞의 경우와 다르게 때때로 회전체의 단면이 원이 아닌 환인 경우가 있는데, 이 경우 회전체를 회전축에 수직인 평면들로 자른 조각들은 나사받이(그림 5-14 참조)와 유사한 형태를 취한다. 따라서 이 회전체의 체적은 나사받이들의 체적의 합과 근사할 것이고 이후의 과정은 앞의 경우와 유사하다. 이런 과정으로 체적을 구하는 방법을 나사받이 방법이라 한다.

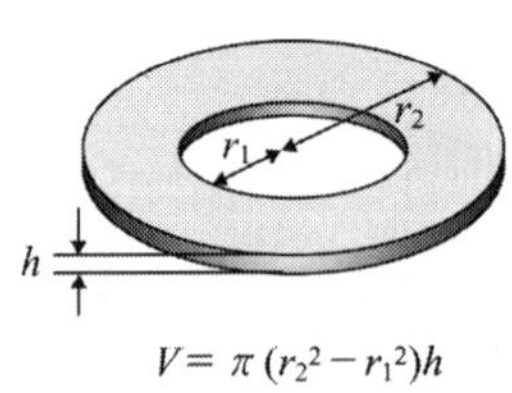

▌그림 5-14

나사받이에 의한 체적공식
$$V_x = \int_a^b \pi\left(R^2(x) - r^2(x)\right)dx \qquad V_y = \int_a^b \pi\left(R^2(y) - r^2(y)\right)dy \qquad (3)$$
여기서 R은 외부의 반지름, r은 내부의 반지름이다.

예제 ❸ 두 포물선 $y = x^2$과 $y^2 = 8x$로 둘러싸인 영역을 x축을 회전축으로 하여 회전시킬 때 생기는 입체의 체적을 구하여라.

풀이 두 곡선은 $x = 0$과 $x = 2$에서 만나고 임의의 $x \in [0,\ 2]$에서 회전체의 단면은 중심이 $(x,\ 0)$이고 반지름이 각각 $\sqrt{8x}$과 x^2인 두 원이 구성하는 환이다. 따라서 구하는 회전체의 체적은

$$V = \int_0^2 \pi\left\{(\sqrt{8x})^2 - (x^2)^2\right\}dx = \pi\int_0^2 (8x - x^4)\,dx$$

$$= \pi\left[4x^2 - \frac{1}{5}x^5\right]_0^2 = \frac{48\pi}{5}$$

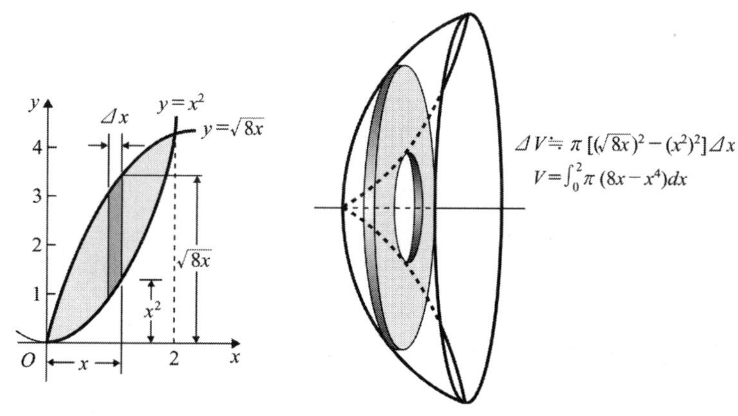

▌그림 5-15

예제 ❹ 곡선 $x = \sqrt{4-y^2}$과 y축으로 둘러싸인 영역을 직선 $x = -1$을 회전축으로 하여 회전시킬 때 생기는 회전체의 체적을 구하여라.

풀이 주어진 영역과 회전축을 x축으로 1만큼 평행이동시키면 구하고자 하는 입체의 체적은 곡선 $x = \sqrt{4-y^2}+1$과 직선 $x = 1$로 둘러싸인 영역을 y축을 회전축으로 하여 회전시킨 입체의 체적과 같다. 임의의 $y \in [-2, 2]$에서 y축에 수직인 평면으로 자른 단면은 외부의 반지름이 $\sqrt{4-y^2}+1$이고 내부의 반지름이 1인 환형으로 면적은 $\pi\left[\left(\sqrt{4-y^2}+1\right)^2 - 1^2\right]$이다. 따라서 체적은

$$V = \int_{-2}^{2} \pi\left[\left(\sqrt{4-y^2}+1\right)^2 - 1^2\right]dy = 2\pi\int_{0}^{2}\left[2\sqrt{4-y^2}+4-y^2\right]dy$$

$$= 4\pi\int_{0}^{2}\sqrt{4-y^2}\,dy + 2\pi\int_{0}^{2}(4-y^2)\,dy = 4\pi \times \pi + 2\pi\left[4y - \frac{1}{3}y^3\right]_0^2$$

$$= 4\pi^2 + \frac{32}{3}\pi$$

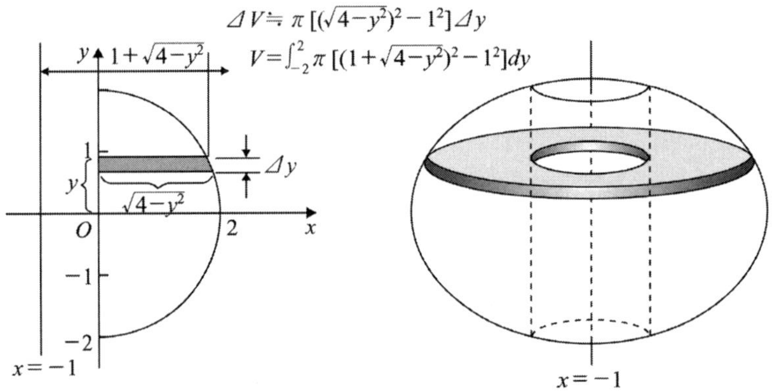

▮그림 5-16

원통형 껍질에 의한 방법

회전체의 체적을 구하는 다른 방법으로 원통형 껍질에 의한 방법이 있다. 원통형 껍질은 중심이 같은 두 개의 직원기둥 사이의 입체이다. 실제로 내부의 반지름이 r_1이고 외부의 반지름이 r_2인 원통형 껍질의 체적 V는

$$\begin{aligned}\Delta V &= (\text{밑면적})\times(\text{높이}) \\ &= \pi\,(r_2^2 - r_1^2)\,h = \pi\,(r_2 + r_1)(r_2 - r_1)\,h \\ &= 2\pi\left(\frac{r_2 + r_1}{2}\right)h\,(r_2 - r_1) \\ &= 2\pi\times(\text{반지름의 평균})\times(\text{높이})\times(\text{두께}) \\ &\equiv 2\pi\, r\, h\, \Delta r\end{aligned}$$

이다.

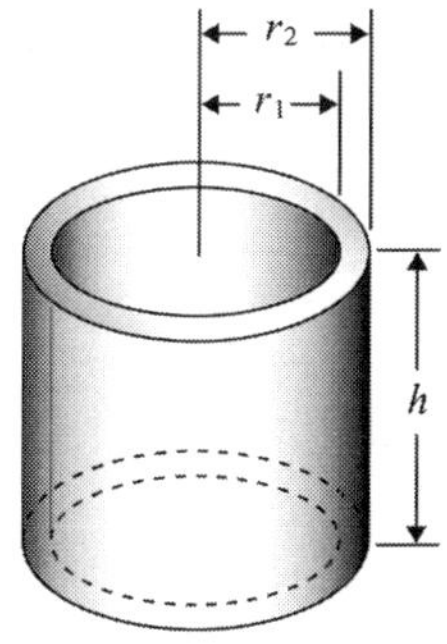

▌그림 5-17

원통형 껍질에 의한 체적공식
$$V_x = \int_a^b 2\pi\,(\text{반지름})\,(\text{높이})\,dx = 2\pi\int_a^b x\,f(x)\,dx$$ $$V_y = \int_a^b 2\pi\,(\text{반지름})\,(\text{높이})\,dy = 2\pi\int_a^b y\,g(y)\,dy$$ (4)

이와 같은 공식은 다음의 형태로도 이해할 수 있다. 정의에 의하면 정적분은 x 또는 y의 어떤 구간을 아주 잘게 분할을 하여 계산하는 과정이 있고 이런 과정이 원통형 껍질에도 적용이 되면 두께는 마치 종이처럼 아주 얇아지고, 따라서 한 원통형 껍질의 체적을 그림 5-18과 같이 펼쳐서 계산할 수 있다.

$$V_x = \lim_{\Delta x\to 0}\sum_{k=1}^{n} 2\pi\, x_k\, y_k\, \Delta x_k = \int_a^b 2\pi\, x\, f(x)\,dx$$

$$V_y = \lim_{\Delta y\to 0}\sum_{k=1}^{n} 2\pi\, y_k\, x_k\, \Delta y_k = \int_a^b 2\pi\, y\, g(y)\,dy$$

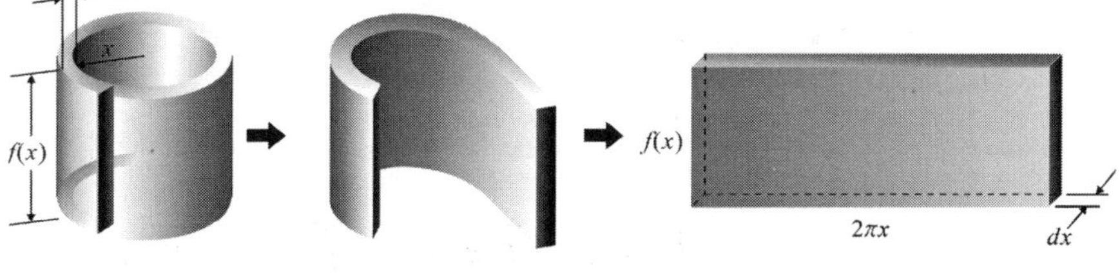

▌그림 5-18

예제 ❺ 곡선 $y = \frac{1}{\sqrt{x}}$, x축 그리고 직선 $x=1$과 $x=4$로 둘러싸인 영역을 y축을 회전축으로 하여 회전시킨 회전체의 체적을 구하여라.

풀이 그림 5-19와 같은 방법으로 구하면 체적은

$$V = 2\pi\int_1^4 x\frac{1}{\sqrt{x}}\,dx = 2\pi\int_1^4 \sqrt{x}\,dx = 2\pi\left[\frac{2}{3}x^{3/2}\right]_1^4 = \frac{28}{3}\pi$$

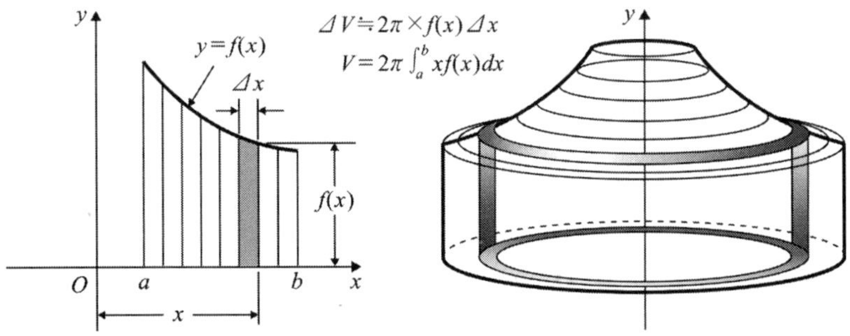

▮그림 5-19

예제 ❻ 원 $x^2+(y-1)^2=1$, $x \geq 0$을 x축을 회전축으로 하여 회전시킨 회전체의 체적을 원통형 껍질에 의한 방법으로 구하여라.

풀이 그림 5-20에서 보는 바와 같이, 임의의 $y\in[0,\ 2]$에 대한 원통형 껍질은 반지름이 y 이고 높이가 $x=\sqrt{1-(y-1)^2}$, 두께가 Δy이므로 원통형 껍질의 체적 ΔV는

$$\Delta V = 2\pi y\sqrt{1-(y-1)^2}$$

이고, 따라서 구하고자 하는 입체의 체적은

$$\begin{aligned} V &= \int_0^2 2\pi y\sqrt{1-(y-1)^2}\,dy \\ &= 2\pi\int_{-1}^1 (t+1)\sqrt{1-t^2}\,dt,\ (y-1=t\text{로 치환}) \\ &= 2\pi\int_{-1}^1 t\sqrt{1-t^2}\,dt + 2\pi\int_{-1}^1 \sqrt{1-t^2}\,dt \\ &= 0+2\pi\times\frac{\pi}{2} = \pi^2 \end{aligned}$$

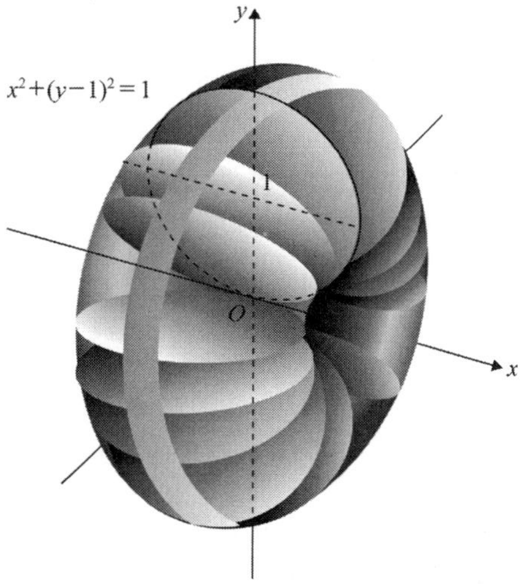

▌그림 5-20

연습문제 (5-2-2)

1. 곡선 $y=x^2$, $x=4$, $y=0$으로 둘러싸인 영역을 x축을 중심으로 회전시킬 때 생기는 회전체의 체적을 구하여라.

2. 곡선 $y^2=x$, $x=0$, $y=2$로 둘러싸인 영역을 y축을 중심으로 회전시킬 때 생기는 회전체의 체적을 구하여라.

3. 곡선 $y=\dfrac{4}{x}$, $x=1$, $x=4$, $y=0$으로 둘러싸인 영역을 y축을 중심으로 회전시킬 때 생기는 회전체의 체적을 구하여라.

4. 곡선 $y=\sqrt{x}$, $x=4$, $y=0$으로 둘러싸인 영역을 $x=4$를 회전축으로 하여 회전시킬 때 생기는 회전체의 체적을 구하여라.

5. $0 \leqq x \leqq \pi$에서 곡선 $y=\sin x$를 $y=\dfrac{1}{2}$을 회전축으로 하여 회전시킬 때 생기는 입체의 체적을 구하여라.

요약 (5-2)

1. 구간 $[a, b]$에서 x축에 수직으로 자른 단면적이 $A(x)$인 입체의 체적 V는

$$V = \int_a^b A(x)\,dx.$$

2. 원반 방법

x의 구간 $[a, b]$에서 곡선 $y = f(x)$와 x축으로 경계된 영역을 x축을 회전축으로 회전시킨 입체의 체적 V_x는 (단면이 원이므로)

$$V_x = \int_a^b \pi (f(x))^2\,dx$$

이고 또한 y의 구간 $[c, d]$에서 곡선 $x = g(y)$와 y축으로 경계된 영역을 y축을 회전축으로 회전시킨 입체의 체적 V_y는 (단면이 원이므로)

$$V_y = \int_c^d \pi (g(y))^2\,dy.$$

3. 나사받이 방법

회전체를 회전축에 수직으로 자른 단면이 원이 아닌 환인 경우 x의 구간 $[a, b]$에서 $f(x) > g(x) > 0$인 두 함수로 둘러싸인 영역을 x축을 회전축으로 회전시킬 때 생기는 입체의 체적 V는

$$V = \int_a^b \pi \left\{ (f(x))^2 - (g(x))^2 \right\} dx.$$

4. 원통형 껍질에 의한 방법

회전시킬 영역을 회전축과 나란하게 잘랐을 때의 얇은 띠를 회전시킨 원통형 껍질을 이용하는 방법으로서

$$V_x = 2\pi \int_a^b x f(x)\,dx,$$

$$V_y = 2\pi \int_a^b y g(y)\,dy.$$

종합문제 (5-2)

1. $y=4-x^2$의 1사분면의 영역을 x축과 y축을 각각 회전축으로 하여 회전시킨 입체의 체적을 구하여라.

2. 밑면 $y=\cos x$, $0 \leq x \leq 2\pi$가 이루는 영역이고, x축에 수직으로 자른 단면이 반원이 입체 도형의 체적을 구하여라.

3. 곡선 $y=\dfrac{1}{x^3}$, $x=1$, $x=3$, 그리고 $y=0$으로 둘러싸인 영역 R에 대하여 다음 물음에 답하여라.

(1) R의 면적을 구하여라.

(2) R을 y축으로 회전축으로 하여 회전시킬 때 생기는 회전체의 체적을 구하여라.

(3) R을 직선 $y=-1$을 회전축으로 하여 회전시킬 때 생기는 회전체의 체적을 구하여라.

(4) R을 x축을 회전축으로 하여 회전시킨 회전체의 체적을 구하여라.

4. 아래 그림의 영역 R에 대해 다음을 회전축으로 하여 회전시킬 때 생기는 회전체의 체적을 구하는 식을 세워보아라.

(1) x축 (2) y축

(3) 직선 $x=a$ (4) 직선 $x=b$

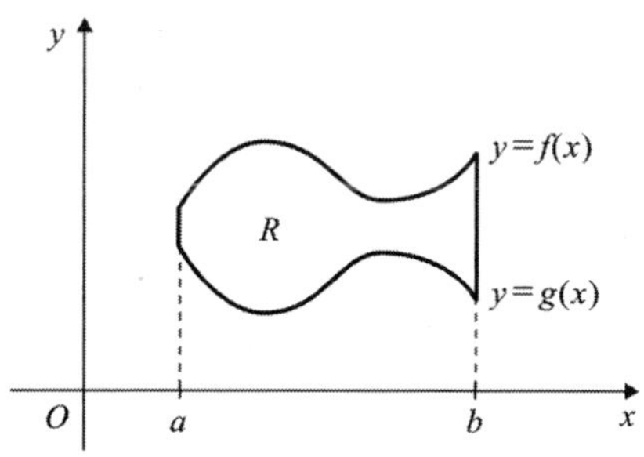

5. $y=x^2-x$와 $y=x$로 둘러싸인 영역을 x축을 회전축으로 하여 회전시킨 회전체의 체적을 구하여라.

6. 구간 $[1,\ \infty]$에서 곡선 $y=\dfrac{1}{x}$과 x축이 이룬 영역을 x축을 회전축으로 하여 회전시킨 입체의 체적을 구하여라.

7. 반지름이 b인 구의 중심을 지나는 직선을 축으로 하는 반지름이 a인 원통형 구멍을 뚫었을 때 $(b>a)$ 남는 입체의 체적을 구하여라.

8. 원 $x^2+y^2+a^2$을 $x=b\ \ (b>|a|)$를 축으로 하여 회전시켰을 때 생기는 도너츠 모양의 체적을 구하여라.

제6장
행렬과 행렬식

이 장은 이학뿐만 아니라 경제학, 경영학, 전산학, 정보통신분야, 전기전자분야, 건축토목분야, 기타 공학의 전 분야와 농학 등 거의 모든 학문 분야에서 활용되는 단원이다. 행렬의 기본적인 개념을 설명하고 각 분야에서의 응용문제를 다룬다. 나아가 행렬식의 정의와 개념을 설명하고 연립1차방정식의 해법을 소개한다.

6-1 행렬

1. 행렬의 개념과 연산

영국의 대수학자 케일리(A. Cayley, 1821–1895)가 1858년에 수학에 행렬(matrix)이란 용어를 처음으로 도입하였다. 이 용어의 근본적인 의미는 모체라는 뜻이다. 현재 행렬은 경제학, 경영학, 전산학, 정보통신분야, 이공계열 등 모든 분야에서 활용되고 있고, 특별한 수의 역할을 하는 것으로 발전되었다. 특히, 최근에는 정보보호학분야에서 hadamard 행렬을 이용하여 암호함수를 설계하기도 한다. 여기서는 행렬의 개념, 행렬의 종류, 행렬의 연산 등을 설명한다.

행렬

수를 직사각형 모양으로 배열한 것을 **행렬**(matrix)이라 하고 그 각각의 수를 행렬의 **성분**(entries)이라 한다. 또, 가로배열을 **행**(row), 세로배열을 **열**(column)이라 한다. 행렬의 크기(size)는 행의 개수와 열의 개수로 나타낸다. 예를 들어,

$$\begin{pmatrix} 1 & 1 \\ 1 & -1 \end{pmatrix},\ \begin{pmatrix} 2 & 5 & 1 \\ 1 & 0 & 2 \end{pmatrix},\ \begin{pmatrix} 4 & 5 & 6 \\ 1 & -2 & -3 \\ 1 & 0 & 3 \end{pmatrix},\ (2\ \ 3\ \ 4\ \ -5),\ \begin{pmatrix} 1 \\ -2 \\ 3 \end{pmatrix}$$

과 같은 것들은 모두 행렬이다. 첫 번째 행렬은 2×2 행렬이고, 네 번째 것은 1×4 행렬이다. 일반적으로 m행과 n열을 가진 행렬을 $m \times n$ **행렬**($m \times n$ matrix)이라 하고, 특히 $m = n$이면 n **차 정방행렬**(square matrix of order n) 또는 n **차 행렬**이라고 한다. 위의 행렬들은 차례로 2차 정방행렬, 2×3 행렬, 3차 정방행렬, 1×4 행렬, 3×1 행렬이다. 행렬은 보통 알파벳 대문자로 나타내고, 그의 성분은 소문자로 나타낸다. 즉,

$$H = \begin{pmatrix} 1 & 1 \\ 1 & -1 \end{pmatrix} \text{ 또는 } A = \begin{pmatrix} a & b & c \\ d & e & f \end{pmatrix}$$

등으로 나타낸다. 일반적으로 행렬을 나타낼 때는 행번호와 열번호를 첨자로 표시하여 성분을 나타낸다. 즉, 행렬 A가 $m \times n$ 행렬일 때, i 행과 j 열의 교점에 있는 성분을 a_{ij} 로 나타내고

$$A = (a_{ij}) \ (1 \leq i \leq m, \ 1 \leq j \leq n)$$

라고 쓴다. 즉,

$$A = \begin{pmatrix} a_{11} & a_{12} & \cdots & a_{1n} \\ a_{21} & a_{22} & \cdots & a_{2n} \\ \vdots & \vdots & \ddots & \vdots \\ a_{m1} & a_{m2} & \cdots & a_{mn} \end{pmatrix}.$$

주의 1×1 행렬에 관해서는 괄호를 생략하는 것이 관례이다. 하나의 행으로 이루어진 행렬을 **행벡터**, 하나의 열로 이루어진 행렬을 **열벡터**라고 한다. 앞에서 네 번째 것은 행벡터, 다섯 번째 것은 열벡터이다. 또, 실수는 1×1 행렬이라고 생각할 수 있다.

단위행렬

n차 정방행렬에서 대각선상의 성분 $a_{ii} \ (i = 1, \ 2, \ \cdots \ n)$를 주대각선성분 또는 **대각성분**(diagonal entries)이라 한다. n차의 정방행렬에서 주대각선이 모두 1이고 나머지 성분이 모두 0인 행렬을 **단위행렬**(unit matrix)이라 하고 E_n 또는 E로 나타낸다. 즉,

$$E_n = \begin{pmatrix} 1 & 0 & 0 & \cdots & 0 \\ 0 & 1 & 0 & \cdots & 0 \\ 0 & 0 & 1 & \cdots & 0 \\ \vdots & \vdots & \vdots & \ddots & \vdots \\ 0 & 0 & 0 & \cdots & 1 \end{pmatrix}$$

로 쓰기로 한다.

삼각행렬

주대각선 위쪽의 성분이 모두 0인 행렬을 **하삼각행렬**(lower triangle matrix), 주대각선 아래쪽의 성분이 모두 0인 행렬을 **상삼각행렬**(upper triangle matrix)이라 한다. 특히, 주대각선 이외의 성분이 모두 0인 행렬을 **대각행렬**(diagonal matrix)이라 하고 주대각선의 성분이 모두 같은 수인 대각행렬을 **스칼라행렬**(scalar matrix)이라 한다. 단위행렬은 주대각선의 성분이 모두 1인 스칼라행렬이다.

전치행렬

주어진 $m \times n$ 행렬 $A = (a_{ij})$ $(1 \leq i \leq m,\ 1 \leq j \leq n)$에 대하여 행과 열을 바꾸어 놓은 행렬을 A의 **전치행렬**(transposed matrix)이라 하고 $A^t = (a_{ji})$ $(1 \leq j \leq n,\ 1 \leq i \leq m)$로 나타낸다. 즉,

$$A^t = \begin{pmatrix} a_{11} & a_{21} & a_{31} & \cdots & a_{m1} \\ a_{12} & a_{22} & a_{32} & \cdots & a_{m2} \\ a_{13} & a_{23} & a_{33} & \cdots & a_{m3} \\ \vdots & \vdots & \vdots & \ddots & \vdots \\ a_{1n} & a_{2n} & a_{3n} & \cdots & a_{mn} \end{pmatrix}$$

로 쓰기로 한다. 결국 전치행렬 A^t는 크기가 $n \times m$인 행렬이다. 특히, $a_{ij} = a_{ji}$인 n차 정방행렬, 즉 $A^t = A$인 행렬 A를 **대칭행렬**(symmetric matrix)이라 하고, $a_{ij} = -a_{ji}$인 n차 정방행렬, 즉 $A^t = -A$인 행렬 A를 **교대행렬**(skew-symmetric matrix)이라 한다. 교대행렬은 주대각선이 모두 0이어야 한다.

보기 ❶ 다음 행렬의 전치행렬을 구하여라.

(1) $A = \begin{pmatrix} 2 & 3 \\ 1 & 4 \\ 5 & 6 \end{pmatrix}$ (2) $B = (1\ \ 3\ \ 5)$ (3) $H = \begin{pmatrix} 1 & 1 \\ 1 & -1 \end{pmatrix}$

풀이 (1) $A^t = \begin{pmatrix} 2 & 1 & 5 \\ 3 & 4 & 6 \end{pmatrix}$

(2) $B^t = \begin{pmatrix} 1 \\ 3 \\ 5 \end{pmatrix}$

(3) $H^t = \begin{pmatrix} 1 & 1 \\ 1 & -1 \end{pmatrix}$

전치행렬과 관련하여 정리 6-1-1과 같은 주요 성질이 있다. 증명은 연습문제로 돌리니 각자 그 활용에 중점을 두기 바란다.

정리 6-1-1

행렬 A, B가 아래의 연산이 정의되었을 때 다음이 성립한다.

(1) $(A^t)^t = A$　　(2) $(A+B)^t = A^t + B^t$

(3) $(kA)^t = kA^t$　　(4) $(AB)^t = B^t A^t$

Hadamard 행렬

n차의 정방행렬 H가 H^t와의 곱이 nE_n으로 나타날 때, 즉 $HH^t = nE_n$인 행렬 H를 **Hadamard 행렬**(Hadamard matrix)이라고 한다. 특히, 다음과 같이 순환관계에 의해 생성되는 H_n을 **Sylvester-Hadamard 행렬**이라고 한다. 즉,

$$H_0 = 1, \quad H_n = \begin{pmatrix} H_{n-1} & H_{n-1} \\ H_{n-1} & -H_{n-1} \end{pmatrix}, \quad n = 1, 2, \cdots.$$

이때, 행렬 H_n의 크기는 2^n차 정방행렬이다. 이 Hadamard 행렬은 정보통신분야에서 암호함수를 설계하는 데 매우 중요하게 쓰이는 행렬이다.

예제 ① 다음 행렬들은 어떤 행렬인지 구분하여 보아라.

(1) $\begin{pmatrix} 1 & 0 & 0 \\ 0 & 1 & 0 \\ 0 & 0 & 1 \end{pmatrix}$　(2) $\begin{pmatrix} a & b & c \\ b & d & e \\ c & e & f \end{pmatrix}$　(3) $\begin{pmatrix} 0 & a & -b \\ -a & 0 & c \\ b & -c & 0 \end{pmatrix}$

(4) $\begin{pmatrix} 1 & 1 \\ 1 & -1 \end{pmatrix}$　(5) $\begin{pmatrix} a & 0 & 0 \\ 0 & b & 0 \\ 0 & 0 & c \end{pmatrix}$

풀이 (1) 단위행렬 (2) 대칭행렬 (3) 교대행렬 (4) Hadamard 행렬 (5) 대각행렬

행렬의 합·차

같은 크기의 $m \times n$행렬 $A = (a_{ij})$와 $B = (b_{ij})$에서 행렬 A와 B의 대응하는 성분의 합을 성분으로 하는 행렬을 행렬 A와 B의 **합**(sum)이라 하고,

$$A+B=(a_{ij}+b_{ij}),\quad (1\leq i\leq m,\ 1\leq j\leq n)$$

로 나타낸다. 또한 $B+X=A$를 만족하는 행렬 X를 A에서 B를 뺀 **차**(difference)라 하고

$$A-B=(a_{ij}-b_{ij}),\quad (1\leq i\leq m,\ 1\leq j\leq n)$$

로 나타낸다.

주의 두 행렬 사이에 정의되는 연산자인 덧셈, 뺄셈 부호는 성분끼리의 연산자 덧셈, 뺄셈 부호와 다름에 주의하자. 또, 두 행렬의 합 또는 차를 계산할 때는 반드시 두 행렬의 크기가 같아야 연산이 정의됨을 기억하자.

보기 ② $A=\begin{pmatrix}2&3\\1&4\\5&6\end{pmatrix}$, $B=\begin{pmatrix}5&1\\-2&3\\0&-4\end{pmatrix}$일 때, 다음을 계산하여라.

(1) $A+B$ (2) $A-B$

풀이 (1) $A+B=\begin{pmatrix}2+5&3+1\\1+(-2)&4+3\\5+0&6+(-4)\end{pmatrix}=\begin{pmatrix}7&4\\-1&7\\5&2\end{pmatrix}$

(2) $A-B=\begin{pmatrix}2-5&3-1\\1-(-2)&4-3\\5-0&6-(-4)\end{pmatrix}=\begin{pmatrix}-3&2\\3&1\\5&10\end{pmatrix}$

행렬의 스칼라곱

k를 실수라 할 때, $m\times n$행렬 $A=(a_{ij})$의 각 성분에 k를 곱한 것을 성분으로 하는 행렬을 A의 **스칼라곱**(scalar product)이라 하고

$$kA=(ka_{ij}),\quad (1\leq i\leq m,\ 1\leq j\leq n)$$

로 나타낸다.

보기 ❸ $A=\begin{pmatrix}2 & 3\\1 & 4\\5 & 6\end{pmatrix}$일 때, $2A$를 계산하여라.

풀이 $2A=\begin{pmatrix}2\times2 & 3\times2\\1\times2 & 4\times2\\5\times2 & 6\times2\end{pmatrix}=\begin{pmatrix}4 & 6\\2 & 8\\10 & 12\end{pmatrix}$

정리 6-1-2는 행렬의 기본연산 법칙에서 실수체계와 유사한 성질들을 가지고 있다. 이러한 의미에서 행렬 자체도 하나의 특별한 수라 할 수 있다. 일부만 증명하고 나머지는 연습문제로 돌린다.

정리 6-1-2

$m\times n$행렬 전체집합을 M이라 하고 $A,\ B,\ C\in M$이라 하면 다음 행렬에 관한 덧셈의 기본연산 법칙들은 성립한다(단, O은 영행렬임).

(1) $A,\ B\in M$이면 $A+B\in M$ (닫혀있다)

(2) $A+B=B+A$ (교환법칙 성립)

(3) $(A+B)+C=A+(B+C)$ (결합법칙 성립)

(4) $A+O=O+A=A$인 $O\in M$가 존재(항등원 존재)

(5) $A+X=X+A=O$인 $X\in M$가 존재(역원 존재)

(6) $a(bA)=(ab)A,\ a,\ b\in R$

(7) $(a+b)A=aA+bA,\ a(A+B)=aA+aB,\ a,\ b\in R$

(8) $1A=A,\ (-1)A=-A$

(9) $aO=O,\ 0A=O$

증명 $m\times n$행렬 전체집합을 M이라 하고 $A,\ B\in M$이라 하면

$$A=\begin{pmatrix}a_{11} & a_{12} & \cdots & a_{1n}\\a_{21} & a_{22} & \cdots & a_{2n}\\\vdots & \vdots & & \vdots\\a_{m1} & a_{m2} & \cdots & a_{mn}\end{pmatrix},\quad B=\begin{pmatrix}b_{11} & b_{12} & \cdots & b_{1n}\\b_{21} & b_{22} & \cdots & b_{2n}\\\vdots & \vdots & & \vdots\\b_{m1} & b_{m2} & \cdots & b_{mn}\end{pmatrix},$$

$(1\leq i\leq m,\ 1\leq j\leq n)$라 놓을 수 있다. (7)번만 증명해보자.

$$(7)\ (a+b)A=(a+b)\begin{pmatrix} a_{11} & a_{12} & \cdots & a_{1n} \\ a_{21} & a_{22} & \cdots & a_{2n} \\ \vdots & \vdots & & \vdots \\ a_{m1} & a_{m2} & \cdots & a_{mn} \end{pmatrix}$$

$$=\begin{pmatrix} (a+b)a_{11} & (a+b)a_{12} & \cdots & (a+b)a_{1n} \\ (a+b)a_{21} & (a+b)a_{22} & \cdots & (a+b)a_{2n} \\ \vdots & \vdots & & \vdots \\ (a+b)a_{m1} & (a+b)a_{m2} & \cdots & (a+b)a_{mn} \end{pmatrix}$$

$$=\begin{pmatrix} a\,a_{11} & a\,a_{12} & \cdots & a\,a_{1n} \\ a\,a_{21} & a\,a_{22} & \cdots & a\,a_{2n} \\ \vdots & \vdots & & \vdots \\ a\,a_{m1} & a\,a_{m2} & \cdots & a\,a_{mn} \end{pmatrix}+\begin{pmatrix} b\,a_{11} & b\,a_{12} & \cdots & b\,a_{1n} \\ b\,a_{21} & b\,a_{22} & \cdots & b\,a_{2n} \\ \vdots & \vdots & & \vdots \\ b\,a_{m1} & b\,a_{m2} & \cdots & b\,a_{mn} \end{pmatrix}$$

$$=a\begin{pmatrix} a_{11} & a_{12} & \cdots & a_{1n} \\ a_{21} & a_{22} & \cdots & a_{2n} \\ \vdots & \vdots & & \vdots \\ a_{m1} & a_{m2} & \cdots & a_{mn} \end{pmatrix}+b\begin{pmatrix} a_{11} & a_{12} & \cdots & a_{1n} \\ a_{21} & a_{22} & \cdots & a_{2n} \\ \vdots & \vdots & & \vdots \\ a_{m1} & a_{m2} & \cdots & a_{mn} \end{pmatrix}$$

$$=aA+bA,\ a,\ b\in R$$

참고 $m\times n$ 행렬 전체집합 M이 (1)에서 (5)까지만 만족하면 M은 행렬의 덧셈에 대하여 가환군을 이룬다. 그러나 M은 행렬의 곱셈에 대하여 가환군이 아니기 때문에 체(field)는 될 수 없다(실수체계의 기본성질 1-1과 행렬의 곱 참조).

행렬의 곱

$m\times r$ 행렬 $A=(a_{ij})$와 $r\times n$ 행렬 $B=(b_{ij})$에 대하여 A의 i행과 B의 j열의 대응하는 각각의 성분을 곱하여 더한 것을 $(i,\ j)$성분으로 하는 행렬을 행렬 A와 행렬 B의 **곱**이라 하고 AB로 나타낸다. 즉, AB는 $m\times n$ 행렬로서, $(i,\ j)$성분 c_{ij}는

$$c_{ij}=a_{i1}\cdot b_{1j}+a_{i2}\cdot b_{2j}+\cdots+a_{ir}\cdot b_{rj},\ (1\leqq i\leqq m,\ 1\leqq j\leqq n)$$

와 같이 얻어진다. 여기서 행렬 AB는 행렬 A의 열의 개수와 B의 행의 개수가 반드시 같아야만 정의된다.

참고 $A,\ B,\ C,\ O$가 아래의 곱이 정의되는 행렬일 때,

(1) $AO=OA=O$ (2) $AB\neq BA$

(3) $AB=O$가 $A=O$ 또는 $B=O$을 뜻하는 것은 아니다.

(4) $AB=AC$이면 $B=C$라고 말할 수 없다.

보기 ❹ $A=\begin{pmatrix}2&3\\1&4\\5&6\end{pmatrix}$, $B=\begin{pmatrix}1&0&3\\-1&2&5\end{pmatrix}$일 때, AB를 계산하여라.

풀이
$$AB=\begin{pmatrix}2&3\\1&4\\5&6\end{pmatrix}\begin{pmatrix}1&0&3\\-1&2&5\end{pmatrix}$$
$$=\begin{pmatrix}2\times1+3\times(-1)&2\times0+3\times2&2\times3+3\times5\\1\times1+4\times(-1)&1\times0+4\times2&1\times3+4\times5\\5\times1+6\times(-1)&5\times0+6\times2&5\times3+6\times5\end{pmatrix}$$
$$=\begin{pmatrix}-1&6&21\\-3&8&23\\-1&12&45\end{pmatrix}$$

정리 6-1-3은 행렬의 곱에 대한 여러 가지 성질들을 말해주고 있다. 증명은 연습문제로 돌린다.

정리 6-1-3

A, B, C가 다음의 합과 곱이 정의되는 임의의 행렬일 때, 아래의 곱셈에 관한 기본연산 법칙들은 성립한다.

(1) $(AB)C=A(BC)$ (결합법칙 성립)

(2) $AE=EA=A$인 E가 존재 (항등원 존재)

(3) $(A+B)C=AC+BC$, $A(B+C)=AB+AC$ (배분법칙 성립)

(4) $a(AB)=(aA)B=A(aB)$, $a\in R$

예제 ❷ $A=\begin{pmatrix}1&0&3\\2&3&-1\\0&4&1\end{pmatrix}$, $B=\begin{pmatrix}3&-2&1\\-1&2&0\\1&0&-3\end{pmatrix}$, $E_3=\begin{pmatrix}1&0&0\\0&1&0\\0&0&1\end{pmatrix}$에서 다음을 계산하여라.

(1) $A+2B$ (2) AB

(3) BA (4) AE_3

(5) E_3A

풀이 (1) $A+2B=\begin{pmatrix}1&0&3\\2&3&-1\\0&4&1\end{pmatrix}+\begin{pmatrix}6&-4&2\\-2&4&0\\2&0&-6\end{pmatrix}$

$=\begin{pmatrix}7&-4&5\\0&7&-1\\2&4&-5\end{pmatrix}$

(2) $AB=\begin{pmatrix}1&0&3\\2&3&-1\\0&4&1\end{pmatrix}\begin{pmatrix}3&-2&1\\-1&2&0\\1&0&-3\end{pmatrix}$

$=\begin{pmatrix}6&-2&8\\2&2&5\\-3&8&-3\end{pmatrix}$

(3) (2)와 같이 계산하면 된다.

(4) $AE_3=\begin{pmatrix}1&0&3\\2&3&-1\\0&4&1\end{pmatrix}\begin{pmatrix}1&0&0\\0&1&0\\0&0&1\end{pmatrix}=\begin{pmatrix}1&0&3\\2&3&-1\\0&4&1\end{pmatrix}=A$

(5) $E_3A=\begin{pmatrix}1&0&0\\0&1&0\\0&0&1\end{pmatrix}\begin{pmatrix}1&0&3\\2&3&-1\\0&4&1\end{pmatrix}=\begin{pmatrix}1&0&3\\2&3&-1\\0&4&1\end{pmatrix}=A$

연습문제 (6-1-1)

1. 4×3행렬 $A=(a_{ij})$가

$$A=\begin{pmatrix}4&5&6\\1&-2&-4\\0&1&3\\-2&0&4\end{pmatrix}$$

일 때 다음을 구하여라.

(1) a_{21}　　(2) a_{23}

(3) a_{32}　　(4) a_{43}

2. a_{ij}가 다음과 같을 때 3×4행렬 $A=(a_{ij})$를 구하여라.

(1) $a_{ij}=i+j$　　(2) $a_{ij}=3i-j$

3. 다음 각 행렬의 전치행렬을 구하여라.

(1) $\begin{pmatrix} 2 & 5 & 3 \\ 1 & 0 & 4 \end{pmatrix}$　　(2) $\begin{pmatrix} 4 & 5 & 6 \\ 1 & -2 & -4 \\ 0 & 1 & 3 \\ -2 & 0 & 4 \end{pmatrix}$　　(3) $\begin{pmatrix} 6 \\ -3 \\ 2 \\ 1 \end{pmatrix}$

4. 다음 등식에서 x, y, z를 구하여라.

$$\begin{pmatrix} x & x-y \\ x+y & x-z \end{pmatrix} = \begin{pmatrix} 7 & 4 \\ 10 & 2 \end{pmatrix}$$

5. K리그 5개팀의 2000년도 프로축구 리그전이 끝났다. 그 결과를 행렬 (a_{ij})로 나타내면 다음과 같다. (단, 여기서 a_{ij}는 i번 팀이 j번 팀과 싸워서 얻은 점수이다.)

$$\begin{array}{c} \\ 1 \\ 2 \\ 3 \\ 4 \\ 5 \end{array} \begin{array}{c} \begin{array}{ccccc} 1 & 2 & 3 & 4 & 5 \end{array} \\ \begin{pmatrix} 0 & 2 & 4 & 2 & 1 \\ 4 & 0 & 2 & 5 & 5 \\ 2 & 4 & 0 & 6 & 5 \\ 4 & 1 & 0 & 0 & 4 \\ 5 & 1 & 1 & 2 & 0 \end{pmatrix} \end{array}$$

(1) 각 행의 합과 각 열의 합의 의미에 대하여 설명하여라.

(2) $i \neq j$라면 $a_{ij} + a_{ji} = 6$이다. 이 사실은 무엇을 의미하는가?

6. $A = \begin{pmatrix} 3 & -4 & -2 \\ 4 & 1 & 2 \end{pmatrix}$, $B = \begin{pmatrix} -2 & 1 & 1 \\ 3 & 0 & -3 \end{pmatrix}$일 때 다음을 구하여라.

(1) $A - B$　　(2) $2A + 3B$　　(3) $3A - 2B$

7. A, B, C, D는 각각 2×3, 3×4, 1×3, 2×1행렬일 때 다음 행렬의 크기를 구하여라.

(1) AB　　(2) CB　　(3) DCB

2. 행렬과 연립1차방정식의 해법

방정식의 연구 중 특히 동차 연립1차방정식의 해법을 아는 일은 중요하며, 동차 연립1차방정식의 자명하지 않은 해의 존재성에 대하여 아는 일은 더욱 중요하다. 여기서는 동차, 비동차 연립방정식의 개념, 기본행연산의 정의, 행렬방정식을 통해 비동차 연립1차방정식의 확대행렬을 구하여 기본행연산에 의한 일반적인 해법을 알아보자. 동차 연립1차방정식의 일반적인 해법은 가우스 소거법에서 다룬다.

동차·비동차 연립1차 방정식

일반적으로 다음과 같이 n개의 미지수를 가진 방정식의 개수가 m인 다음과 같은 형태(n원 1차 연립방정식)의 연립1차방정식을 생각해보자.

$$\begin{cases} a_{11}x_1 + a_{12}x_2 + \cdots + a_{1n}x_n = b_1 \\ a_{21}x_1 + a_{22}x_2 + \cdots + a_{2n}x_n = b_2 \\ \qquad\qquad \vdots \\ a_{m1}x_1 + a_{m2}x_2 + \cdots + a_{mn}x_n = b_m \end{cases} \tag{1}$$

여기에서 a_{ij}와 $b_i (i = 1, 2, \cdots, m ; j = 1, 2, \cdots, n)$는 실수이고 미지수의 개수 n과 방정식의 개수 m이 같을 필요는 없다. 이때, 아래와 같이 표시한 두 행렬을 각각 연립1차방정식의 (1)의 **계수행렬**(the matrix of coefficients), **확대행렬**(augmented matrix)이라고 한다.

$$\begin{pmatrix} a_{11} & a_{12} & \cdots & a_{1n} \\ a_{21} & a_{22} & \cdots & a_{2n} \\ \vdots & \vdots & \ddots & \vdots \\ a_{m1} & a_{m2} & \cdots & a_{mn} \end{pmatrix} \begin{pmatrix} a_{11} & a_{12} & \cdots & a_{1n} & b_1 \\ a_{21} & a_{22} & \cdots & a_{2n} & b_2 \\ \vdots & \vdots & \ddots & \vdots & \vdots \\ a_{m1} & a_{m2} & \cdots & a_{mn} & b_m \end{pmatrix}$$

또, 방정식 (1)에서 $a_{ij} (1 \leqq i \leqq m, 1 \leqq j \leqq n)$를 식 (1)의 계수(coefficients)라 하고

i) $b_1 = b_2 = \cdots = b_m = 0$이면 식 (1)을 **동차 연립1차방정식**(homogeneous system of linear equation) 또는 **제차연립방정식**이라 하고,

ii) $b_1, b_2, \cdots, b_m$ 중 적어도 하나가 0이 아니면 **비동차 연립1차방정식**(nonhomogeneous system of linear equation) 또는 **비제차연립방정식**이라 한다.

보기 ❶ 다음은 어떤 형태의 연립방정식인가?

(1) $\begin{cases} (\lambda-3)x+y=0 \\ x+(\lambda-3)y=0 \end{cases}$ (2) $\begin{cases} 4x_1-x_2+3x_3=-1 \\ 3x_1+x_2+9x_3=0 \end{cases}$

풀이 (1) 동차 연립1차방정식 (2) 비동차 연립1차방정식

보기 ❷ 비동차 연립1차방정식

$$\begin{cases} x_1+\ \ x_2+2x_3=9 \\ 2x_1+4x_2-3x_3=1 \\ 3x_1+6x_2-5x_3=0 \end{cases}$$

의 확대행렬을 구하여라.

풀이 $\begin{pmatrix} 1 & 1 & 2 & 9 \\ 2 & 4 & -3 & 1 \\ 3 & 6 & -5 & 0 \end{pmatrix}$

주의 확대행렬을 구할 때 각 방정식에서 미지수의 순서를 동일하게 놓아야 한다.

행렬방정식

행렬의 연산에서 언급한 행렬의 곱의 정의를 이용하면 연립1차방정식 (1)은 다음과 같이 간단하게 행렬방정식으로 표현할 수 있다. 즉,

$$\begin{cases} a_{11}x_1+a_{12}x_2+\cdots+a_{1n}x_n=b_1 \\ a_{21}x_1+a_{22}x_2+\cdots+a_{2n}x_n=b_2 \\ \qquad\qquad\qquad\vdots \\ a_{m1}x_1+a_{m2}x_2+\cdots+a_{mn}x_n=b_m \end{cases}$$

$$\Leftrightarrow \begin{pmatrix} a_{11} & a_{12} & \cdots & a_{1n} \\ a_{21} & a_{22} & \cdots & a_{2n} \\ \vdots & \vdots & \ddots & \vdots \\ a_{m1} & a_{m2} & \cdots & a_{mn} \end{pmatrix}\begin{pmatrix} x_1 \\ x_2 \\ \vdots \\ x_n \end{pmatrix}=\begin{pmatrix} b_1 \\ b_2 \\ \vdots \\ b_m \end{pmatrix}.$$

여기서

$$A = \begin{pmatrix} a_{11} & a_{12} & \cdots & a_{1n} \\ a_{21} & a_{22} & \cdots & a_{2n} \\ \vdots & \vdots & \ddots & \vdots \\ a_{m1} & a_{m2} & \cdots & a_{mn} \end{pmatrix},\ X = \begin{pmatrix} x_1 \\ x_2 \\ \vdots \\ x_n \end{pmatrix},\ B = \begin{pmatrix} b_1 \\ b_2 \\ \vdots \\ b_m \end{pmatrix}$$

으로 놓으면 식 (1)은 행렬방정식

$$AX = B$$

로 간단히 표현된다. 이때, A를 계수행렬, X를 미지수벡터, B를 상수항벡터라고 한다. 행렬 A는 $m \times n$ 행렬이고 행렬 X와 행렬 B는 각각 $n \times 1$, $m \times 1$ 행렬로 나타내었다. 만약, 식 (1)이 비동차 연립1차방정식이라면 식 (1)의 해는 행렬방정식 $AX = B$를 만족하는 미지수벡터 X를 구하는 것과 같다.

보기 ❸ 비동차 연립1차방정식

$$\begin{cases} 2x - 3y + z = -1 \\ x + 2y - z = 3 \\ 4x + y + 2z = 5 \end{cases}$$

을 행렬방정식으로 나타내어 보아라.

풀이 위 연립방정식의 행렬방정식은

$$\begin{pmatrix} 2 & -3 & 1 \\ 1 & 2 & -1 \\ 4 & 1 & 2 \end{pmatrix}\begin{pmatrix} x \\ y \\ z \end{pmatrix} = \begin{pmatrix} -1 \\ 3 \\ 5 \end{pmatrix}$$

이고 여기서 $A = \begin{pmatrix} 2 & -3 & 1 \\ 1 & 2 & -1 \\ 4 & 1 & 2 \end{pmatrix}$, $X = \begin{pmatrix} x \\ y \\ z \end{pmatrix}$, $B = \begin{pmatrix} -1 \\ 3 \\ 5 \end{pmatrix}$라 놓으면, 위 식은 행렬방정식 $AX = B$로 간단히 표현된다.

부정·불능

연립1차방정식에는 해에 관하여 다음 세 가지 가능성이 존재한다.

(a) 일의적인 한 해가 존재한다.

(b) 무수히 많은 해가 존재한다(부정).

(c) 해를 갖지 않는다(불능).

예를 들어, 미지수 x, y에 관한 두 개의 1차방정식으로 이루어진 다음 연립방정식을 생각하자.

$$\begin{cases} a_1x + b_1y = c_1\,(a_1,\ b_1\text{은 동시에 }0\text{이 아님}) \\ a_2x + b_2y = c_2\,(a_2,\ b_2\text{은 동시에 }0\text{이 아님}) \end{cases} \tag{2}$$

방정식 (2)는 각각 직선을 나타낸다. 이들 직선을 각각 l_1, l_2라 하자. 점 $(x_1,\ y_1)$이 이들 직선 상에 있기 위한 필요충분조건은 실수 x_1, y_1이 이 직선의 방정식을 만족하는 수이므로 이 연립방정식의 해는 직선 l_1, l_2의 교점에 대응한다. 따라서 다음과 같은 세 가지 가능성이 존재한다.

(a) 직선 l_1과 l_2가 오직 한 점에서 만난다. 이 경우 식 (2)는 **일의적**인 한 해가 존재한다.
(b) 직선 l_1과 l_2가 일치한다. 이 경우 무한히 많은 교점이 존재하므로 **부정**(consistent)이다.
(c) 직선 l_1과 l_2가 평행하다. 이 경우 이들은 만나지 않으므로 해가 존재하지 않는다. 즉, **불능**(inconsistent)이다.

보기 ❹ 다음 연립방정식의 해를 구하여라.

(1) $\begin{cases} x + y = 4 \\ 2x + 2y = 6 \end{cases}$　　(2) $\begin{cases} 2x - y = 3 \\ 4x - 2y = 6 \end{cases}$

풀이 (1) 첫째 방정식과 둘째 방정식을 그래프로 그려보면 평행하다. 따라서 해가 존재하지 않는다(불능). (그림 6-1)

(2) 첫째 방정식과 둘째 방정식을 그래프로 그려보면 일치한다. 따라서 해가 무수히 많이 존재한다(부정). (그림 6-2)

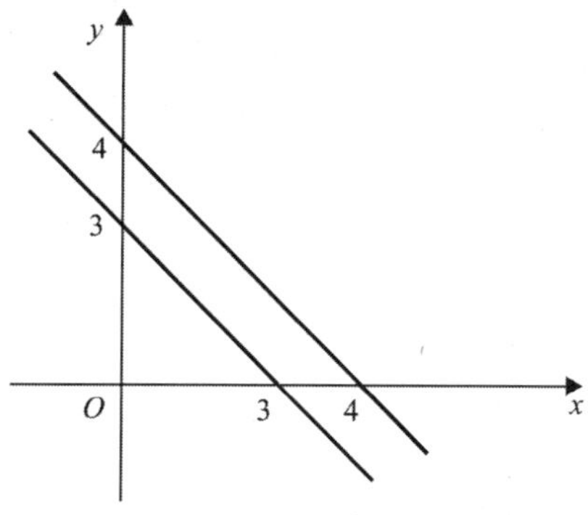

▮그림 6-1

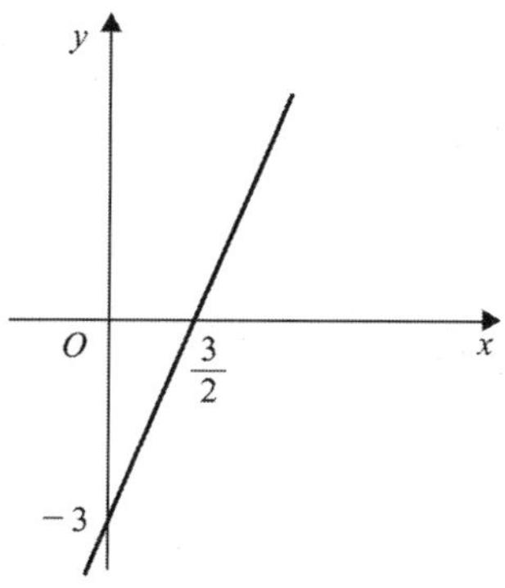

▮그림 6-2

비동차 연립방정식의 해법

이제 연립방정식의 해법에 관하여 본격적으로 살펴보자. 일반적으로, 우리는 중학교에서 연립1차방정식의 해법에 관하여 공부한 바 있다. 즉, 가감법, 대입법, 등치법 등이 그것이다. 이들 방법을 살펴보면 주어진 연립방정식을 같은 해집합을 가지면서 풀기가 더 쉬운 새로운 연립방정식으로 바꾸어 나가는 것이다. 이 새로운 연립방정식은 다음과 같은 세 가지 형태의 연산을 계속적으로 적용하여 미지수를 소거함으로써 얻어진다.

(i) 한 방정식의 양변에 0이 아닌 상수를 곱한다.
(ii) 두 방정식을 교환한다.
(iii) 한 방정식에 상수배를 하여 다른 방정식에 더한다.

이러한 연산을 기초로 하여 주어진 연립방정식의 확대행렬의 각 행에 다음과 같이 반복적으로 연산을 해도 무방하다.

(Ⅰ) 한 행에 0이 아닌 상수를 모두 곱한다.
(Ⅱ) 두 행을 교환한다.
(Ⅲ) 한 행에 상수배를 하여 다른 행에 더한다.

이러한 연산을 **기본행연산**(elementary row operation)이라 한다. 결국, 이 기본행연산은 주어진 연립1차방정식의 해집합을 변하지 않도록 하는 연산방법인 것이다. 따라서 연립1차방정식을 체계적으로 풀기 위해 고안해 낸 방법이 바로 이 기본행연산에 기초를 둔 가우스-조르단 소거법인 것이다. 이 방법은 뒤에서 상세히 설명하겠다. 결론적으로 행렬을 활용하여 연립1차방정식의 해를 구하는 방법은 크게 두 가지가 있다. 즉,

(1) 기본행연산을 기초로 한 가우스-조르단 소거법을 이용한 해법
(2) 행렬식에 의한 크래머 공식을 이용한 해법

이 그것이다. 첫 번째 방법은 다음 절에서 다루고 두 번째 방법은 행렬식을 이용해야 하므로 행렬식편에서 다루겠다. 기본행연산을 통해 다음 예제 1의 비동차 연립방정식을 풀어보자.

예제 ❶ 다음 연립방정식을 기본행연산을 통해 풀어라.

$$\begin{cases} x + y + 2z = 9 \\ 2x + 4y - 3z = 1 \\ 3x + 6y - 5z = 0 \end{cases}$$

풀이 $\begin{cases} x + \ y + 2z = 9 \cdots E_1 \\ 2x + 4y - 3z = 1 \cdots E_2 \\ 3x + 6y - 5z = 0 \cdots E_3 \end{cases}$ $\qquad \begin{pmatrix} 1 & 1 & 2 & 9 \\ 2 & 4 & -3 & 1 \\ 3 & 6 & -5 & 0 \end{pmatrix} \begin{pmatrix} \cdots R_1 \\ \cdots R_2 \\ \cdots R_3 \end{pmatrix}$

[단계1]

⬇$(E_2 + E_1 \times (-2))$ $\qquad$ ⬇$(R_2 + R_1 \times (-2))$

$$\begin{cases} x + \ y + 2z = \ 9 \cdots E_1 \\ \quad 2y - 7z = -17 \cdots E_2 \\ 3x + 6y - 5z = \ 0 \cdots E_3 \end{cases} \qquad \begin{pmatrix} 1 & 1 & 2 & 9 \\ 0 & 2 & -7 & -17 \\ 3 & 6 & -5 & 0 \end{pmatrix} \begin{pmatrix} \cdots R_1 \\ \cdots R_2 \\ \cdots R_3 \end{pmatrix}$$

[단계2]

⬇$(E_3 + E_1 \times (-3))$ $\qquad$ ⬇$(R_3 + R_1 \times (-3))$

$$\begin{cases} x + y + \ 2z = \ 9 \cdots E_1 \\ \quad 2y - \ 7z = -17 \cdots E_2 \\ \quad 3y - 11z = -27 \cdots E_3 \end{cases} \qquad \begin{pmatrix} 1 & 1 & 2 & 9 \\ 0 & 2 & -7 & -17 \\ 0 & 3 & -11 & -27 \end{pmatrix} \begin{pmatrix} \cdots R_1 \\ \cdots R_2 \\ \cdots R_3 \end{pmatrix}$$

[단계3]

⬇$(E_2 \times (\frac{1}{2}))$ $\qquad$ ⬇$(R_2 \times (\frac{1}{2}))$

$$\begin{cases} x + y + \ 2z = \ 9 \cdots E_1 \\ \quad y - \frac{7}{2}z = -\frac{17}{2} \cdots E_2 \\ \quad 3y - 11z = -27 \cdots E_3 \end{cases} \qquad \begin{pmatrix} 1 & 1 & 2 & 9 \\ 0 & 1 & -\frac{7}{2} & -\frac{17}{2} \\ 0 & 3 & -11 & -27 \end{pmatrix} \begin{pmatrix} \cdots R_1 \\ \cdots R_2 \\ \cdots R_3 \end{pmatrix}$$

[단계4]

⬇$(E_1 + E_2 \times (-1))$ $\qquad$ ⬇$(R_1 + R_2 \times (-1))$

$$\begin{cases} x \quad + \frac{11}{2}z = \ \frac{35}{2} \cdots E_1 \\ \quad y - \frac{7}{2}z = -\frac{17}{2} \cdots E_2 \\ \quad y - 11z = -27 \cdots E_3 \end{cases} \qquad \begin{pmatrix} 1 & 0 & \frac{11}{2} & \frac{35}{2} \\ 0 & 1 & -\frac{7}{2} & -\frac{17}{2} \\ 0 & 3 & -11 & -27 \end{pmatrix} \begin{pmatrix} \cdots R_1 \\ \cdots R_2 \\ \cdots R_3 \end{pmatrix}$$

[단계5]

$\Downarrow (E_3 + E_2 \times (-3))$ $\qquad\qquad$ $\Downarrow (R_3 + R_2 \times (-3))$

$$\begin{cases} x \quad + \dfrac{11}{2} z = \dfrac{35}{2} \cdots E_1 \\ y - \dfrac{7}{2} z = -\dfrac{17}{2} \cdots E_2 \\ -\dfrac{1}{2} z = -\dfrac{3}{2} \cdots E_3 \end{cases} \qquad \begin{pmatrix} 1 & 0 & \dfrac{11}{2} & \dfrac{35}{2} \\ 0 & 1 & -\dfrac{7}{2} & -\dfrac{17}{2} \\ 0 & 0 & -\dfrac{1}{2} & -\dfrac{3}{2} \end{pmatrix} \begin{pmatrix} \cdots R_1 \\ \cdots R_2 \\ \cdots R_3 \end{pmatrix}$$

[단계6]

$\Downarrow (E_3 \times (-2))$ $\qquad\qquad$ $\Downarrow (R_3 \times (-2))$

$$\begin{cases} x \quad + \dfrac{11}{2} z = \dfrac{35}{2} \cdots E_1 \\ y - \dfrac{7}{2} z = -\dfrac{17}{2} \cdots E_2 \\ z = 3 \cdots E_3 \end{cases} \qquad \begin{pmatrix} 1 & 0 & 11/2 & 35/2 \\ 0 & 1 & -7/2 & -17/2 \\ 0 & 0 & 1 & 3 \end{pmatrix} \begin{pmatrix} \cdots R_1 \\ \cdots R_2 \\ \cdots R_3 \end{pmatrix}$$

[단계7]

$\Downarrow (E_2 + E_3 \times (-\frac{7}{2}))$ $\qquad\qquad$ $\Downarrow (R_2 + R_3 \times (-\frac{7}{2}))$

$$\begin{cases} x \quad + \dfrac{11}{2} z = \dfrac{35}{2} \cdots E_1 \\ y \qquad = 2 \cdots E_2 \\ z = 3 \cdots E_3 \end{cases} \qquad \begin{pmatrix} 1 & 0 & 11/2 & 35/2 \\ 0 & 1 & 0 & 2 \\ 0 & 0 & 1 & 3 \end{pmatrix} \begin{pmatrix} \cdots R_1 \\ \cdots R_2 \\ \cdots R_3 \end{pmatrix}$$

[단계8]

$\Downarrow (E_1 + E_3 \times (-\frac{11}{2}))$ $\qquad\qquad$ $\Downarrow (R_1 + R_3 \times (-\frac{11}{2}))$

$$\begin{cases} x = 1 \cdots E_1 \\ y = 2 \cdots E_2 \\ z = 3 \cdots E_3 \end{cases} \qquad \begin{pmatrix} 1 & 0 & 0 & 1 \\ 0 & 1 & 0 & 2 \\ 0 & 0 & 1 & 3 \end{pmatrix} \begin{pmatrix} \cdots R_1 \\ \cdots R_2 \\ \cdots R_3 \end{pmatrix}$$

따라서 $x=1,\ y=2,\ z=3$ 을 얻게 된다.

주의 예를 들어 단계 1에서 첫 번째 방정식에 -2를 곱하여 두 번째 방정식에 더하는 이유는 두 번째 방정식을 간단하게 하기 위한 것이므로 그 결과는 처음 두 번째 방정식 대신 써 준다. 다시 말해서, 기본행연산 (iii)에서 A방정식에 상수배를 하여 B방정식에 더하는 이유는 B방정식을 간단히 하기 위해 A방정식을 이용한 것이다. 이러한 관계가 주어진 연립방정식의 확대행렬에도 그대로 적용된다.

연립1차방정식을 풀기 위한 가우스-조르단 소거법(Gauss-Jordan elimination)은 방정식이 갖고 있는 모든 해를 구할 수 있는 한 방법이며 이제 이 방법에 대해서 소개한다. 이 방법의 기본 착상은 이미 언급한 기본행연산을 되풀이하여 연립방정식의 해를 단번에 알 수 있도록 주어진 연립방정식의 확대행렬을 매우 간단한 형식으로 바꾸어 주는 데 기초하고 있다.

가우스-조르단 소거법

방정식 또는 연립1차방정식은 그 해가 같으면 **동치**(equivalent)라고 한다. 연립1차방정식을 동치인 연립1차방정식으로 반복하여 해의 형태로 표현될 때까지 치환해 가는 방법이 바로 **가우스-조르단 소거법**이다. 즉, 가우스-조르단 소거법은 주어진 연립1차방정식의 확대행렬의 각 행에 동치연산을 유한 번 시행해 나가는 기본행연산에 기초한 것이라 볼 수 있다.

예제 1의 단계별 모든 확대행렬은 행동치(row-equivalent)행렬이고 마지막 단계의 확대행렬은

$$\begin{pmatrix} 1 & 0 & 0 & 1 \\ 0 & 1 & 0 & 2 \\ 0 & 0 & 1 & 3 \end{pmatrix} \tag{3}$$

로 얻어지며, 이것으로부터 주어진 연립방정식의 해는 단번에 구할 수 있음을 알 수 있다. 이와 같이 연립방정식의 해를 쉽게 구할 수 있는 마지막 단계의 확대행렬 (3)의 형태를 **기약가우스 행렬**(또는 **기약행제형**)이라고 한다.

기본성질 6-1-4

기약가우스 행렬은 다음 성질들을 만족해야 한다.

(a) 모두가 0으로만 된 행이 존재하면 이들은 행렬의 가장 아래쪽에 있어야 한다.

(b) 모두가 0이 아닌 행의 처음 나타나는 성분은 1이 되도록 한다(이것을 선두의 1(leading 1)이라 한다).

(c) 모두가 0이 아닌 임의의 두 연속행에 있어서 아래 행의 선두의 1은 위 행의 선두의 1보다 오른쪽에 있어야 한다.

(d) 선두의 1을 포함하는 각 열의 다른 모든 성분은 0이다.

위 성질 (a), (b), (c), (d)를 만족하는 행렬을 **가우스 행렬**(또는 **행제형** 또는 Hermite **표준형**)이

라 한다. 임의의 행렬을 기약가우스 행렬로 변형하는 과정을 **가우스-조르단 소거법**이라 하고 가우스 행렬까지 변형하는 과정을 **가우스 소거법**(Gaussian elimination)이라 한다.

가우스-조르단 소거법의 절차

어떤 행렬을 가우스형 또는 기약가우스형으로 변형하는 절차는 체계적으로 이루어지기 때문에 컴퓨터 계산에 매우 적합하다. 그러나 이 과정에서 종종 분수가 나타나는 경우에는 적당한 방법으로 각 단계를 달리하여 분수를 피해야 할 것이다. 또, 기본행연산의 방법, 순서를 달리할지라도 같은 확대행렬에서 시작하는 한 동일한 기약가우스 행렬이 얻어진다. 그러나 가우스 행렬은 방법, 순서에 따라 다른 가우스 행렬이 얻어질 수도 있다. 이제 일반적인 가우스-조르단 소거법의 절차를 소개하면 다음과 같다.

① 1행 1열의 성분이 0이면, 기본행연산 (Ⅱ)에 의하여 이를 0이 아닌 수로 변환시킨다.
② 기본행연산 (Ⅰ)에 의하여 1행의 모든 성분에 1행 1열의 곱셈에 대한 역수를 곱하여 1행 1열의 성분을 1로 변환시킨다.
③ 기본행연산 (Ⅲ)에 의하여 1행 1열의 1을 제외하고 1열에 0이 아닌 성분 모두를 차례로 그 행에서 1행에 그 수를 곱한 것을 빼서 모두 0으로 변환시킨다.
④ 2행 2열의 성분이 0이면, 기본행연산 (Ⅱ)에 의하여 이를 0이 아닌 수로 변환시킨다.
⑤ 기본행연산 (Ⅰ)에 의하여 2행의 모든 성분에 2행 2열의 곱셈에 대한 역수를 곱하여 2행 2열의 성분을 1로 변환시킨다.
⑥ 기본행연산 (Ⅲ)에 의하여 2행 2열의 1을 제외하고 2열에 0이 아닌 성분 모두를 차례로 그 행에서 2행에 그 수를 곱한 것을 빼서 모두 0으로 변환시킨다.
⑦ 위와 같은 방법을 계속해서 적용하여 가우스 행렬로 변환시켜 나간다. 이때, 각 과정은 적어도 한 열이 오른쪽으로 진행되므로 유한과정으로써 기대하는 꼴로 완전히 변환될 것이다.

주의 가우스 행렬은 각 선두의 1아래에 있는 성분은 모두 0임을 알 수 있고 기약가우스 행렬은 선두의 1의 위, 아래 성분이 모두 0임을 알 수 있다. 일반적으로 기본행연산을 유한회 시행했을 때, 가우스 행렬이 먼저 만들어 지고 최종적으로 만들어진 행동치 행렬이 바로 기약가우스 행렬이다.

보기 ⑤ 다음 행렬이 기약가우스 행렬인지 가우스 행렬인지를 구분하여 보아라.

(1) $\begin{pmatrix} 1 & 0 & 0 & 4 \\ 0 & 1 & 0 & 7 \\ 0 & 0 & 1 & 2 \end{pmatrix}$ (2) $\begin{pmatrix} 1 & 4 & 3 & 7 \\ 0 & 1 & 6 & 2 \\ 0 & 0 & 1 & 5 \end{pmatrix}$

(3) $\begin{pmatrix} 0 & 1 & -2 & 0 & 1 \\ 0 & 0 & 0 & 1 & 3 \\ 0 & 0 & 0 & 0 & 0 \\ 0 & 0 & 0 & 0 & 0 \end{pmatrix}$ (4) $\begin{pmatrix} 0 & 0 \\ 0 & 0 \end{pmatrix}$

(5) $\begin{pmatrix} 1 & 1 & 0 \\ 0 & 1 & 0 \\ 0 & 0 & 0 \end{pmatrix}$ (6) $\begin{pmatrix} 0 & 1 & 2 & 6 & 0 \\ 0 & 0 & 1 & -1 & 0 \\ 0 & 0 & 0 & 0 & 1 \end{pmatrix}$

풀이 (1), (3), (4): 기약가우스 행렬
(2), (5), (6): 가우스 행렬

보기 ⑥ 다음 행렬에서 어느 것이 가우스 행렬인가?

(1) $\begin{pmatrix} 1 & 0 & 0 & 0 & 2 \\ 0 & 0 & 1 & 0 & 1 \\ 0 & 0 & 0 & 1 & 2 \\ 0 & 0 & 0 & 0 & 0 \end{pmatrix}$ (2) $\begin{pmatrix} 1 & 0 & 0 & 0 & 1 \\ 0 & 0 & 1 & 0 & 2 \\ 0 & 1 & 0 & 1 & 1 \\ 0 & 0 & 0 & 0 & 0 \end{pmatrix}$

풀이 (1) 가우스 행렬 (2) 가우스 행렬이 아님

이제 가우스-조르단 소거법에 의해 연립방정식의 해를 구하는 방법을 다음 예제들을 통해 알아본다. 예제 2는 유일한 해를 갖는 경우이고 예제 3은 해가 무수히 많은 경우이다.

예제 ❷ 다음 연립방정식을 가우스-조르단 소거법에 의해 풀어라.

$$\begin{cases} 2x + 2y - z = 1 \\ x + y - z = 0 \\ 3x + 2y - 3z = 1 \end{cases}$$

풀이 주어진 연립방정식의 확대행렬을 구하여 가우스-조르단 소거법을 적용시켜보자. 편의상 각 단계별 확대행렬의 1행을 R_1, 2행을 R_2, 3행을 R_3라 놓자.

$$\begin{pmatrix} 2 & 2 & -1 & 1 \\ 1 & 1 & -1 & 0 \\ 3 & 2 & -3 & 1 \end{pmatrix} \xrightarrow{(R_1\text{과 } R_2 \text{ 교환})} \begin{pmatrix} 1 & 1 & -1 & 0 \\ 2 & 2 & -1 & 1 \\ 3 & 2 & -3 & 1 \end{pmatrix}$$

$$\xrightarrow{(R_2 + R_1 \times (-2))} \begin{pmatrix} 1 & 1 & -1 & 0 \\ 0 & 0 & 1 & 1 \\ 3 & 2 & -3 & 1 \end{pmatrix}$$

$$\xrightarrow{(R_3 + R_1 \times (-3))} \begin{pmatrix} 1 & 1 & -1 & 0 \\ 0 & 0 & 1 & 1 \\ 0 & -1 & 0 & 1 \end{pmatrix}$$

$$\xrightarrow{(R_2\text{와 } R_3 \text{ 교환})} \begin{pmatrix} 1 & 1 & -1 & 0 \\ 0 & -1 & 0 & 1 \\ 0 & 0 & 1 & 1 \end{pmatrix}$$

$$\xrightarrow{(R_2 \times (-1))} \begin{pmatrix} 1 & 1 & -1 & 0 \\ 0 & 1 & 0 & -1 \\ 0 & 0 & 1 & 1 \end{pmatrix}$$

$$\xrightarrow{(R_1 + R_2 \times (-1))} \begin{pmatrix} 1 & 0 & -1 & 1 \\ 0 & 1 & 0 & -1 \\ 0 & 0 & 1 & 1 \end{pmatrix}$$

$$\xrightarrow{(R_1 + R_3)} \begin{pmatrix} 1 & 0 & 0 & 2 \\ 0 & 1 & 0 & -1 \\ 0 & 0 & 1 & 1 \end{pmatrix}$$

따라서

$$\begin{aligned} x &= +2 \\ y &= -1 \\ z &= 1 \end{aligned}$$

을 얻는다. 실제로 주어진 연립1차방정식을 행렬방정식 $AX = B$로 나타낼 때, $X = (2,\ -1,\ 1)$은 이의 유일한 해벡터이다.

연립1차방정식의 해에 대해서 세 가지 가능한 경우가 있다고 하였다. 해를 갖지 않는 경우를 알아내기는 쉽다. 소거법의 어느 단계에서, 그의 첫 0이 아닌 성분이 마지막 열에 있는 행이 있다면, 그 연립1차방정식은 해를 갖지 않는다. 그 이유는 그런 행의 존재는 어떤 $a \neq 0$에 대하여 $0 = a$인 형태의 방정식을 주므로 분명히 불합리하기 때문이다. 예를 들어, 연립1차방정식의 확대행렬이 어느 단계에서

$$\begin{pmatrix} 1 & 0 & 3 & 5 \\ 0 & 0 & 0 & 3 \\ 1 & 2 & 0 & 6 \end{pmatrix}$$

이라면 둘째 행은 그 연립1차방정식의 어떤 해의 존재를 만족시키지 못한다. 이제 여러 해가 나오는 경우를 다음 예제로 알아보자.

예제 ❸ 다음 연립1차방정식을 가우스-조르단 소거법에 의해 풀어라.

$$\begin{cases} 2x + 2y - 2z = 5 \\ x + 2y - z = 4 \end{cases}$$

풀이 주어진 연립방정식의 확대행렬은

$$\begin{pmatrix} 2 & 2 & -2 & 5 \\ 1 & 2 & -1 & 4 \end{pmatrix}$$

이다. 이를 기약가우스 행렬로 만드는 단계는 다음과 같다. 편의상 각 단계별 확대행렬의 1행을 R_1, 2행을 R_2 라 놓자.

$$\begin{pmatrix} 2 & 2 & -2 & 5 \\ 1 & 2 & -1 & 4 \end{pmatrix} \xrightarrow{(R_1\text{과 } R_2 \text{ 교환})} \begin{pmatrix} 1 & 2 & -1 & 4 \\ 2 & 2 & -2 & 5 \end{pmatrix}$$

$$\xrightarrow{(R_2 + R_1 \times (-2))} \begin{pmatrix} 1 & 2 & -1 & 4 \\ 0 & -2 & 0 & -3 \end{pmatrix}$$

$$\xrightarrow{(R_2 \times (-\frac{1}{2}))} \begin{pmatrix} 1 & 2 & -1 & 4 \\ 0 & 1 & 0 & \frac{3}{2} \end{pmatrix}$$

$$\xrightarrow{(R_1 + R_2 \times (-2))} \begin{pmatrix} 1 & 0 & -1 & 1 \\ 0 & 1 & 0 & \frac{3}{2} \end{pmatrix}$$

이로써 만들어지는 연립1차방정식은

$$\begin{aligned} x \quad - z &= 1 \\ y \quad &= \frac{3}{2} \end{aligned}$$

이다. 그러므로 임의의 수 z에 대하여 $x = z + 1$, $y = \frac{3}{2}$을 얻는다. 따라서

$$\begin{aligned} x &= c + 1 \\ y &= \frac{3}{2} \\ z &= c, \ c \in R \end{aligned}$$

벡터형으로 해를 나타내면,

$$X = (x,\ y,\ z) = \left(c+1,\ \frac{3}{2},\ c\right)$$

또는

$$X = (x,\ y,\ z) = c\,(1,\ 0,\ 1) + \left(1,\ \frac{3}{2},\ 0\right)$$

위 예제에서 c는 임의의 수이므로, 준 연립방정식의 해는 무수히 많다. 예를 들어, $c=0$이면 해는 $\left(1,\ \frac{3}{2},\ 0\right)$이고, $c=1$이면 해는 $\left(2,\ \frac{3}{2},\ 1\right)$이 된다. 이런 경우에 하나의 매개변수 c가 있으므로 그 해는 **1매개변수족**(one-parameter family)을 이룬다고 한다.

참고 주어진 방정식의 해가 부정일 때, 매개변수로 나타내는 경우에 매개변수가 n개이면 그 해는 n **매개변수해**(n-th parameter solution)라고 한다.

동차 연립1차방정식의 해법

임의의 동차 연립1차방정식은 적어도 한 개의 해를 갖는다. 즉, 식 (1)에서 $b_1 = b_2 = \cdots = b_m = 0$인 경우이므로 $x_1 = x_2 = \cdots = x_n = 0$이 항상 해가 되기 때문이다. 이러한 해를 **자명한 해**(trivial solution)라 하고, 그 외의 해가 존재하는 경우에 그 해를 **자명하지 않은 해**(nontrivial solution)라 한다.

정리 6-1-5

동차 연립1차방정식은 다음 성질을 만족한다.

(1) 연립방정식은 오직 자명한 해만을 갖든지 아니면 무한개의 해를 갖게 된다.

(2) 방정식의 개수보다 미지수의 개수가 많으면 항상 무한개의 해를 갖는다.

증명은 생략하고 다음 예제를 통해 직관적으로 이해하도록 하자. 동차 연립1차방정식 역시 가우스-조르단 소거법에 의해 그 해를 구하면 된다.

예제 ❹ 다음 연립1차방정식을 가우스-조르단 소거법에 의해 풀어라.

$$\begin{cases} 2x + 3y - z = 0 \\ x - y + 2z = 0 \\ x + 2y - z = 0 \end{cases}$$

풀이 주어진 연립방정식의 확대행렬은

$$\begin{pmatrix} 2 & 3 & -1 & 0 \\ 1 & -1 & 2 & 0 \\ 1 & 2 & -1 & 0 \end{pmatrix}$$

이다. 이를 기약가우스 행렬로 변형시켜보자. 앞 예제에서와 같이 각 단계별 확대행렬의 1행을 R_1, 2행을 R_2, 3행을 R_3라 놓고 기본행연산을 다음과 같이 시행한다.

$$\begin{pmatrix} 2 & 3 & -1 & 0 \\ 1 & -1 & 2 & 0 \\ 1 & 2 & -1 & 0 \end{pmatrix} \xrightarrow{(R_1\text{과 } R_2 \text{ 교환})} \begin{pmatrix} 1 & -1 & 2 & 0 \\ 2 & 3 & -1 & 0 \\ 1 & 2 & -1 & 0 \end{pmatrix}$$

$$\xrightarrow{(R_2 + R_1 \times (-2))} \begin{pmatrix} 1 & -1 & 2 & 0 \\ 0 & 5 & -5 & 0 \\ 1 & 2 & -1 & 0 \end{pmatrix}$$

$$\xrightarrow{(R_3 + R_1 \times (-1))} \begin{pmatrix} 1 & -1 & 2 & 0 \\ 0 & 5 & -5 & 0 \\ 0 & -3 & 3 & 0 \end{pmatrix}$$

$$\xrightarrow[\left(R_3 \times \left(\frac{1}{3}\right)\right)]{\left(R_2 \times \left(\frac{1}{5}\right)\right)} \begin{pmatrix} 1 & -1 & 2 & 0 \\ 0 & 1 & -1 & 0 \\ 0 & -1 & 1 & 0 \end{pmatrix}$$

$$\xrightarrow[(R_3 + R_2)]{(R_1 + R_2)} \begin{pmatrix} 1 & 0 & 1 & 0 \\ 0 & 1 & -1 & 0 \\ 0 & 0 & 0 & 0 \end{pmatrix}$$

따라서

$$\begin{aligned} x \quad + z &= 0 \\ y - z &= 0 \end{aligned}$$

을 의미하므로 $x = -z$, $y = z$이다. 그러므로 임의의 수 c에 대하여 위 식의 해는

$$x = -c$$

$$y = c$$
$$z = c$$

이다. 벡터형으로 해를 나타내면,

$$X = (x,\ y,\ z) = c(-1,\ 1,\ 1)$$

이다. 이 경우는 해가 무수히 많은 경우이다.

주의 위 예제에서 확대행렬의 마지막 열벡터 O은 아무런 역할을 하지 않으므로 계산에서 제외시켜도 좋다. 물론, 이때 마지막 열벡터를 의식하고 계수행렬만으로 계산한다는 것을 유의하고 있어야 한다. 또한 정리 6-1-5의 내용은 비동차 연립방정식에서는 성립하지 않음을 주의하라.

연습문제 (6-1-2)

1. 다음 연립1차방정식의 계수행렬과 확대행렬을 보여라. 그리고 행렬방정식을 만들어보아라.

$$\begin{aligned} 3x - 4y + z - 2w &= 6 \\ 2x + 3y - 2z + w &= 3 \\ 2y + 4z - 3w &= 5 \end{aligned}$$

2. 어떤 연립방정식의 확대행렬이 다음과 같을 때 이 연립방정식의 해를 가우스-조르단 소거법에 의해 구하여라.

(1) $\begin{pmatrix} 1 & 0 & 0 & 3 \\ 2 & 1 & 3 & -2 \\ 3 & -1 & 2 & 5 \end{pmatrix}$ (2) $\begin{pmatrix} 2 & 1 & 3 & 8 \\ 0 & 5 & 1 & 2 \\ 1 & 4 & 3 & -1 \end{pmatrix}$

3. 다음 행렬을 행제형으로 나타내어라.

(1) $\begin{pmatrix} 2 & 1 & 4 & 2 \\ 4 & 3 & 4 & 1 \end{pmatrix}$ (2) $\begin{pmatrix} 3 & 1 & 6 & 4 \\ 2 & 4 & 1 & 2 \\ 3 & 1 & 0 & 2 \end{pmatrix}$

4. 다음 연립방정식이 하나의 해를 갖기 위한 k값을 구하여라.

$$\begin{cases} x + y = 1 \\ ky + z = 1 \\ z + x = 1 \end{cases}$$

5. 연립1차방정식

$$\begin{cases} ax + by = 0 \\ cx + dy = 0 \end{cases}$$

은 $ad - bc \neq 0$일 때만이 자명한 해 $x = y = 0$을 가짐을 밝혀라.

3. 역행렬

연립1차방정식이 해를 갖는지 안 갖는지를 판별하는 것은 매우 중요하다. 연립1차방정식을 행렬방정식으로 표현했을 때, 계수행렬 A의 역행렬의 존재유무가 그 방정식의 해의 유무를 판별해주기 때문이다. 여기서는 역행렬을 구하는 방법, 역행렬의 성질, 역행렬과 동차 연립1차방정식의 해의 존재성과의 관계 등을 살펴본다.

역행렬

정방행렬 A에 대하여

$$AB = BA = E$$

를 만족하는 정방행렬 B가 존재할 때, A를 **정칙**(regular) 또는 **가역**(invertible)이라 한다. 이때, B를 A의 **역행렬**(inverse matrix)이라 하고 A^{-1}로 나타낸다. 즉,

$$AA^{-1} = A^{-1}A = E$$

이다.

보기 ① 다음 행렬 $A = \begin{pmatrix} 2 & -5 \\ -1 & 3 \end{pmatrix}$, $B = \begin{pmatrix} 3 & 5 \\ 1 & 2 \end{pmatrix}$에서 행렬 B는 행렬 A의 역행렬임을 보여라.

풀이

$$AB = \begin{pmatrix} 2 & -5 \\ -1 & 3 \end{pmatrix}\begin{pmatrix} 3 & 5 \\ 1 & 2 \end{pmatrix} = \begin{pmatrix} 1 & 0 \\ 0 & 1 \end{pmatrix} = E$$

이고 또한

$$BA = \begin{pmatrix} 3 & 5 \\ 1 & 2 \end{pmatrix}\begin{pmatrix} 2 & -5 \\ -1 & 3 \end{pmatrix} = \begin{pmatrix} 1 & 0 \\ 0 & 1 \end{pmatrix} = E$$

이므로 정의에 의해 행렬 B는 행렬 A의 역행렬이다.

주의 임의의 행렬 A의 역행렬이 존재하느냐 마느냐는 A가 반드시 정방행렬일 때만 논할 수 있음을 반드시 기억하자.

정의 6-1-6

A가 정방행렬이라 할 때 행렬의 지수를 다음과 같이 정의한다.

(1) $A^0 = E$, $A^n = A \times A \times \cdots \times A$ (A가 n개)

특히, A가 정칙일 때

(2) $A^{-n} = (A^{-1})^n = A^{-1} \times A^{-1} \times \cdots \times A^{-1}$ (A^{-1}가 n개)

위와 같이 정의하면 $A^r \times A^s = A^{r+s}$이고 $(A^r)^s = A^{rs}$가 성립함을 알 수 있다. 여기에서 지수들은 모두 자연수이다.

정리 6-1-7

A, B가 크기가 같은 정칙행렬이라 할 때, 다음이 성립한다.

(1) AB는 정칙이다.

(2) $(AB)^{-1} = B^{-1}A^{-1}$

(3) 역행렬 A^{-1}는 단 하나 존재한다.

(4) A^{-1}는 정칙이고 $(A^{-1})^{-1} = A$.

(5) A^n은 정칙이고 $(A^n)^{-1} = (A^{-1})^n$, $(n = 0, 1, 2, \cdots)$.

(6) 임의의 $k(\neq 0)$에 대하여 kA는 정칙이고, $(kA)^{-1} = \dfrac{1}{k}A^{-1}$.

풀이 (1) $(AB)(B^{-1}A^{-1}) = A(BB^{-1})A^{-1} = AEA^{-1} = AA^{-1} = E$.

또한 $(B^{-1}A^{-1})(AB) = B^{-1}(A^{-1}A)B = B^{-1}EB = B^{-1}B = E$이므로 AB는 정칙이고 $(AB)^{-1} = B^{-1}A^{-1}$이다. 이로써 (2)도 증명되었다.

(3) 만약 A의 역행렬을 B, C라고 하자. 그러면 $BA = E$이다. 양변의 우측에 C를 곱하면

$$(BA)C = EC \Leftrightarrow B(AC) = C \Leftrightarrow B = C.$$

(4) $AA^{-1} = A^{-1}A = E$이므로 A^{-1}는 정칙이고 $(A^{-1})^{-1} = A$.

(5) $A^nA^{-n} = A^{-n}A^n = E$이므로 A^n은 정칙이고

$$(A^n)^{-1} = A^{-n} = (A^{-1})^n.$$

(6) $k \neq 0$ 일 때,

$$(kA)\left(\frac{1}{k}A^{-1}\right) = \frac{1}{k}(kA)A^{-1} = \left(\frac{1}{k}k\right)AA^{-1}$$
$$= 1 \times E = E.$$

같은 방법으로 $\left(\frac{1}{k}A^{-1}\right)(kA) = E$이므로 kA는 정칙이고 $(kA)^{-1} = \frac{1}{k}A^{-1}$.

역행렬의 계산

이제 정칙행렬의 역행렬을 구하는 계산절차를 다루어 보기로 하자. 역행렬을 구하는 방법은 크게 다음과 같이 세 가지가 있다. 즉, 역행렬의 정의에 의한 방법, 가우스 소거법을 이용한 방법, 수반행렬을 이용한 방법 등이 있다.

(A) 역행렬의 정의에 의한 방법

X가 행렬 A의 역행렬일 때 $AX = XA = E$임을 이용하여 구한다. 즉, 행렬의 상등을 이용하여 행렬 X의 각 성분을 구하면 바로 $X = A^{-1}$가 된다. 이 방법에 의하면 행렬 X의 각 성분을 미지수로 놓고 $AX = E$인 연립방정식을 만들었을 때, 이 연립방정식의 해가 유일하게 존재하면 A^{-1}가 존재하고, 그렇지 않으면 A^{-1}가 존재하지 않게 된다. 예를 들어, 행렬 $A = \begin{pmatrix} a & b \\ c & d \end{pmatrix}$ 일 때, A의 역행렬을 X라고 하면, 행렬 $X = \begin{pmatrix} x & y \\ z & w \end{pmatrix}$라 놓을 수 있다. 이제,

$$AX = \begin{pmatrix} a & b \\ c & d \end{pmatrix}\begin{pmatrix} x & y \\ z & w \end{pmatrix} = \begin{pmatrix} 1 & 0 \\ 0 & 1 \end{pmatrix} = E$$

이 연립방정식은

$$\begin{aligned} ax + bz &= 1 \qquad & ay + bw &= 0 \\ cx + dz &= 0 \qquad & cy + dw &= 1 \end{aligned}$$

이 되어 미지수 x, y, z, w값을 구하면

$$x = \frac{d}{ad-bc}, \quad y = \frac{-b}{ad-bc}, \quad z = \frac{-c}{ad-bc}, \quad w = \frac{a}{ad-bc}$$

인 해를 얻는다. 따라서 $X = A^{-1} = \frac{1}{ad-bc}\begin{pmatrix} d & -b \\ -c & a \end{pmatrix}$가 되고 여기서 $ad-bc \neq 0$이면 A^{-1}가

존재하고, 그렇지 않으면 A^{-1}는 존재하지 않는다. 한편, $XA=E$인 경우도 해보면 $AX=E$인 경우와 똑같이 나온다. 따라서 정의에 의해 역행렬을 구할 때는 $AX=E$인 경우만 계산하여 행렬 X를 구해도 무방하다. 그러나 이 방법은 2×2행렬은 무방하나, 행렬의 크기가 커지면 다소 복잡해지는 단점이 있다. 이것을 보완하기 위해 고안해 낸 기계적 방법이 바로 가우스 소거법이다.

예제 ❶ 다음 행렬 A에 대하여 역행렬이 존재하면 A^{-1}를 구하여라.

(1) $A=\begin{pmatrix} 3 & 4 \\ 2 & 3 \end{pmatrix}$ (2) $A=\begin{pmatrix} 2 & 3 \\ 4 & 6 \end{pmatrix}$

풀이 (1) A^{-1}를 $X=\begin{pmatrix} a & b \\ c & d \end{pmatrix}$라 놓으면,

$$AX=\begin{pmatrix} 3 & 4 \\ 2 & 3 \end{pmatrix}\begin{pmatrix} a & b \\ c & d \end{pmatrix}=\begin{pmatrix} 1 & 0 \\ 0 & 1 \end{pmatrix}$$

이므로

$$\begin{pmatrix} 3a+4c & 3b+4d \\ 2a+3c & 2b+3d \end{pmatrix}=\begin{pmatrix} 1 & 0 \\ 0 & 1 \end{pmatrix}$$

이다. 그러므로

$$3a+4c=1,\ 3b+4d=0,\ 2a+3c=0,\ 2b+3d=1.$$

연립하여 풀면,

$$a=3,\ b=-4,\ c=-2,\ d=3.$$

그러므로 $A^{-1}=\begin{pmatrix} 3 & -4 \\ -2 & 3 \end{pmatrix}$.

(2) 같은 방법으로 풀면,

$$2a+3c=1,\ 2b+3d=0,\ 4a+6c=0,\ 4b+6d=1.$$

이 식을 만족하는 $a,\ b,\ c,\ d$는 존재하지 않는다. 따라서 A^{-1}는 존재하지 않는다.

(B) 가우스 소거법을 이용한 방법

정방행렬 A의 역행렬을 구하고자 할 때, A를 기본행연산에 의해 단위행렬로 변형시키고 동시에 이들 연산을 A와 크기가 같은 단위행렬 E에 적용하여 A^{-1}를 구하는 방법이다. 이것은 $[A \mid E]$로 두고서 좌변이 E가 될 때까지 기본행연산을 실시하면 $[E \mid A^{-1}]$인 형식으로 바뀔 것이다. 이때, 우변이 바로 A의 역행렬이 되는 것이다.

예제 ❷ $A=\begin{pmatrix}1&2&3\\2&5&3\\1&0&8\end{pmatrix}$의 역행렬을 가우스 소거법 이용하여 구하여라.

풀이 $[A \mid E]$; $\begin{matrix}R_1\\R_2\\R_3\end{matrix}\left(\begin{array}{ccc|ccc}1&2&3&1&0&0\\2&5&3&0&1&0\\1&0&8&0&0&1\end{array}\right)$

$$\xrightarrow[(-R_1+R_3)]{(-2R_1+R_2)}\left(\begin{array}{ccc|ccc}1&2&3&1&0&0\\0&1&-3&-2&1&0\\0&-2&5&-1&0&1\end{array}\right)$$

$$\xrightarrow{(2R_2+R_3)}\left(\begin{array}{ccc|ccc}1&2&3&1&0&0\\0&1&-3&-2&1&0\\0&0&-1&-5&2&1\end{array}\right)$$

$$\xrightarrow{((-1)\times R_3)}\left(\begin{array}{ccc|ccc}1&2&3&1&0&0\\0&1&-3&-2&1&0\\0&0&1&5&-2&-1\end{array}\right)$$

$$\xrightarrow[(-3R_3+R_1)]{(3R_3+R_2)}\left(\begin{array}{ccc|ccc}1&2&0&-14&6&3\\0&1&0&13&-5&-3\\0&0&1&5&-2&-1\end{array}\right)$$

$$\xrightarrow{(-2R_2)+R_1)}\left(\begin{array}{ccc|ccc}1&0&0&-40&16&9\\0&1&0&13&-5&-3\\0&0&1&5&-2&-1\end{array}\right);\ [E \mid A^{-1}]$$

따라서 $A^{-1}=\begin{pmatrix}-40&16&9\\13&-5&-3\\5&-2&-1\end{pmatrix}$을 얻는다.

이따금 주어진 행렬이 정칙인지 아닌지를 미리 알지 못하는 경우가 있다. 만일, 이 예제에 사용된 계산법이 정칙이 아닌 행렬에 적용하였다면, 기본행연산에 의하여 좌변을 E로 변형시킬 수는 없을 것이다. 계산 도중에 0인 행이 나타날 수 있는데, 이 경우 주어진 행렬은 정칙이 아니라는 결론을 내리고 계산을 중지한다.

예제 ❸ $A=\begin{pmatrix} 1 & 6 & 4 \\ 2 & 4 & -1 \\ -1 & 2 & 5 \end{pmatrix}$의 역행렬을 구하여라.

풀이 $[A \mid E]$; $\begin{matrix} R_1 \\ R_2 \\ R_3 \end{matrix}\left(\begin{array}{ccc:ccc} 1 & 6 & 4 & 1 & 0 & 0 \\ 2 & 4 & -1 & 0 & 1 & 0 \\ -1 & 2 & 5 & 0 & 0 & 1 \end{array}\right)$

$$\xrightarrow[(R_1+R_3)]{(-2R_1+R_2)} \left(\begin{array}{ccc:ccc} 1 & 2 & 3 & 1 & 0 & 0 \\ 0 & 1 & -3 & -2 & 1 & 0 \\ 0 & -2 & 5 & 1 & 0 & 1 \end{array}\right)$$

$$\xrightarrow{(R_2+R_3)} \left(\begin{array}{ccc:ccc} 1 & 6 & 4 & 1 & 0 & 0 \\ 0 & -8 & -9 & -2 & 1 & 0 \\ 0 & 0 & 0 & -1 & 1 & 1 \end{array}\right)$$

로 된다. 좌변에 0인 행이 얻어지므로 A는 정칙이 아니다. 따라서 A^{-1}는 존재하지 않는다.

(C) 수반행렬을 이용한 방법

이 방법은 행렬식에서 다루는 수반행렬을 이용하여 그 역행렬을 계산하는 방법이다. 고등학교 과정에서 다루었던 역행렬공식도 수반행렬을 이용하여 나온 공식이다. 그러나 이 방법은 고차의 수반행렬의 계산은 복잡하다는 단점을 가지고 있다. 이 방법은 행렬식편에서 소개하기로 하겠다.

이제 역행렬과 동차 연립1차방정식의 해의 존재성과의 관계를 다음 정리를 통해 설명하고 이 절을 끝맺도록 하겠다.

정리 6-1-8

A가 $n\times n$행렬일 때 다음 명제는 동치이다. 즉, 모두가 동시에 옳든지 또는 모두 거짓이다.

(a) A는 정칙이다.

(b) $AX=O$은 오직 자명한 해만을 갖는다.

(c) A와 E는 행동치이다.

증명 (a) → (b): A를 정칙행렬, X_0를 $AX=O$의 해라 하면 $AX_0=O$이 성립되는데, 이 식의 양변에 A^{-1}을 곱하면 $A^{-1}A=E$인 사실로부터 $EX_0=O$, 즉

$X_0 = O$을 얻는다. 즉, $AX = O$은 자명해 이외에는 갖지 않는다.

(b) → (c) : $AX = O$을 다음 연립방정식의 행렬방정식이라 하고

$$\begin{aligned} a_{11}x_1 + a_{12}x_2 + \cdots + a_{1n}x_n &= 0 \\ a_{21}x_1 + a_{22}x_2 + \cdots + a_{2n}x_n &= 0 \\ \vdots \qquad\quad \vdots \qquad\qquad\quad \vdots \quad & \;\; \vdots \\ a_{21}x_1 + a_{22}x_2 + \cdots + a_{2n}x_n &= 0 \end{aligned} \qquad ①$$

의 연립방정식이 오직 자명한 해만을 갖는다고 가정하자. 이 연립방정식을 가우스 소거법으로 푼다고 하면 그 확대형렬에서 유도되는 기약가우스 행렬에 대응하고 연립1차방정식은 (자명해 이외에는 갖지 않으므로)

$$\begin{aligned} x_1 &= 0 \\ x_2 &= 0 \\ &\vdots \\ x_n &= 0 \end{aligned} \qquad ②$$

따라서 식 ①의 확대행렬

$$\begin{pmatrix} a_{11} & a_2 & \cdots & a_{1n} & 0 \\ a_{21} & a_{22} & \cdots & a_{2n} & 0 \\ \vdots & \vdots & & \vdots & \vdots \\ a_{n1} & a_{n2} & \cdots & a_{nn} & 0 \end{pmatrix}$$

은 기본연산을 되풀이함으로써 식 ②에 대응하는 확대행렬

$$\begin{pmatrix} 1 & 0 & 0 & \cdots & 0 & 0 \\ 0 & 1 & 0 & \cdots & 0 & 0 \\ \vdots & \vdots & \vdots & & \vdots & \vdots \\ 0 & 0 & 0 & \cdots & 1 & 0 \end{pmatrix}$$

로 변형될 수 있다. 이상 두 개의 행렬에서 마지막 열을 무시하면 A가 기본행연산을 되풀이함으로써 E로 변형될 수 있다. 즉 A와 E가 행동치임을 나타내는 것이다.

(c) → (a) : A와 E가 행동치이면 E에 유한번 기본행연산을 실시함으로써 A로 변형될 수 있는 것으로 되는데 이 사실은 유한 개의 기본행렬 E_1, E_2, $\cdots$, E_k가 존재해서

$$E_k \cdots E_2 E_1 A = E \qquad ③$$

으로 됨을 나타내고 있다. E_1, E_2, $\cdots$, E_k는 정칙이다.

식 ③의 양변에 E_k, $\cdots$, E_2^{-1}, E_1^{-1}을 좌측에서 연속으로 곱하면

$$A = E_1^{-1}E_2^{-1}\cdots E_k^{-1}I_n = E_1^{-1}E_2^{-1}\cdots E_k^{-1} \qquad ④$$

을 얻는다. 식 ④는 A를 정칙행렬의 곱으로 표현하기 때문에 A는 정칙이라 할 수 있다.

참고 단위행렬 E_n에서 단지 1회의 기본행연산에 의하여 얻어지는 $n \times n$행렬을 **기본행렬**(elementary matrix)이라고 한다.

예제 ④ 다음 동차 연립방정식의 역행렬의 존재유무를 판별하여라.

$$\begin{cases} x + 2y + 3z = 0 \\ 2x + 5y + 3z = 0 \\ x \qquad\;\; + 8z = 0 \end{cases}$$

풀이 위 동차 연립1차방정식에서 계수행렬을 A, 미지수벡터를 X, 상수항 벡터를 O라 하면 행렬방정식 $AX = O$으로 나타낼 수 있다. 한편,

$$A = \begin{pmatrix} 1 & 2 & 3 \\ 2 & 5 & 3 \\ 1 & 0 & 8 \end{pmatrix}$$

이므로 예제 2에 의해 A^{-1}가 존재한다. 즉, A는 정칙이므로 정리 6-1-6에 의해 위 연립방정식은 오직 자명한 해 $x = y = z = 0$만을 갖는다.

연습문제 (6-1-3)

1. 다음 행렬이 가역이면 그 역행렬을 구하여라.

(1) $\begin{pmatrix} 8 & -6 \\ 4 & -3 \end{pmatrix}$

(2) $\begin{pmatrix} 3 & 1 & 5 \\ 2 & 4 & 1 \\ -4 & 2 & -9 \end{pmatrix}$

(3) $\begin{pmatrix} 1 & 0 & 1 \\ -1 & 1 & 1 \\ 0 & 1 & 0 \end{pmatrix}$

(4) $\begin{pmatrix} \frac{1}{\sqrt{2}} & \frac{1}{\sqrt{2}} & 0 \\ -\frac{1}{\sqrt{2}} & \frac{1}{\sqrt{2}} & 0 \\ 0 & 0 & 1 \end{pmatrix}$

2. 다음 행렬 A는 θ의 모든 값에 대하여 가역임을 밝히고 그의 역행렬 A^{-1}을 구하여라.

$$A = \begin{pmatrix} \cos\theta & \sin\theta & 0 \\ -\sin\theta & \cos\theta & 0 \\ 0 & 0 & 1 \end{pmatrix}$$

3. 다음 연립방정식의 해를 역행렬을 이용하여 구하여라.

(1) $\begin{cases} x + 2y + 2z = -1 \\ x + 3y + z = 4 \\ x + 3y + 2z = 3 \end{cases}$

(2) $\begin{cases} 2x + y + z = 7 \\ 3x + 2y + z = -3 \\ y + z = 5 \end{cases}$

요약 (6-1)

1. 단위행렬

n차 정방행렬에서 대각선상의 성분 $a_{ii}\ (i=1,\ 2,\ \cdots,\ n)$의 값이 모두 1이고 나머지 성분이 모두 0인 행렬을 말하고 E_n 또는 E로 나타낸다.

2. 삼각행렬

주대각선 위쪽의 성분이 모두 0인 행렬을 하삼각행렬, 주대각선 아래쪽의 성분이 모두 0인 행렬을 상삼각행렬이라 한다. 특히, 주대각선 이외의 성분이 모두 0인 행렬을 대각행렬이라 하고 주대각선의 성분이 모두 같은 수인 대각행렬을 스칼라행렬이라 한다.

3. 전치행렬

주어진 $m\times n$행렬 $A=(a_{ij})\ (1\leqq i\leqq m,\ 1\leqq j\leqq n)$에 대하여 행과 열을 바꾸어 놓은 행렬을 A의 전치행렬이라 하고 $A^t=(a_{ji})\ (1\leqq j\leqq n,\ 1\leqq i\leqq m)$로 나타낸다.

4. Hadamard 행렬

n차의 정방행렬 H가 H^t와의 곱이 nE_n으로 나타나는 행렬을 말한다.

5. 행렬의 합·차

같은 크기의 $m\times n$행렬 $A=(a_{ij})$와 $B=(b_{ij})$에서 행렬 A와 B의 대응하는 성분의 합(차)을 성분으로 하는 행렬을 행렬 A와 B의 합(차)이라 하고,

$$A\pm B=(a_{ij}\pm b_{ij}),\quad (1\leqq i\leqq m,\ 1\leqq j\leqq n)$$

로 나타낸다.

6. 행렬의 스칼라곱

k를 실수라 할 때, $m\times n$행렬 $A=(a_{ij})$의 각 성분에 k를 곱한 것을 성분으로 하는 행렬을 A의 스칼라곱이라 한다. 즉,

$$kA = (ka_{ij}), \quad (1 \leq i \leq m, 1 \leq j \leq n)$$

로 나타낸다.

7. 행렬의 곱

A가 $m \times r$행렬, B가 $r \times n$행렬일 때, A의 i행과 B의 j열의 대응하는 각각의 성분을 곱하여 더한 것을 (i, j)성분으로 하는 행렬을 행렬 A와 행렬 B의 곱이라 하고 AB로 나타낸다.

8. 기본행연산

연립방정식의 해를 확대행렬로 구하고자 할 때 반복시행하는 연산으로써 다음과 같은 연산을 의미한다. 즉,

(1) 한 행에 0이 아닌 상수를 모두 곱한다.

(2) 두 행을 교환한다.

(3) 한 행에 상수배를 하여 다른 행에 더한다.

9. 가우스-조르단 소거법

방정식 또는 연립1차방정식을 동치인 연립1차방정식으로 반복하여 해의 형태로 표현될 때까지 치환해 가는 방법을 말한다.

10. 역행렬

정방행렬 A에 대하여

$$AB = BA = E$$

를 만족하는 정방행렬 B가 존재할 때 A를 정칙 또는 가역이라 하고, 이때 B를 A의 역행렬이라 한다. 또 이를 A^{-1}로 나타낸다.

11. 역행렬을 구하는 방법

(1) 역행렬의 정의에 의한 방법

(2) 가우스 소거법을 이용하는 방법

(3) 수반행렬을 이용하는 방법

종합문제 (6-1)

1. 다음 각 연립1차방정식의 확대행렬을 구하여라.

(1) $\begin{cases} x + z = 1 \\ -x + 2y + 3z = 3 \end{cases}$ (2) $\begin{cases} x - y + 3z = 0 \\ 2x + y = 3 \\ y - z = 1 \end{cases}$

2. $A = \begin{pmatrix} 4 & -1 \\ 0 & 2 \end{pmatrix}$, $B = \begin{pmatrix} 1 & 4 & 2 \\ 3 & 1 & 5 \end{pmatrix}$일 때 AB와 BA를 계산하여라.

3. 다음 연립1차방정식을 가우스-조르단 소거법에 의하여 계산하여라.

(1) $\begin{cases} x + y + 2z = 8 \\ -x - 2y + 3z = 1 \\ 3x + 2y + 5z = -3 \end{cases}$ (2) $\begin{cases} 4x - 8y = 1 \\ 3x + 2y + z = -5 \\ -2x + 3y + 4z = 3 \end{cases}$

4. A를 정방행렬이라 할 때 다음을 증명하여라.

(1) $(E-A)^{-1} = E + A + A^2 + A^3$ (단, $A^4 = O$)

(2) $(E-A)^{-1} = E + A + A^2 + A^3 + \cdots + A^n$ (단, $A^{n+1} = O$)

6-2 행렬식

1. 행렬식의 정의

행렬식을 계산하는 데 있어서 치환에 의해 정의가 되므로 치환의 개념을 알아두는 것은 중요하다. 행렬식을 다루기 전에 먼저 치환에 관한 몇 가지 정의와 성질을 살펴보자.

치환

$N=\{1,\ 2,\ \cdots,\ n\}$, $(n\ \geq 2)$을 유한집합이라고 하자. 이때 N에서 N으로의 1대1대응을 N 위에서의 **치환**(permutation)이라 하고 모든 치환의 집합을 Σ_n으로 나타낸다. 책에 따라서는 $\sum(N)$ 또는 S_n 또는 $Sym(n)$으로도 나타낸다. 치환 $\sigma \in \sum_n$에 대하여 $\{1\sigma,\ 2\sigma,\ 3\sigma,\ \cdots,\ n\sigma\}=\{1,\ 2,\ \cdots,\ n\}$이므로 숫자 $1,\ 2,\ \cdots,\ n$은 σ에 의하여 재배열되는 셈이다. 이러한 의미에서 σ를

$$\sigma=\begin{pmatrix}1 & 2 & \cdots & n\\ 1\sigma & 2\sigma & \cdots & n\sigma\end{pmatrix} \text{ 또는 } \sigma=\begin{pmatrix}i\\ i\sigma\end{pmatrix}\ \ i=1,\ 2,\ \cdots,\ n$$

으로 나타낸다.

치환 $\sigma \in \sum_n$을 위와 같이 나타낼 때, 제2행은 숫자 $1,\ 2,\ \cdots,\ n$은 한 순열이다. 역으로 $1,\ 2,\ \cdots,\ n$의 각 순열에 하나의 치환이 대응한다. 따라서 집합 $\sum_n$은 꼭 $n!$개의 치환으로 이루어져 있다. 즉, $\left|\sum_n\right|$이다. 결국 $\sum_n$의 원소들은 N에서 N으로의 1대1대응(전단사함수)으로 구성되어 있다.

보기 ❶ 집합 $\sum_2$에는 몇 개의 치환으로 이루어져 있는가? 또, 그 치환을 실제 구해보아라.

풀이 $2!$개로 이루어져 있다. 즉, $\sum_2=\left\{I,\ \sigma \mid I=\begin{pmatrix}1 & 2\\ 1 & 2\end{pmatrix},\ \sigma=\begin{pmatrix}1 & 2\\ 2 & 1\end{pmatrix}\right\}$.

예제 ❶ $\sum_3$은 여섯 개의 원으로 이루어져 있다. $\tau = \begin{pmatrix} 1 & 2 & 3 \\ 1 & 3 & 2 \end{pmatrix}$, $\sigma = \begin{pmatrix} 1 & 2 & 3 \\ 2 & 3 & 1 \end{pmatrix}$라 할 때 $\sum_3$의 원소들을 τ와 σ로써 나타내어 보아라.

풀이 $\sum_3$의 원소들은 $N = \{1,\ 2,\ 3\}$에서 N으로의 1대1대응들이므로

$$I = \begin{pmatrix} 1 & 2 & 3 \\ 1 & 2 & 3 \end{pmatrix},\quad \tau = \begin{pmatrix} 1 & 2 & 3 \\ 1 & 3 & 2 \end{pmatrix},\quad P_1 = \begin{pmatrix} 1 & 2 & 3 \\ 2 & 1 & 3 \end{pmatrix}$$

$$\sigma = \begin{pmatrix} 1 & 2 & 3 \\ 2 & 3 & 1 \end{pmatrix},\quad P_2 = \begin{pmatrix} 1 & 2 & 3 \\ 3 & 1 & 2 \end{pmatrix},\quad P_3 = \begin{pmatrix} 1 & 2 & 3 \\ 3 & 2 & 1 \end{pmatrix}$$

들로 구성되어 있다. 즉,

$$\begin{aligned} \textstyle\sum_3 &= \{P \mid P\text{는 } N\text{에서 } N\text{으로 1대 1 대응}\} \\ &= \{I,\ \tau,\ P_1,\ \sigma,\ P_2,\ P_3\} \end{aligned}$$

이때,

$$\begin{aligned} \tau\sigma &= \begin{pmatrix} 1 & 2 & 3 \\ 1 & 3 & 2 \end{pmatrix}\begin{pmatrix} 1 & 2 & 3 \\ 3 & 2 & 1 \end{pmatrix} = \begin{pmatrix} 1 & 2 & 3 \\ 2 & 1 & 3 \end{pmatrix} \\ \tau\sigma\tau &= \begin{pmatrix} 1 & 2 & 3 \\ 1 & 3 & 2 \end{pmatrix}\begin{pmatrix} 1 & 2 & 3 \\ 2 & 3 & 1 \end{pmatrix}\begin{pmatrix} 1 & 2 & 3 \\ 1 & 3 & 2 \end{pmatrix} = \begin{pmatrix} 1 & 2 & 3 \\ 3 & 1 & 2 \end{pmatrix} \\ \sigma\tau &= \begin{pmatrix} 1 & 2 & 3 \\ 2 & 3 & 1 \end{pmatrix}\begin{pmatrix} 1 & 2 & 3 \\ 3 & 2 & 1 \end{pmatrix} = \begin{pmatrix} 1 & 2 & 3 \\ 3 & 2 & 1 \end{pmatrix} \end{aligned}$$

으로 나타낼 수 있으므로 $P_1 = \tau\sigma$, $P_2 = \tau\sigma\tau$, $P_3 = \sigma\tau$이다. 따라서

$$\sum^3 = \{I,\ \tau,\ \tau\sigma,\ \tau\sigma\tau,\ \sigma,\ \sigma\tau\}$$

로 나타낼 수가 있다.

참고 $\sigma\tau$라는 표현은 두 함수 σ와 τ의 합성함수라고 생각하면 된다. 이때, 합성은 표기한 순서대로 하기로 한다. 두 함수 f와 g의 $f \circ g$와는 순서가 다르다는 것에 주의하라.

호환

치환 $\sigma \in \sum_n$가 $N = \{1, 2, \cdots n\}$에 속하는 숫자 $i_1, i_2, \cdots, i_r$을 $i_1 \to i_2 \to \cdots \to i_{r-1} \to i_r \to i_1$과 같이 순환적으로 옮기고 나머지 숫자들을 고정시킬 때, 치환 σ를 r**항 순환치환**(r-cycle) 또는 길이가 r인 **순환치환**(cycle of length r)이라 하고 이것을 $(i_1, i_2, \cdots, i_r)$로 나타낸다. 예를 들어, 치환

$$\sigma = \begin{pmatrix} 1 & 2 & 3 & 4 & 5 & 6 \\ 1 & 3 & 5 & 4 & 2 & 6 \end{pmatrix} \in \sum_6$$

를 생각해보면, 이 σ는 숫자 2, 3, 5를 $2\sigma = 3$, $3\sigma = 5$, $5\sigma = 2$와 같이 순환적으로 옮기고, 나머지 다른 숫자 1, 4, 6를 고정시킨다. 따라서 이 σ는 $(2\ 3\ 5)$ 또는 $(3\ 5\ 2)$ 또는 $(5\ 2\ 3)$으로 나타낼 수 있는 3항 순환치환이다. 특히 σ가 $\sum_6$의 원소임을 나타낼 필요가 있을 경우에는 $(1)(2\ 3\ 5)(4)(6)$ 또는 $(2\ 3\ 5)(1)(4)(6)$과 같이 고정된 숫자로 함께 나타낸다. 여기서 2항 순환치환 (ij)를 **호환**(transposition)이라 한다.

참고 (1) r항 순환치환은

$$(i_1 i_2, \cdots, i_r) = (i_1 i_2)(i_1 i_3) \cdots (i_1 i_r)$$

과 같이 $r-1$개의 호환의 곱으로 분해된다.

(2) 임의의 $\sigma \in \sum_n$는 $(12), (13), \cdots, (1n)$의 곱으로 분해한다.

(3) 임의의 $\sigma \in \sum_n$는 호환의 곱으로 분해한다.

(4) 항등치환은 1항 순환치환이라 생각하고 $1 = (1)$ 또는 $1 = (i)$로 나타낸다(i는 임의의 숫자).

예제 ❷ 다음 치환을 호환의 곱으로 나타내어라.

(1) $\sigma = \begin{pmatrix} 1 & 2 & 3 \\ 2 & 3 & 1 \end{pmatrix}$ (2) $\tau = \begin{pmatrix} 1 & 2 & 3 \\ 1 & 3 & 2 \end{pmatrix}$

풀이 (1) $\sigma = (1\ 2\ 3)$이고 $(1\ 2\ 3) = \begin{pmatrix} 1 & 2 & 3 \\ 2 & 1 & 3 \end{pmatrix}\begin{pmatrix} 1 & 2 & 3 \\ 3 & 2 & 1 \end{pmatrix}$이므로,

$$\sigma = (1\ 2\ 3) = (1\ 2)(1\ 3)$$

(2) (1)과 같은 방법으로 생각하면, $\tau = (2\ 3)$

우치환 · 기치환

치환 σ가 짝수개의 호환의 곱으로 표시될 때, 이 σ를 **우치환**(even permutation)이라 하고, σ가 홀수개의 호환의 곱으로 표시될 때, 이 σ를 **기치환**(odd permutation)이라 한다. 집합 $\sum_n$에 속하는 두 치환 σ와 τ가 각각 r개, s개의 호환의 곱으로 표시되면 곱 $\tau\sigma$는 $r+s$개의 호환의 곱으로 표시된다. 따라서 σ와 τ가 동시에 우치환이면, $\sigma\tau$도 우치환이다.
집합 $\sum_n$에 속하는 우치환 전체의 집합을 A_n으로 보통 나타낸다. 예제 2에서 (1)은 우치환이고, (2)는 기치환을 알 수 있다.

참고 (1) 집합 $A_n(n \geqq 2)$은 다음 성질을 갖는다.

$$|A_n| = \frac{1}{2}\left|\sum_n\right| = \frac{n!}{2}$$

즉, $\sum_n$의 원소의 반은 우치환이고 나머지 반은 기치환임을 알 수 있다.

$$\text{우치환의 총수} = \text{기치환의 총수} = \frac{n!}{2}$$

(2) 순환치환을 호환의 곱으로 분해하는 방법은 유일하지 않다. 예를 들어,

$$(1\ 2\ 3) = (1\ 2)(1\ 3) = (2\ 3)(1\ 2) = (1\ 3)(2\ 3) = (1\ 2)(2\ 3)(1\ 2)(2\ 3)$$

정의 6-2-1

sgn을 $\sum_n$에서 $\{+1,\ -1\}$로의 함수라 하자. 이때, 임의의 $\sigma \in \sum_n$에 대하여

$$sgn(\sigma) = \begin{cases} +1, & \sigma\text{가 우치환일 때} \\ -1, & \sigma\text{가 기치환일 때} \end{cases}$$

로 정의한다. 이때, $sgn(\sigma) = sgn(\sigma^{-1})$임이 명백하다.

주의 $\sigma = \begin{pmatrix} 1 & 2 & \cdots & n \\ i & j & \cdots & l \end{pmatrix}$일 때, 역대응 $\sigma^{-1} = \begin{pmatrix} i & j & \cdots & l \\ 1 & 2 & \cdots & n \end{pmatrix}$으로 나타내는 것으로 표기하였다.

예제 ❸ 다음을 구하여라.

(1) $sgn\begin{pmatrix}1 & 2 & 3 & 4 & 5\\ 2 & 3 & 4 & 5 & 1\end{pmatrix}$ (2) $sgn(1\ 2\ 3\ 4\ 5)(2\ 3\ 4)(3\ 5)$

풀이 (1) $\begin{pmatrix}1 & 2 & 3 & 4 & 5\\ 2 & 3 & 4 & 5 & 1\end{pmatrix} = (1\ 2\ 3\ 4\ 5) = (1\ 2)(1\ 3)(1\ 4)(1\ 5)$

따라서 $sgn\begin{pmatrix}1 & 2 & 3 & 4 & 5\\ 2 & 3 & 4 & 5 & 1\end{pmatrix} = +1.$

(2) $(1\ 2\ 3\ 4\ 5)(2\ 3\ 4)(3\ 5) = \begin{pmatrix}1 & 2 & 3 & 4 & 5\\ 5 & 4 & 3 & 2 & 1\end{pmatrix}$

$= (1\ 5)(2\ 4\ 3) = (1\ 5)(2\ 4)(2\ 3)$

따라서 $sgn(1\ 2\ 3\ 4\ 5)(2\ 3\ 4)(3\ 5) = -1.$

정의 6-2-2

$n\times n$개의 수 $a_{ij}(i,\ j=1,\ 2,\ \cdots,\ n)$에 대하여 n차 동차식

$$\sum sgn\begin{pmatrix}1 & 2 & \cdots & n\\ i & j & \cdots & l\end{pmatrix}\cdot a_{1i}a_{2j}\cdots a_{nl}$$

을 생각하자. 여기서 $\sum$는 숫자 1, 2, $\cdots$, n의 모든 치환의 항의 총합을 나타낸다. 이 식을 기호

$$\begin{vmatrix}a_{11} & a_{12} & \cdots & a_{1n}\\ a_{21} & a_{22} & \cdots & a_{2n}\\ \vdots & \vdots & \ddots & \vdots\\ a_{n1} & a_{n2} & \cdots & a_{nn}\end{vmatrix} = \sum sgn\begin{pmatrix}1 & 2 & \cdots & n\\ i & j & \cdots & l\end{pmatrix}\cdot a_{1i}a_{2j}\cdots a_{nl} \qquad (1)$$

로 나타내고 **n차 행렬식**(determinant of order n)이라 한다. 우변을 **행렬식의 전개**(expansion of determinant)라고 한다.

또한 행렬식 (1)을 간단히 $|a_{ij}|\ (i,\ j=1,\ 2,\ \cdots,\ n)$, $|a_{ij}|$, $|A|$, $D(A)$ 또는 $\delta(A)$ 등으로 쓰기도 한다.

예제 ④ 행렬식 (1)에서, $n=2$, $n=3$일 경우에 그 값을 구하여라.

풀이 (i) $n=2$인 경우

$$\begin{vmatrix} a_{11} & a_{12} \\ a_{21} & a_{22} \end{vmatrix} = \sum sgn\begin{pmatrix} 1 & 2 \\ i & j \end{pmatrix} a_{1i}a_{2j}$$

$$= sgn\begin{pmatrix} 1 & 2 \\ 1 & 2 \end{pmatrix} a_{11}a_{22} + sgn\begin{pmatrix} 1 & 2 \\ 2 & 1 \end{pmatrix} a_{12}a_{21}$$

$$= a_{11}a_{22} - a_{12}a_{21}$$

(ii) $n=3$인 경우

$$\begin{vmatrix} a_{11} & a_{12} & a_{13} \\ a_{21} & a_{22} & a_{23} \\ a_{31} & a_{32} & a_{33} \end{vmatrix} = \sum sgn\begin{pmatrix} 1 & 2 & 3 \\ i & j & k \end{pmatrix} a_{1i}a_{2j}a_{3k}$$

$$= sgn\begin{pmatrix} 1 & 2 & 3 \\ 1 & 2 & 3 \end{pmatrix} a_{11}a_{22}a_{33} + sgn\begin{pmatrix} 1 & 2 & 3 \\ 2 & 3 & 1 \end{pmatrix} a_{12}a_{23}a_{31}$$

$$+ sgn\begin{pmatrix} 1 & 2 & 3 \\ 3 & 1 & 2 \end{pmatrix} a_{13}a_{21}a_{32} + sgn\begin{pmatrix} 1 & 2 & 3 \\ 1 & 3 & 2 \end{pmatrix} a_{11}a_{23}a_{32}$$

$$+ sgn\begin{pmatrix} 1 & 2 & 3 \\ 2 & 1 & 3 \end{pmatrix} a_{12}a_{21}a_{33} + sgn\begin{pmatrix} 1 & 2 & 3 \\ 3 & 2 & 1 \end{pmatrix} a_{13}a_{22}a_{31}$$

$$= a_{11}a_{22}a_{33} + a_{12}a_{23}a_{31} + a_{13}a_{21}a_{32} - a_{11}a_{23}a_{32}$$

$$- a_{12}a_{21}a_{33} - a_{13}a_{22}a_{31}$$

위 예제에서 2차 및 3차 행렬식의 전개를 자세히 살펴보면 그림 6-3과 같이 표시됨을 알 수 있다. 이 방법을 **Sarrus 방법**이라 한다. 이 방법은 4차 이상의 행렬식의 전개에는 적용되지 않는다. 4차, 5차는 각각 $4!=24$, $5!=120$이므로 정의식 (1)에 의하여 전개하는 것은 대단히 복잡하다. 고차행렬식에 관해서는 다음 절에서 다루겠다.

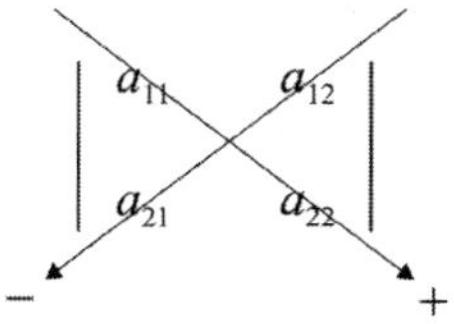

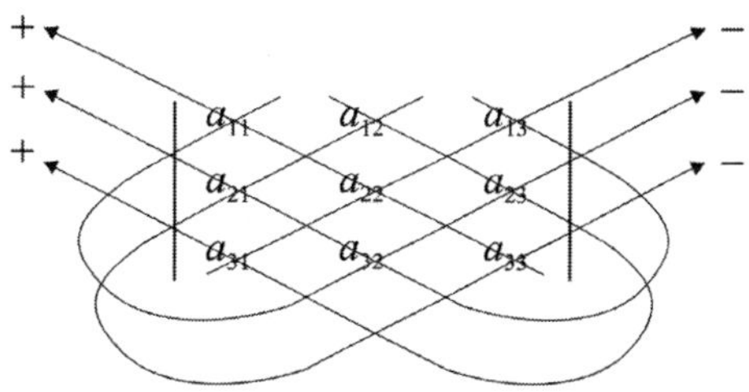

▌그림 6-3

연습문제 (6-2-1)

1. $\{1, 2, 3, 4, 5\}$의 다음 치환을 호환의 곱으로 나타내어라.

(1) $(3\ 4\ 1\ 5\ 2)$　　(2) $(2\ 3\ 5\ 4\ 1)$

2. 문제 1의 치환이 기치환인지 우치환인지를 밝혀라.

3. 다음 행렬식을 계산하여라.

(1) $\begin{vmatrix} 1 & 2 \\ -1 & 3 \end{vmatrix}$　　(2) $\begin{vmatrix} k-1 & 2 \\ 3 & k-4 \end{vmatrix}$

(3) $\begin{vmatrix} 1 & 0 & 3 \\ 4 & 0 & -1 \\ 2 & 8 & 6 \end{vmatrix}$　　(4) $\begin{vmatrix} k & -3 & 9 \\ 2 & 4 & k+1 \\ 1 & k^2 & 3 \end{vmatrix}$

4. $\{1, 2, 3, 4\}$의 각 치환을 우, 기치환으로 분류하여라.

5. 문제 4의 결과를 이용하여 4×4행렬의 행렬식에 대한 공식을 만들어라.

6. 문제 5의 공식을 이용하여 다음 행렬식을 계산하여라.

$$\begin{vmatrix} 2 & 4 & -1 & 2 \\ 3 & 0 & 1 & 5 \\ 4 & 2 & -3 & -1 \\ 1 & 0 & 2 & -4 \end{vmatrix}$$

2. 행렬식의 성질

행렬식을 계산하는 데 있어서 고차일 경우는 매우 복잡하다. 이 경우 행렬식의 정의에 의해 그 값을 계산하기에는 매우 복잡하고 혼란스럽다. 따라서 여기서는 기본행연산에 의하여 가우스 행렬로 변형됨을 이용하여 행렬식을 계산하는 법과 행렬식의 성질을 소개한다.

행렬식의 계산법

행렬식을 좀 더 간편하게 계산하는 방법을 제시해 주는 몇 가지 정리와 예제를 소개한다.

정리 6-2-3

정방행렬 A가 0만으로 이루어진 행을 가지고 있으면 $|A|=0$이다.

증명 행렬식의 정의 6-2-2에 의하면 행렬식 $|A|$가 전개될 때 어떤 부호부 기본적도 반드시 각각의 행에서 한 개씩의 성분이 포함된다. 따라서 만약 A가 0만으로 이루어진 행을 갖는다면 어떤 기본적도 0을 포함하게 되고 결국 그 항은 모두가 0이 된다. 그러므로 총합은 0이 되어 $|A|=0$이다.

정리 6-2-4

정방행렬 A가 n차 3각행렬이면 $|A|=a_{11}\,a_{22}\,\cdots\,a_{nn}$이다.

보기 ❶ 다음 행렬의 행렬식 값을 구하여라.

(1) $A=\begin{pmatrix} 1 & 2 & 3 & 4 \\ 0 & 0 & 0 & 0 \\ -3 & 2 & 5 & 1 \\ 2 & -4 & 0 & 3 \end{pmatrix}$ (2) $B=\begin{pmatrix} 2 & 7 & -3 & 8 & 3 \\ 0 & -3 & 7 & 5 & 1 \\ 0 & 0 & 6 & 7 & 2 \\ 0 & 0 & 0 & 9 & 4 \\ 0 & 0 & 0 & 0 & 4 \end{pmatrix}$

풀이 (1) 행렬 A의 2행이 0만으로 이루어진 행렬이므로 정리 6-2-3에 의하여 $|A| = 0$

(2) 행렬 B는 상삼각행렬이므로 정리 6-2-4에 의하여

$$|B| = 2\times(-3)\times6\times9\times4 = -1296$$

다음 정리는 행렬에 대한 기본행연산이 그 행렬식의 값이 어떻게 변하는지를 보여준다.

정리 6-2-5

A, B가 n차 정방행렬일 때,

(1) $|A| = |A^t|$

(2) $|kA| = k^n|A|$, k는 상수

(3) $|AB| = |A||B|$

증명 (1) $|A^t| = |a'_{ij}|$라 하면 $a'_{ij} = a_{ji}$이므로

$$|A^t| = \sum sgn\begin{pmatrix}1 & 2 & \cdots & n\\ i & j & \cdots & l\end{pmatrix} a'_{1i}\, a'_{2j} \cdots a'_{nl}$$

$$= \sum sgn\begin{pmatrix}1 & 2 & \cdots & n\\ i & j & \cdots & l\end{pmatrix} a_{i1}\, a_{j2} \cdots a_{\ln}$$

여기서, $a_{i1}\, a_{j2} \cdots a_{\ln}$의 순서를 적당히 바꾸어 놓아서 $a_{1i'}\, a_{2j'} \cdots a_{nl'}$가 되었다면

$$sgn\begin{pmatrix}1 & 2 & \cdots & n\\ i & j & \cdots & l\end{pmatrix} = sgn\begin{pmatrix}i & j & \cdots & l\\ 1 & 2 & \cdots & n\end{pmatrix} = sgn\begin{pmatrix}1 & 2 & \cdots & n\\ i' & j' & \cdots & l'\end{pmatrix}$$

따라서

$$|A^t| = \sum sgn\begin{pmatrix}1 & 2 & \cdots & n\\ i' & j' & \cdots & l'\end{pmatrix} = a_{1i'}\, a_{2j'} \cdots a_{nl'} = |A|$$

(2)와 (3)은 연습문제로 돌린다.

보기 ② 행렬 $A=\begin{pmatrix}1&2&3\\2&5&3\\1&0&8\end{pmatrix}$, $B=\begin{pmatrix}4&8&12\\0&1&4\\1&2&1\end{pmatrix}$일 때 다음을 구하여라.

(1) $|A^t|$ (2) $|AB|$ (3) $|3A|$

풀이 정리 6-2-5에 의하여

(1) $|A|=\begin{vmatrix}1&2&3\\2&5&3\\1&0&8\end{vmatrix}=40+6-15-32=-1$

그러므로 $|A^t|=-1$

(2) $|B|=\begin{vmatrix}4&8&12\\0&1&4\\1&2&1\end{vmatrix}=4+32-12-32=-8$

따라서 $|AB|=|A||B|=(-1)(-8)=8$

(3) $|3A|=3^3|A|=3^3(-1)=-27$

참고 위의 성질에 따르면 행렬식에서 행에 대한 성질은 그대로 열에 대해서도 성립함을 알 수 있다. 따라서 행렬식의 정의도 다음과 같이 바꾸어 쓸 수 있다.

$$|A^t|=|a_{ij}|=\sum sgn\begin{pmatrix}1&2&\cdots&n\\i&j&\cdots&l\end{pmatrix}a_{i1}\,a_{j2}\cdots a_{ln}$$

정리 6-2-6

A가 n차 정방행렬일 때, 다음이 성립한다.

(1) α행(열) $(1\leqq\alpha\leqq n)$의 모든 원소에 동일한 상수 t를 곱한 행렬을 A'라 할 때,

$$|A'|=t|A|$$

(2) A의 α행과 β행 $(1\leqq\alpha,\beta\leqq n)$의 원소를 서로 교환한 행렬을 A'라 하면

$$|A'|=-|A|$$

증명 (1) $$|A'|=\sum sgn\begin{pmatrix}1&2&\cdots&\alpha&\cdots&n\\i&j&\cdots&k&\cdots&l\end{pmatrix}a_{1i}\,a_{2j}\cdots(ta_{\alpha k})\cdots a_{nl}$$

$$=t\sum sgn\begin{pmatrix}1&2&\cdots&\alpha&\cdots&n\\i&j&\cdots&k&\cdots&l\end{pmatrix}a_{1i}\,a_{2j}\cdots(a_{\alpha k})\cdots a_{nl}$$

$$=t|A|$$

$$\text{(2)}\ |A'| = \sum sgn\begin{pmatrix}1 & 2 & \cdots & \alpha & \cdots & \beta & \cdots & n \\ i & j & \cdots & k & \cdots & p & \cdots & l\end{pmatrix} a_{1i}\, a_{2j} \cdots a_{\beta k} \cdots a_{\alpha p}\, a_{nl}$$

$$= \sum sgn\begin{pmatrix}1 & 2 & \cdots & \alpha & \cdots & \beta & \cdots & n \\ i & j & \cdots & k & \cdots & p & \cdots & l\end{pmatrix} a_{1i}\, a_{2j} \cdots a_{\alpha p} \cdots a_{\beta k}\, a_{nl}$$

$$= -\sum sgn\begin{pmatrix}1 & 2 & \cdots & \alpha & \cdots & \beta & \cdots & n \\ i & j & \cdots & p & \cdots & k & \cdots & l\end{pmatrix} a_{1i}\, a_{2j} \cdots a_{\beta k} \cdots a_{\alpha p}\, a_{nl}$$

$$= -|A|$$

보기 ❸ 행렬 A, A_1, A_2, A_3가 다음과 같이 주어졌을 때, 아래 행렬식을 계산하여라.

$$A = \begin{pmatrix}1 & 2 & 3 \\ 0 & 1 & 4 \\ 1 & 2 & 1\end{pmatrix},\quad A_1 = \begin{pmatrix}4 & 8 & 12 \\ 0 & 1 & 4 \\ 1 & 2 & 1\end{pmatrix},\quad A_2 = \begin{pmatrix}0 & 1 & 4 \\ 1 & 2 & 3 \\ 1 & 2 & 1\end{pmatrix}$$

(1) $|A|$ (2) $|A_1|$ (3) $|A_2|$

풀이 (1) $|A| = \begin{vmatrix}1 & 2 & 3 \\ 0 & 1 & 4 \\ 1 & 2 & 1\end{vmatrix} = 1+8-3-8 = -2$

(2) $|A_1| = \begin{vmatrix}4 & 8 & 12 \\ 0 & 1 & 4 \\ 1 & 2 & 1\end{vmatrix} = 4\begin{vmatrix}1 & 2 & 3 \\ 0 & 1 & 4 \\ 1 & 2 & 1\end{vmatrix} = 4|A| = -8$

(3) $|A_2| = \begin{vmatrix}0 & 1 & 4 \\ 1 & 2 & 3 \\ 1 & 2 & 1\end{vmatrix} = -\begin{vmatrix}1 & 2 & 3 \\ 0 & 1 & 4 \\ 1 & 2 & 1\end{vmatrix} = -|A| = 2$

정리 6-2-7

A, A_1, B_1이 n차 정방행렬이라 하고 α행(열)을 제외하고는 모두가 같다고 하자. 또, A_1의 α행(열)과 B_1의 α행(열)의 합이 A의 α행(열)과 같다고 하면

$$|A| = |A_1| + |B_1|$$

(단, $A_1 = (a_{ij})$, $B_1 = (b_{ij})$, $1 \leq i,\ j \leq n$)

증명 $|A| = \sum sgn\begin{pmatrix} 1 & 2 & \cdots & \alpha & \cdots & n \\ i & j & \cdots & k & \cdots & l \end{pmatrix} a_{1i}\, a_{2j} \cdots (a_{\alpha k} + b_{\alpha k}) \cdots a_{nl}$

$$= \sum sgn\begin{pmatrix} 1 & 2 & \cdots & \alpha & \cdots & n \\ i & j & \cdots & k & \cdots & l \end{pmatrix} a_{1i}\, a_{2j} \cdots a_{\alpha k} \cdots a_{nl}$$

$$+ \sum sgn\begin{pmatrix} 1 & 2 & \cdots & \alpha & \cdots & n \\ i & j & \cdots & k & \cdots & l \end{pmatrix} a_{1i}\, a_{2j} \cdots b_{\alpha k} \cdots a_{nl}$$

$$= |A_1| + |B_1|$$

보기 ❹ $A = \begin{pmatrix} 2 & 5 & 1 \\ 3 & 7 & 2 \\ 9 & 11 & 15 \end{pmatrix}$의 행렬식 값을 계산하여라.

풀이 $\begin{vmatrix} 2 & 5 & 1 \\ 3 & 7 & 2 \\ 9 & 11 & 15 \end{vmatrix} = \begin{vmatrix} 2 & 5 & 1 \\ 3 & 7 & 2 \\ 3 & 7 & 2 \end{vmatrix} + \begin{vmatrix} 2 & 5 & 1 \\ 3 & 7 & 2 \\ 6 & 4 & 13 \end{vmatrix}$

$$= 0 + \begin{vmatrix} 2 & 5 & 1 \\ 3 & 7 & 2 \\ 3 & 7 & 2 \end{vmatrix} + \begin{vmatrix} 2 & 5 & 1 \\ 3 & 7 & 2 \\ 3 & -3 & 11 \end{vmatrix}$$

$$= 0 + 0 + \begin{vmatrix} 2 & 5 & 1 \\ 2 & 5 & 1 \\ 3 & -3 & 11 \end{vmatrix} + \begin{vmatrix} 2 & 5 & 1 \\ 1 & 2 & 1 \\ 3 & -3 & 11 \end{vmatrix}$$

$$= 0 + 0 + 0 + \begin{vmatrix} 1 & 2 & 1 \\ 1 & 2 & 1 \\ 3 & -3 & 11 \end{vmatrix} + \begin{vmatrix} 1 & 3 & 0 \\ 1 & 2 & 1 \\ 3 & -3 & 11 \end{vmatrix}$$

$$= 0 + 0 + 0 + 0 + 22 + 9 + 3 - 33 = 1$$

보기 4의 풀이과정 중 어느 두 행이 같은 행렬식 값은 0이라고 하였다 정리 6-2-6을 이용하여 다음 정리를 얻을 수 있다. 다음 정리를 통해 그 이유를 살펴보자.

정리 6-2-8

다음 성질을 가지는 행렬식의 값은 모두 0이다. 즉,

(1) 행렬 A의 α, β행(열)의 대응하는 원소가 각각 같다.

(2) 행렬 A의 α행(열)과 β행(열)의 대응하는 원소가 비례한다.

증명 (1) 행렬식 $|A|$에서 α행과 β행이 같다고 하고 α행과 β행을 바꾸면 정리 6-2-6의 (2)에 의하여 $|A| = -|A|$이므로 $|A| = 0$이다.

(2) 정리 6-2-6의 (1)과 위의 (1)에 의해 명백하다.

정리 6-2-9

n차 정방행렬 A에서 α행(열)의 모든 원소를 t배 하여 β행(열)에 더하거나 뺀 행렬을 A'라 할 때,

$$|A'| = |A|$$

증명 정리 6-2-6과 정리 6-2-7 및 정리 6-2-8의 (1)에 의해 명백하다.

행연산에 의한 행렬식 계산

행렬식 계산을 좀 더 체계적이고 쉬운 방법을 찾고자 위에서 몇 가지 정리들을 소개하였다. 이때, 주의할 것은 어느 정리를 선택하여 행렬식을 계산하더라도 근본적인 것은 행렬의 기본행연산에 의해 가우스 행렬로 변환해 가는 것이 유리하다. 다음 예제를 통해 구체적으로 이해해보도록 하자.

예제 ❶ 다음 행렬식을 계산하여라.

(1) $\begin{vmatrix} 1 & 2 & 3 \\ 4 & 5 & 6 \\ 7 & 8 & 9 \end{vmatrix}$ (2) $\begin{vmatrix} 4 & 1 & 3 \\ 12 & 3 & 0 \\ -8 & 7 & 6 \end{vmatrix}$

풀이 (1) $\begin{matrix} R_1 \\ R_2 \\ R_3 \end{matrix}\begin{vmatrix} 1 & 2 & 3 \\ 4 & 5 & 6 \\ 7 & 8 & 9 \end{vmatrix} = \begin{vmatrix} 1 & 2 & 3 \\ 3 & 3 & 3 \\ 3 & 3 & 3 \end{vmatrix}\begin{matrix} \\ R_2 - R_1 = 0 \\ R_3 - R_2 \end{matrix}$

(2) $\begin{matrix} R_1 \\ R_2 \\ R_3 \end{matrix}\begin{vmatrix} 4 & 1 & 3 \\ 12 & 3 & 0 \\ -8 & 7 & 6 \end{vmatrix} = 3\begin{vmatrix} 4 & 1 & 3 \\ 4 & 1 & 0 \\ -8 & 7 & 6 \end{vmatrix} = 3\begin{vmatrix} 0 & 0 & 3 \\ 4 & 1 & 0 \\ -8 & 7 & 6 \end{vmatrix}\begin{matrix} R_1 - R_2 \\ \\ \\ \end{matrix}$

$$= 9\begin{vmatrix} 0 & 0 & 1 \\ 4 & 1 & 0 \\ -8 & 7 & 6 \end{vmatrix} = 9\left[\begin{vmatrix} 0 & 0 & 1 \\ 4 & 1 & 0 \\ -8 & 7 & 6 \end{vmatrix}\begin{vmatrix} 0 & 0 & 1 \\ 4 & 1 & 0 \\ 0 & 9 & 6 \end{vmatrix}\right]$$

$$= 9\left[0 + 3\begin{vmatrix} 0 & 0 & 1 \\ 4 & 1 & 0 \\ 0 & 3 & 2 \end{vmatrix}\right] = 27\begin{vmatrix} 0 & 0 & 1 \\ 4 & 1 & 0 \\ 0 & 3 & 2 \end{vmatrix} = 27 \times 12 = 324$$

역행렬과 행렬식

정방행렬 A의 역행렬을 구하는 방법은 행렬편에서 다루었다. 이제 마지막으로 역행렬과 행렬식 사이에 어떤 관계가 성립하는지 살펴보고 이 절을 맺도록 하자.

정리 6-2-10

n차 정방행렬 A가 가역이기 위한 필요충분조건은 $|A| \neq 0$이다.

증명 증명은 연습문제로 남기겠다.

정리 6-2-11

n차 정방행렬 A가 가역이면

$$|A^{-1}| = \frac{1}{|A|}$$

증명 $A^{-1}A = E_n$이므로 $|A^{-1}A| = |E_n|$, 즉 $|A^{-1}||A| = 1$이다. 따라서 A가 가역이라면 정리 6-2-10에 의하여 $|A| \neq 0$이므로

$$|A^{-1}| = \frac{1}{|A|}$$

예제 ❷ 다음 행렬의 가역성을 조사하여라.

(1) $A = \begin{pmatrix} 1 & 2 & 3 \\ 1 & 0 & 1 \\ 2 & 4 & 6 \end{pmatrix}$　　(2) $B = \begin{pmatrix} 1 & 2 & 3 \\ 2 & 5 & 3 \\ 1 & 0 & 8 \end{pmatrix}$

풀이 (1) A의 1행과 3행이 비례하므로 $|A| = 0$. 따라서 A의 역행렬은 존재하지 않는다.

(2) 위의 보기 2에 의하여 $|B| = -1$이므로 B는 가역이다.

연습문제 (6-2-2)

1. 다음 행렬식의 값을 구하여라.

(1) $\begin{vmatrix} 2 & -40 & 17 \\ 0 & 1 & 11 \\ 0 & 0 & 2 \end{vmatrix}$ (2) $\begin{vmatrix} 3 & -1 & 2 \\ 6 & 2 & -4 \\ 1 & 3 & 5 \end{vmatrix}$

2. 다음 행렬식의 값을 기본행연산에 의하여 구하여라.

(1) $\begin{vmatrix} 2 & 1 & 1 \\ 0 & 2 & 3 \\ 0 & 3 & 0 \end{vmatrix}$ (2) $\begin{vmatrix} 1 & -2 & 0 \\ -3 & 5 & 1 \\ 4 & -3 & 2 \end{vmatrix}$

(3) $\begin{vmatrix} 1 & 3 & 1 & 5 & 3 \\ -2 & -7 & 0 & -4 & 2 \\ 0 & 0 & 1 & 0 & 1 \\ 0 & 0 & 2 & 1 & 1 \\ 0 & 0 & 0 & 1 & 1 \end{vmatrix}$

3. 기본행연산을 이용하여 다음 등식을 증명하여라.

$$\begin{vmatrix} 1 & 1 & 1 \\ a & b & c \\ a^2 & b^2 & c^2 \end{vmatrix} = (a-b)(b-c)(c-a)$$

4. 다음 행렬에 대하여 $|A| = |A^t|$임을 보여라.

(1) $A = \begin{pmatrix} 1 & -3 \\ 2 & 5 \end{pmatrix}$ (2) $A = \begin{pmatrix} 1 & 2 & 7 \\ -1 & 0 & 6 \\ 3 & 2 & 8 \end{pmatrix}$

5. A, B가 n차 정방행렬일 때, 다음을 증명하여라.

(1) $|kA| = k^n|A|$, k는 상수

(2) $|AB| = |A||B|$

6. n차 정방행렬 A가 가역이기 위한 필요충분조건은 $|A| \neq 0$임을 증명하여라.

3. 연립1차방정식과 크래머 공식

여기서는 행렬식의 값을 좀 더 쉽게 계산하는 데 필요한 이론적인 방법을 소개한다. 이것은 기본행연산에 의거하여 앞에서 열거한 여러 가지 정리들에 의해 계산하는 것보다 좀 더 손쉬운 방법을 제공한다. 이 방법의 응용으로써 역행렬을 구하는 공식, 연립1차방정식의 해법 등이 있다.

행렬식의 전개

앞에서 배운 행렬식의 정의를 다시 고찰해보면 전개식의 각 항은 각 행, 각 열의 원소를 하나씩 반드시 포함하고 있다. 예를 들어, $a_{\alpha\beta}$를 포함하는 항의 나머지 $n-1$개의 인수는 α행 β열 이외의 원소이다. 따라서 n차 정방행렬 A의 행렬식 $|A|$는 α행의 원소 $a_{\alpha1}$, $a_{\alpha2}$, $\cdots$, $a_{\alpha n}$을 포함하는 항을 기준으로 따로따로 모아보면 $a_{\alpha1}$, $a_{\alpha2}$, $\cdots$, $a_{\alpha n}$의 1차 동차식임을 알 수 있다. 즉,

$$|A| = a_{\alpha1}C_{\alpha1} + a_{\alpha2}C_{\alpha2} \cdots + a_{\alpha n}C_{\alpha n}$$

의 꼴로 나타낼 수 있다.

정리 6-2-12

n차 정방행렬 A의 α행과 β열을 제외하고 만들어진 부분행렬의 행렬식을 성분 $a_{\alpha\beta}$**의 소행렬식**(minor of entry $a_{\alpha\beta}$)이라 하고 $M_{\alpha\beta}$로 나타낸다. 또한, $C_{\alpha\beta} = (-1)^{\alpha+\beta}M_{\alpha\beta}$를 $a_{\alpha\beta}$**의 여인자**(cofactor of entry $a_{\alpha\beta}$)라고 한다.

보기 ① 행렬 A가 아래와 같이 주어졌을 때, 다음 성분에 대한 소행렬식과 여인자를 구하여라.

$$A = \begin{pmatrix} 3 & 1 & -4 \\ 2 & 5 & 6 \\ 1 & 4 & 8 \end{pmatrix}$$

(1) a_{11}　　　　(2) a_{23}

풀이 (1) a_{11}성분의 소행렬식 M_{11}과 여인자 C_{11}은

$$M_{11} = \begin{vmatrix} 5 & 6 \\ 4 & 8 \end{vmatrix}, \quad C_{11} = (-1)^{1+1} M_{11} = M_{11} = 16$$

(2) a_{23}성분의 소행렬식 M_{23}과 여인자 C_{23}은

$$M_{23} = \begin{vmatrix} 3 & 1 \\ 1 & 4 \end{vmatrix}, \quad C_{23} = (-1)^{2+3} M_{23} = -M_{23} = -11$$

정의 6-2-12와 보기 1에서 알 수 있는 바와 같이 $a_{\alpha\beta}$에 대한 소행렬식 $M_{\alpha\beta}$와 여인자 $C_{\alpha\beta}$는 같거나 부호만 서로 다른 것에 불과하다. 즉, $C_{\alpha\beta} = \pm M_{\alpha\beta}$인데, 이때 부호는 α와 β값에 의해 결정됨을 알 수 있다. 예를 들어, $C_{11} = M_{11}$, $C_{12} = -M_{12}$ 등이다.

여인자전개

n차 정방행렬 A에서

$$|A| = a_{\alpha 1} C_{\alpha 1} + a_{\alpha 2} C_{\alpha 2} + \cdots + a_{\alpha n} C_{\alpha n}, \ (1 \leq \alpha \leq n) \tag{1}$$

을 행렬 A의 α행에 대한 **여인자전개**(cofactor expansion)라 하다.

보기 ❷ 보기 1의 행렬을 1행에 대한 여인자전개의 방법으로 행렬식 값을 구하여라.

풀이 $|A| = \begin{vmatrix} 3 & 1 & -4 \\ 2 & 5 & 6 \\ 1 & 4 & 8 \end{vmatrix} = 3\begin{vmatrix} 5 & 6 \\ 4 & 8 \end{vmatrix} - 1\begin{vmatrix} 2 & 6 \\ 1 & 8 \end{vmatrix} - 4\begin{vmatrix} 2 & 5 \\ 1 & 4 \end{vmatrix}$

$= 3(40-24) - (16-6) - 4(8-5)$

$= 48 - 10 - 12 = 26$

여인자전개는 β열에 대해서도 성립한다. 즉,

$$|A| = a_{1\beta} C_{1\beta} + a_{2\beta} C_{2\beta} + \cdots + a_{n\beta} C_{n\beta}, \ (1 \leq \beta \leq n) \tag{2}$$

이다.

참고 행 또는 열에 대한 여인자전개는 0을 많이 포함하고 있는 행 또는 열에 대하여 여인자전개를 통해 행렬식 값을 계산하는 것이 간편하다. 또, 나머지 여인자는 행렬식의 행과 열의 기본행연산에 의거하여 계산하면 편리하다.

예제 ❶ 다음 행렬 A에 대하여 $|A|$를 계산하여라.

(1) $A=\begin{pmatrix} a_{11} & a_{12} & a_{13} \\ a_{21} & a_{22} & a_{23} \\ a_{31} & a_{32} & a_{33} \end{pmatrix}$ (2) $A=\begin{pmatrix} 5 & 3 & 0 & -3 \\ 2 & 1 & 4 & -2 \\ 1 & 2 & 1 & 0 \\ 0 & 3 & 2 & 1 \end{pmatrix}$

풀이 (1) $|A|=\begin{vmatrix} a_{11} & a_{12} & a_{13} \\ a_{21} & a_{22} & a_{23} \\ a_{31} & a_{32} & a_{33} \end{vmatrix}=a_{11}\begin{vmatrix} a_{22} & a_{23} \\ a_{32} & a_{33} \end{vmatrix}-a_{12}\begin{vmatrix} a_{21} & a_{23} \\ a_{31} & a_{33} \end{vmatrix}+a_{13}\begin{vmatrix} a_{21} & a_{22} \\ a_{31} & a_{32} \end{vmatrix}$

$$=a_{11}(a_{22}a_{33}-a_{23}a_{32})-a_{12}(a_{21}a_{33}-a_{23}a_{31})+a_{13}(a_{21}a_{32}-a_{22}a_{31})$$

(2)

$$|A| = \begin{array}{c} \\ R_1 \\ R_2 \\ R_3 \\ R_4 \end{array}\begin{array}{c} \begin{matrix} C_1 & C_2 & C_3 & C_4 \end{matrix} \\ \begin{vmatrix} 5 & 3 & 0 & -3 \\ 2 & 1 & 4 & -3 \\ 1 & 2 & 1 & 0 \\ 0 & 3 & 2 & 1 \end{vmatrix} \end{array} \underset{\substack{C_2-2C_1 \\ C_3-C_1}}{=} \begin{vmatrix} 5 & -7 & -5 & -3 \\ 2 & -3 & 2 & -2 \\ 1 & 0 & 0 & 0 \\ 0 & 3 & 2 & 1 \end{vmatrix}$$

$$\underset{\left(\substack{3\text{행} \\ \text{여인자전개}}\right)}{=} \begin{vmatrix} -7 & -5 & -3 \\ -3 & 2 & -2 \\ 3 & 2 & 1 \end{vmatrix} \underset{\substack{R_1-3R_3 \\ R_2-2R_3}}{=} \begin{vmatrix} 2 & 1 & 0 \\ 3 & 6 & 0 \\ 3 & 2 & 1 \end{vmatrix}$$

$$\underset{\left(\substack{3\text{열} \\ \text{여인자전개}}\right)}{=} \begin{vmatrix} 2 & 1 \\ 3 & 6 \end{vmatrix} = 9$$

수반행렬

n차 정방행렬 A에서 행렬식 $|A|$를 α행에 대하여 여인자전개를 하면

$$|A| = a_{\alpha 1}C_{\alpha 1}+a_{\alpha 2}C_{\alpha 2}+\cdots+a_{\alpha n}C_{\alpha n} \quad (1 \leqq \alpha \leqq n)$$

임을 알았다. 여기서 위 식의 우변에 α행의 원소 $a_{\alpha 1}, a_{\alpha 2}, \cdots, a_{\alpha n}$ 대신에 $\beta(\neq \alpha)$행의 원소 $a_{\beta 1}, a_{\beta 2}, \cdots, a_{\beta n}$을 바꾸어 넣으면 α행과 β행이 같아지므로 $|A|=0$이다. 즉,

$$|A| = a_{\beta 1}C_{\alpha 1}+a_{\beta 2}C_{\alpha 2}+\ \cdots\ +a_{\beta n}C_{\alpha n}=0 \tag{3}$$

또한, 행에 대한 성질은 열에 대해서도 똑같이 성립하므로

$$|A| = a_{1\beta}C_{1\alpha} + a_{2\beta}C_{2\alpha} + \cdots + a_{n\beta}C_{n\alpha} \ (\alpha \neq \beta) \tag{4}$$

따라서 다음 정리를 얻는다.

정리 6-2-13

n차 정방행렬 A에서 $a_{\alpha\beta}$의 여인자를 $C_{\alpha\beta}$라 하면

$$\begin{aligned}\delta_{\alpha\beta}|A| &= a_{\beta 1}C_{\alpha 1} + a_{\beta 2}C_{\alpha 2} + \cdots + a_{\beta n}C_{\alpha n} \\ &= a_{1\beta}C_{1\alpha} + a_{2\beta}C_{2\alpha} + \cdots + a_{n\beta}C_{n\alpha}\end{aligned}$$

단, $\delta_{\alpha\beta} = \begin{cases} 1, & (\alpha = \beta) \\ 0, & (\alpha \neq \beta) \end{cases}$

참고 정리 6-2-13에서 $\sigma_{\alpha\beta}$를 크로네커(Kronecker)의 델타(δ)라고 한다.

정의 6-2-14

n차 정방행렬 A에서 $a_{\alpha\beta}$의 여인자를 $C_{\alpha\beta}$라 할 때,

$$C = \begin{pmatrix} C_{11} & C_{12} & \cdots & C_{1n} \\ C_{21} & C_{22} & \cdots & C_{2n} \\ \vdots & \vdots & & \vdots \\ C_{n1} & C_{n2} & \cdots & C_{nn} \end{pmatrix}$$

을 A**의 여인자행렬**(matrix of cofactor from A)이라 하고 이 행렬의 전치행렬을 **수반행렬**(adjoint of A)이라 하며 $adj(A)$로 나타낸다. 즉,

$$adj(A) = C^t = \begin{pmatrix} C_{11} & C_{21} & \cdots & C_{n1} \\ C_{12} & C_{22} & \cdots & C_{n2} \\ \vdots & \vdots & & \vdots \\ C_{1n} & C_{2n} & \cdots & C_{nn} \end{pmatrix} \tag{5}$$

보기 ③ 다음 주어진 행렬의 수반행렬을 구하여라.

$$A = \begin{pmatrix} 3 & 2 & -1 \\ 1 & 6 & 3 \\ 2 & -4 & 0 \end{pmatrix}$$

풀이 $C_{11} = 12,\ C_{12} = 6,\ C_{13} = -16,$

$C_{21} = 4,\ C_{22} = 2,\ C_{23} = 16,$

$C_{31} = 12,\ C_{32} = -10,\ C_{33} = 16$

따라서

$$adj(A) = \begin{pmatrix} 12 & 4 & 12 \\ 6 & 2 & -10 \\ -16 & 16 & 16 \end{pmatrix}$$

수반행렬을 이용한 역행렬 계산

역행렬편에서 역행렬을 구하는 법 세 가지를 제시하였다. 이 세 가지 중 마지막 방법이 바로 수반행렬을 이용하여 역행렬을 구하는 것이었다. 다음 정리가 바로 이것을 말해준다.

정리 6-2-15

n차 정방행렬 A가 가역이면

$$A^{-1} = \frac{1}{|A|} adj(A)$$

이다.

증명 먼저 $A\,adj(A) = |A| E_n$임을 보이자.

$$A = \begin{pmatrix} a_{11} & a_{12} & \cdots & a_{1n} \\ a_{21} & a_{22} & \cdots & a_{2n} \\ \vdots & \vdots & & \vdots \\ a_{n1} & a_{n2} & \cdots & a_{nn} \end{pmatrix}$$

이라 하면

$$A\,adj(A)=\begin{pmatrix} a_{11} & a_{12} & \cdots & a_{1n} \\ a_{21} & a_{22} & \cdots & a_{2n} \\ \vdots & \vdots & & \vdots \\ a_{n1} & a_{n2} & \cdots & a_{nn} \end{pmatrix}\begin{pmatrix} C_{11} & C_{21} & \cdots & C_{n1} \\ C_{12} & C_{22} & \cdots & C_{n2} \\ \vdots & \vdots & & \vdots \\ C_{1n} & C_{2n} & \cdots & C_{nn} \end{pmatrix}$$

행렬의 곱셈 계산에 의해 위 식의 α번째 행과 β번째 열의 성분은

$$a_{\alpha 1}C_{\beta 1}+a_{\alpha 2}C_{\beta 2}+\cdots+a_{\alpha n}C_{\beta n}$$

이다. 여기에서 $\alpha=\beta$이면 행렬 A의 α행에 대한 $|A|$의 여인자전개이다. 또, $\alpha\neq\beta$이면 위의 식 (3), (4)에 의하여 α행 β열의 값은 0이다. 따라서

$$A\,adj(A)=\begin{pmatrix} |A| & 0 & \cdots & 0 \\ 0 & |A| & \cdots & 0 \\ \vdots & \vdots & & \vdots \\ 0 & 0 & \cdots & |A| \end{pmatrix}=|A|E_n$$

을 얻게 된다. 한편, A는 가역이므로 $|A|\neq 0$(정리 6-2-10)이므로

$$\frac{A}{|A|}adj(A)=E_n$$

즉,

$$A\left(\frac{1}{|A|}adj(A)\right)=E_n$$

이다. 양변에 A^{-1}을 곱하면

$$A^{-1}=\frac{1}{|A|}adj(A)$$

예제 ❷ 보기 3의 행렬 A의 역행렬을 위의 정리에 의해 구하여라.

풀이 $A^{-1}=\dfrac{1}{64}\begin{pmatrix} 12 & 4 & 12 \\ 6 & 2 & -10 \\ -16 & 16 & 16 \end{pmatrix}=\dfrac{1}{32}\begin{pmatrix} 6 & 2 & 6 \\ 3 & 1 & -5 \\ -8 & 8 & 8 \end{pmatrix}$

크래머 공식

이제 마지막으로 연립방정식의 해법에 대해 다루어 보자.

정리 6-2-16 크래머 공식

행렬방정식 $AX=B$를 n변수의 n개의 연립1차방정식이라 하자. 만약 $|A| \neq 0$이면 이 연립방정식의 유일한 해는

$$x_1 = \frac{|A_1|}{|A|},\ x_2 = \frac{|A_2|}{|A|},\ \cdots,\ x_n = \frac{|A_n|}{|A|}$$

이다. 여기서 $A_i\ (1 \leqq i \leqq n)$는 행렬 A의 i열의 성분을 행렬

$$B=\begin{pmatrix} b_1 \\ b_2 \\ \vdots \\ b_n \end{pmatrix}$$

의 성분으로 바꾼 행렬을 말하고

$$X=\begin{pmatrix} x_1 \\ x_2 \\ \vdots \\ x_n \end{pmatrix},\ A=\begin{pmatrix} a_{11} & a_{12} & \cdots & a_{1n} \\ a_{21} & a_{22} & \cdots & a_{2n} \\ \vdots & \vdots & & \vdots \\ a_{n1} & a_{n2} & \cdots & a_{nn} \end{pmatrix}$$

이다.

증명 $|A| \neq 0$이므로 A는 가역이고, 따라서 $AX=B$에서 $X=A^{-1}B$가 유일한 해이다. 그러므로 정리 6-2-15에 의하여

$$x = A^{-1}B = \frac{1}{|A|}adj(A)B = \frac{1}{|A|}\begin{pmatrix} C_{11} & C_{21} & \cdots & C_{n1} \\ C_{12} & C_{22} & \cdots & C_{n2} \\ \vdots & \vdots & & \vdots \\ C_{1n} & C_{2n} & \cdots & C_{nn} \end{pmatrix}\begin{pmatrix} b_1 \\ b_2 \\ \vdots \\ b_n \end{pmatrix}$$

$$= \frac{1}{|A|}\begin{pmatrix} b_1C_{11} & b_2C_{21} & \cdots & b_nC_{n1} \\ b_1C_{12} & b_2C_{22} & \cdots & b_nC_{n2} \\ \vdots & \vdots & & \vdots \\ b_1C_{1n} & b_2C_{2n} & \cdots & b_nC_{nn} \end{pmatrix}$$

따라서

$$x_i = \frac{1}{|A|}(b_1 C_{1i} + b_2 C_{2i} + \cdots b_n C_{ni})$$

이다. 한편, 가정에 의하면

$$A_i = \begin{pmatrix} a_{11} & a_{12} & \cdots & a_{1\,i-1} & b_1 & a_{1\,i+1} & \cdots & a_{1n} \\ a_{21} & a_{22} & \cdots & a_{2\,i-1} & b_2 & a_{2\,i+1} & \cdots & a_{2n} \\ \vdots & \vdots & & \vdots & \vdots & \vdots & \ddots & \vdots \\ a_{n1} & a_{n2} & \cdots & a_{n\,i-1} & b_n & a_{n\,i+1} & \cdots & a_{nn} \end{pmatrix}$$

이므로 A_i의 i열의 성분 b_1, b_2, $\cdots$, b_n의 여인자는 A의 i열에 대한 성분의 여인자 C_{1i}, C_{2i}, $\cdots$, C_{ni}와 같다. 즉,

$$|A_i| = b_1 C_{1i} + b_2 C_{2i} + \cdots + b_n C_{ni}$$

이므로 $x_i = \frac{|A_i|}{|A|}$이다.

예제 ❸ 다음 연립방정식을 크래머 공식에 의해 풀어라.

$$\begin{cases} x + y + z = 1 \\ x + 2y + 3z = 5 \\ -4x + y + 2z = 6 \end{cases}$$

풀이 위 연립방정식을 행렬방정식으로 나타내면

$$\begin{pmatrix} 1 & 1 & 1 \\ 1 & 2 & 3 \\ -4 & 1 & 2 \end{pmatrix}\begin{pmatrix} x \\ y \\ z \end{pmatrix} = \begin{pmatrix} 1 \\ 5 \\ 6 \end{pmatrix}$$

이므로

$$A = \begin{pmatrix} 1 & 1 & 1 \\ 1 & 2 & 3 \\ -4 & 1 & 2 \end{pmatrix},\ X = \begin{pmatrix} x \\ y \\ z \end{pmatrix},\ B = \begin{pmatrix} 1 \\ 5 \\ 6 \end{pmatrix}$$

이다. 따라서

$$A_1 = \begin{pmatrix} 1 & 1 & 1 \\ 5 & 2 & 3 \\ 6 & 1 & 2 \end{pmatrix},\ A_2 = \begin{pmatrix} 1 & 1 & 1 \\ 1 & 5 & 3 \\ -4 & 6 & 2 \end{pmatrix},\ A_3 = \begin{pmatrix} 1 & 1 & 1 \\ 1 & 2 & 5 \\ -4 & 1 & 6 \end{pmatrix}$$

이 되어 크래머 공식에 의해

$$x = \frac{|A_1|}{|A|},\ y = \frac{|A_2|}{|A|},\ z = \frac{|A_3|}{|A|}$$

이다. 한편, $|A| = -4$, $|A_1| = 2$, $|A_2| = 4$, $|A_3| = -10$이므로

$$x = -\frac{1}{2},\ y = -1,\ z = \frac{5}{2}$$

참고 크래머 공식은 2원이나 3원 연립1차방정식을 풀기에는 매우 편리하나 다음 몇 가지 단점이 있다.
(1) $|A| \neq 0$일 때에만 사용한다.
(2) 행렬 A가 4차 이상일 때는 계산이 매우 복잡하다.
(3) 방정식의 수와 미지수의 수가 같아야 한다.

예제 ❹ 다음 연립방정식이 $x = y = 0$ 이외의 해를 가지도록 k값을 구하고, 이때 x와 y의 비를 구하여라.

$$\begin{cases} 4x + 2y = kx \\ -x + y = ky \end{cases}$$

풀이 준 식을 정리하면

$$\begin{cases} (4-k)x + 2y = 0 \\ -x + (1-k)y = 0 \end{cases}$$

이므로 행렬방정식으로 나타내면

$$\begin{pmatrix} 4-k & 2 \\ -1 & 1-k \end{pmatrix}\begin{pmatrix} x \\ y \end{pmatrix} = \begin{pmatrix} 0 \\ 0 \end{pmatrix}$$

이다. 따라서 $A = \begin{pmatrix} 4-k & 2 \\ -1 & 1-k \end{pmatrix}$, $X = \begin{pmatrix} x \\ y \end{pmatrix}$, $B = \begin{pmatrix} 0 \\ 0 \end{pmatrix}$라 두면 $AX = B$가 $x = 0$, $y = 0$ 이외의 해를 가지려면 $|A| = 0$이어야 한다. 그러므로

$$\begin{vmatrix} 4-k & 2 \\ -1 & 1-k \end{vmatrix} = (4-k)(1-k) + 2 = k^2 - 5k + 6 = 0$$

이것을 풀면 $k = 2,\ 3$이다. 한편,

$k = 2$일 때 $x + y = 0$이므로 $x : y = 1 : -1$

$k = 3$일 때 $x + 2y = 0$이므로 $x : y = 2 : -1$

연습문제 (6-2-3)

1. 다음 행렬식의 값을 여인자전개 방법에 의해 계산하여라.

(1) $\begin{vmatrix} \dfrac{1}{\sqrt{2}} & -\dfrac{\sqrt{3}}{2} \\ \dfrac{\sqrt{3}}{2} & \dfrac{1}{\sqrt{2}} \end{vmatrix}$

(2) $\begin{vmatrix} 15 & 2 & -3 \\ 10 & 1 & -2 \\ -15 & 3 & 2 \end{vmatrix}$

(3) $\begin{vmatrix} x & 0 & 3 \\ 1 & x & 2 \\ 0 & 1 & x \end{vmatrix}$

(4) $\begin{vmatrix} b+c & a & a \\ b & c+a & b \\ c & c & a+b \end{vmatrix}$

(5) $\begin{vmatrix} 3 & 2 & 2 & 2 \\ 2 & 3 & 2 & 2 \\ 2 & 2 & 3 & 2 \\ 2 & 2 & 2 & 3 \end{vmatrix}$

(6) $\begin{vmatrix} a & a & a \\ a & b & b \\ a & b & c \end{vmatrix}$

2. 문제 1의 행렬의 수반행렬을 각각 구하여라.

3. 수반행렬을 이용하여 다음 행렬의 역행렬을 구하여라.

(1) $A = \begin{pmatrix} 0 & -2 & 4 \\ 3 & 0 & -3 \\ 2 & -1 & 0 \end{pmatrix}$

(2) $A = \begin{pmatrix} 1 & 3 & -2 \\ 2 & -1 & 1 \\ 7 & 3 & 4 \end{pmatrix}$

4. 크래머 공식을 이용하여 다음 연립방정식의 해를 구하여라.

(1) $\begin{cases} x + y + z = 6 \\ 2x - y + z = 3 \\ 3x + 2y - z = 4 \end{cases}$

(2) $\begin{cases} x + 3y + 4z = -1 \\ 5x + y + z = 8 \\ 7x + 2y - 3z = -5 \end{cases}$

5. 다음 연립방정식이 $x = y = 0$ 이외의 해를 가지도록 k값을 구하고, 그때 x와 y의 비를 구하여라.

$$\begin{cases} 2x + 4y = kx \\ 5x + 3y = ky \end{cases}$$

요약 (6-2)

1. 치환

$N=\{1, 2, \cdots, n\}$이라 할 때 N에서 N으로의 1대1대응을 N 위에서의 치환이라 한다.

2. 호환

이항순환치환 $(i\ j)$를 호환이라 한다.

3. 우치환, 기치환

치환 δ가 짝수개의 호환의 곱으로 표시될 때, 이 δ를 우치환, 홀수개의 호환의 곱으로 나타날 때 이 δ를 기치환이라 하다.

4. 행렬식

n차 정방행렬 A의 행렬식 $|A|$를 다음과 같이 정의한다.

$$|A| = \sum sgn\begin{pmatrix} 1 & 2 & \cdots & n \\ i & j & \cdots & l \end{pmatrix} a_{1i}\, a_{2j} \cdots a_{nl}$$

5. 정방행렬 A가 0만으로 이루어진 행(열)을 가지고 있다면 $|A| = 0$이다.

6. n차 정방행렬 삼각행렬이면 $|A| = a_{11}\, a_{22} \cdots a_{nn}$이다.

7. A, B가 n차 정방행렬이면

(1) $|A| = |A^t|$ (2) $|kA| = k^n|A|$

(3) $|AB| = |A||B|$

이다.

8. A가 n차 정방행렬일 때 다음이 성립한다.

(1) α행(열) $(1 \leq \alpha \leq n)$의 모든 원소에 동일한 상수 t를 곱한 행렬을 A'라 할 때,

$$|A'| = t|A|$$

(2) A의 α행과 β행 $(1 \leqq \alpha,\ \beta \leqq n)$의 원소를 서로 교환한 행렬을 A'라 하면

$$|A'| = -|A|$$

(3) $A,\ A_1,\ B_1$이 n차 정방행렬이라 하고 α행(열)을 제외하고는 모두가 같다고 하자. 또, A_1의 α행(열)과 B_1의 α행(열)의 합이 A의 α행과 같다고 하면

$$|A| = |A_1| + |B_1|$$

(단, $A_1 = (a_{ij}),\ B_1 = (b_{ij}),\ 1 \leqq i,\ j \leqq n$)

(4) 다음 성질을 가지는 행렬식의 값은 모두 0이다. 즉,

i) 행렬 A의 $\alpha,\ \beta$행(열)의 대응하는 원소가 각각 같다.

ii) 행렬 A의 α행(열)과 β행(열)의 대응하는 원소가 비례한다.

(5) n차 정방행렬 A에서 α행(열)의 모든 원소를 t배 하여 β행(열)에 더하거나 뺀 행렬을 A'라 할 때,

$$|A'| = |A|$$

9. n차 정방행렬 A가 가역이기 위한 필요충분조건은 $|A| \neq 0$이다.

10. n차 정방행렬 A가 가역이면 $|A^{-1}| = \dfrac{1}{|A|}$

11. 행렬 A의 α행에 대한 여인자전개

$$|A| = a_{\alpha 1}C_{\alpha 1} + a_{\alpha 2}C_{\alpha 2} + \cdots + a_{\alpha n}C_{\alpha n}\ \ (1 \leqq \alpha \leqq n)$$

이다(단, $C_{\alpha\beta} = (-1)^{\alpha+\beta}M_{\alpha\beta},\ M_{\alpha\beta}$: $a_{\alpha\beta}$의 소행렬식).

12. 수반행렬

$$adj(A) = C^t = \begin{pmatrix} C_{11} & C_{21} & \cdots & C_{n1} \\ C_{12} & C_{22} & \cdots & C_{n2} \\ \vdots & \vdots & & \vdots \\ C_{1n} & C_{2n} & \cdots & C_{nn} \end{pmatrix}$$

이다($C_{\alpha\beta}$는 n차 정방행렬 A에서 $a_{\alpha\beta}$의 여인자임).

13. 수반행렬을 이용한 역행렬 계산

n차 정방행렬 A가 가역이면

$$A^{-1} = \frac{1}{|A|} adj(A)$$

이다.

14. 크래머 공식

n원 연립1차방정식에서 $|A| \neq 0$이면 이 방정식의 해는

$$x_i = \frac{|A_i|}{|A|} \quad (A_i\text{: 행렬 } A\text{의 } i\text{열의 성분을 행렬 } B\text{로 바꾼 행렬})$$

이다. 단,

$$X = \begin{pmatrix} x_1 \\ x_2 \\ \vdots \\ x_n \end{pmatrix},\ A = \begin{pmatrix} a_{11} & a_{12} & \cdots & a_{1n} \\ a_{21} & a_{22} & \cdots & a_{2n} \\ \vdots & \vdots & & \vdots \\ a_{n1} & a_{n2} & \cdots & a_{nn} \end{pmatrix},\ B = \begin{pmatrix} b_1 \\ b_2 \\ \vdots \\ b_n \end{pmatrix}$$

종합문제 (6-2)

1. 다음 각각의 치환이 우치환인지 기치환인지를 보여라.

(1) $(3\ 4\ 1\ 5\ 2)$　　(2) $(4\ 2\ 5\ 3\ 1)$　　(3) $(2\ 3\ 5\ 4\ 1)$

2. 다음 행렬식 값을 계산하여라.

(1) $\begin{vmatrix} 10 & -3 \\ 6 & -2 \end{vmatrix}$　　(2) $\begin{vmatrix} 2 & 2 & 1 \\ 1 & 0 & 2 \\ 2 & 1 & 2 \end{vmatrix}$

(3) $\begin{vmatrix} a & b & c \\ c & a & b \\ b & c & a \end{vmatrix}$　　(4) $\begin{vmatrix} 1 & 2 & -2 \\ 2 & 7 & 1 \\ 9 & 6 & 3 \end{vmatrix}$

3. 다음 행렬의 역행렬을 다양한 방법으로 구해 보아라.

(1) $\begin{pmatrix} 1 & 2 \\ 3 & 5 \end{pmatrix}$　　(2) $\begin{pmatrix} 1 & 0 & 1 \\ 0 & 1 & 1 \\ 1 & 1 & 0 \end{pmatrix}$

(3) $\begin{pmatrix} 2 & 6 & 6 \\ 2 & 7 & 6 \\ 2 & 7 & 7 \end{pmatrix}$　　(4) $\begin{pmatrix} 5 & 11 & 7 & 3 \\ 2 & 1 & 4 & -5 \\ 3 & -2 & 8 & 7 \\ 1 & 2 & 3 & 4 \end{pmatrix}$

4. 크래머 공식에 의하여 다음 연립방정식의 해를 구하여라.

(1) $\begin{cases} 4x + 5y = 2 \\ 11x + y + 2z = 3 \\ x + 5y + 2z = 1 \end{cases}$　　(2) $\begin{cases} x + y - 2z = 1 \\ 2x - y + z = 2 \\ x - 2y - 4z = 4 \end{cases}$

5. 크래머 공식을 사용하여 다음 연립1차방정식의 해 중에서 z만을 구하여라.

$$\begin{cases} 4x + y + z + w = 6 \\ 3x + 7y - z + w = 1 \\ 7x + 3y - 5z + 8w = -3 \\ x + y + z + 2w = 3 \end{cases}$$

6. $AX = B$를 문제 5의 행렬방정식이라 하자.

(1) 크래머 공식에 의하여 풀어라.

(2) 가우스-조르단 소거법에 의하여 풀어라.

(3) (1), (2)의 어느 방법이 계산횟수를 적게 갖는가?

7. xy평면에 있어서 서로 다른 두 점 $P(a_1, b_1)$, $Q(a_2, b_2)$를 지나는 직선의 방정식은

$$\begin{vmatrix} x & y & 1 \\ a_1 & b_1 & 1 \\ a_2 & b_2 & 1 \end{vmatrix} = 0$$

으로 표현할 수 있음을 보여라.

8. xyz공간에 동일 직선 위에 있지 않은 세 점 $P(a_1, b_1, c_1)$, $Q(a_2, b_2, c_2)$, $R(a_3, b_3, c_3)$를 지나는 평면의 방정식은

$$\begin{vmatrix} x & y & z & 1 \\ a_1 & b_1 & c_1 & 1 \\ a_2 & b_2 & c_2 & 1 \\ a_3 & b_3 & c_3 & 1 \end{vmatrix} = 0$$

으로 나타난다. 이를 밝혀라.

9. A가 가역이면 $adj(A)$는 가역이고

$$[adj(A)]^{-1} = \frac{A}{|A|} = adj(A^{-1})$$

임을 증명하여라.

APPENDIX
부록

I. 여러 가지 함수의 그래프

1. Sine 곡선

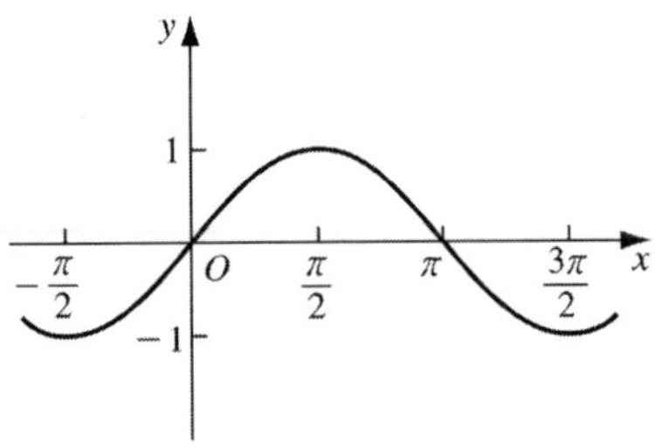

$y = \sin x$

2. Cosine 곡선

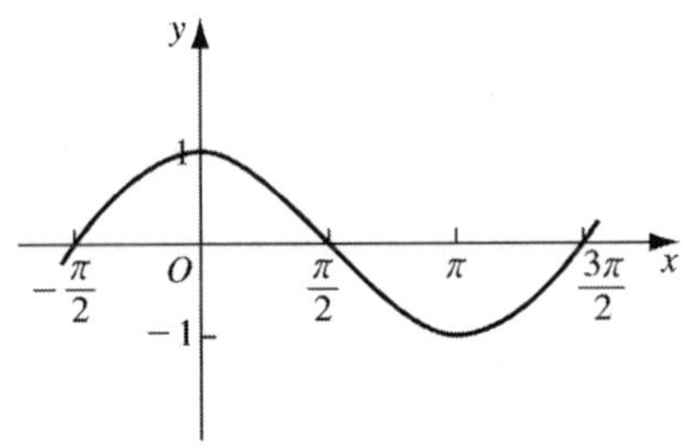

$y = \cos x$

3. Tangent 곡선

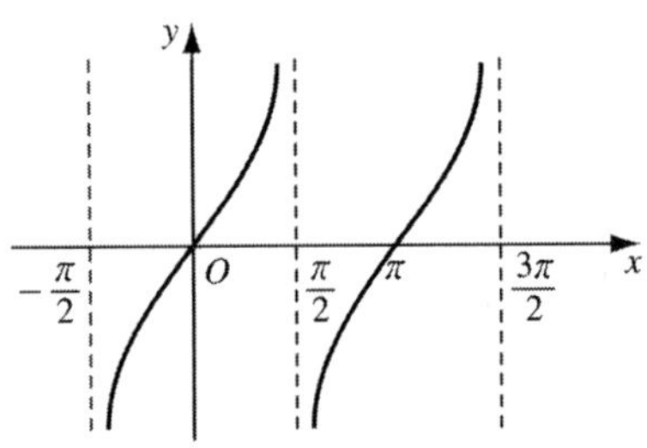

$y = \tan x$

4. Secant 곡선

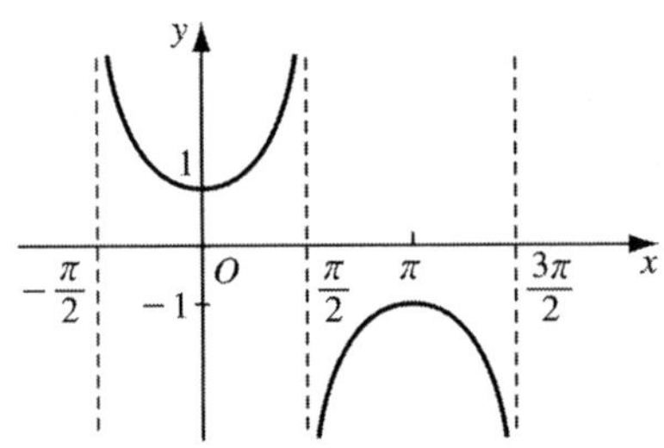

$y = \sec x$

5. Arcsine 곡선

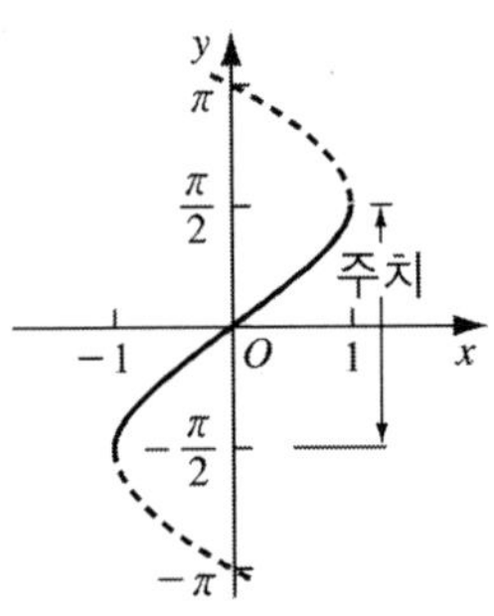

$y = \sin^{-1} x$

6. Arccosine 곡선

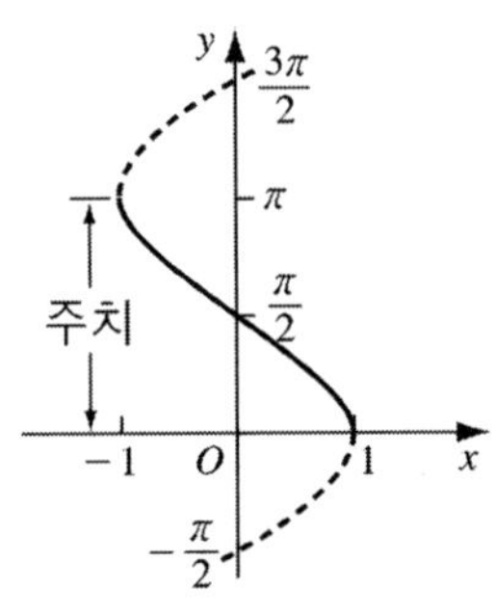

$y = \cos^{-1} x$

7. Arctangent 곡선

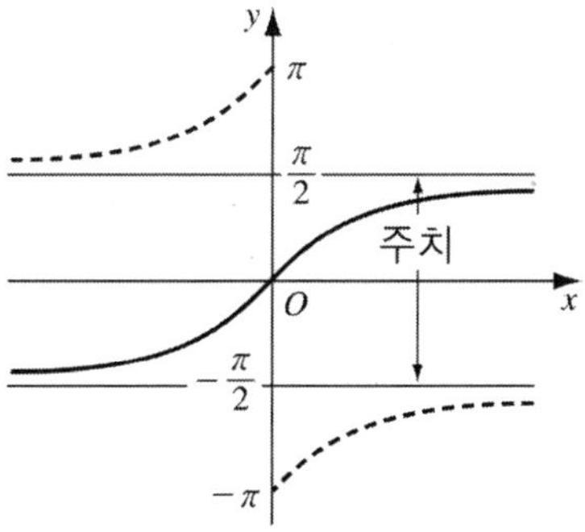

$y=\tan^{-1} x$

8. Arcsecant 곡선

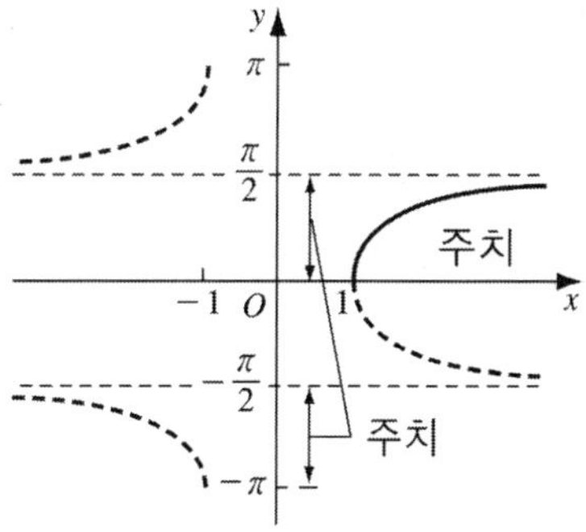

$y=\sec^{-1} x$

9. log 곡선

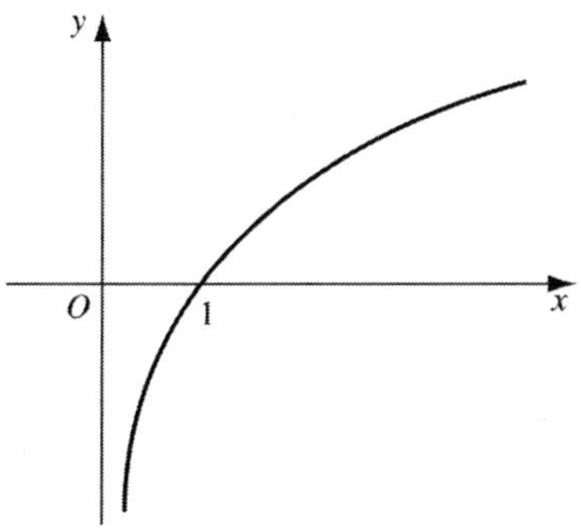

$y=\log_b x, (b>1)$

10. 지수곡선

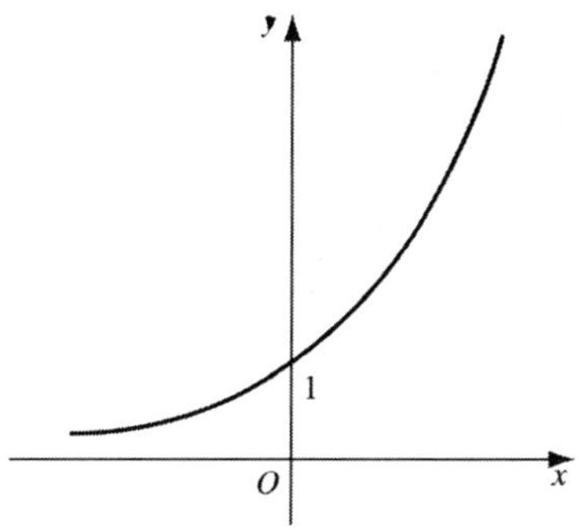

$y=e^x$

11. Hyperbolic sine 곡선

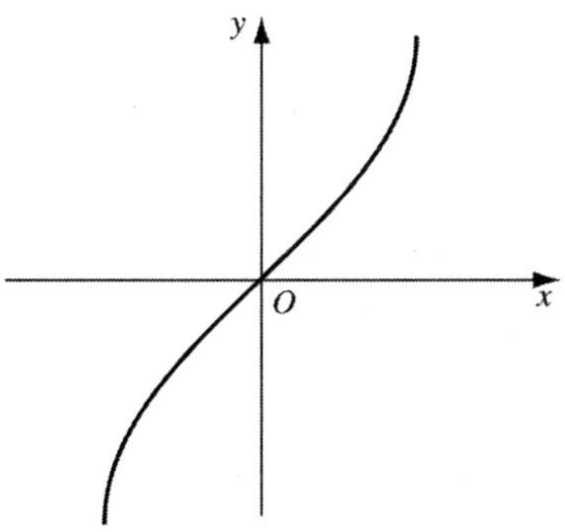

$y=\sinh x$

12. Hyperbolic cosine 곡선

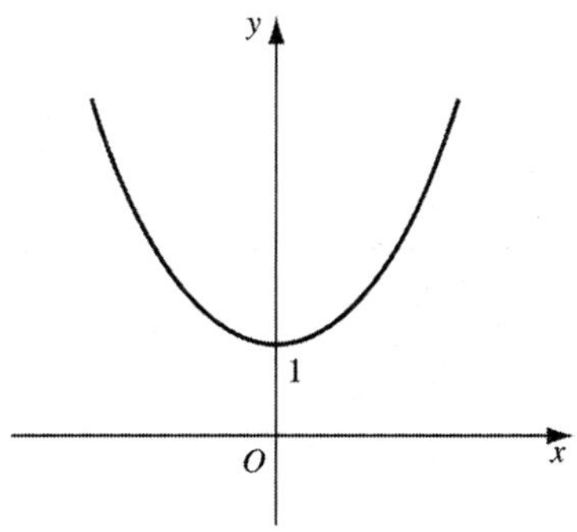

$y=\cosh x$

13. 삼차포물선

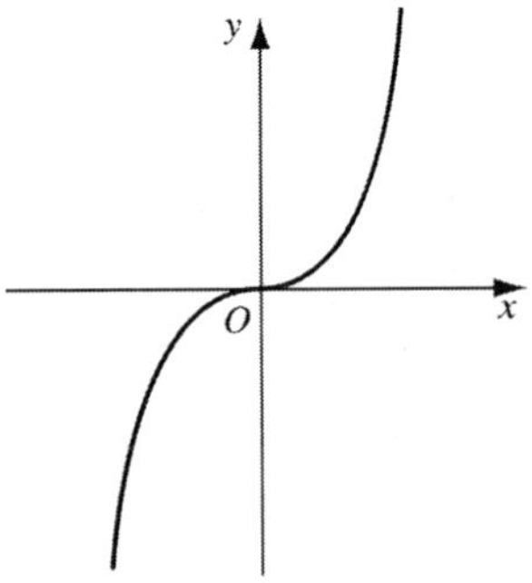

$y = ax^3, (a > 0)$

14. 반삼차포물선

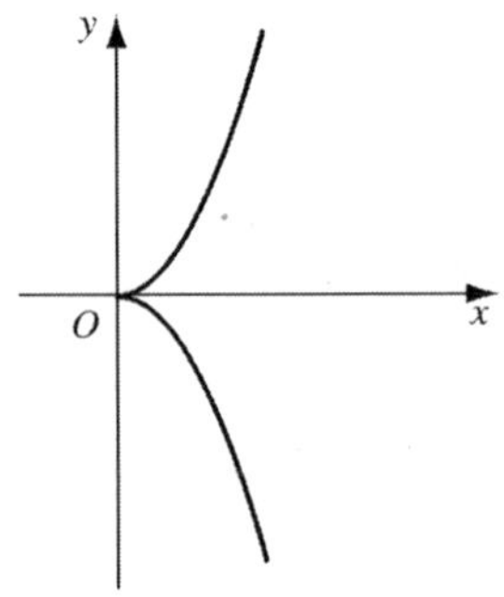

$y^2 = ax^3, (a > 0)$

15. 확률곡선

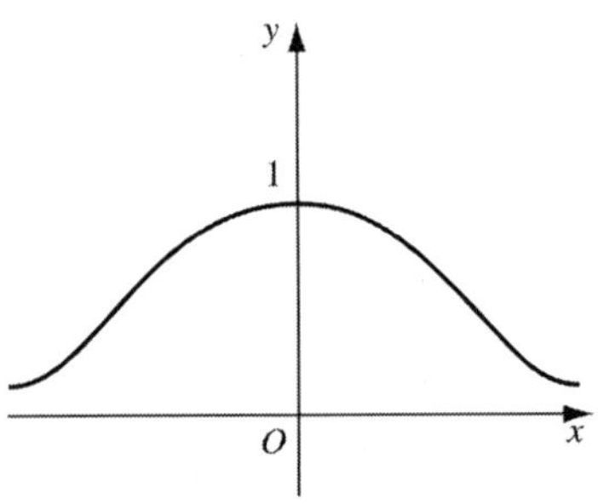

$y = e^{-x^2}$

16. 포물호

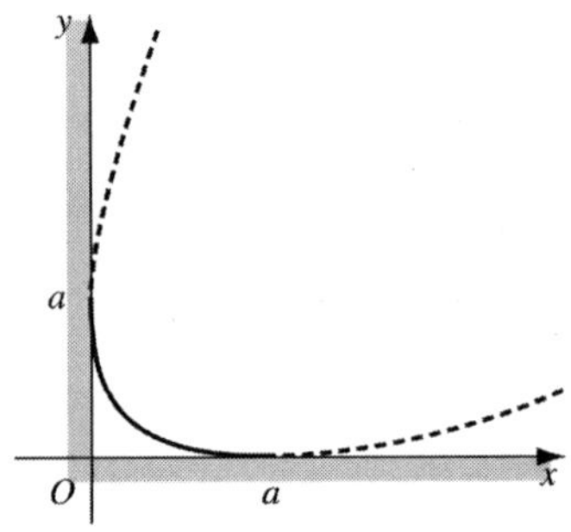

$x^{\frac{1}{2}} + y^{\frac{1}{2}} = a^{\frac{1}{2}}$

17. Descartes의 Folium

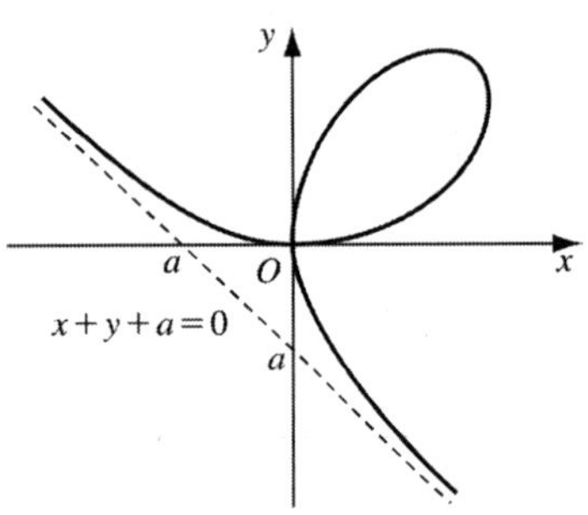

$x^3 + y^3 - 3axy = 0$

18. The cissoid of Diocles

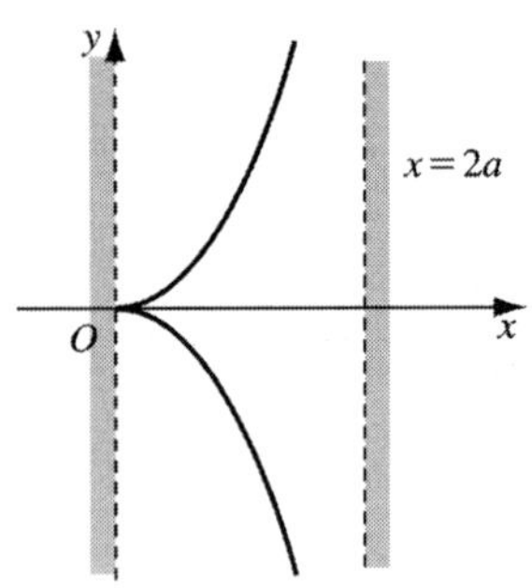

$y^2 = x^3/(2a - x)$

19. Astroid

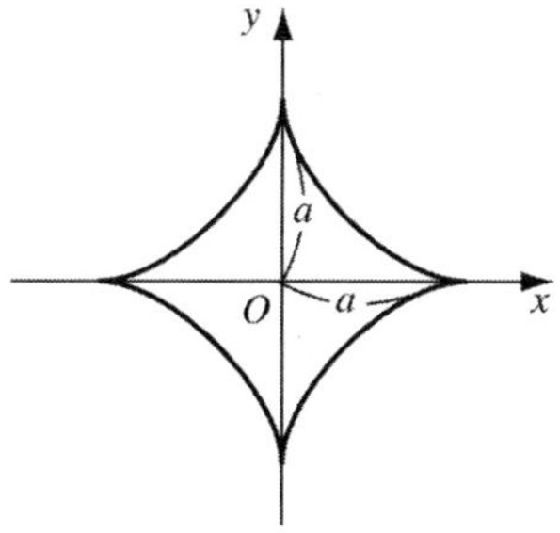

$$x^{\frac{2}{3}}+y^{\frac{2}{3}}=a^{\frac{2}{3}}$$

20. The witch of Agnesi

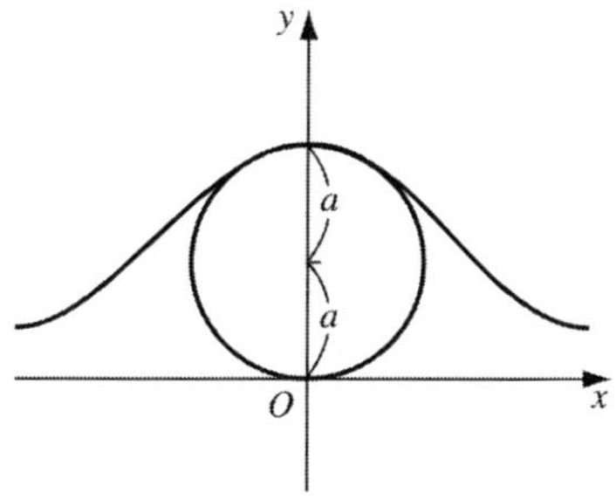

$$x^2y=4a^2(2a-y)$$

21. Strophoid

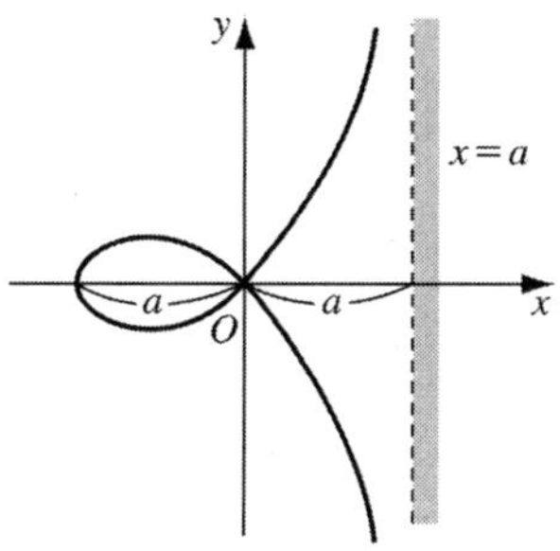

$$y^2=x^2\frac{a+x}{a-x}$$

22. Tractrix

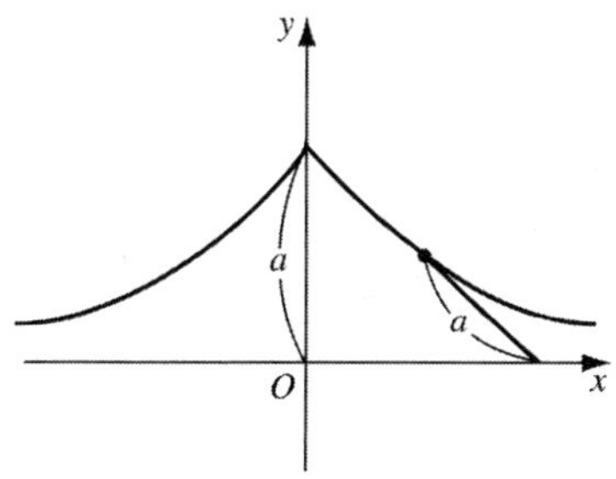

$$x=\frac{a}{2}\ln\frac{a+\sqrt{a^2-y^2}}{a-\sqrt{a^2-y^2}}\sqrt{a^2-y^2}$$

23. Cardioid

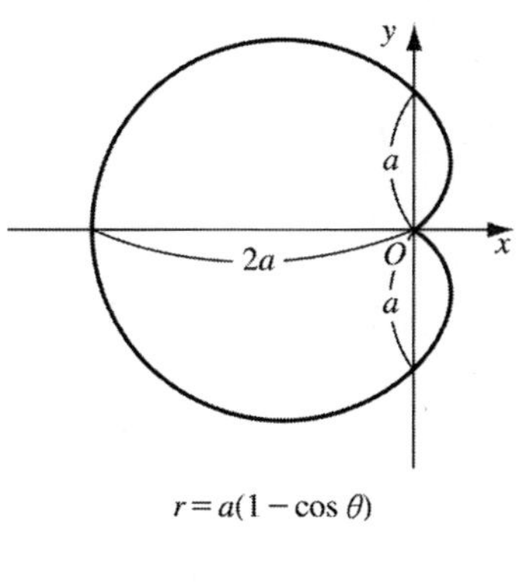

$$r=a(1-\cos\theta)$$

24. Limačon

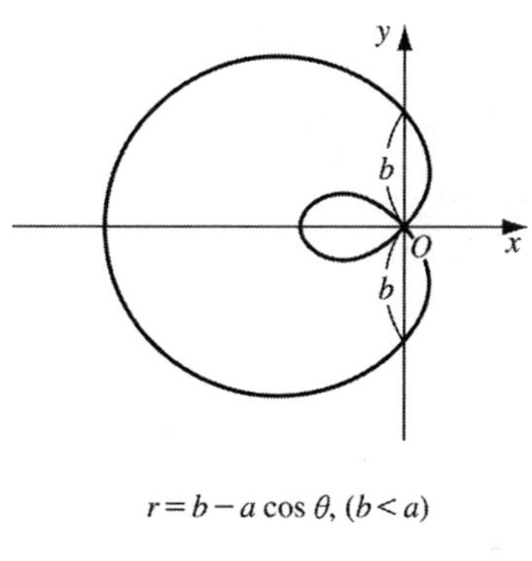

$$r=b-a\cos\theta,\ (b<a)$$

25. Spiral of Archmides

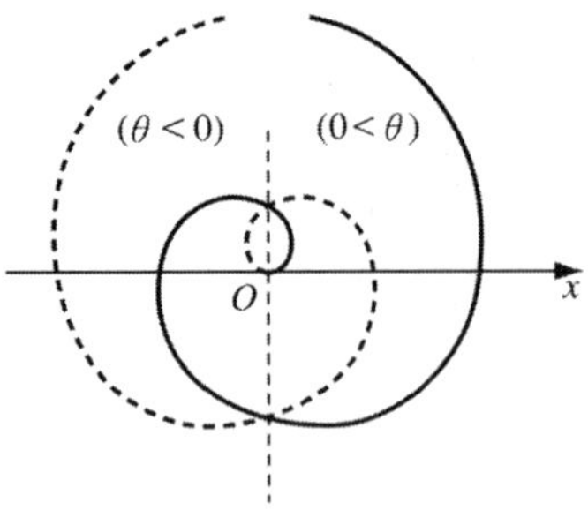

$r = a\theta$

26. Hyperbolic spiral

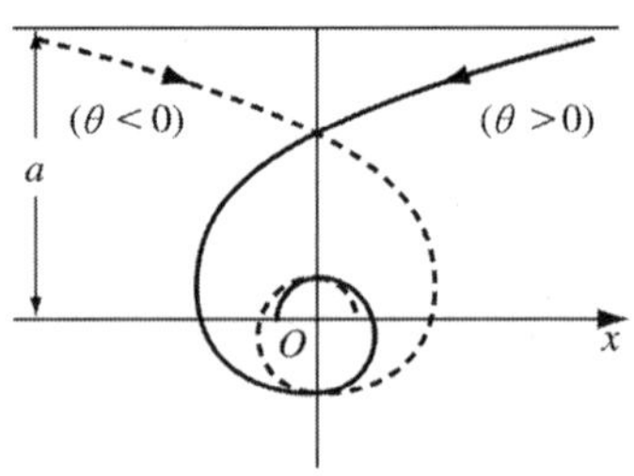

$r\theta = a$

27. Bernoulli leminiscate

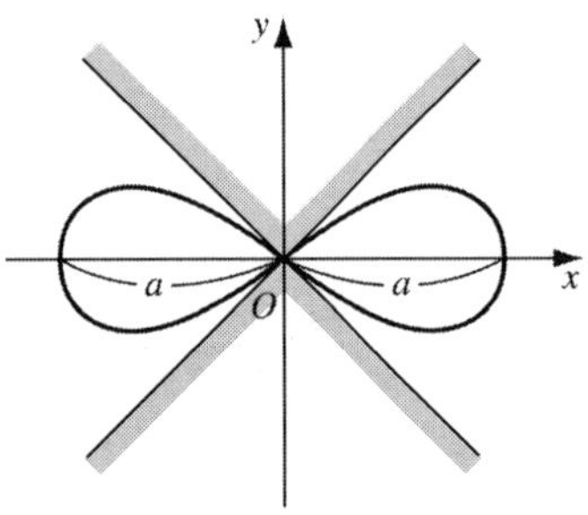

$r^2 = a^2 \cos 2\theta$

28. the conchoid of Nicomedes

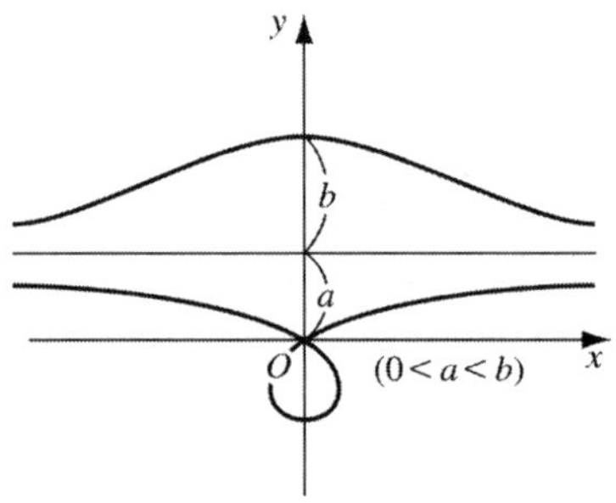

$r = a \csc \theta + b, (a < b)$

29. Three-leaved rose

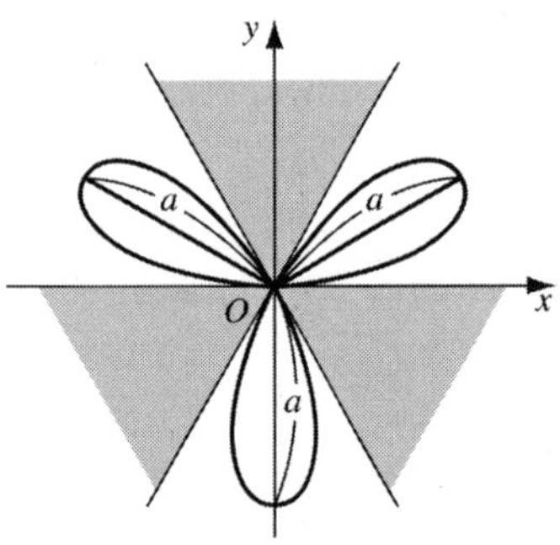

$r = a \sin 3\theta$

30. Four-leaved rose

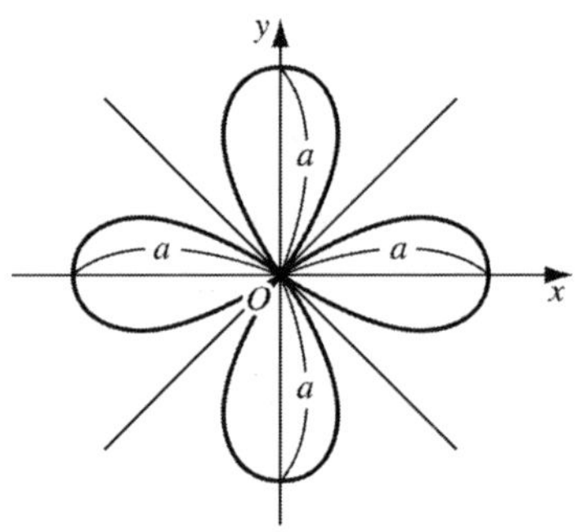

$r = a \sin 2\theta$

31. Cycloid

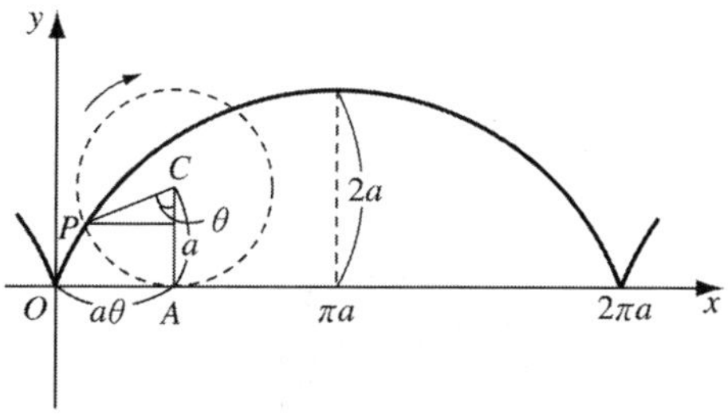

$$\begin{cases} x = a(\theta - \sin\theta) \\ y = a(1 - \cos\theta) \end{cases}$$

32. Trochoid

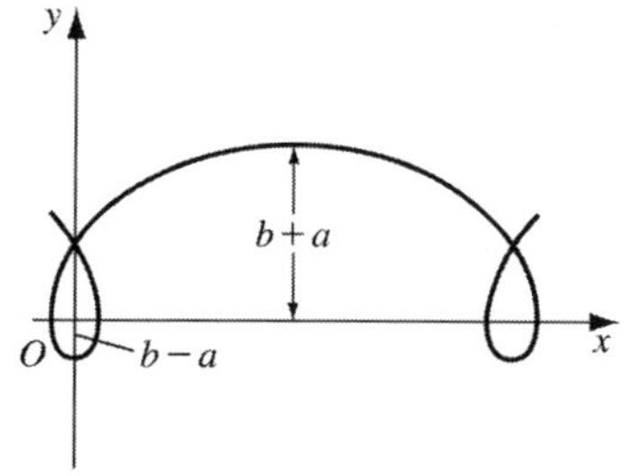

$$\begin{cases} x = a\theta - b\sin\theta, \ (a<b) \\ y = a - b\cos\theta, \ (a<b) \end{cases}$$

33. 등각나선

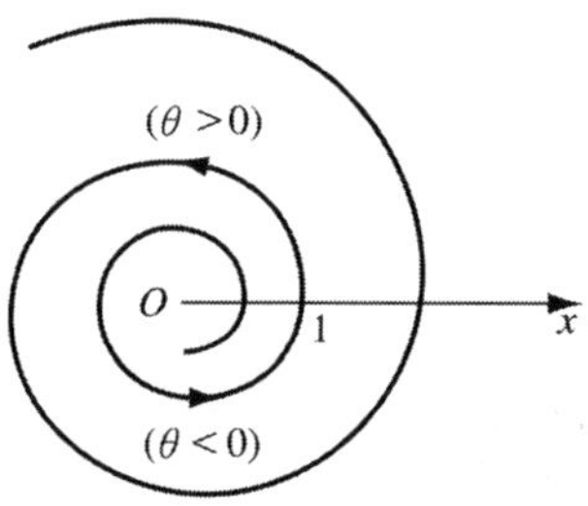

$$r = e^{a\theta}$$

34. 방물선

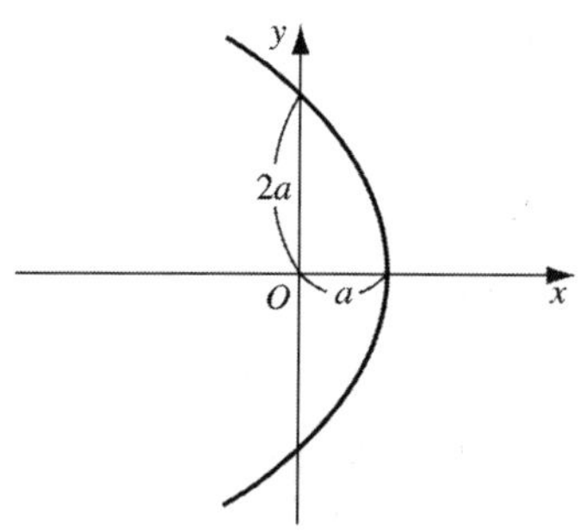

$$r = a\sec^2\frac{\theta}{2}$$

35. Catenary

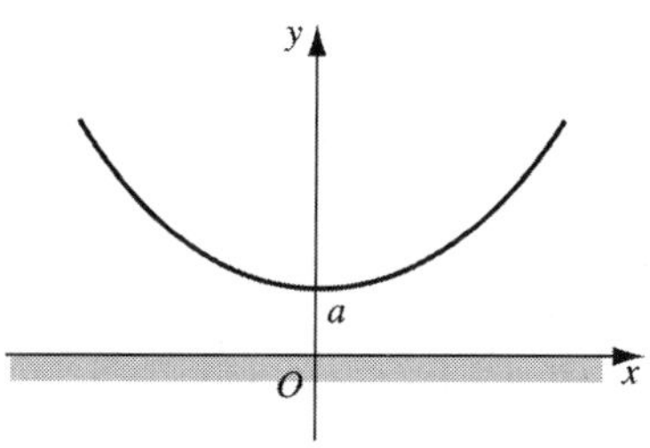

$$y = \frac{a}{2}\left(e^{\frac{x}{a}} + e^{-\frac{x}{a}}\right)$$

36. Agnesi의 witch

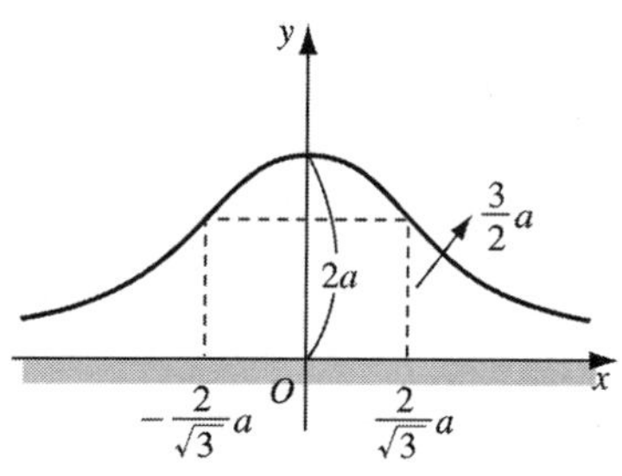

$$y = \frac{8a^3}{x^2 + 4a^2}$$

II. 2차곡면

1. 타원면

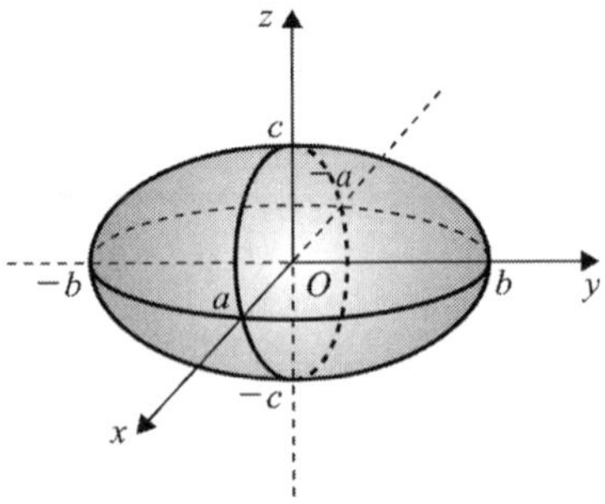

$$\frac{x^2}{a^2}+\frac{y^2}{b^2}+\frac{z^2}{c^2}=1$$

2. 타원포물면

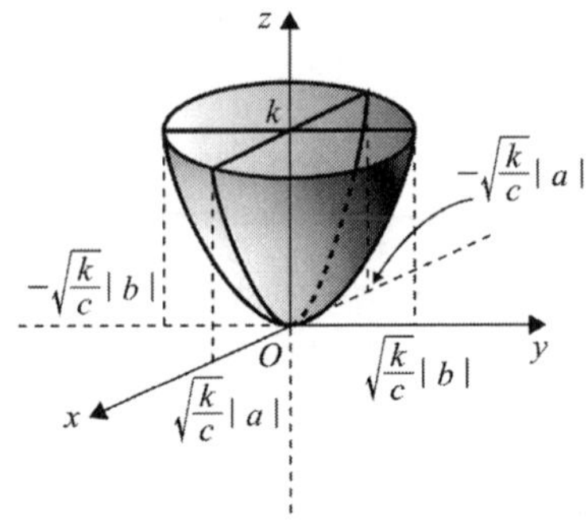

$$\frac{x^2}{a^2}+\frac{y^2}{b^2}=\frac{z}{c}$$

3. 1엽쌍곡면

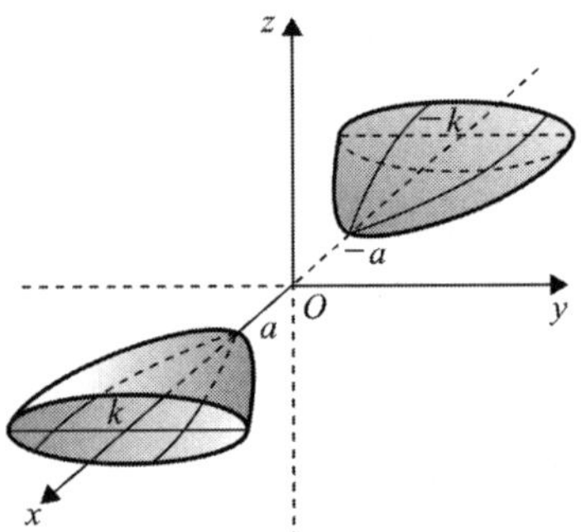

$$\frac{x^2}{a^2}-\frac{y^2}{b^2}-\frac{z^2}{c^2}=1$$

4. 2엽쌍곡면

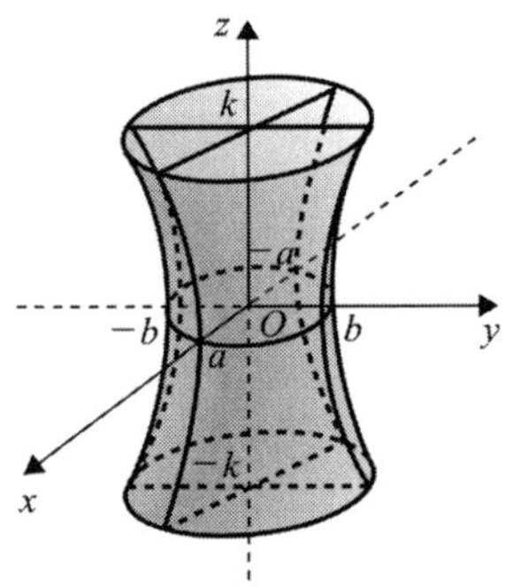

$$\frac{x^2}{a^2}+\frac{y^2}{b^2}-\frac{z^2}{c^2}=1$$

5. 타원기둥면

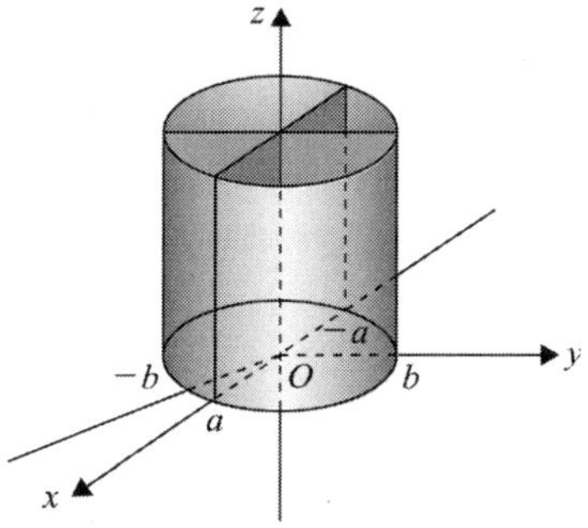

$$\frac{x^2}{a^2}+\frac{y^2}{b^2}=1$$

6. 포물기둥면

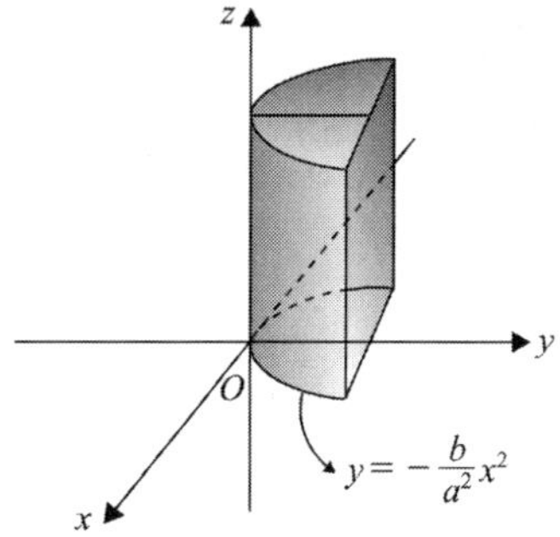

$$\frac{x^2}{a^2}+\frac{y}{b}=1$$

7. 쌍곡기둥면

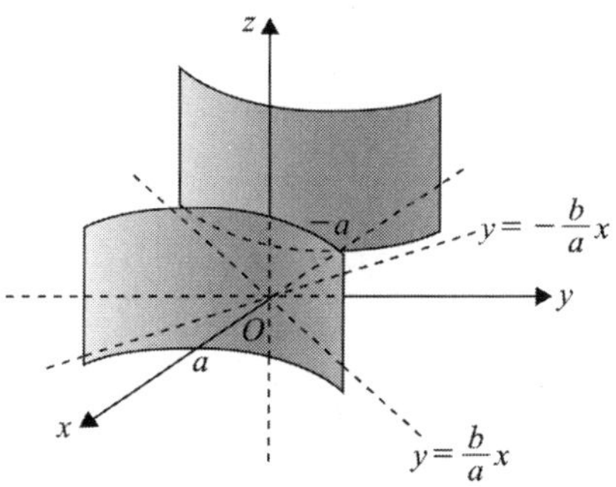

$$\frac{x^2}{a^2}-\frac{y^2}{b^2}=1$$

8. 타원뿔면

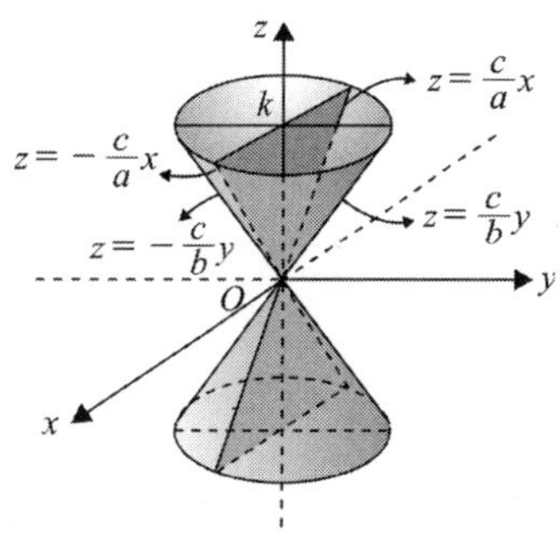

$$\frac{x^2}{a^2}+\frac{y^2}{b^2}=\frac{z^2}{c^2}$$

9. 쌍곡포물면

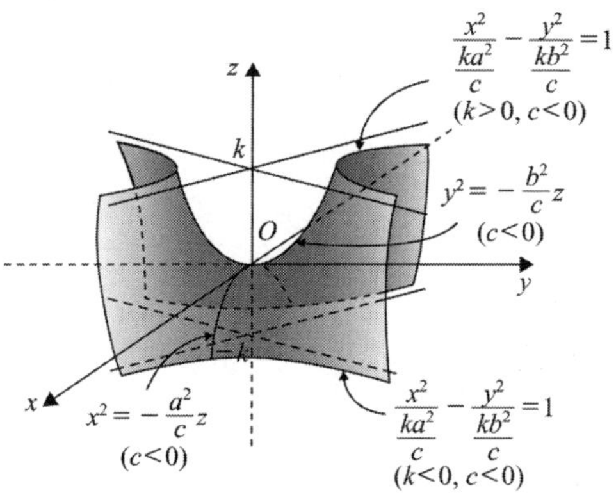

$$\frac{x^2}{a^2}-\frac{y^2}{b^2}=\frac{z}{c}$$

III. 적분 공식

1. $\int af(x)\,dx = a\int f(x)\,dx$

2. $\int x^n\,dx = \frac{1}{n+1}x^{n+1} + C$

3. $\int (u \pm v \pm w \pm \cdots)\,dx = \int u\,dx \pm \int v\,dx \pm \int w\,dx \pm \cdots + C$

4. $\int e^x\,dx = e^x + C$

5. $\int a^x\,dx = \frac{a^x}{\log a} + C$

6. $\int x^n e^x\,dx = x^n e^x - n\int x^{n-1}e^x\,dx$

7. $\int x^n a^x\,dx = x^n a^x - \frac{n}{\log a}\int x^{n-1}a^x\,dx$

8. $\int \frac{1}{x}\,dx = \log|x| + C$

9. $\int \log x\,dx = x\log x - x + C$

10. $\int (\log x)^n\,dx = x(\log x)^n - n\int (\log x)^{n-1}\,dx$

11. $\int \frac{1}{x\log x}\,dx = \log|\log x| + C$

12. $\int x^n \log x\,dx = \frac{1}{n+1}x^{n+1}\log x - \frac{1}{(n+1)^2}x^{n+1} + C$

13. $\int (a+bx)^n\,dx = \frac{(a+bx)^{n+1}}{b(n+1)} + C,\ n \neq -1$

14. $\int \frac{1}{a+bx}\,dx = \frac{1}{b}\log(a+bx) + C$

15. $\int \frac{x}{a+bx}\,dx = \frac{1}{b^2}[(a+bx) - a\log(a+bx)] + C$

16. $\int \frac{x^2}{a+bx}\,dx = \frac{1}{b^2}\left[\frac{1}{2}(a+bx)^2 - 2a(a+bx) + a^2\log(a+bx)\right] + C$

17. $\int \frac{1}{x(a+bx)}\,dx = -\frac{1}{a}\log\frac{a+bx}{x} + C$

18. $\int \frac{1}{x^2(a+bx)}dx = -\frac{1}{ax}+\frac{b}{a^2}\log\frac{a+bx}{x}+C$

19. $\int \frac{x}{(a+bx)^2}dx = \frac{1}{b^2}\left[\frac{a}{a+bx}+\log(a+bx)\right]+C$

20. $\int \frac{x^2}{(a+bx)^2}dx = \frac{1}{b^3}\left[(a+bx)-\frac{a^2}{a+bx}-2a\log(a+bx)\right]+C$

21. $\int \frac{1}{x(a+bx)^2}dx = \frac{1}{a(a+bx)}-\frac{1}{a^2}\log\frac{a+bx}{x}+C$

22. $\int \frac{1}{x^2(a+bx)^2}dx = -\frac{a+2bx}{a^2x(a+bx)}+\frac{2b}{a^3}\log\frac{a+bx}{x}+C$

23. $\int x\sqrt{a+bx}\,dx = -\frac{2x^n(a+bx)^{\frac{3}{2}}}{b(2n+3)}-\frac{2an}{b(2n+3)}\int x^{n-1}\sqrt{a+bx}\,dx$

24. $\int \frac{x}{\sqrt{a+bx}}dx = -\frac{2(2a-bx)\sqrt{a+bx}}{3b^2}+C$

25. $\int\int \frac{\sqrt{a+bx}}{x^n}dx = 2\sqrt{a+bx}+a\int\frac{1}{x\sqrt{a+bx}}dx$

26. $\int \frac{1}{x^2+a^2}dx = \frac{1}{a}\tan^{-1}\frac{x}{a}+C$

27. $\int \frac{1}{x^2-a^2}dx = \frac{1}{2a}\log\left|\frac{x-a}{x+a}\right|+C$

28. $\int \frac{1}{\sqrt{x^2\pm a^2}}dx = dx\log\left(x+\sqrt{x^2\pm a^2}\right)+C$

29. $\int \frac{x^2}{\sqrt{x^2\pm a^2}}dx = \frac{1}{2}x\sqrt{x^2\pm a^2}\mp\frac{1}{2}a^2\log\left(x\pm\sqrt{x^2+a^2}\right)+C$

30. $\int \frac{1}{x\sqrt{x^2+a^2}}dx = -\frac{1}{a}\log\left(\frac{a+\sqrt{x^2+a^2}}{x}\right)+C$

31. $\int \frac{1}{x\sqrt{x^2-a^2}}dx = \frac{1}{a}\sec^{-1}\frac{x}{a}+C$

32. $\int \frac{1}{x^2\sqrt{x^2\pm a^2}}dx = \mp\frac{\sqrt{x^2\pm a^2}}{a^2}x+C$

33. $\int \sqrt{x^2\pm a^2}\,dx = \frac{1}{2}x\sqrt{x^2\pm a^2}\pm\frac{1}{2}a^2\log\left(x+\sqrt{x^2\pm a^2}\right)+C$

34. $\int x^2\sqrt{x^2 \pm a^2}\,dx = \frac{1}{4}x(x^2 \pm a^2)^{\frac{3}{2}} \mp \frac{1}{8}a^2x\sqrt{x^2 \pm a^2} - \frac{1}{8}a^4\log\left(x + \sqrt{x^2 \pm a^2}\right) + C$

35. $\int \frac{\sqrt{x^2+a^2}}{x}\,dx = \sqrt{x^2+a^2} - a\log\left(\frac{a+\sqrt{x^2+a^2}}{x}\right) + C$

36. $\int \frac{\sqrt{x^2-a^2}}{x}\,dx = \sqrt{x^2-a^2} - a\sec^{-1}\frac{x}{a} + C$

37. $\int \frac{\sqrt{x^2 \pm a^2}}{x^2}\,dx = -\frac{\sqrt{x^2 \pm a^2}}{x} + \log\left(x + \sqrt{x^2 \pm a^2}\right) + C$

38. $\int \frac{(x^2 \pm a^2)^{3/2}}{x^2}\,dx = \frac{1}{4}x(x^2 \pm a^2)^{\frac{3}{2}} \pm \frac{3}{8}a^2x\sqrt{x^2 \pm a^2} + \frac{3}{8}a^4\log\left(x + \sqrt{x^2 \pm a^2}\right) + C$

39. $\int \frac{1}{(x^2 \pm a^2)^{3/2}}\,dx = \pm\frac{x}{a^2\sqrt{x^2 \pm a^2}} + C$

40. $\int \frac{x^2}{(x^2 \pm a^2)^{3/2}}\,dx = -\frac{x}{\sqrt{x^2 \pm a^2}} + \log\left(x + \sqrt{x^2 \pm a^2}\right) + C$

41. $\int \frac{1}{x(x^2+a^2)^{3/2}}\,dx = \frac{1}{a^2\sqrt{x^2+a^2}} - \frac{1}{a^3}\log\left(\frac{a+\sqrt{x^2+a^2}}{x}\right) + C$

42. $\int \frac{1}{x(x^2-a^2)^{3/2}}\,dx = -\frac{1}{a^2\sqrt{x^2-a^2}} - \frac{1}{a^3}\sec^{-1}\frac{x}{a} + C$

43. $\int \frac{1}{x(a^2-x^2)}\,dx = \sin^{-1}\frac{x}{a} + C$

44. $\int \sqrt{a^2-x^2}\,dx = \frac{x}{2}\sqrt{x^2-a^2} + \frac{a^2}{2}\sin^{-1}\frac{x}{a} + C$

45. $\int x^2\sqrt{a^2-x^2}\,dx = \frac{x}{8}(2x^2-a^2)\sqrt{a^2-x^2} + \frac{a^4}{8}\sin^{-1}\frac{x}{a} + C$

46. $\int \frac{\sqrt{a^2-x^2}}{x}\,dx = \sqrt{a^2-x^2} - a\log\left|\frac{a+\sqrt{a^2-x^2}}{x}\right| + C$

47. $\int \frac{\sqrt{a^2-x^2}}{x^2}\,dx = -\frac{1}{x}\sqrt{a^2-x^2} - \sin^{-1}\frac{x}{a} + C$

48. $\int \frac{x^2}{\sqrt{a^2-x^2}}\,dx = -\frac{x}{2}\sqrt{a^2-x^2} + \frac{a^2}{2}\sin^{-1}\frac{x}{a} + C$

49. $\int \frac{1}{x\sqrt{a^2-x^2}}\,dx = -\frac{1}{a}\log\left|\frac{a+\sqrt{a^2-x^2}}{x}\right| + C$

50. $\displaystyle\int \frac{1}{x^2\sqrt{a^2-x^2}}\,dx = -\frac{1}{a^2x}\sqrt{a^2-x^2}+C$

51. $\displaystyle\int \frac{1}{(a^2-x^2)^{3/2}}\,dx = \frac{x}{a^2\sqrt{a^2-x^2}}+C$

52. $\displaystyle\int \sin x\,dx = -\cos x + C$

53. $\displaystyle\int \cos x\,dx = \sin x + C$

54. $\displaystyle\int \tan x\,dx = -\log|\cos x| + C$

55. $\displaystyle\int \csc x\,dx = -\log|\csc x + \cot x| + C$

56. $\displaystyle\int \sec x\,dx = \log|\sec x + \tan x| + C$

57. $\displaystyle\int \cot x\,dx = \log|\sin x| + C$

58. $\displaystyle\int \sec^2 x\,dx = \tan x + C$

59. $\displaystyle\int \csc^2 x\,dx = -\cot x + C$

60. $\displaystyle\int \cot^2 x\,dx = -\cot x - x + C$

61. $\displaystyle\int \sin^2 x\,dx = \frac{1}{2}x - \frac{1}{4}\sin 2x + C$

62. $\displaystyle\int \cos^2 x\,dx = \frac{1}{2}x + \frac{1}{4}\sin 2x + C$

63. $\displaystyle\int \tan^2 x\,dx = \tan x - x + C$

64. $\displaystyle\int \sec x\tan x\,dx = \sec x + C$

65. $\displaystyle\int \csc x\cot x\,dx = -\csc x + C$

66. $\displaystyle\int \sin^n x\,dx = -\frac{1}{n}\sin^{n-1}x\cos x + \frac{n-1}{n}\int \sin^{n-2}x\,dx$

67. $\displaystyle\int \cos^n x\,dx = \frac{1}{n}\cos^{n-1}x\sin x + \frac{n-1}{n}\int \cos^{n-2}x\,dx$

68. $\displaystyle\int \tan^n x\,dx = \frac{1}{n-1}\tan^{n-1} - \int \tan^{n-2}x\,dx$

69. $\displaystyle\int \cot^n x\,dx = \frac{1}{n-1}\cot^{n-1}x - \int \cot^{n-2}x\,dx$

70. $\int \csc^n x\,dx = -\frac{1}{n-1}\csc^{n-2}x\cot x + \frac{n-2}{n-1}\int \csc^{n-2}x\,dx$

71. $\int \sec^n x\,dx = \frac{1}{n-1}\sec^{n-2}x\tan x + \frac{n-2}{n-1}\int \sec^{n-2}x\,dx$

72. $\int \sin ax\sin bx\,dx = -\frac{1}{2(a+b)}\sin(a+b)x + \frac{1}{2(a-b)}\sin(a-b)x + C$

73. $\int \cos ax\cos bx\,dx = \frac{1}{2(a+b)}\sin(a+b)x + \frac{1}{2(a-b)}\sin(a-b)x + C$

74. $\int \sin ax\cos bx\,dx = -\frac{1}{2(a+b)}\cos(a+b)x - \frac{1}{2(a-b)}\cos(a-b)x + C$

75. $\int x\sin x\,dx = -x\cos x + \sin x + C$

76. $\int x\cos x\,dx = x\sin x + \cos x + C$

77. $\int x^2\sin x\,dx = -x^2\cos x + 2x\sin x + 2\cos x + C$

78. $\int x^2\cos x\,dx = x^2\sin x + 2x\cos x - 2\cos x + C$

79. $\int x^n\sin x\,dx = -x^n\cos x + n\int x^{n-1}\cos x\,dx$

80. $\int x^n\cos x\,dx = x^n\sin x - n\int x^{n-1}\sin x\,dx$

81. $\int \sin^m x\cos^n x\,dx = -\frac{\sin^{n-1}x\cos^{n+1}x}{m+n} + \frac{m-1}{m+n}\int \sin^{m-2}x\cos^n x\,dx$

$$= \frac{\sin^{n+1}x\cos^{n-1}x}{m+n} + \frac{n-1}{m+n}\int \sin^m x\cos^{n-2}x\,dx$$

82. $\int e^{ax}\sin bx\,dx = \frac{e^{ax}}{a^2+b^2}(a\sin bx - b\cos bx) + C$

83. $\int e^{ax}\cos bx\,dx = \frac{e^{ax}}{a^2+b^2}(a\cos bx + b\sin bx) + C$

84. $\int \sin^{-1}x\,dx = x\sin^{-1}x + \sqrt{1-x^2} + C$

85. $\int \cos^{-1}x\,dx = x\cos^{-1}x - \sqrt{1-x^2} + C$

86. $\int \tan^{-1}x\,dx = x\tan^{-1}x - \frac{1}{2}\log(x^2+1) + C$

87. $\int \cot^{-1}x\,dx = x\cot^{-1}x + \frac{1}{2}\log(x^2+1) + C$

88. $\int \csc^{-1}x\,dx = x\csc^{-1}x + \log\left| x + \sqrt{x^2-1} \right| + C$

89. $\int \sec^{-1}x\,dx = x\sec^{-1}x - \log\left|x + \sqrt{x^2-1}\right| + C$

90. $\int \sinh x\,dx = \cosh x + C$

91. $\int \cosh x\,dx = \sinh x + C$

92. $\int \tanh x\,dx = \log\cosh x + C$

93. $\int \coth x\,dx = \log\sinh x + C$

94. $\int \mathrm{csch}\,x\,dx = \log\tanh\frac{1}{2}x + C$

95. $\int \mathrm{sech}\,x\,dx = 2\tan^{-1}e^x + C$

96. $\int \mathrm{csch}^2 x\,dx = -\coth x + C$

97. $\int \mathrm{sech}^2 x\,dx = \tanh x + C$

98. $\int \mathrm{sech}\,x\tanh x\,dx = -\mathrm{sech}\,x + C$

99. $\int \mathrm{csch}\,x\coth x\,dx = -\mathrm{csch}\,x + C$

100. $\int \sinh^2 x\,dx = \frac{1}{4}\sinh 2x - \frac{1}{2}x + C$

101. $\int \cosh^2 x\,dx = \frac{1}{4}\sinh 2x + \frac{1}{2}x + C$

102. $\int \sinh^{-1}\frac{x}{a}\,dx = x\sinh^{-1}\frac{x}{a} - \sqrt{x^2+a^2} + C$

103. $\int \cosh^{-1}\frac{x}{a}\,dx = \begin{cases} x\cosh^{-1}\frac{x}{a} - \sqrt{x^2-a^2} + C, & \cosh^{-1}\frac{x}{a} > 0 \\ x\cosh^{-1}\frac{x}{a} + \sqrt{x^2-a^2} + C, & \cosh^{-1}\frac{x}{a} < 0 \end{cases}$

104. $\int \tanh^{-1}\frac{x}{a}\,dx = x\tanh^{-1}\frac{x}{a} + \frac{a}{2}\log\left(a^2+x^2\right) + C$

105. $\int \coth^{-1}\frac{x}{a}\,dx = x\coth^{-1}\frac{x}{a} + \frac{a}{2}\log\left(x^2-a^2\right) + C$

106. $\int \mathrm{csch}^{-1}\frac{x}{a}\,dx = x\,\mathrm{csch}^{-1}\frac{x}{a} \pm a\sinh^{-1}\frac{x}{a} + C \quad (+:\ x>0,\ -:\ x<0)$

107. $\int \mathrm{sech}^{-1}\frac{x}{a}\,dx = \begin{cases} x\,\mathrm{sech}^{-1}\frac{x}{a} + a\sin^{-1}\frac{x}{a}, & \mathrm{sech}^{-1}\frac{x}{a} > 0 \\ x\,\mathrm{sech}^{-1}\frac{x}{a} - a\sin^{-1}\frac{x}{a}, & \mathrm{sech}^{-1}\frac{x}{a} < 0 \end{cases}$

Ⅳ. 급수 전개

1. Taylor 급수

$$f(x) = \sum_{k=0}^{\infty} \frac{f^{(k)}(a)}{k!}(x-a)^k$$

$$= f(a) + f'(x-a)x + \frac{f''(x-a)}{2!}x^2 + \cdots + \frac{f^{(k)}(x-a)}{k!}x^k + \cdots$$

2. Maclaurin 급수

$$f(x) = \sum_{k=0}^{\infty} \frac{f^{(k)}(0)}{k!}x^k$$

$$= f(0) + f'(0)x + \frac{f''(0)}{2!}x^2 + \cdots + \frac{f^{(k)}(0)}{k!}x^k + \cdots$$

3. 특수 함수의 급수전개

(1) $\log(1+x) = x - \frac{x^2}{2} + \frac{x^3}{3} - \cdots + (-1)^{n+1}\frac{x^n}{n} \quad (-1 < x \leqq 1)$

(3) $e^x = \sum_{k=0}^{\infty} \frac{x^k}{k!} = 1 + x + \frac{x^2}{2!} + \cdots + \frac{x^n}{n!} + \cdots \quad (-\infty < x < \infty)$

(4) $\sin x = \sum_{k=0}^{\infty} (-1)^k \frac{x^{2k+1}}{(2k+1)!} = x - \frac{x^3}{3!} + \frac{x^5}{5!} - \frac{x^7}{7!} + \cdots \quad (-\infty < x < \infty)$

(5) $\cos x = \sum_{k=0}^{\infty} (-1)^k \frac{x^{2k}}{(2k)!} = 1 - \frac{x^2}{2!} + \frac{x^4}{4!} - \frac{x^6}{6!} + \cdots \quad (-\infty < x < \infty)$

(6) $\frac{1}{1-x} = \sum_{k=0}^{\infty} x^k = 1 + x + x^2 + x^3 + \cdots \quad (-1 < x < 1)$

(7) $(1+x)^\alpha = \sum_{k=0}^{\infty} \frac{\alpha(\alpha-1)(\alpha-2)\cdots(\alpha-k+1)x^k}{k!}$

$$= 1 + \alpha x + \frac{\alpha(\alpha-1)}{2!}x^2 + \frac{\alpha(\alpha-1)(\alpha-2)}{3!}x^3 + \cdots \quad (-1 < x < 1)$$

V. 수치표

1. 거듭제곱 · 거듭제곱근 · 역수

n	n^2	$\sqrt{n}$	$\sqrt{10n}$	n^3	$\sqrt[3]{n}$	$\sqrt[3]{10n}$	$\sqrt[3]{100n}$	$\frac{1}{n}$
1.0	1.00	1.00000	3.16228	1.000	1.00000	2.15443	4.65159	1.00000
1.1	1.21	1.04881	3.31662	1.331	1.03228	2.22398	4.79142	.90909
1.2	1.44	1.09545	3.46410	1.728	1.06266	2.28943	4.93242	.83333
1.3	1.69	1.14018	3.60555	2.197	1.09139	2.35133	5.06580	.76923
1.4	1.96	1.18322	3.74166	2.744	1.11869	2.41014	5.19249	.71429
1.5	2.25	1.22474	3.87298	3.375	1.14471	2.46621	5.31329	.66667
1.6	2.56	1.26491	4.00000	4.096	1.16961	2.51984	5.42884	.62500
1.7	2.89	1.30384	4.12311	4.913	1.19348	2.57128	5.53966	.58824
1.8	3.24	1.34164	4.24264	5.832	1.21644	2.62074	5.64622	.55556
1.9	3.61	1.37840	4.35890	6.859	1.23856	2.66840	5.74890	.52632
2.0	4.00	1.41421	4.47214	8.000	1.25992	2.71442	5.84804	.50000
2.1	4.41	1.44914	4.58258	9.261	1.28058	2.75892	5.94392	.47619
2.2	4.48	1.48324	4.69042	10.648	1.30059	2.80204	6.03681	.45455
2.3	5.29	1.51658	4.79583	12.167	1.32001	2.84387	6.12693	.43478
2.4	5.76	1.54919	4.89898	13.824	1.33887	2.88450	6.21447	.41667
2.5	6.25	1.58114	5.00000	15.625	1.35721	2.92402	6.29961	.40000
2.6	6.76	1.61245	5.09902	17.576	1.37507	2.96250	6.38250	.38462
2.7	7.29	1.64317	5.19615	19.683	1.39248	3.00000	6.46330	.37037
2.8	7.84	1.67332	5.29150	21.952	1.40946	3.03659	6.54213	.35714
2.9	8.41	1.70294	5.38516	24.389	1.42604	3.07232	6.61911	.34483
3.0	9.00	1.73205	5.47723	27.000	1.44225	3.10723	6.69433	.33333
3.1	9.61	1.76068	5.56776	29.791	1.45810	3.14138	6.76790	.32258
3.2	10.24	1.78885	5.65685	32.768	1.47361	3.17480	6.83990	.31250
3.3	10.89	1.81659	5.74456	35.937	1.48881	3.20753	6.91042	.30303
3.4	11.56	1.84391	5.83095	39.304	1.50369	3.23961	6.97953	.29412
3.5	12.25	1.87083	5.91608	42.875	1.51829	3.27107	7.04730	.28571
3.6	12.96	1.89737	6.00000	46.656	1.53262	3.30193	7.11379	.27778
3.7	13.69	1.92354	6.08276	50.653	1.54668	3.33222	7.17905	.27027
3.8	14.44	1.94936	6.16441	54.872	1.56049	3.36198	7.24316	.26316
3.9	15.21	1.97484	6.24500	59.319	1.57406	3.39121	7.30614	.25641
4.0	16.00	2.00000	6.32456	64.000	1.58740	3.41995	7.36806	.25000
4.1	16.81	2.02485	6.40312	68.921	1.60052	3.44822	7.42896	.24300
4.2	17.64	2.04939	6.48074	74.088	1.61343	3.47603	7.48887	.23810
4.3	18.49	2.07364	6.55744	79.507	1.62613	3.50340	7.54784	.23256
4.4	19.36	2.09762	6.63325	85.184	1.63864	3.53035	7.60590	.22727
4.5	20.25	2.12132	6.70820	91.125	1.65096	3.55689	7.66809	.22222
4.6	21.16	2.14476	6.78233	97.336	1.66310	3.58805	7.71944	.21739
4.7	22.09	2.16795	6.85565	103.823	1.67507	3.60883	7.77498	.21277
4.8	23.04	2.19089	6.92820	110.592	1.68687	3.63424	7.82974	.20833
4.9	24.01	2.21359	7.00000	117.649	1.69850	3.65931	7.88374	.20408
5.0	25.00	2.23607	7.07107	125.000	1.70998	3.68403	7.93701	.20000
5.1	26.01	2.25832	7.14143	132.651	1.72130	3.70843	7.93957	.19608
5.2	27.04	2.28035	7.21110	140.608	1.73248	3.73251	8.04145	.19231
5.3	28.09	2.30217	7.28011	148.877	1.74351	3.75629	8.09267	.18868
5.4	29.16	2.32379	7.34847	157.464	1.75441	3.77976	8.14325	.18519

n	n^2	$\sqrt{n}$	$\sqrt{10n}$	n^3	$\sqrt[3]{n}$	$\sqrt[3]{10n}$	$\sqrt[3]{100n}$	$\frac{1}{n}$
5.5	30.25	2.34521	7.41620	166.375	1.76517	3.80295	8.19321	.18182
5.6	31.36	2.36643	7.48331	175.616	1.77581	3.82586	8.24257	.17857
5.7	32.49	2.38747	7.54983	185.193	1.78632	3.84850	8.29134	.17544
5.8	33.64	2.40832	7.61577	195.112	1.79670	3.87088	8.33955	.17241
5.9	34.81	2.42899	7.68115	205.379	1.80697	3.89300	8.38721	.16949
6.0	36.00	2.44949	7.74597	216.000	1.81712	3.91487	8.43433	.16667
6.1	37.21	2.46982	7.81025	226.981	1.82716	3.93650	8.48093	.16393
6.2	38.44	2.48998	7.87401	238.328	1.83709	3.95789	8.52702	.16129
6.3	39.69	2.50998	7.93725	250.047	1.84691	3.97906	8.57262	.15873
6.4	40.96	2.52982	8.00000	262.144	1.85664	4.00000	8.61774	.15625
6.5	42.25	2.54951	8.06226	274.625	1.86626	4.02073	8.66239	.15385
6.6	43.56	2.56905	8.12404	287.496	1.87578	4.04124	8.70659	.15152
6.7	44.89	2.58844	8.18535	300.763	1.88520	4.06155	8.75034	.14925
6.8	46.24	2.60768	8.24621	314.432	1.89454	4.08166	8.79366	.14706
6.9	47.61	2.62679	8.30662	328.509	1.90378	4.10157	8.83656	.14493
7.0	49.00	2.64575	8.36660	343.000	1.91293	4.12129	8.87904	.14286
7.1	50.41	2.66458	8.42615	357.911	1.92200	4.14082	8.92112	.14085
7.2	51.84	2.68328	8.48528	373.248	1.93098	4.16017	8.96281	.13889
7.3	53.29	2.70185	8.54400	389.017	1.93988	4.17934	9.00411	.13699
7.4	54.76	2.72029	8.60233	405.224	1.94870	4.19834	9.04504	.13514
7.5	56.25	2.73861	8.66025	421.875	1.95743	4.21716	9.08560	.13333
7.6	57.76	2.75681	8.71780	438.976	1.96610	4.23582	9.12581	.13158
7.7	59.29	2.77489	8.77496	456.533	1.97468	4.25432	9.16566	.12987
7.8	60.84	2.79285	8.83176	474.552	1.98319	4.27266	9.20516	.12821
7.9	62.41	2.81069	8.88819	493.039	1.99163	4.29084	9.24434	.12658
8.0	64.00	2.82843	8.94427	512.000	2.00000	4.30887	9.28318	.12500
8.1	65.61	2.84605	9.00000	531.441	2.00830	4.32675	9.32170	.12346
8.2	67.24	2.86356	9.05539	551.368	2.01653	4.34448	9.35990	.12195
8.3	68.89	2.88097	9.11043	571.787	2.02469	4.36207	9.39780	.12048
8.4	70.56	2.89828	9.16515	592.704	2.03279	4.37952	9.43539	.11905
8.5	72.25	2.91548	9.21954	614.125	2.04083	4.39683	9.47268	.11765
8.6	73.96	2.93258	9.27362	636.056	2.04880	4.41400	9.50969	.11628
8.7	75.69	2.94958	9.32738	658.503	2.05671	4.43105	9.54640	.11494
8.8	77.44	2.96648	9.38083	681.472	2.06456	4.44796	9.58284	.11364
8.9	79.21	2.98329	9.43398	704.969	2.07235	4.46475	9.61900	.11236
9.0	81.00	3.00000	9.48683	729.000	2.08008	4.48140	9.65489	.11111
9.1	82.81	3.01662	9.53939	753.571	2.08776	4.49794	9.69052	.10989
9.2	84.64	3.03315	9.59166	778.688	2.09538	4.51436	9.72589	.10870
9.3	86.49	3.04959	9.64365	804.357	2.10294	4.53065	9.76100	.10753
9.4	88.36	3.06594	9.69536	830.584	2.11045	4.54684	9.79586	.10638
9.5	90.25	3.08212	9.74679	857.375	2.11791	4.56290	9.83048	.10526
9.6	92.16	3.09839	9.79796	884.736	2.12532	4.57886	9.86485	.10417
9.7	97.09	3.11448	9.84886	912.673	2.13267	4.59470	9.89898	.10309
9.8	96.04	3.13050	9.89949	941.192	2.13997	4.61044	9.93288	.10204
9.9	98.01	3.14643	9.94987	970.299	2.14723	4.62607	9.96655	.10101

2. 자연로그

10보다 크거나 1보다 작은 수의 로그를 구할 때 $\log 10 = 2.30259$를 이용하여라.

N	0	1	2	3	4	5	6	7	8	9
1.0	0.0000	0100	0198	0296	0392	0488	0583	0677	0770	0862
1.1	0953	1044	1133	1222	1310	1398	1484	1570	1655	1740
1.2	1823	1906	1989	2070	2151	2231	2311	2390	2469	2546
1.3	2624	2700	2776	2852	2927	3001	3075	3148	3221	3293
1.4	3365	3436	3507	3577	3646	3716	3784	3853	3920	3988
1.5	0.4055	4121	4187	4253	4318	4383	4447	4511	4574	4637
1.6	4700	4762	4824	4886	4947	5008	5068	5128	5188	5247
1.7	5306	5365	5423	5481	5539	5596	5653	5710	5766	5822
1.8	5878	5933	5988	6043	6098	6152	6206	6259	6313	6366
1.9	6419	6471	6575	6575	6627	6678	6729	6780	6831	6881
2.0	0.6931	6981	7031	7080	7129	7178	7227	7275	7324	7372
2.1	7419	7467	7514	7561	7608	7655	7701	7747	7793	7839
2.2	7885	7930	7975	8020	8065	8109	8154	8198	8242	8286
2.3	8329	8372	8416	8459	8502	8544	8587	8629	8671	8713
2.4	8755	8796	8838	8879	8920	8961	9002	9042	9083	9123
2.5	0.9163	9203	9243	9282	9322	9361	9400	9439	9478	9517
2.6	9555	9594	9632	9670	9708	9746	9783	9821	9858	9895
2.7	9933	9969	*0006	*0043	*0080	*0116	*0152	*0188	*0225	*0260
2.8	1.0296	0332	0367	0403	0438	0473	0508	0543	0578	0613
2.9	0647	0682	0716	0750	0784	0818	0852	0886	0919	0953
3.0	1.0986	1019	1053	1086	1119	1151	1184	1217	1249	1282
3.1	1314	1346	1378	1410	1442	1474	1506	1537	1569	1600
3.2	1632	1663	1694	1725	1756	1787	1817	1848	1878	1909
3.3	1939	1969	2000	2030	2060	2090	2119	2149	2179	2208
3.4	2238	2267	2296	2326	2355	2384	2413	2442	2470	2499
3.5	1.2528	2556	2585	2613	2641	2669	2698	2726	2754	2782
3.6	2809	2837	2865	2892	2920	2947	2975	3002	3029	3056
3.7	3083	3110	3137	3164	3191	3218	3244	3271	3297	3324
3.8	3350	3376	3403	3429	3455	3481	3507	3533	3558	3584
3.9	3610	3635	3661	3686	3712	3737	3762	3788	3813	3838
4.0	1.3863	3888	3913	3938	3962	3987	4012	4036	4061	4085
4.1	4110	4134	4159	4183	4207	4231	4255	4279	4303	4327
4.2	4351	4375	4398	4422	4446	4469	4493	4516	4540	4563
4.3	4586	4609	4633	4656	4679	4702	4725	4748	4770	4793
4.4	4816	4839	4861	4884	4907	4929	4951	4974	4996	5019
4.5	1.5041	5063	5085	5107	5129	5151	5173	5195	5217	5239
4.6	5261	5282	5304	5326	5347	5369	5390	5412	5433	5454
4.7	5476	5497	5518	5539	5560	5581	5602	5623	5644	5665
4.8	5686	5707	5728	5748	5769	5790	5810	5831	5851	5872
4.9	5892	5913	5933	5953	5974	5994	6014	6034	6054	6074
5.0	1.6094	6114	6134	6154	6174	6194	6214	6233	6253	6273
5.1	6292	6312	6332	6351	6371	6390	6409	6429	6448	6467
5.2	6487	6506	6525	6544	6563	6582	6601	6620	6639	6658
5.3	6677	6696	6715	6734	6752	6771	6790	6808	6827	6845
4.5	6864	6882	6901	6919	6938	6956	6974	6993	7011	7029

예) $\log 220 = \log 2.2 + 2\log 10 = 0.7885 + 2(2.30259) = 5.3937$

N	0	1	2	3	4	5	6	7	8	9
5.5	1.7047	7066	7084	7102	7120	7138	7156	7174	7192	7210
5.6	7228	7246	7263	7281	7299	7317	7334	7352	7370	7387
5.7	7405	7422	7440	7457	7475	7492	7509	7527	7544	7561
5.8	7579	7596	7613	7630	7647	7664	7681	7699	7716	7733
5.9	7750	7766	7783	7800	7817	7834	7851	7867	7884	7901
6.0	1.7918	7934	7951	7967	7984	8001	8017	8034	8050	8066
6.1	8083	8099	8116	8132	8148	8165	8181	8197	8213	8229
6.2	8245	8262	8278	8294	8310	8326	8342	8358	8374	8390
6.3	8405	8421	8437	8453	8469	8485	8500	8516	8532	8547
6.4	8563	8579	8594	8610	8625	8641	8656	8672	8687	8703
6.5	1.8718	8733	8749	8764	8779	8795	8810	8825	8840	8856
6.6	8871	8886	8901	8916	8931	8946	8961	8976	8991	9006
6.7	9021	9036	9051	9066	9081	9095	9110	9125	9140	9155
6.8	9169	9184	9199	9213	9228	9242	9257	9272	9286	9301
6.9	9315	9330	9344	9359	9373	9387	9402	9416	9430	9445
7.0	1.9459	9473	9488	9502	9516	9530	9544	9559	9573	9587
7.1	9601	9615	9629	9643	9657	9671	9685	9669	9713	9727
7.2	9741	9755	9769	9782	9796	9810	9824	9838	9851	9865
7.3	9879	9892	9906	9920	9933	9947	9961	9974	9988	*0001
7.4	2.0015	0028	0042	0055	0069	0082	0096	0109	0122	0136
7.5	2.0149	0162	0176	0189	0202	0215	0229	0242	0255	0268
7.6	0281	0295	0308	0321	0334	0347	0360	0373	0386	0399
7.7	0412	0425	0438	0451	0464	0477	0490	0503	0516	0528
7.8	0541	0554	0567	0580	0592	0605	0618	0631	0643	0656
7.9	0669	0681	0694	0707	0719	0732	0744	0757	0769	0782
8.0	2.0794	0807	0819	0832	0844	0857	0869	0882	0894	0906
8.1	0919	0931	0943	0956	0968	0980	0992	1005	1017	1029
8.2	1041	1054	1066	1078	1090	1102	1114	1126	1138	1150
8.3	1163	1175	1187	1199	1211	1223	1235	1247	1258	1270
8.4	1282	1294	1306	1318	1330	1342	1353	1365	1377	1389
8.5	2.1401	1412	1424	1436	1448	1459	1471	1483	1494	1506
8.6	1518	1529	1541	1552	1564	1576	1587	1599	1610	1622
8.7	1633	1645	1656	1668	1679	1691	1702	1713	1725	1736
8.8	1748	1759	1770	1782	1793	1804	1815	1827	1838	1849
8.9	1861	1872	1883	1894	1905	1917	1929	1939	1950	1961
9.0	2.1972	1983	1994	2006	2017	2028	2039	2050	2061	2072
9.1	2083	2094	2105	2116	2127	2138	2148	2159	2170	2181
9.2	2192	2203	2214	2225	2235	2246	2257	2268	2279	2289
9.3	2300	2311	2322	2332	2343	2354	2364	2375	2386	2396
9.4	2407	2418	2428	2439	2450	2460	2471	2481	2492	2502
9.5	2.2513	2523	2534	2544	2555	2565	2576	2586	2597	2607
9.6	2618	2628	2638	2649	2659	2670	2680	2690	2701	2711
9.7	2721	2732	2742	2752	2762	2773	2783	2793	2803	2814
9.8	2824	2834	2844	2854	2865	2875	2885	2895	2905	2915
9.9	2925	2935	2946	2956	2966	2976	2986	2996	3006	3016

3. 상용로그

N	0	1	2	3	4	5	6	7	8	9
10	0000	0043	0086	0128	0170	0212	0253	0294	0334	0374
11	0414	0453	0492	0531	0569	0607	0645	0682	0719	0755
12	0792	0828	0864	0899	0934	0969	1004	1038	1072	1106
13	1139	1173	1206	1239	1271	1303	1335	1367	1399	1430
14	1461	1492	1523	1553	1584	1614	1644	1673	1703	1372
15	1761	1790	1818	1847	1875	1903	1931	1959	1987	2014
16	2041	2068	2095	2122	2148	2175	2201	2227	2253	2279
17	2304	2330	2355	2380	2405	2430	2455	2480	2504	2529
18	2553	2577	2601	2625	2648	2672	2695	2718	2742	2765
19	2788	2810	2833	2856	2878	2900	2923	2945	2967	2989
20	3010	3032	3054	3075	3096	3118	3139	3160	3191	3201
21	3222	3243	3263	3284	3304	3324	3345	3365	3385	3404
22	3424	3444	3464	3483	3502	3522	3541	3560	3579	3598
23	3617	3636	3655	3674	3692	3711	3729	3747	3766	3784
24	3802	3820	3838	3856	3874	3892	3909	3927	3945	3962
25	3979	3997	4014	4031	4048	4065	4082	4099	4116	4133
26	4150	4166	4183	4200	4216	4232	4249	4265	4281	4298
27	4314	4330	4346	4362	4378	4393	4409	4425	4440	4456
28	4472	4487	4502	4518	4533	4548	4564	4579	4594	4609
29	4624	4639	4654	4669	4683	4698	4713	4728	4742	4757
30	4771	4786	4800	4814	4829	4843	4857	4871	4886	4900
31	4914	4928	4942	4955	4969	4983	4997	5011	5024	5038
32	5051	5065	5079	5092	5105	5119	5132	5145	5159	5172
33	5185	5198	5211	5224	5237	5250	5263	5276	5289	5302
34	5315	5328	5340	5353	5366	5378	5391	5403	5416	5428
35	5411	5453	5465	5478	5490	5502	5514	5527	5539	5551
36	5563	5575	5587	5599	5611	5623	5635	5647	5658	5670
37	5682	5694	5705	5717	5729	5740	5752	5763	5775	5786
38	5798	5809	5821	5832	5843	5855	5866	5877	5888	5899
39	5911	5922	5933	5944	5955	5966	5977	5988	5999	6010
40	6021	6031	6042	6053	6064	6075	6085	6096	6107	6117
41	6128	6138	6149	6160	6170	6180	6191	6201	6212	6222
42	6232	6243	6253	6263	6274	6284	6294	6304	6314	6325
43	6335	6345	6355	6365	6375	6385	6395	6405	6415	6425
44	6435	6444	6454	6464	6474	6484	6493	6503	6513	6522
45	6532	6542	6551	6561	6571	6580	6590	6599	6609	6618
46	6628	6637	6646	6656	6665	6675	6684	6693	6702	6712
47	6721	6730	6739	6749	6758	6767	6776	6785	6794	6803
48	6812	6821	6830	6839	6848	6857	6866	6875	6884	6893
49	6902	6911	6920	6928	6937	6946	6955	6964	6972	6981
50	6990	6998	7007	7016	7024	7033	7042	7050	7059	7067
51	7076	7084	7093	7100	7110	7118	7126	7135	7143	7152
52	7160	7168	7177	7185	7193	7202	7210	7218	7226	7235
53	7243	7251	7259	7267	7275	7284	7292	7300	7308	7316
54	7324	7332	7340	7348	7356	7364	7372	7380	7388	7396

N	0	1	2	3	4	5	6	7	8	9
55	7404	7412	7419	7427	7435	7443	7451	7459	7466	7474
56	7482	7490	7497	7505	7513	7520	7528	7536	7543	7551
57	7559	7566	7574	7582	7589	7597	7604	7612	7619	7627
58	7634	7642	7649	7657	7664	7672	7679	7686	7694	7701
59	7709	7716	7723	7731	7738	7745	7752	7760	7767	7774
60	7782	7789	7796	7803	7810	7818	7825	7832	7839	7846
61	7853	7860	7868	7875	7882	7889	7896	7903	7910	7917
62	7924	7931	7938	7945	7952	7959	7966	7973	7980	7987
63	7993	8000	8007	8014	8021	8028	8035	8041	8048	8055
64	8062	8069	8075	8082	8089	8096	8102	8109	8116	8122
65	8129	8136	8142	8149	8156	8162	8169	8176	8182	8189
66	8195	8202	8209	8215	8222	8228	8235	8241	8248	8254
67	8261	8267	8274	8280	8287	8293	8299	8306	8312	8319
68	8325	8331	8338	8344	8351	8357	8363	8370	8376	8382
69	8388	8395	8401	8407	8414	8420	8426	8432	8439	8445
70	8451	8457	8463	8470	8476	8482	8488	8494	8500	8506
71	8513	8519	8525	8531	8537	8543	8549	8555	8561	8567
72	8573	8579	8585	8591	8597	8603	8609	8615	8621	8627
73	8633	8639	8645	8651	8657	8663	8669	8675	8681	8686
74	8692	8698	8704	8710	8716	8722	8727	8733	8739	8745
75	8751	8756	8762	8768	8774	8779	8785	8791	8797	8802
76	8808	8814	8820	8825	8831	8837	8842	8848	8854	8859
77	8865	8871	8876	8882	8887	8893	8899	8904	8910	8915
78	8921	8927	8932	8938	8943	8949	8954	8960	8965	8971
79	8976	8982	8987	8993	8998	9004	9009	9015	9020	9025
80	9031	9036	9042	9047	9053	9058	9063	9069	9074	9079
81	9085	9090	9096	9101	9106	9112	9117	9122	9128	9133
82	9138	9143	9149	9154	9159	9165	9170	9175	9180	9186
83	9191	9196	9201	9206	9212	9217	9222	9227	9232	9238
84	9243	9248	9253	9258	9263	9269	9274	9279	9284	9289
85	9294	9299	9304	9309	9315	9320	9325	9330	9335	9340
86	9345	9350	9355	9360	9365	9370	9375	9380	9385	9390
87	9395	9400	9405	9410	9415	9420	9425	9430	9435	9440
88	9445	9450	9455	9460	9465	9469	9474	9479	9484	9489
89	9494	9499	9594	9509	9513	9518	9523	9528	9533	9538
90	9542	9547	9552	9557	9562	9566	9571	9576	9581	9586
91	9590	9595	9600	9605	9609	9614	9619	9624	9628	9633
92	9638	9643	9647	9652	9657	9661	9666	9671	9675	9680
93	9685	9689	9694	9699	9703	9708	9713	9717	9722	9727
94	9731	9736	9741	9745	9750	9754	9759	9763	9768	9773
95	9777	9782	9786	9791	9795	9800	9805	9809	9814	9812
96	9823	9827	9832	9836	9841	9845	9850	9854	9859	9866
97	9868	9872	9877	9881	9886	9890	9894	9899	9903	9908
98	9912	9917	9921	9926	9930	9934	9939	9943	9948	9952
99	9956	9961	9965	9969	9974	9978	9983	9987	9991	9996

4. 지수함수와 쌍곡선함수

x	e^x	e^{-x}	$\sinh x$	$\cosh x$	$\tanh x$
0	1.0000	1.0000	.00000	1.0000	.00000
0.1	1.1052	.90484	.10017	1.0050	.09967
0.2	1.2214	.81873	.20134	1.0201	.19738
0.3	1.3499	.74082	.30452	1.0453	.29131
0.4	1.4918	.67032	.41075	1.0811	.37995
0.5	1.6487	.60653	.52110	1.1276	.46212
0.6	1.8221	.54881	.63665	1.1855	.53705
0.7	2.0138	.49659	.75858	1.2552	.60437
0.8	2.2255	.44933	.88811	1.3374	.66404
0.9	2.4596	.40657	1.0265	1.4331	.71630
1.0	2.7183	.36788	1.1752	1.5431	.76159
1.1	3.0042	.33287	1.3356	1.6685	.80050
1.2	3.3201	.30119	1.5095	1.8107	.83365
1.3	3.6693	.27253	1.6984	1.9709	.86172
1.4	4.0552	.24660	1.9043	2.1509	.88535
1.5	4.4817	.22313	2.1293	2.3524	.90515
1.6	4.9530	.20190	2.3756	2.5775	.92167
1.7	5.4739	.18268	2.6456	2.8283	.93541
1.8	6.0196	.16530	2.9422	3.1075	.94681
1.9	6.6859	.14957	3.2682	3.4177	.95624
2.0	7.3891	.13534	3.6269	3.7622	.96403
2.1	8.1662	.12246	4.0219	4.1443	.97045
2.2	9.0250	.11080	4.4571	4.5679	.97514
2.3	9.9742	.10026	4.9370	5.0372	.98010
2.4	11.023	.09072	5.4662	5.5569	.98367
2.5	12.182	.08208	6.0502	6.1323	.98661
2.6	13.464	.07427	6.6947	6.7690	.98903
2.7	14.880	.06721	7.4063	7.4735	.99101
2.8	16.445	.06081	8.1919	8.2527	.99263
2.9	18.174	.05502	9.0596	9.1146	.99396
3.0	20.086	.04979	10.018	10.068	.99505
3.1	22.198	.04505	11.076	11.122	.99595
3.2	24.533	.04076	12.246	12.287	.99668
3.3	27.113	.03688	13.538	13.575	.99728
3.4	29.964	.03337	14.965	14.999	.99777
3.5	33.115	.03020	16.543	16.573	.99818
3.6	36.598	.02732	18.285	18.313	.99851
3.7	40.447	.02472	20.211	20.236	.99878
3.8	44.701	.02237	22.339	22.362	.99900
3.9	49.402	.02024	24.691	24.711	.99918
4.0	54.598	.01832	27.290	27.308	.99933
4.1	60.340	.01657	30.162	30.178	.99945
4.2	66.686	.01500	33.336	33.351	.99955
4.3	73.700	.01357	36.843	36.857	.99963
4.4	81.451	.01228	40.719	40.732	.99970
4.5	90.017	.01111	45.003	45.014	.99975
4.6	99.484	.01005	49.737	49.747	.99980
4.7	109.95	.00910	54.969	54.978	.99983
4.8	121.51	.00823	60.751	60.759	.99986
4.9	134.29	.00745	67.141	67.149	.99989
5.0	148.41	.00674	74.203	74.210	.99991

5. 삼각함수

Deg.	Rad.	Sin	Cos	Tan	Cot		
0	0.0000	0.0000	1.0000	0.0000		1.5708	90
1	0.0175	0.0175	0.9998	0.0175	57.290	1.5533	89
2	0.0349	0.0349	0.9994	0.0349	28.636	1.5359	88
3	0.0524	0.0523	0.9986	0.0524	19.081	1.5184	87
4	0.0698	0.0698	0.9976	0.0699	14.301	1.5010	86
5	0.0873	0.0872	0.9962	0.0875	11.430	1.4835	85
6	0.1047	0.1045	0.9945	0.1051	9.5144	1.4661	84
7	0.1222	0.1819	0.9925	0.1228	8.1443	1.4486	83
8	0.1396	0.1392	0.9903	0.1405	7.1154	1.4312	82
9	0.1571	0.1564	0.9877	0.1584	6.3138	1.4137	81
10	0.1745	0.1736	0.9848	0.1763	5.6713	1.3963	80
11	0.1920	0.1908	0.9816	0.1944	5.1446	1.3788	79
12	0.2094	0.2079	0.9781	0.2126	4.7046	1.3614	78
13	0.2269	0.2250	0.9744	0.2309	4.3315	1.3439	77
14	0.2443	0.2419	0.9703	0.2493	4.0108	1.3265	76
15	0.2618	0.2588	0.9659	0.2679	3.7321	1.3090	75
16	0.2793	0.2756	0.9613	0.2867	3.4874	1.2915	74
17	0.2967	0.2924	0.9563	0.3057	3.2709	1.2741	73
18	0.3142	0.3090	0.9511	0.3249	3.0777	1.2566	72
19	0.3316	0.3256	0.9455	0.3443	2.9042	1.2392	71
20	0.3491	0.3420	0.9397	0.3640	2.7475	1.2217	70
21	0.3665	0.3584	0.9336	0.3839	2.6051	1.2043	69
22	0.3840	0.3746	0.9272	0.4040	2.4751	1.1868	68
23	0.4014	0.3907	0.9205	0.4245	2.3559	1.1694	67
24	0.4189	0.4067	0.9135	0.4452	2.2460	1.1519	66
25	0.4363	0.4226	0.9063	0.4663	2.1445	1.1345	65
26	0.4538	0.4384	0.8988	0.4877	2.0503	1.1170	64
27	0.4712	0.4540	0.8910	0.5095	1.9626	1.0996	63
28	0.4887	0.4695	0.8829	0.5317	1.8807	1.0821	62
29	0.5061	0.4848	0.8746	0.5543	1.8040	1.0647	61
30	0.5236	0.5000	0.8660	0.5774	1.7321	1.0472	60
31	0.5411	0.5150	0.8572	0.6009	1.6643	1.0297	59
32	0.5585	0.5299	0.8480	0.6249	1.6003	1.0123	58
33	0.5760	0.5446	0.8387	0.6494	1.5399	0.9948	57
34	0.5934	0.5592	0.8290	0.6745	1.4826	0.9774	56
35	0.6109	0.5736	0.8192	0.7002	1.4281	0.9599	55
36	0.6283	0.5878	0.8090	0.7265	1.3764	0.9425	54
37	0.6458	0.6018	0.7986	0.7536	1.3270	0.9250	53
38	0.6632	0.6157	0.7880	0.7813	1.2799	0.9076	52
39	0.6807	0.6293	0.7771	0.8098	1.2349	0.8901	51
40	0.6981	0.6428	0.7660	0.8391	1.1918	0.8727	50
41	0.7156	0.6561	0.7547	0.8693	1.1504	0.8552	49
42	0.7330	0.6691	0.7431	0.9004	1.1106	0.8378	48
43	0.7505	0.6820	0.7314	0.9325	1.0724	0.8203	47
44	0.7679	0.6947	0.7193	0.9657	1.0355	0.8029	46
45	0.7854	0.7071	0.7071	1.0000	1.0000	0.7854	45
		Cos	Sin	Cot	Tan	Rad.	Deg.

참고문헌

1. 강수철 외 4인, *대수학과 기하학*, 경문사, 1996
2. 구기식, *고등미적분학 강의록*, 대전대학교 수학과, 1998
3. 김응태 · 박승안, *정수론*, 이우출판사, 1988
4. 김응태 · 박승안, *현대대수학*, 이우출판사, 1988
5. 대학수학교재편찬위원회, *미적분학*, 단국대학교출판부, 1998
6. 모건상 외 2인 역, *정보수학*, 대한교과서주식회사, 1993
7. 송형수 외 3인, *자연계 대학수학*, 경문사, 1996
8. 수학교재편찬회, *미분적분학 및 해석기하학*, 광림사, 1988
9. 수학교재연구회, *미분적분학*, 도서출판 신성, 1994
10. 신창언, *Mathematica와 미분적분학*, 경문사, 1996
11. 양정모, *미분적분학*, 경문사, 1998
12. 엄상섭, *일반기하학*, 교학사, 1982
13. 이민섭, *현대암호학*, 교우사, 2000
14. 이연식 외 4인, *미분방정식연습*, 보진재, 1990
15. 이용두 외 2인, *미분방정식*, 광림사, 1981
16. 이장우, *미분방정식*, 경문사, 1996
17. 이장우 역, *선형대수의 입문*, 경문사, 1996
18. 이학용, *경제 · 경영수학*, 다산출판사, 1990
19. 이효구 · 박승안, 경제 · 경영수학, 박영사, 1993
20. 장건수 외 5명, *공업수학*, 경문사, 1995
21. 정기준 · 이성순 역, *경제 · 경영수학*, 비봉출판사, 1995
22. 정지호 · 장한명, *미분방정식*, 서문출판사, 1983
23. 정필권, *경제수학*, 법문사, 1986
24. 주무홍, *공업수학*, 경문사, 1998
25. 황홍택, *이공기초수학*, 형설출판사, 1991
26. Davis B., *Calculus & Mathematica(Win 1.0)*, Addison Wesley Longman, Inc., 1994
27. Howard Anton, *Calculus*, John Wiley & Sons, 1980
28. Lang S., *Calcuclus(1st+2nd Course)*, Addison-Wesley Publishing Company, 1978.
29. Ross K. A., *Elementary Analysis: The Theory of Calculus*, Springer-Verlag, 1980.
30. Seymour Lipschutz, *Set Theory and Related Topics*, McGraw-Hill, 1964
31. Thomas G. B. and Finney R. L., *Calculus and Analytic Geometry (7th)*, Addison-Wesley Publishing Company, 1988.

찾아보기

기타

미분적분학 제2판

지은이 양정모
펴낸이 조경희
펴낸곳 경문사
펴낸날 2015년 9월 1일 1판 1쇄
2020년 3월 2일 2판 1쇄
등 록 1979년 11월 9일 제1979-000023호
주 소 04057, 서울특별시 마포구 와우산로 174
전 화 (02)332-2004 팩스 (02)336-5193
이메일 kyungmoon@kyungmoon.com
facebook facebook.com/kyungmoonsa

값 27,000원

ISBN 979-11-6073-356-3

★ 경문사 홈페이지에 오시면 즐거운 일이 생깁니다.
http://www.kyungmoon.com

한국과학기술출판협회 회원사